中华传世藏书

【图文珍藏版】

饮食文化典故

王书利⊙主编

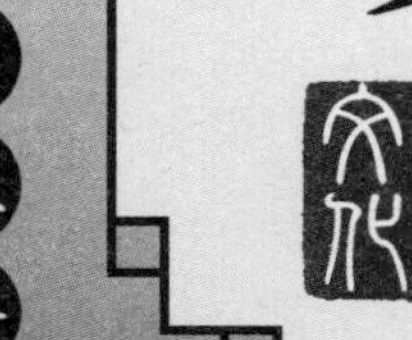

线装书局

七、佳节清明桃李笑——清明节

（一）清明节历史史话

“清明”本是“二十四节气”之一，按照农时，“清明前后，种瓜点豆”，这个时候是许多蔬菜播种的最佳时节，也是植树造林的好时候。古人认为，“万物生长此时，皆清洁而明净，故谓之清明”。历史上，当上巳节、寒食节的节日活动逐渐向“清明”时节集中以后，“清明”就成了“三节合一”的长假，成为一个内容丰富、影响广泛的大型节日，据统计，除了汉族以外，我国的满族、壮族、苗族、瑶族、羌族、侗族、黎族、京族、水族，以及赫哲族、土家族和鄂伦春族等20多个少数民族，也都把“清明”作为自己的一个重要节日。

在春暖花开、春风和煦的时候，有这样一个大型的节日，其热闹的程度，也许是我们无法想象的，好在祖先为我们留下了一幅珍贵的《清明上河图》画卷，让我们得以直观、形象地了解当时的节日盛况。

《清明上河图》是一幅北宋的民俗风情画卷，宽24．8厘米，长达528．7厘米，由北宋宫廷画师张择端创作，这幅国宝级的绝世佳作，生动记录了北宋晚期清明节期间首都汴京（就是现在的河南省开封市）的繁华场景。

在现存于北京故宫博物院的这幅长长的画卷上，画着各种人物500多位，各种牲畜50多头，各种车船20多辆（艘），画中的情节从右向左沿着汴河依次展开：春意盎然的京郊，人们扫墓踏青归来，有人坐轿、有人骑马、有人挑担；车船往来的码头，人们在茶坊歇脚、在饭馆就餐、在卦摊看相，经营扫墓祭品的“王家纸马店”招牌格外显眼；屋宇林立的市区，商店、药铺、酒楼、寺庙、公廨，处处人头攒动，熙熙攘攘。尽管世相百态，但是“清明扫墓”的节日内容还是清晰可见的。

人和地球上一切有生命的物种一样，有生必有死，人们不愿意死、惧怕死，但却不可能逃避死，这是无法改变的自然规律。在这个规律面前，我们所知道的人只有两种：活着的人和死去的人。那么，活着的人如何对待死去的人呢？我们中华民族的传统是尊重死去的人。于是，在我们祖先那里，就形成了“扫墓”的风俗，即便是远离故乡的游子，对于回乡祭祖也是念念不忘的。

在古代，人死了以后是要埋葬在土地下面的，称“土葬”。早先的土葬，只有坑穴，叫做“墓”，后来，在坑穴上面还要堆起土丘，叫做“坟”，合称“坟墓”，也简称为“墓”或“坟”。清明时节，坟墓会长出杂草，也可能被开始频繁活动的虫蚁所损坏，在这个时候到自己的亲人或自己景仰的人的墓地去清扫、整理，正好可以表达尊重和怀念的情感，所以，人们把去墓地祭奠叫做“扫墓”。这样看来，清明扫墓也不仅仅是纪念介子推的地方民俗广泛流传的结果。人们在扫墓时还要为逝去的故人“上香”，并献上食品、奉上“钱物”，所以，人们又把去墓地祭奠叫做“上坟”。“扫墓”或者“上坟”，实质上是人们表达尊重与怀念的一种仪式，仪式上使用的所有物品都是表达情感、营造气氛的“道具”。这些“道具”使纪念仪式更加具有真实感，更加具有感染力，这种古老的民俗对于古人具有潜移默化的影响作用，它教育人们在活着的时候做一个让人尊重的人，以免死后留在世间一座无人祭扫的孤坟野冢。至于仪式上的那些“道具”本身，其实与死者并无关系，食品或是由活着的人享用，或者交还给大自然（被动物、昆虫吃掉，被风化）；而所谓“钱物”则多是用纸制作的“模型”，比如“纸钱”、“纸马”等，与香烛一样，寄托着人们虔诚的愿望在仪式中被燃烧，尔后，化做烟雾飘散。

古人在祭奠活动中焚香、烧纸钱和纸马等祭品，是因为他们认为死去的故人有“在天之灵”，焚香时的祷告和被烧掉的物品，会随着升腾的青烟，去告慰故人的在天之灵。为了把慰问的情意传达给故人的在天之灵，我们智慧的祖先不仅使用焚香烧纸的办法，而且还使用过现在看来更加“低碳”的办法——放风筝。清明时节，人们把对于已故亲人的慰问之情寄托于风筝放上天空，最后剪断牵线任其飘远。前面说到的《清明上河图》中，就有百姓放风筝的情景。

“风筝”一词中的“风”我们容易理解，因为风筝是凭借风力升上天空的；而“筝”字本意是一种乐器，似乎同风筝没有什么关系，为什么它会与“风”字连用成为“风筝”这个词呢？

原来，风筝的前身是“木鸢”，由战国时期著名的思想家和科学家墨翟创造。墨翟就是墨子，“百家争鸣”中“墨家”学派的创立者。墨翟不仅是一位有学问的“先生”，同时还是一名有手艺的“师傅”，相传他用三年时间研制出能够升上天空飞翔的“木鸢”，但由于材质和工艺等方面的问题，这种“木鸢”只能在空中停留较短时间，是“风筝”的原始雏形。后来，鲁班对“木鸢”进行了改进，用质量较轻又有韧性的竹子做材料，制成了可以在空中“飞”较长时间的“木鹊”，成为

世界上最早的“风筝”。到东汉时期蔡伦发明了造纸术以后，有人实验用纸做“风筝”获得了成功，此后人们便开始制作纸“风筝”。由于纸质的风筝放飞效果好，材料容易取得，制作方法简单易学，所以很快流传开来，人们称它为“纸鸢”。南北朝时期，纸鸢开始成为人们在较远距离之间传递信息的工具；隋代之后，造纸业发达起来，民间裱糊纸鸢逐渐形成风气；到了唐代以后，放飞纸鸢是宫廷娱乐活动，也是百姓喜爱的户外活动；在宋代，放飞纸鸢成为清明节约定俗成的主要节日内容之一，正像宋人描写的，“清明时节，郊外放鸢，日暮方归”。

从唐朝政权垮台到宋朝政权建立之前，中间还有半个世纪的时间，历史上叫做“五代”。有史书记载说：“五代李邺于宫中作纸鸢，引线乘风为戏，后于鸢首以竹为笛，使风入竹，声如筝鸣，故名风筝”。意思是说，在五代的时候，有个叫李邺的人在皇宫里面制作纸鸢，这种纸鸢可以用线牵引凭借风力在空中飞翔，放飞纸鸢就成为宫中娱乐的游戏；后来，他又在纸鸢的顶部安装了一个像笛子一样有孔的小竹管，放飞纸鸢的时候，风从竹管当中通过，就会发出像弹奏古筝一样的声音，因此，这种能够发出筝的声音的纸鸢就被称为风筝。根据这个历史记载，我们就明白了，中国的传统风筝其实有两种，一种是不能发出声音的，应当叫做“纸鸢”；另一种能够发出声音的，才可以叫做“风筝”。流传到今天，虽然纸鸢这个名称还在使用，但社会上的广大群众已经习惯“风筝”这个称谓了，不管人们放飞的风筝会不会发出像古筝一样的声音，大家都叫它“风筝”，就连每年在山东潍坊举办的，有 30 多个国家和地区都派代表参加的以放飞纸鸢为主题的大型国际文化交流活动，也是叫做“潍坊国际风筝节”。

风筝是中国人的老祖宗发明的，因为在清明节放飞以怀念故世的亲人而流行于华夏大地，它是怎么“走”出国门，变成国际性活动的呢？据说，风筝“出国”与一位家住威尼斯的意大利小伙子有关，这位 17 岁的意大利青年跟随自己的父亲，长途跋涉，历尽艰险，于 1275 年来到中国，在中国住了十几年，去过大都（即现在的北京，在元代称大都）、西安、开封、南京、杭州、福州等十几个城市，当他返回祖国时，已经是 40 多岁的中年人了。这个人就是我们久已闻名的马可·波罗。据说就是这位著名的旅行家把风筝这个奇妙的事物带回了威尼斯，进而又传遍了全世界，今天，“风筝运动”在世界各地都有热情的痴迷者。

其实，历史上的风筝不仅用来表达人们对于故世者的怀念，也不仅是用来娱乐

游戏，而且曾经被用在气象观测和军事观测的用途上，据说在明代，风筝与炸药安装在一起，还发挥过远距离攻击性武器的作用。就是在现代战争中，人们也能看到风筝的影子，第二次世界大战期间，美国军队曾经用风筝做活动靶标，对士兵进行射击训练。

中华民族尊重祖先、尊重历史的深厚传统，使得清明节成为中国人的一个重要节日，在中国人的生活中占有重要的位置，因而也就在中华传统文化中，留下了深刻的烙印，我们在学习中国历史的时候，会经常遇到有关清明节的内容，特别是在阅读古典诗词的时候，我们会发现，诗人在清明时节有感而发创作的诗词，在优美诗句中描写清明风情的诗词，以及在诗词中间直接提到“清明”二字的诗词，浩如繁星，数不胜数。古代文人在清明时节吟诗作赋，抒发内心感受，是十分流行的风尚。

说到清明赋诗的雅兴，也有许多有趣的事情，比如唐代大诗人杜牧那首妇孺皆知的《清明》，这里要说的不是《清明》这首诗的本身，而是怎么来读这首诗。中国古代的文字没有现在的标点符号，一篇文字写下来，哪里是一个句子中间的停顿，哪里是一个完整的句子，没有相当扎实的文学功底，是很难“断句”的。所以古代的文章，在很大程度上要靠读者自己去“悟”，没有“悟性”的人，即便认字也看不明白文章的意思。只有一种文体是例外，那就是“赋”。“赋”字的本意是农民上缴给国家的税，这个字由“贝”和“武”组成，“贝”是古代的钱币，“武”则是指与军事有关的事情，古时候国家收税主要是用来养兵，所以把税称为“赋”。官吏收税要做记录，每收一家，就要记下一条，不能混乱不清，所以，记录“赋”的文字，不管多长，都是一行一行的，不需要标点符号也能看得明明白白、读得朗朗上口。由于具有这种易读、上口的优点，以后记录“赋”的文字体例就变成了一种独特的文体，被人们称为“赋”，后来的“诗”就是从“赋”演变而成的，人们常把做诗称为“赋诗”，也是因为这个道理。

（二）清明节节日诗话

清明时节雨纷纷，
路上行人欲断魂。
借问酒家何处有，
牧童遥指杏花村。

这是杜牧的《清明诗》，几为家传户诵，妇孺皆知。清明不仅是二十四节气之一，而且是我国重要的传统节日。《淮南子·天文训》说："春分后十五日，斗指乙，为清明。"《后汉书·律历志》说："清明，节气名。"《岁时百问》说："万物生长此时，皆清净明洁，故谓之清明。"《月令七十二候集解》说："物至此时，皆以洁齐而清明矣。"金代张公药有诗句云："一百五日寒食节，二十四番花信风。"清明约在冬至后百六日或百七日，故寒食后一日或二日为清明。古代又曾把寒食和清明连在一起合为一个节日，或曰"寒食"，或曰"清明"。宋杨万里《寒食雨作》诗有句云："桃李海棠联病眼，清明寒食又经年。"金王特起有《绝句》云：

鸟语留春春已回，

落花随意卧苍台。

清明寒食因循过，

萱草蔷薇次第开。

古代寒食节禁火，从宫廷到百姓均冷食，清明节皇帝颁新火，百姓取新火。

唐大历九年进士史延、韩浚、郑辕、王濯有《清明日百僚赐新火》同题同韵诗，咏的即是皇帝颁赐新火之事。

上苑连侯第，

清明及暮春。

九天初改火。

万井属良辰。

颁赐恩逾洽，

承时庆自均。

翠烟和柳嫩，

红焰出花新。

宠命尊三老，

祥光烛万人。

太平当此日，

空复荷陶甄。（以上史延）

朱骑传红烛，

天厨赐近臣。

火随黄道见，
烟绕白榆新。
荣耀分他日，
恩光共此辰。
更调金鼎膳，
还暖玉堂人。
灼灼千门晓，
辉辉万井春。
应怜萤聚夜，
瞻望及东邻。（以上韩浚）
改火清明后，
优恩赐近臣。
漏残丹禁晚，
燧发白榆新。
瑞彩来双阙，
神光焕日邻。
气回侯第暖，
烟散帝城春。
利用调羹鼎，
余辉烛缙绅。
皇明为照隐，
愿及聚萤人。（以上郑辕）
御火传香殿，
华光及侍臣。
星流中使马，
烛耀九衢人。
转影连金屋，
分辉丽锦茵。
焰迎红蕊发，

烟染绿条春。

助律和风早，

添炉暖气新。

谁怜一寒士，

犹望照东邻。（以上王濯）

唐代李郢《清明日题一公禅室》诗云：

山头兰若石楠春，

山下清明烟火新。

此日何穷理禅客，

归心谁是恋禅人。

宋欧阳修又有《清明赐新火》诗云：

鱼钥侵晨放九门，

天街一骑走红尘。

桐华应候催佳节，

榆火推恩忝侍臣。

多病正愁饧粥冷，

清香但爱蜡烟新。

自怜贯识金莲烛，

翰院曾经七见春。

清明节的重要民俗活动之一是祭祖扫墓。祭祖的形式有二：一为在家庙或祠堂祭祀，二为上坟、扫墓，即墓祭。明刘侗《帝京景物略》说："三月清明日，男女扫墓，担提尊，轿马后挂楮锭，粲粲然满道也。拜者、酹者、哭者、为墓除草添土者，焚楮锭次，以纸钱置坟头。望中无纸钱，则孤坟矣。哭罢，不归也，趋芳树，择园圃，列坐尽醉。"《帝京岁时纪胜》也说："清明扫墓，倾城男女，纷出四郊，担酌挈盒，轮毂相望。"

白居易《寒食野望吟》诗云：

乌啼鹊噪昏乔木，

清明寒食谁家哭。

风吹旷野纸钱飞，

古墓累累春草绿。
棠梨花映白杨树，
尽是生死离别处。
冥寞重泉哭不闻，
萧萧暮雨人归去。
又有《清明日登老君阁望洛城赠道士》诗云：
风光烟火清明日，
歌哭悲欢城市间。
何事不随东洛水，
谁家又葬北邙山。
中桥车马长无已，
下渡舟航亦不闲。
冢墓累累人扰扰，
辽东怅望鹤飞还。
南宋高翥《清明日对酒》诗云：
南北山头多墓田，
清明祭扫各纷然。
纸灰飞作白蝴蝶，
泪血染成红杜鹃。
日落狐狸眠冢上，
夜归儿女笑灯前。
人生有酒须当醉，
一滴何曾到九泉。
黄庭坚也有《清明》诗云：
佳节清明桃李笑，
野田荒冢只生愁。
雷惊天地龙蛇蛰，
雨足郊原草木柔。
人乞祭余骄妾妇，

士甘焚死不公侯。

贤愚千载知谁是，

满眼蓬蒿共一丘。

清明节的民俗活动内容丰富，有踏青春游、荡秋千、放风筝、蹴鞠、插柳戴柳乃至斗鸡等。

《东京梦华录》卷七说："清明节，寻常京师以冬至后一百五日为大寒食。前一日谓之'炊熟'。""都城人步郊"，"士庶填塞诸门"，"四野如市"。"往往就芳树之下，或园圃之间，罗列杯盘，互相劝酬。都城之歌儿舞女，遍满园亭，抵暮而归"。这种郊游活动，是为"踏青"。吴惟信有《苏堤清明即事》诗云：

梨花风起正清明，

游子寻春半出城。

日暮笙歌收拾去，

万株杨柳属流莺。

杜甫有《清明》诗云：

著处繁花矜是日，

长沙千人万人出。

渡头翠柳艳明眉，

争道朱蹄骄啮膝。

此都好游湘西寺，

诸将亦自军中至。

马援征行在眼前，

葛强亲近同心事。

金镫下山红粉晚，

牙樯捩柁青楼远。

古时丧乱皆可知，

人世悲欢暂相遣。

弟侄虽存不得书，

干戈未息苦离居。

逢迎少壮非吾道，

况乃今朝更祓除。

又有《清明二首》诗云：

朝来新火起新烟，
湖色春光净客船。
绣羽衔花他自得。
红颜骑竹我无缘。
胡童结束还难有，
楚女腰肢亦可怜。
不见定王城旧处，
长怀贾傅井依然。
虚沾焦举为寒食，
实藉严君卖卜钱。
钟鼎山林各天性，
浊醪粗饭任吾年。

又云：

此身漂泊苦西东，
右臂偏枯半耳聋。
寂寂系舟双下泪，
悠悠伏枕左书空。
十年蹴鞠将雏远，
万里秋千习俗同。
旅雁上云归紫塞，
家人钻火用青枫。
秦城楼阁烟花里，
汉主山河锦绣中。
风水春来洞庭阔，
白苹愁杀白头翁。

王表《清明日登城春望寄大夫使君》诗云：

春城闲望爱晴天，

何处风光不眼前。

寒食花开千树雪，

清明日出万家烟。

兴来促席唯同舍，

醉后狂歌尽少年。

闻说莺啼却惆怅，

诗成不见谢临川。

蹴鞠为我国古代的一种足球运动。《国策·齐策》说："斗鸡走犬，六博蹴鞠。"《汉书·枚乘传》说："蹴鞠刻镂。"颜师古注："蹴，足蹴之也；鞠，以韦为之，中实以物；蹴蹋为戏乐也。"蹴鞠与秋千都是清明节的民俗活动内容。

相传，秋千出于北方山戎，原名"千秋"，齐桓公伐山戎后传入中原。汉武帝后庭祈祷"千秋万寿"，令宫女们耍绳戏以为乐，为避讳，遂将二字颠倒，呼为"秋千"。唐宋后，秋千之俗日盛。

五代后周王仁裕所撰《开元天宝遗事》卷三载："天宝宫中至寒食节，竞竖秋千，令宫嫔辈戏笑以为宴乐。帝呼为'半仙之戏'。都中士民，相与仿之。"《燕京岁时记》引《析津志》说："辽俗最重清明，上自内苑，下至士庶，俱立秋千架，日以嬉戏为乐。"

王维《寒食城东即事》诗云：

清溪一道穿桃李，

演漾绿蒲涵白芷。

溪上人家凡几家，

落花半落东流水。

蹴鞠屡过飞鸟上，

秋千竞出垂杨里。

少年分日作遨游，

不用清明兼上巳。

王禹偁《寒食》诗云：

今年寒食在商山，

山里风光亦可怜。

稚子就花拈蛱蝶，
人家依树系秋千。
郊原晓绿初经雨，
巷陌春阴乍禁烟。
副使官闲莫惆怅，
酒钱犹有撰碑钱。
又有《清明》诗云：
无花无酒过清明，
兴味萧然似野僧。
昨日邻家乞新火，
晓窗分与读书灯。
沈括《秋千》诗云：
香入熏炉禁火天，
芙蓉深院斗秋千。
身轻几欲随风去，
却恨恩深不得仙。
裴说《寒食》诗云：
云浓云淡半阳春，
禁火天时欲洒尘。
花艳有枝还怕雨，
柳烟无赖尚重人。
画球轻蹴壶中地，
彩索高飞掌上身。
一路绿莎东郭外，
也宽情抱也伤神。
五代时南唐人孙鲂又有以“柳”为题的诗云：
余堤堤上一林烟，
况是清明二月天。
别有数枝遥望见，

画桥南西拂秋千。

李清照有《点绛唇》词云：

蹴罢秋千，起来慵整纤纤手。露浓花瘦。落汗轻衣透。

见客入来，袜划金钗溜。和羞走。倚门回首，却把青梅嗅。

唐寅有《秋千》诗云：

二女娇娥美少年，

绿杨影里戏秋千。

两双玉腕挽复挽，

四只金莲颠倒颠。

红粉面对红粉面，

玉酥肩共玉酥肩。

游春公子遥鞭指，

一对飞下九重天。

《帝京岁时纪胜》说：“‘清明扫墓，倾城男女，纷出四郊’，各携纸鸢线轴，祭扫毕，即于坟前施放较胜。京制纸鸢极尽工巧，有价值数金者，琉璃厂为市易之。清明日摘新柳佩戴，谚云：‘清明不带柳，来生变黄狗’。又以柳条穿祭余蒸点，至立夏日油煎与小儿食之，谓不齼夏。”清明时节放风筝，据说可除病消灾。

唐人高骈有《风筝》诗云：

夜静弦声响碧空，

官商信任往来风。

依稀似曲才堪听，

又被风吹别调中。

宋赵鼎《寒食》诗云：

寂寂柴门村落里，

也教插柳纪年华。

禁烟不到粤人国，

上冢亦携庞老家。

汉寝唐陵无麦饭，

山溪野径有梨花。

一樽竟藉青苔卧，

莫管城头奏暮笳。

周紫芝《寒食病起》诗云：

桃花落后燕双飞，

三度清明换客衣。

犹有江南故乡梦，

起寻杨柳插朱扉。

清明节的民俗活动甚多，无法一一尽数。诚如陈与义所说，“不用秋千与蹴鞠，只将诗句答年华”，可矣。陈诗题曰《清明》，诗云：

雨晴闲步涧边沙，

行人荒林闻乱鸦。

寒食清明惊客意，

暖风迟日醉梨花。

书生投老王官谷。

壮士偷生漂母家。

不用秋千与蹴鞠，

只将诗句答年华。

（三）祭奠先祖的清明节食俗

每到清明，春光明媚，到处是一派欣欣向荣、生机勃勃的景象。清明食俗是伴随着清明祭祖活动而展开的，这日家家要准备丰盛的食品前往本家祖坟上祭奠。

清明节在每年阳历 4 月 5 日或它的前后日，是中国传统节日之一。旧俗在清明前一天，禁火寒食。传说百姓为哀悼春秋时晋文公的忠臣介子推，忌日不忍举火，全吃冷食，不动烟火，生吃冷菜、冷粥，这一天后来就叫寒食节，也称禁烟节。这一天，晋国百姓家家门上挂柳枝，人们还带上食品到介子推墓前野祭、扫墓，以表怀念之意，此风俗一直延续至今。

1．清明吃青团子

青团子是江南一带百姓用来祭祀祖先必备的食品，在江南民间食俗中显得格外重要。清明吃青团的食俗可追溯到两千多年前的周朝。据《周礼》记载，当时有“仲春以木铎循火禁于国中”的法规，于是百姓熄炊，“寒食三日”。在寒食期间，

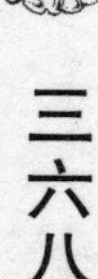

即清明前一、二日，还特定为“寒食节”。古代寒食节的传统食品就有青团子，以供寒日节充饥，不必举火为炊。

青团子是用清明茶或艾叶和咸盐或石灰粉一起煮熟，去掉苦涩味后捣烂，配上糯米、早籼米磨成的米粉拌匀，揉和，包馅制作而成。团子的馅心是用细腻的糖豆沙制成，包馅时另放入一小块糖猪油。团坯制好后，将它们入笼蒸熟，出笼时另用熟菜油均匀地用毛刷刷在团子的表面就制成了。青团子油绿如玉，糯韧绵软，清香扑鼻，吃起来甜而不腻，肥而不腴。现在，青团有的是采用青艾，有的以雀麦草汁和糯米粉捣制再以豆沙为馅而成，流传百余年，仍旧一只老面孔。人们用它扫墓祭祖，但更多的是应令尝新，青团作为祭祀的功能也日益淡化。

2. 清明吃馓子

中国各地清明节有吃馓子的食俗。“馓子”为油炸食品，香脆精美，古时叫“寒具”。《齐民要术》记载：“环饼一名寒具……以蜜水调水溲面。”此外，北宋著名文学家苏东坡还曾作《馓子》诗：“纤手搓来玉色匀，碧油煎出嫩黄深。夜来春睡知轻重，压扁佳人缠臂金。”如今，清明节禁火寒食的风俗在中国大部分地区已不流行，但与这个节日有关的馓子却深受世人的喜爱。现在流行的馓子有南北方的差异：北方馓子大方洒脱，以麦面为主料。南方馓子精巧细致，多以米面为主料。在少数民族地区，馓子的品种繁多，风味各异，尤其以维吾尔族、东乡族和纳西族以及宁夏回族的馓子最为有名。

3. 清明吃艾粑

在闽西一带流传清明时节吃艾粑的古老习俗，据说吃艾粑在北宋时就已经出现。这时候的艾草刚刚返青不久，青香鲜嫩，客家人把它做成艾粑，一是祭奠祖先，二是艾粑具有药性，可以清凉解毒，祛病强身。

艾草采来后用清水洗净，再按一定比例与糯米搅拌在一起，放在石臼中冲成细细的粉末。客家人做艾粑喜欢全家老少坐在一起，这样一来热闹，二来又增加了家庭成员之间的感情。艾粑做好以后，左邻右舍、亲朋好友之间互相赠送，这样既能消除彼此之前的隔阂，又能促进友情，这是客家人千百年的传统。

另外，中国南北各地在清明佳节还有食鸡、蛋糕、夹心饼、清明粽、馍糍、明粑、干粥等多种多样富有营养的地方风俗食品的习俗.

（四）清明节传说典故

1. 吃馓子的传说

古代清明节前一日为民间的寒食节，要禁火三天。当年介于推曾随公子重耳一起过着流亡生活达19年之久，在重耳饿肚无食时，介子推曾割股献君，可谓忠心耿耿。重耳执政为晋文公后，在论功行赏时却忘记了介子推。介子推带了母亲去了绵山隐居。晋文公一日忽然想起介子推，亲自带人去绵山寻找，见不到他，就命令放火烧山，想赶出介子推母子。不料介子推守志不移，不肯会见晋文公，母子双双抱木而被烧死。晋文公十分悲痛，迁怒于火，下令介子推死前三日全国禁烟火，于是就有了寒食节。三日不动烟火，人们吃什么呢？吃馓子，它过油炸制，能够储存不变质，保持酥脆不软，当然是最理想的食品了。

艾粑

2. 刘邦与清明节的传说

相传在秦朝末年，汉高祖刘邦和西楚霸王项羽，大战好几回合后，终于取得天下。他光荣返回故乡的时候，想要到父母亲的坟墓上去祭拜，却因为连年的战争，使得一座座的坟墓上长满杂草，墓碑东倒西歪，有的断落，有的破裂，因而无法辨认碑上的文字。

刘邦非常难过，虽然部下也帮他翻遍所有的墓碑，可是直到黄昏的时候还是没找到他父母的坟墓。最后刘邦从衣袖里拿出一张纸，用手撕成许多小碎片，紧紧捏在手上，然后向上苍祷告说：“爹娘在天有灵，现在风刮得这么大，我将把这些小纸片抛向空中，如果纸片落在一个地方，风都吹不动，就是爹娘的坟墓。”说完刘邦把纸片向空中抛去，果然有一片纸片落在一座坟墓上，不论风怎么吹都吹不动，刘邦跑过去仔细瞧一瞧模糊的墓碑，果然看到他父母的名字刻在上面。

刘邦高兴得不得了，马上请人重新整修父母亲的墓，而且从此以后，每年的清明节一定到父母的坟上祭拜。后来民间的百姓，也和刘邦一样每年的清明节都到祖先的坟墓上祭拜，并且用小土块儿压几张纸片在坟上，表示这座坟墓是有人祭扫的。

3. 清明插柳的传说

唐朝末年，黄巢率众起义，决心杀尽天下坏人。唐广明元年（公元880年）9月，他领兵来到泗州地界（今泗洪县一带），为了不杀错人，黄巢亲自改装私访。他沿着一条乡村小道往前走，忽然发现前面来了一位妇人，背上背着一个六七岁的孩子，手中搀着一个两三岁的小孩，跌跌撞撞地赶路。黄巢认为这个女人很坏，做事不近情理，抽剑准备杀她。但是一想不能过急，先问个明白再说。于是他收起剑说："你这个妇人太没道理，为何大孩子能走路你反而背着，小孩子不能走路却只搀着呢？"妇人说："客人有所不知，这大孩子是我丈夫前妻所生，他妈妈已被财主刘半城逼死了，我不忍心让他跑路。这小的是我自己所生，所以我搀着他走。"

黄巢听了心想，这个妇人如此贤惠，我险些杀错好人，性急会坏事，我还得再问问。于是他又问妇人："那你现在慌慌张张到什么地方去？"妇人说："听说黄巢杀人不眨眼，我要到外地躲一躲。"黄巢听了非常气愤，怒吼道："胡说！我就是黄巢。"那妇人吓得扑在地上连连磕头，大喊："大王饶命！"黄巢一见如此，又冷静下来解释说："你快起来，别听坏人造谣，我黄巢杀的都是那些黑心肠的地主老财，你们这些好心肠的穷人，我是不会杀的。告诉我，是谁跟你说我杀人不眨眼的？"妇人说："是我们东家刘半城。"

黄巢气愤不已，对妇人说："你赶快带孩子回家过日子，我明天要带兵把刘半城这些坏人都杀光，为你们报仇。你告诉那些好人家，明天都在屋檐下插上柳树枝做标记，我保证你们平安无事。"妇人听了点点头，带着孩子回家去了。

第二天黄巢领兵前来，一看，穷苦百姓家屋檐下都插上了柳枝，只有恶霸地主家无人告诉他们插柳之事，结果都成了黄巢起义军的刀下之鬼。黄巢根据那妇人所指的方向，率兵冲进泗州一霸刘半城家，亲手杀了他，并把他家的财产全部分给当地百姓。泗州百姓奔走相告，感戴黄巢为民除害的功德。

因为泗州贫民插柳这一天正是清明，所以后来每到清明这天，家家户户都在屋檐下插上柳枝，表明自家是好人，以避杀伐之灾。天长日久，便形成了清明插柳的风俗。

4．人面桃花的传说

唐人崔护，某年清明节到郊外春游。在一个小村庄里，见到一个美貌的姑娘倚在桃树旁，显得十分娇艳可爱。当时，崔护因酒后口干，便向她讨些水喝。姑娘给了他一杯水，崔护喝完水后，很想与姑娘再说些什么，却因萍水相逢不敢唐突，只

好怅然离去。

第二年清明，崔护兴致勃勃地又来到这里，但只见双门紧闭，而不见那姑娘。崔护久等不见姑娘露面，便在姑娘家门上题诗一首：

“去年今日此门中，人面桃花相映红；人面不知何处去，桃花依旧笑春风。”

又过了几日，他再去登门拜访，才知那姑娘因想念他竟绝食而死。崔护悲痛不已，在尸体旁大声呼叫：“崔护在此！崔护在此！”姑娘竟被感动了，又复活过来，于是二人结为夫妻，有情人终成眷属。

5. 乌稔饭的传说

据畲族民间传说：唐总章二年，畲族英雄雷万兴率领畲军抗击官兵，被围困山中，时值严冬粮断。畲军只得采摘乌稔果充饥，雷万兴遂于农历三月初三日率众下山，冲出重围。从这以后，每到“三月三”，雷万兴总要召集兵将设宴庆贺那次突围胜利。并命畲军士兵采回乌稔叶，让军厨制成“乌稔饭”，让全军上下饱食一顿，以做纪念。这“乌稔饭”的制作方法并不繁杂，将采摘下来的乌稔树叶洗净，放入清水中煮沸，捞掉树叶，然后，将糯米浸泡在乌稔汤中，浸泡9小时后捞出，放在蒸煮笼里蒸煮，熟时即可食用。制好的“乌稔饭”，单从外表来看，不甚美观，颜色乌黑，然而米香扑鼻，与一般糯米饭相比，别有一番风味。而畲族人民为纪念民族英雄，此后每年都要蒸“乌稔饭”吃，日久相沿，就成为畲家风俗。又因闽东一带，畲汉杂居，人民历代友好相处，婚嫁频繁，遂使食“乌稔饭”也成了闽东各地各民族共同拥有的清明食俗。

6. 清明鸟传闻

“清明——赶会去！”这是清明鸟的叫声。年年清明前后，它便唱着说不出是悠扬的还是哀凄的歌，徘徊在汉江两岸。“它是在招呼人们去朝拜诸葛爷。”人们都这样说。

当年诸葛亮屯兵定军山下时，常常抽空阅读兵书，一个晴朗的早晨，他正在定军山下草坪的营帐中展卷细读，忽然，一股风将案上摊开的书页吹乱。孔明正诧异吃惊时，随着风声，一只鸟儿落在书案前，只见那鸟羽毛不整，浑身颤抖不停，尤其是它的尾巴，已几乎没有羽毛了。它围着书案，跳个不停，还不住地发出凄惨的咽鸣声，那一双黑宝石般的小眼睛饱噙着怨愤的泪水。孔明见状，急忙放下兵书，俯身把鸟儿轻轻捧了起来。那鸟在孔明掌中，不住地啄手、拍翅、摇尾、悲鸣。孔

明把鸟儿的头轻轻扬起，见它口中噙着只小虫，知道它是一只正在哺育幼儿的雌鸟，可能是觅食途中遇上了鹰雕，虽死里逃生，但现在伤成这样，怎么回巢呢？看它急躁悲哀的样子，一定是惦念它正在窝中嗷嗷待哺的幼子呢！想到这儿，孔明把鸟儿身上零乱的羽毛理了理，低头思索起来。猛地，他看到书案上的羽扇，不禁喜上眉梢，便将它放在书案上，拿起羽扇，从上边扯下一根羽毛，插进它尾上毛已脱落的羽管里，用宽大的袖拂了两拂，将鸟托在掌上，说声："去吧，可怜的东西！"顿时鸟尾羽毛齐生，容光照人，只见那鸟儿低下头来，用嘴在孔明手心啄了啄，又把新生的羽尾啄了啄，扑腾腾飞了起来，围着孔明绕了三圈，才恋恋不舍地飞进茂密的树林中去了。

后来，孔明鞠躬尽瘁，长眠定军山下。从此，每年清明，那鸟儿便呜咽飞鸣于汉江河畔，军山四周。人们都说："清明鸟是义鸟，不然，它怎会不忘孔明先生添羽补尾之恩，年年都在招呼人们去赶清明会，悼念孔明呢！"

7. 碰鸡蛋——"碎碎"平安，保健康

清明节除了吃鸡蛋，还有一项非常有趣的儿童游戏：碰鸡蛋。关于碰鸡蛋习俗的起源，民间说法不一，有的说是为祭祀已故的先人，有的说源于古代食卵求生育的巫术，有的说是象征"碎碎"平安，有的说清明吃鸡蛋一年保健康等。

现如今清明碰鸡蛋之风已渐渐淡去，但旧时颇为盛行。梁朝宗懔《荆楚岁时记》记载寒食"斗鸡，镂鸡子，斗鸡子"，并引述《玉烛宝典》曰："此节，城市尤多斗鸡斗卵之戏。"唐代诗人元稹《寒食夜》诗云："红染桃花雪压梨，玲珑鸡子斗赢时。今年不是明寒食，暗地秋千别有期。"

鸡蛋，又名鸡卵、鸡子，可分鸡子壳、鸡子白、鸡子黄、凤凰衣（内膜）几个部分。其性平味甘，《药性论》云其"味甘，微寒，无毒"，《本草便读》云其"生凉熟温，内黄外白，入心、肺，宁神定魄"，具有滋阴润燥、养血安胎之功效，可用于治疗热病烦闷、燥咳声哑、目赤咽痛、胎动不安、产后口渴、下痢、烫伤等症。《本草拾遗》记载："益气，多食令人有声。一枚以浊水搅，煮两沸，合水服之，主产后痢。和蜡作煎饼，与小儿食之，止痢。"《日华子本草》记载："镇心，安五脏，止惊，安胎。治怀妊天行热疾狂走，男子阴囊湿痒，及开喉失音。以醋煮，治久痢。和光粉炒干，止小儿疳痢（小儿干瘦，消化不良）及妇人阴疮。和豆淋酒服，治贼风麻痹。"但鸡蛋不可多食，每天2颗即已足够。

以上足以说明，鸡蛋全都是宝。

八、但祈蒲酒话升平——端午节

（一）端午节历史史话

中国夏历（农历、阴历）的五月初五，是华夏子孙传统的端午节。“端”是“开头”、“初始”的意思，而我们的祖先用“天干地支”来记录年月日，一月为“寅”，二月为“卯”，五月恰好是“午”，所以，“端午节”的本意应该是“五月初的节日”。据统计，端午节是名称最多的节日，除了“端午”，还叫“端阳”、“重五”，有些地方还把端午节称为“夏节”、“五月节”等等，加起来总共有20多个名字。

把不同时期的历史传说汇集起来，端午节的来源最少与三位历史人物有关，在这三位历史人物中，名气最大、民间认可度最高，因而也流传最为广泛的，就是著名的爱国诗人屈。

屈原的本名叫做屈平，“原”是他的字，是战国末期的楚国人。屈原有远大的志向，又有治理国家的才能，特别可贵的是，他热爱和忠诚于自己的祖国，他在朝廷做官时，积极主张联合其他弱小国家，共同抵抗秦国的兼并，后来，屈原遭到奸人陷害，被罢官流放，在流放期间，屈原仍然坚持自己的信念，创作了许多为后世传诵的爱国诗篇，到了楚顷襄王二十一年（公元前278年），楚国的国都被秦国攻破，屈原既不愿意逃离故土，又不愿意看到国家灭亡，于是就在这一年的五月初五写下了绝笔名篇《怀沙》之后，含恨投汨罗江而死。后世子孙景仰和怀念这位伟大的爱国诗人，便在每年的五月初五举行各种祭祀活动来纪念他。

比五月初五纪念屈原更早的传说，是关于纪念春秋时期吴国忠臣伍子胥的故事。伍子胥原本是楚国人，楚国的国王听信谗言杀害了伍子胥的父亲和哥哥，伍子胥逃亡到吴国以后，帮助吴国打败了楚国，又打败了越国，但是吴国的国王不仅不听伍子胥彻底消灭越国的建议，反而怀疑伍子胥的忠诚，逼他自杀，伍子胥在留下了“越国必入城灭吴”的预言后自刎而死。吴国国王听到伍子胥的预言十分恼怒，就命令手下人用皮革裹住伍子胥的尸体扔进江里，而伍子胥被抛尸江中的这一天，恰好是五月初五。伍子胥不仅是一位敢于直言的忠臣，而且是姑苏城（即今天苏州

市）的创建者，后人怀念他的功德，便在每年五月初五纪念他。

晚一些的传说就是“孝女曹娥”的故事了。相传在东汉时期，上虞姑娘曹娥的父亲不幸在江上落水，好几天过去了，父亲是活不见人、死不见尸，孝顺的曹娥昼夜不停地沿江呼喊，十几天过去了，仍没有找到父亲，情急之下曹娥纵身跳进江中，几天后，曹娥抱着父亲的尸体浮出水面，但人已经死了。曹娥投江也是在五月初五，人们为这位孝顺的女孩建庙、立碑，并在每年的五月初五到曹娥庙、曹娥碑去祭奠她。

不管这些传说是否真实，它们都为端午节增添了丰富的文化内涵，生动地表现了中华民族的传统美德，正因为如此，2009 年 9 月 30 日联合国教科文组织保护非物质文化遗产政府间委员会做出决定，中国端午节入选《世界非物质文化遗产名录》，从而受到国际公约的保护。

说起端午节，大家最熟悉的就是粽子，粽子已经成为端午节的标志性食品。相传，端午节的粽子最早起源于楚国人向江中投米祭祀屈原，古书记载说：“屈原五月五日投汨罗死，楚人哀之。每至此日，以竹筒贮米，投水祭之”。后来有人提出，竹筒装米投进水里会被蛟龙偷吃，必须用蛟龙惧怕的楝树叶子和五彩丝线，把竹筒封住、捆住才行，按照这个说法，人们慢慢地就不再使用竹筒，而是改用叶子把米包好，再用丝线捆扎起来当做祭品了，这就是粽子的原形。以后，人们用竹叶或苇叶包糯米，再用细线捆在外面，蒸熟以后就是美味的粽子了，它依然是节日祭祀的供品，但更主要的是人们喜爱的节令食品。

端午节的另外一项重要活动，就是龙舟竞渡。古书说：“五月五日竞渡，俗为屈原投汨罗日，伤其所死，故并命舟檝以拯之”，就是说，端午节时，人们举行象征竞相搭救屈原的划船比赛，来纪念屈原。后来，为了增加节日气氛，烘托比赛场面，人们设计制造了彩船、画船、龙船、虎头船等等，还在船上设置了锣鼓家伙，受“龙文化”的影响，又是水上运动，所以，在各种造型的竞赛船只中，龙舟是最普遍、最常见的，很多地方干脆就把端午节的划船比赛称为“龙舟竞渡”。由于竞渡活动需要团队配合的技巧，竞赛场面又紧张激烈，因而吸引了大量的观众，他们都会为参赛各队摇旗呐喊、加油助威，就连皇宫贵族也不例外，历史上唐、宋、元、明、清各代都有帝王临水观竞渡的记载，宋代画师张择端曾作《金明池夺标图》，生动描绘了北宋皇帝在临水殿观看金明池内龙舟竞渡的情景；明代皇帝曾在

中南海紫光阁观看龙舟赛事，清代宫廷曾在圆明园的福海举行竞渡，乾隆、嘉庆两朝皇帝都亲自观看过比赛。

除了我们熟悉的节令食品粽子，以及节庆活动赛龙舟以外，端午节还有一项民俗游戏渐渐地被我们遗忘了，这种游戏叫做“斗草”。古时候，端午斗草是一种长幼皆宜的游戏活动，分为“文斗”和“武斗”两种，成年人多玩“文斗”，孩子们则多玩“武斗”。既然是“斗”，就有比赛的性质，就有输赢。“文斗”主要是“斗智”，比赛双方以对仗的形式互报草名、花名或植物名，你说“黄菊”，我对“红芍”；你说“马齿苋”，我对“狗尾草”；你说“观音柳”，我对“罗汉松”，最后，谁说不来或对不上来，谁就是输家。这种玩法，既普及了植物知识，又锻炼了文学技巧，对于讲究“耕读传家”的祖先们来说，实在是一种实用与娱乐相结合的“益智游戏”。“武斗”就有点“斗勇”和“角力”的味道了，比赛双方事先选择有韧性的草或者叶柄，“斗”的时候双方各执自己的草或叶柄，然后捏住两端相互勾在一起拉拽，谁的草或者叶柄先断，谁就是输家。在北京的故宫博物院里，珍藏着一幅名为《群婴斗草图》的画，画中描绘的情景就是我们这里介绍的“武斗”玩法。在儿童娱乐方式单调的年代，这种斗草游戏流传了很久，一直到 20 世纪 60 年代，北方孩子拣杨树叶，用叶柄玩“拔牛根儿”，其实就是古代孩子的斗草游戏。

把端午节过得如此祥和、快乐，实在是一件不容易的事情，它深刻地表现了中华民族积极、乐观的生活态度。说它不容易，是因为在古人观念中，五月五日其实是一个不吉利的“恶日”。早在先秦时代，民间就普遍认为五月是“恶月”，而五日是“恶日”，五月五日就是“恶”上加“恶”，在这一天会“五毒并出”，危害人类，据说称五月五日为“端午”而不说“端五”，也是特意回避“五”字，古人甚至把五月五日出生的孩子寄养在外面，以防给全家带来不测；给五月五日出生的孩子取名为“镇恶”，以驱赶邪恶，保护孩子平安长大。古人对于五月五日的这种“偏见”，客观上来源于夏季来临，蚊虫孳生，疾病、瘟疫多发，主观上则来源于对事物认识上的局限。尽管五月初五是一个可怕的日子，但是我们的祖先并没有把它看成“世界末日”，他们用药物防治与“心理防治”相结合的办法，把这个“恶日”变成了积极、健康的“卫生日”。

在端午节，民间使用最为普遍的药用植物，就是艾草和菖蒲。艾草也叫艾蒿、家艾；菖蒲则是一种生长在水中的草本植物，它们的共同特点是能够挥发具有芳香

气味的植物油脂，对蚊虫有驱赶和杀灭作用，对人则有提神理气、通窍消滞、活血散湿的功效。所以，每逢端午，百姓家家户户必备艾草、菖蒲，或插、或挂，或佩、或戴，同时要熏苍术、白芷等草药，打扫房间、庭院，清除垃圾污秽，还要“蓄兰沐浴”。如此看来，端午节简直就是古代的全民“爱国卫生运动”！正是因为艾草、菖蒲等草药在节日期间扮演了重要的角色，所以，端午节又称“艾节”、“菖蒲节”。

在端午节，民间使用最为普遍的药用食物，就是雄黄酒。雄黄是一种矿物质，民间也俗称其为“鸡冠石”，它的主要成分是硫化砷，具有一定的毒性，不能直接食用，在粮食酿造的酒里加入微量的雄黄，饮用后可以起到杀菌、驱虫和解毒的作用，外用则可以消毒、解痒，治疗皮肤病。所以，每逢端午，成年人有饮用雄黄酒的习俗，而未成年的儿童，长辈们就会为他们“画额”，所谓“画额”，就是用雄黄酒在孩子的额头画个“王”字，一方面为孩子避蚊防虫；另一方面也是希望孩子像小老虎一样，让各种邪魔望而生畏，不敢近身。

其实，在身上涂抹雄黄酒可能具有防病治病的作用，但这种防治作用与画不画“王”字是没有什么关系的，就像人们把艾草编成小老虎的形状，甚至用布料裁剪成艾草、菖蒲的形状，摆在房里或戴在头上一样，都不过是一种装饰，在人们的想象中发挥着震慑病魔、瘟神的作用，给人们以心理上的安慰，为人们注入精神上的希望，使人们更加乐观地生活。端午节期间最具有象征意义的“保健”活动，就是用纸船“送瘟神”，人们用纸折叠成小船，在纸船上面写上疾病的名称，或者用纸做个瘟神的造型放在纸船里面，当暮色降临的时候，点燃一支小蜡烛放进纸船，再把纸船放进河水或溪流里让它顺水漂动。漂动中纸船被烛火烧掉，灰烬也被流水带走，附在纸船上的“疾病”和“瘟神”也就无影无踪了。这个善良、美好的民俗曾经出现在毛泽东主席的诗词里面，1958 年 6 月 3 日《人民日报》报道说，曾经世代危害余江县人民健康的血吸虫病终于被消灭了，毛主席读了这篇报道后高兴得睡不着觉，兴奋地写下了《送瘟神》诗两首，后一首诗的最后一联是：

借问瘟神欲何往，

纸船明烛照天烧。

凑巧的是，毛主席《送瘟神》诗写好以后不久，就是当年的端午节了。

古人过端午节还有制作、赠送和佩戴“香包”的习俗。香包，也叫“香囊”、

“香袋”、“荷包”，这种用五彩丝线缠绕而成或用零碎花布缝制而成的精美的民间工艺品，就不仅仅是装饰物了。因为，在香包里面放进了白芷、川芎等七八种草药，芳香宜人，有驱虫防病的实际功效，外加寓意吉祥的造型，是节日期间表达心意的好礼物，比如，把菊花、梅花和寿桃造型的香包送给老人，把“双莲并蒂”、“娃娃骑鱼”造型的香包送给年轻夫妇，把老虎、猴子造型的香包送给儿童等，而姑娘把自己亲手缝制的香包送给小伙子，则是在婉转、含蓄地表达着自己的爱慕之情。除了香包之外，还有一种叫做“蚌粉铃”的端午节饰物，是专门给爱跑爱闹的儿童佩戴的，“蚌粉铃”就是把河蚌的壳磨成粉，装在小布囊里面，再把几个小布囊像铃铛那样连成一小串，让孩子带在身上，既能在出汗的时候随手用它来吸汗，预防痱子，又是一件富有童趣的可爱的装饰物。

（二）端午节节日诗话

舒頔《小重山·端午》词云：

碧艾香蒲处处忙。谁家儿共女，庆端阳。细缠五色臂丝长。空惆怅，谁复吊沅湘。

往事莫论量。千年忠义气，日星光。《离骚》读罢总堪伤，无人解，树转午阴凉。

五月初五，端午节，亦称“端午”“端五”“重午”“端阳”“蒲节”“天中节”“天长节”“沐兰节”“解粽节”“女娲节”“女儿节”“娃娃节”“五月节”“诗人节”“龙船节”“敬师节”等。端午节始载于《太平御览》卷三十一。该书引晋周处《风土记》曰：“仲夏端五。端，初也。”端五指五月的第一个五日。古代“五”与“午”相通，故“端五”又作“端午”。

关于端午节的由来，有多种说法。

一是闻一多《端午考》说，系古代持龙图腾崇拜民族的祭祖活动日；

二是起于夏代的兰浴，《大戴礼·夏小正》载，五月“蓄兰为沐浴也”，周代以来有朱索桃印饰门、艾人悬户、系五彩缕、挂赤灵符等禳灾避邪之风俗；

三是起于春秋越国，勾践于此日操练水军；

四是纪念介子推，说子推于五月初五被烧死；

五是纪念屈原，梁吴均《续齐谐记》说，屈原五月初五投汨罗死；

六是纪念伍子胥，传说伍子胥于五月初五被吴王夫差所杀，抛尸于江，化为

祷神；

七是纪念曹娥，《会稽典录》载：“女子曹娥，会稽上虞人。父能弦歌为巫。汉安帝二年五月五日于县江沂涛迎波神溺死，不得尸骸。娥年十四，乃缘江号哭，昼夜不绝声七日，遂投江而死”；

八是祭“地腊”，《道书》曰：“五月五日为地腊”，“此日可谢罪，求请移易官爵，祭祀先祖”；

此外，还有起于夏至、起于恶日等种种说法，不一而足。

纪念屈原的说法虽在民间流传较为普遍，而端午节实则起源于屈原之前。

唐文秀《端午》诗云：

节分端午自谁言，

万古传闻为屈原。

堪笑楚江空渺渺，

不能洗得直臣冤。

端午节在中国不论南方、北方、城市、乡村，也不论古代、现代，影响深远。汉民族过端午节，蒙古、回、藏、苗、彝、壮、布依、朝鲜、瑶、白、土家、哈尼、畲、拉祜、水、纳西、达斡尔、仫佬、羌、仡佬、锡伯、普米、鄂温克、裕固、鄂伦春等少数民族也都过端午节。

端午节的习俗主要有：

祀诸神，避五毒。端午节所祭祀的神有水神、龙神、图腾神，有屈原、伍子胥、介子推、曹娥，有药王神农、蚕神、张天师和钟馗，还有其他神，如白族祭本村本祖神，广东地区多祭南海神，闽台祭妈祖神等。古代民间认为五月为“毒月”，有“五毒”，即蛇、蜈蚣、蝎子、蜥蜴、癞蛤蟆。端午节要采艾、沐兰，以禳毒气，还要佩戴护身灵物，以避五毒。

吃粽子，饮雄黄酒。《风土记》载：“仲夏端午，烹鹜角黍。”《燕京岁时记·端阳》载：“京师谓端阳为五月节，初五日为单五，盖端字之转音也。每届端阳以前，符第朱门，皆以粽子相馈贻。”端午节吃粽子，意在祭祀水神与龙。粽子作为夏令或夏至节的食品，古已有之。湖南一些地区尊称粽子为“祖婆”，由已婚妇女沐浴上楼，包“背妹粽”“祖婆粽”，兼有祭祖与求子的意蕴。喝雄黄酒则有避邪去毒健身之义。

龙舟竞渡，各种游戏。《荆楚岁时记》曰：“五月五日”，“是日竞渡”。《事物原始》引《越地传》曰：“竞渡之事起于越王勾践，今龙舟是也。”有学者认为，划龙舟是“越人祭水神或龙神的一种祭祀活动，也许与图腾有关”。唐张建封有《竞渡歌》云：

五月五日天晴明，
杨花绕红啼晓莺。
使君未出郡斋外，
江上早闻齐和声。
使君出时皆有准，
马前已被红旗引。
两岸罗衣披晕香，
银钗照日如霜刃。
鼓声三下红旗开，
两龙跃出浮水来。
棹影斡波飞万剑，
鼓声劈浪鸣千雷。
鼓声渐急标将近，
两龙望标目如瞬。
坡上人呼霹雳惊，
竿头彩挂虹霓晕。
前船抢水已得标，
后船失势空挥桡。
疮眉血首争不定，
输岸一朋心似烧。
只将输赢分罚赏，
两岸十舟五来往。
须臾戏罢各东西，
竞脱文身请书上。
吾今戏观竞渡儿，

何殊当路权相持。

不思得岸各休去，

会到摧车折楫时。

另外，端午节的游戏活动还有射柳、击球、斗草、端午景等。《清嘉录》曰：“五日，俗称端五。瓶供蜀葵、石榴、蒲、蓬等物，号为‘端午景’。”

五月初五，黔东南与湘西等地的苗族民众叫“龙船节”，又曰“龙舟节”，相传为纪念一位苗族老英雄。

“敬师节”，也是端午节的别称。在浙江的一些地区，人们以端午节为敬师节。是日，学生要向老师送礼以表敬意。老师则以纸扇回赠。

端午节的别称很多，各有所据，活动内容也丰富多彩，限于篇幅，不再赘述。

朱松《重五》诗云：

异乡逢午节，

卧病此衰翁。

竹笋进新紫，

榴花开小红。

山深人寂寂，

气润雨蒙蒙。

煮酒无寻处，

菖蒲在水中。

苏轼《端午遍游诸寺》诗云：

肩舆任所适，

遇胜辄流连。

焚香引幽步，

酌茗开净筵。

微雨止还作，

小窗幽更妍。

盆山不见日，

草木自苍然。

忽登最高塔，

眼界穷大千。

下峰照城郭，

震泽浮云天。

深沉既可喜，

旷荡亦所便。

幽寻未云毕，

墟落生晚烟。

归来记所历，

耿耿清不眠。

道人亦未寝，

孤灯同夜禅。

殷尧藩《同州端午》诗云：

鹤发垂肩尺许长，

离家三十五端阳。

儿童见说深惊讶，

欲问何方是故乡。

陈孚又有《太常引·端阳日当母诞不得归》词云：

彩丝堂上簇兰翘。记生母，在今朝。无地捧金蕉。奈烟水、龙沙路遥。

碧天迢递，白云何处，风急雨潇潇。万里梦魂销。待飞逐、钱塘夜潮。

（三）祛疾择吉的端午节食俗

端午节在中国已有两千多年的历史。每年的端午节，家家户户都挂艾叶菖蒲，并有吃粽子、饮雄黄酒的风俗，其最初的目的是为了逐疫辟邪，后来逐渐成为一种饮食文化。

每年农历五月初五，是中国传统的端午节。“端”为开始之意，一个月中的第一个五日称为“端五”。五月初五，二五相重，也称“重五”。因中国习惯把农历五月称作“午月”，所以又把端五称为“端午”。

1．端午节吃粽子

端午节最为典型的风俗就是吃粽子。早在春秋时期人们就用菰叶（茭白叶）包黍米成牛角状，称“角黍”，还用竹筒装米密封烤熟，称之为“筒粽”。东汉末年人们就开始用草木灰水浸黍米，因水中含碱，用菰叶包黍米成四角形。魏晋南北朝时，粽子被正式定为端午节食品。这时包粽子的原料除米外，还添加中药材益智仁，煮熟的粽子称“益智粽”。唐代粽子用的米“白莹如玉”，粽的形状出现锥形、菱形，品种增多，还出现杂粽。如米中掺杂禽兽肉、板栗、红枣、赤豆，裹成的粽子还用作交往的礼品。宋代吃粽子已经成为一种时尚，出现了“以艾叶浸米裹之”的“艾香粽”，还有“蜜饯粽”，甚至还出现了用粽子堆成楼台亭阁。到了元代粽子的包裹料已从菰叶变革为箬叶，突破菰叶的季节局限。明代人们开始用芦苇叶包的粽子，附加料已出现豆沙、猪肉、松子仁、枣子、胡桃，品种更加丰富多彩。清代之后的粽子更是千品百种，璀璨纷呈。

粽子

2. 端午节吃五黄

在中国许多地方流行有端午节食“五黄”的习俗，“五黄”指雄黄酒、黄鱼、黄瓜、咸蛋黄、黄鳝（有的地方也指黄豆)。雄黄的颜色澄红，有解毒杀虫之功，可治痈疮肿毒，虫蛇咬伤。俗信端午节时有“五毒”之说，“五毒”指蛇、蝎、蜈蚣、壁虎和蟾蜍。民间认为，饮了雄黄酒便可杀“五毒”。但是，雄黄如果和烧酒同饮，稍不留意也会引起中毒。难怪清人梁章钜在《浪迹丛谈》中说：“吾乡每过端午节，家家必饮雄黄烧酒，近始知其非宜也。”

3. 端午节吃鸡蛋

江南水乡的孩子们在端午节这天，胸前都要挂一个用网袋装着的鸡蛋。关于此俗，民间有一个传说：在很久以前，天上有个瘟神，每年端午的时候总要下界传播瘟疫害人。受害者多为孩子，轻则发烧厌食，重则卧床不起。一些做妈妈的纷纷到女娲娘娘庙烧香磕头，求她消灾降福，保佑小孩。女娲得知此事就去找瘟神说：“今后凡是我的嫡亲孩儿，决不准许你伤害。”瘟神知道女娲法力无比，不敢和她作对，就问：“不知娘娘有几个嫡亲孩儿在下界?”女娲一笑说：“我的孩儿很多，这样吧，我在每年端午这天，命我的嫡亲孩儿在衣襟前挂上一只蛋袋，凡是有蛋袋的

孩儿，都不准许你胡来。”到了这年端午，瘟神又下界，只见一个个孩子胸前都挂着一个小网袋，里面装着煮熟的鸡蛋。瘟神以为都是女娲的孩子，就不敢动手了。从此，端午吃鸡蛋之俗逐渐流传开来。

4. 端午节吃煎堆

福建晋江地区，每逢端午节有“煎堆补天”的风俗。所谓煎堆，就是用面粉、米粉或番薯粉和其他配料调成面团，下油锅煎成一大片。端午节正逢当地梅雨季节，常常阴雨不断。传说远古时代，女娲炼石补天处，每年都有裂缝，所以才阴雨连绵，必须用煎堆补天，方能塞漏止雨。人们相信，端午吃了煎堆，节后就没有阴雨天气。这一食俗，反映了老百姓担心久雨成涝，影响夏季农作物收成的心理。

（四）端午节传说典故

1. 粽子的传说

一

历史上关于粽子的记载，最早见于汉代许慎的《说文解字》。“粽”字本作“糉”，《说文新附·米部》谓“糉，芦叶裹米也。从米，葼声。”《说文·夂》：“葼，敛足也。”义为鸟飞时收敛腿爪。《集韵·送韵》：“糉，角黍也。或作粽。”

粽子又名“角黍”，最早记载见西晋周处的《风土记》：“仲夏端五，方伯协极。享用角黍，龟鳞顺德。注云：端，始也，谓五月初五也。四仲为方伯。俗重五月五日，与夏至同。（同“鸭”），春孚雏，到夏至月，皆任啖也。先此二节一日，又以菰叶裹黏米，杂以粟，以淳浓灰汁煮之令熟，二节日所尚啖也。……裹黏米一名‘糉’，一名‘角黍’，盖取阴阳尚相苞裹未分散之象也。”

明代李时珍《本草纲目》中，清楚说明用菰叶裹黍米，煮成尖角或棕榈叶形状食物，所以称“角黍”或“粽”。

明清以后，粽子多用糯米包裹，这时就不叫角黍，而称粽子了。

二

南朝梁的吴均（467—520）在《续齐谐记》中写道：“屈原五月五日投汨罗江而死，楚人哀之。每至此日，竹筒贮米，投水祭之。汉建武中，长沙欧回，白日忽见一人，自称三闾大夫，谓曰：‘君当见祭，甚善。但常所遗，苦蛟龙所窃。今若有惠，可以楝树叶塞其上，以五彩丝缚之。此二物，蛟龙所惮也。’回依其言。世人作粽，并带五色丝及楝叶，皆汨罗之遗风也。”

另外的说法是，百姓怕屈原的尸体被江里的鱼吃掉，于是裹了粽子，投入江中喂鱼。

粽子与屈原关联的说法，由于其浪漫主义色彩，而被广为传颂。粽子在文人歌赋中屡有出现。

元稹在表夏十首中写道："彩缕碧筠粽，香粳白玉团。"

宋代杨无咎在齐天乐端午中写道："疏疏数点黄梅雨。殊方又逢重午。角黍包金，菖蒲泛玉，风物依然荆楚。衫裁艾虎。更钗袅朱符，臂缠红缕。扑粉香绵，唤风绫扇小窗午。"

2. 纪念屈原的传说

据《史记·屈原贾生列传》中记载，屈原，是春秋时期楚怀王的大臣。他倡导举贤授能，富国强兵，力主联齐抗秦，遭到贵族子兰等人的强烈反对，屈原遭谗去职，被赶出都城，流放到沅、湘流域。他在流放中，写下了忧国忧民的《离骚》、《天问》、《九歌》等不朽诗篇，独具风貌，影响深远（因而，端午节也称诗人节）。公元前278年，秦军攻破楚国京都。屈原眼看自己的祖国被侵略，心如刀绞，但是始终不忍舍弃自己的祖国，于五月五日，在写下了绝笔作《怀沙》之后，抱石投汨罗江而死，以自己的生命谱写了一曲壮丽的爱国主义乐章。

传说屈原死后，楚国百姓哀痛异常，纷纷涌到汨罗江边去凭吊屈原。渔夫们划起船只，在江上来回打捞他的真身。有位渔夫拿出为屈原准备的饭团、鸡蛋等食物，"扑通、扑通"地丢进江里，说是让鱼龙虾蟹吃饱了，就不会去咬屈大夫的身体了。人们见后纷纷仿效。一位老医师则拿来一坛雄黄酒倒进江里，说是要药晕蛟龙水兽，以免伤害屈大夫。后来担心饭团被蛟龙所食，人们想出用楝树叶包饭，外缠彩丝，发展成粽子。

以后，在每年的五月初五，就有了龙舟竞渡、吃粽子、喝雄黄酒的风俗，以此来纪念爱国诗人屈原。

3. 纪念伍子胥的传说

端午节的第二个传说，是纪念春秋时期（公元前770—前476年）的伍子胥。伍子胥名员，楚国人，父兄均被楚王所杀，后来子胥弃暗投明，奔向吴国，助吴伐楚，五战而入楚都郢城。当时楚平王已死，子胥掘墓鞭尸三百，以报杀父兄之仇。吴王阖庐死后，其子夫差继位，吴军士气高昂，百战百胜，与越国交战，越国大败。越王勾践请和，夫差许之。子胥建议应彻底消灭越国，夫差不听。吴国大宰相，受越国贿赂，谗言陷害子胥，夫差信之，赐子胥宝剑，子胥以此死。子胥本为忠良，视死如归，在死前对邻舍人说："我死后，将我眼睛挖出悬挂在吴京之东门上，以看越国军队入城灭吴。"然后便自刎而死，夫差闻言大怒，令取子胥之尸体装在皮革里于五月五日投入大江，因此相传端午节亦为纪念伍子胥之日。

4. 纪念孝女曹娥的传说

端午节的第三个传说，是为纪念东汉（公元23—220年）孝女曹娥救父投江。曹娥是东汉上虞人，父亲溺于江中，数日不见尸体，当时孝女曹娥年仅十四岁，昼夜沿江号哭。过了十七天，在五月五日也投江，五日后抱出父尸。就此传为神话，继而相传至县府知事，令度尚为之立碑，让他的弟子邯郸淳作诔辞颂扬。

孝女曹娥之墓，在今浙江绍兴，后传曹娥碑为晋王义所书。后人为纪念曹娥的孝节，在曹娥投江之处兴建曹娥庙，她所居住的村镇改名为曹娥镇，曹娥殉父之处定名为曹娥江。

5. 古越民族图腾祭的传说

近代大量出土文物和考古研究证实：长江中下游广大地区，在新石器时代，有一种几何印纹陶为特征的文化遗存。该遗存的族属，据专家推断是一个崇拜龙的图腾的部族——史称百越族。出土陶器上的纹饰和历史传说表明，他们有断发文身的习俗，生活于水乡，自比是龙的子孙。其生产工具，大量的还是石器，也有铲、凿等小件的青铜器。作为生活用品的坛坛罐罐中，烧煮食物的印纹陶鼎是他们所特有的，是他们族群的标志之一。直到秦汉时代尚有百越人，端午节就是他们创立用于祭祖的节日。在数千年的历史发展中，大部分百越人已经融合到汉族中去了，其余部分则演变为南方许多少数民族，因此，端午节成了全中华民族的节日。

6. 端午节挂艾草的传说

传说，在远古时候，水怪想淹一些地方用来做他的地盘，可是这样的想法被天上的神仙知道了，神仙怜悯地上的百姓，便想了一个方法。

神仙砍了艾草和菖蒲做成宝剑，先去找水怪决斗，在经过了几天几夜的决斗以后，神仙终于胜利了。水怪答应神仙，只要是神仙的子孙，那它就不去侵犯，如果做不到，就让神仙作法砍死。神仙答应了，他们就说好，只要在墙上挂艾草和菖蒲的人家，那就属于神仙，没有的，那就归水怪所有。

到端午的时候，水怪乘着浪头来了。当浪来到一户户人家的屋檐下的时候，水怪总会看见这人家屋檐下挂着一束像宝剑一样的艾草和菖蒲，跑了许多的地方，只淹了一些没人住的空房子。最后，天黑了，水怪只好悻悻地回去了。

原来那天决斗后，神仙就把手中用来做宝剑的艾草和菖蒲撒到了人们住的房子上面，所以到了端午，才出现了这样的情景。后来，到了端午节的时候，人们就会在自己家的墙上挂一些艾草和菖蒲，来吓退水怪，以此来保存自己的房屋和财产。

九、佳期鹊渡会双星——七夕节

（一）七夕节历史史话

乞巧节是中国夏历，也就是农历或阴历的七月初七，这个节日的由来与天上的两颗星星有关，而星星只有在晚上才能看得清楚，因此，人们就把这个发源于七月初七晚上的节日称为“七夕节”。这两颗和乞巧节有关的星星，一颗叫做“织女星”，位于银河的东北方向，在今天的天文学家看来，它属于天琴星座；另外一颗叫做牛郎星或牵牛星，位于银河的西南方向，在今天的天文学家看来，它属于天鹰星座。当我们的祖先遥望神秘夜空的时候，他们把天琴星座中最亮的那颗恒星想象为一位灵巧的织女，是天神的女儿；把天鹰星座中最亮的那颗恒星想象为勤劳的放牛郎，后来就进一步演化出“牛郎织女鹊桥相会”的神话传说。再后来，人们又把这个传说与青年男女谈情说爱的“约会”联系在一起，与相恋男女天各一方的分离之苦联系在一起，与地老天荒忠贞不渝的爱情联系在一起，以至于现在许多人都把农历的七月初七看做是中国的情人节。其实，七夕过节的民俗最初与“情人节”的含义相去甚远。

在中国传统的农业社会里，最基本的生产分工叫做“男耕女织”，男人主要负责各种田间农活，而女人则主要负责纺织缝纫，所以，中国的传统节日既有督促和鼓励男人勤奋种田的，也有督促和鼓励女人勤奋纺织的，乞巧节就是督促和鼓励女人勤劳织作、努力学习掌握缝纫技巧的节日。关于这个节日的来历，传说很多，其中有两个故事最有代表性。

一个故事说七夕的“鹊桥相会”源于天神的惩罚：织女是天帝的女儿，独自居住在天河东岸，心灵手巧、吃苦耐劳，年复一年地辛勤劳动毫无怨言，绚丽的晨光、灿烂的晚霞，都是她织出来的，最终，她织成了“云锦天衣”。天帝可怜她的清苦孤单，特许她嫁给天河西岸的牛郎，不曾想织女出嫁以后便不思劳作，竟然把纺织缝纫的“正事”荒废了，天帝一怒之下把织女召回河东，只允许它在每年的七月初七与牛郎见一次面，于是，每逢七月初七天上一种叫做“乌鹊”的鸟就为织女搭桥，让织女过河与牛郎相会。

另一个故事说七夕的“鹊桥相会”源于天神的恩赐：织女本是天上的仙女，而牛郎虽然普通，但由他精心照料的老牛却是天上的神牛，在这头神牛的指点下，牛郎趁织女和她的6位仙女姐姐偷偷下凡游玩的机会，巧妙地结识了织女并与她成为恩爱夫妻。织女把天上精妙的纺织技巧带到了人间，造福了百姓，却坏了天规，玉皇大帝派天兵天将把织女抓了回去，神牛毅然牺牲了自己，让牛郎披上自己的皮飞上天去追赶织女，却被王母娘娘拔下银簪在天际划出一条银河将牛郎挡住，牛郎伫立河西至死不愿离去，玉皇大帝被牛郎的真情打动，破例恩准织女可于每年的七月初七渡过银河与牛郎相会，于是，每逢七月初七天上的“乌鹊”便为织女搭桥。

无论是哪一种传说，在老百姓心目中，自从织女回到天庭以后，就成了一颗只能在七月七日的晚上才能见到的“明星”，再向她讨要纺织缝纫的技巧，也只能在七夕仰望苍天虔诚祈祷了，因此，人们把七月初七定名为“乞巧节”。由于纺织缝纫是女人的主业，向织女乞要纺织技巧自然也是女人的事情，所以乞巧节也被称为“女节”。

七夕乞巧活动主要有三种形式，一种叫“穿针乞巧”，一种叫“丢针乞巧”，还有一种叫“结网乞巧”。

“穿针乞巧”是最古老的一种乞巧形式，据说自汉代就开始流行了，有记载汉代风物的典籍说，逢七月七日朝廷宫女便集中在亭台楼阁之上穿七孔针，民间纷纷效仿；到南北朝时期，妇女要登上专门搭建的彩楼上穿七孔针，还有“齐武帝起层城观，七月七日，宫人多登之穿针，世谓穿针楼”的记载；到了唐代的开元、天宝年间，七夕的穿针乞巧活动内容更加丰富，皇宫以锦缎搭建可以承载数十人的百尺楼殿，妃嫔们在楼殿上朝着月亮的方向用五色丝线去穿九孔针，能顺利穿过的，象征得到了织女的技巧，在穿针乞巧的同时，还要宴饮歌舞，往往热闹到次日清晨，民间也有效法的；到了元代，穿针乞巧活动竟然还增添了“彩头”：“九引台，七夕乞巧之所，至夕，宫女登台以五彩丝穿九尾针，先完者为得巧，迟完者为输巧，各出资以赠得巧者焉”，就是说，皇家宫女们于七夕登上九引台，比赛用五色丝线穿九孔针，先穿完的为“得巧”，后穿完的为“输巧”，“输巧”的要出钱给“得巧”的。

“丢针乞巧”也叫“投针验巧”，这种乞巧游戏在北方更为流行，具体的乞巧方法是，在七月七日中午时分，妇女们用盘子或碗盛满水后放在太阳下面晒一段时间，待水面仿佛有一层薄膜之后，便把绣花针投放在水面上，看似随意丢放，却在阳光下形成倒影，如果在盘、碗底部形成的倒影形如云、花、鸟、兽，或像某种器物的样子，就说明丢针者手巧；相反，如果杂乱无章，或只是一条粗线、细线，就说明丢针者手拙。

与穿针、丢针相比，“结网乞巧”在今天看来同人的技巧并没有什么关系，倒是更像娱乐性的游戏。人们在七月七日玩这个游戏，先捉小蜘蛛关在盒子里，过一段时间把盒子打开，看看是否结了蛛网，在南北朝的时候，结了网就算“得巧”，而唐代的习俗是结网密实才算“得巧”，到了宋代，结网圆正才算“得巧”，人们还把这种小蜘蛛称为“喜蛛”。

既然是乞巧节，节日内容便多与“巧”字有关，比如，节日食品“巧果”就十分典型。“巧果”是一种面点，是节日期间品茶、待客的零食，孩子们也非常喜欢它。“巧果”大致上有两种制作方法，一种是在面粉中加入香甜味道的调料和好以后擀成面饼，再切成几何形状的小块，像烙饼一样把它烙熟，这种面食“巧”在表面印有各式花纹，有莲蓬、桃子，也有公鸡、猴子、老虎；另一种是用糖蜜和面并加入芝麻，擀薄后切成长方形在油锅里炸熟，这种面食“巧”在入锅之前先把长方形的面片折、捏成各种花样，入锅之后在高温炸制下自然形成“七曲八弯”的形状，色泽金黄，香气扑鼻。除了家庭制作外，商铺在节日期间出售一种带枣泥或豆蓉馅的酥皮糕点，也称为“巧果”。

我们中国自古就有“授人以鱼不如授人以渔”的说法，坐享其成固然省事，但毕竟是靠不住的，所以，同那些乞求老天赐福降财的风俗相比，“乞巧”更具有积极的意义，正像民间歌谣说的“天皇皇，地皇皇，俺请七姐姐下天堂，不图你的针，不图你的线，光学你的七十二样好手段”。这种淳朴的民风对周边国家影响很深，韩国、日本都有在七月七日向织女乞巧的习惯，只是流传到今天过节内容和节庆形式有所变化而已。我国已于2006年5月20日将“乞巧节”列入“中国非物质文化遗产名录”。

（二）七夕节节日诗话

清人许缵曾有《鹊桥仙·七夕》词云：

云疏月淡，乌慵鹊倦，望里双星缥缈。人间夜夜共罗帏，只可惜，年华易老。

经秋别恨，霎时欢会，应怯金鸡催晓。算来若不隔银河，怎见得，相逢更好。

七夕，即夏历七月初七夜。七夕为中华民族之传统节日，又称“乞巧节”“女节”“少女节”“女儿节”“双七节”等。节日之俗则有“香桥会”“巧节会”“七娘会”“贺牛生日”“赛带会”“汲圣水”等。

七夕之起源甚早。《夏小正》载：“七月……寒蝉鸣，初昏，织女正向东”。《诗经·小雅·大东》中有诗句：

维天有汉，

监亦有光。

跂彼织女，

终日七襄。

虽则七襄，

不成报章。

睆彼牵牛，

不以服箱。

《古诗十九首》又云：

迢迢牵牛星，

皎皎河汉女。

纤纤擢素手，

札札弄机杼。

终日不成章，

泣涕零如雨。

河汉清且浅，

相去复几许？

盈盈一水间，

脉脉不得语。

牛郎、织女原本为星辰之名。牛郎星属天鹰座，织女星属天琴座。中国古代商周时期就有了对牛郎织女星的记载。至汉代则产生了牛郎织女的神话传说。传说牛郎是一个朴实的农民，勤劳而勇敢。织女是天上的仙女，偷偷下凡，心灵而手巧。他们俩相亲相爱，结为夫妻，生儿育女，男耕女织，过着幸福美满的生活。不料被玉帝知道，西王母奉命到人间要接织女回到天庭。牛郎携儿女在后边追赶。西王母拔簪划出一条银河为界，使牛郎织女隔河而居。后来，牛郎织女的真挚爱情感动了玉帝，玉帝同意他们每年七月七日相聚。于是，到了那天喜鹊填桥以渡，便有了七夕“鹊桥之会”。

沈约有《织女赠牵牛诗》云：

红妆与明镜，

二物本相亲。

用持施点画，

不照离居人。

往秋虽一照，

一照复还尘。

尘生不复拂，

蓬首对河津。

冬夜寒如此，

宁遽道阳春。

初商忽云至，

暂得奉衣巾。

施衿已成故，

每聚忽如新。

王筠有《牵牛答织女诗》云：

新知与生别，

由来傥相值。

岂如寸心中，

一宵怀两事。

欢娱未缱绻，

倏忽成离异。
终日遥相望，
祇益生愁思。
犹想今春悲，
尚有故年泪。
忽遇长河转，
独喜凉飙至。
奔情翊凤轸，
纤阿警龙辔。
刘铄《七夕咏牛女诗》云：
秋动清风扇，
火移炎气歇。
广檐含夜阴，
高轩通夕月。
安步巡芳林，
倾望极云阙。
组幕萦汉陈，
龙驾凌霄发。
沉情未申写，
飞光已飘忽。
来对眇难期，
今欢自兹没。

七夕之节可能起源于天体星辰崇拜，反映出古人自然崇拜与万物有灵论的意识。古人把日月星辰均视为神，于是才会有牛郎织女的神话传说。古人赋予星象星辰以神秘感，认为它们可以影响和反映人间的吉凶祸福。《淮南子·天文篇》说牵牛星曰："一时不出，其世不和；四时不出，天下大乱"。《汉书·天文志》引《星传》曰："月南入牵牛南戒，民间疾疫"。《太平御览》卷三十一引《日纬书》曰："织女星主瓜果"。《乾象通鉴》引《春秋纬·合成图》曰："织女，天女也。主瓜果收藏珍宝。"谢惠连《七夕咏牛女诗》云：

落日隐檐楹，

升月照帘栊。

团团满叶露，

淅淅振条风。

蹀足循广除，

瞬目矖曾穹。

云汉有灵匹，

弥年阙相从。

遐川阻昵爱，

修渚旷清容。

投杼不成藻，

耸辔骛前踪。

昔离秋已两，

今聚夕无双。

倾河易回斡，

款情难久悰。

沃若灵驾旋，

寂寞云幄空。

留情顾华寝，

遥心逐奔龙。

逢七夕，在宫廷里皇帝赐宴赋诗，大臣们则必奉和应制。唐高宗有《七夕宴悬圃》诗云：

羽盖飞天汉，

凤驾越层峦。

俱叹三秋阻，

共叙一宵欢。

璜亏夜月落，

靥碎晓星残。

谁能重操杼，

纤手濯清澜。

许敬宗《奉和七夕宴悬圃应制》云：

牛闺临浅汉，

鸾驷涉秋河。

两怀萦别绪，

一宿庆停梭。

星模铅里靥，

月写黛中蛾。

奈许今宵度，

长婴离恨多。

七夕节风俗之一为“乞巧”。乞巧既是民间对牛郎织女星的祭祀礼拜，又是妇女乞求智巧、预卜命运的活动。晋葛洪《西京杂记》载：“汉彩女常以七月七日穿七孔针于开襟楼，俱以习之”。宋陈元靓《岁时广记》转引周处《风土记》载：“七月七日，其夜洒扫庭除，露施几筵，设酒脯时果，散香粉于筵上，祈清河鼓（即牵牛）、织女”。据说，七夕祭拜牛女星，可乞富、乞寿、乞子，但不可兼求，三年可得。梁宗懔《荆楚岁时记》载：“七月七日为牵牛织女聚会之夜。是夕，人家妇女结彩缕，穿七孔针，或以金银鍮石为针，陈瓜果于庭中以乞巧，有喜子（蜘蛛）网于瓜上，则以为符应。”其针为七孔（或五孔、两孔），专为“乞巧”之用，不能做针线活日用。齐武帝时有“穿针楼”之设，唐时称为“乞巧楼”。据王仁裕《开元天宝遗事》载：“乞巧楼”系“以锦结成楼殿，高百尺，上可以胜数十人，陈以瓜果酒炙，设坐具，以祀牛女二星”。《新唐书·百官志》载：“七月七日祭杼。”

权德舆《七夕歌》云：

今夕云骈渡鹊桥，

应非脉脉与迢迢。

家人竟喜开妆镜，

月下穿针拜九宵。

柳恽《七夕穿针诗》云：

代马秋不归，

缁纨无复绪。

迎寒理夜缝，

映月抽纤缕。

清露下罗衣，

秋风吹玉柱。

流景对秋夕，

余光欻难驻。

刘遵《七夕穿针诗》云：

步月如有意，

情来不自禁。

向光抽一缕，

举袖弄双针。

刘孝威《七夕穿针诗》云：

缕乱恐风来，

衫轻羞指现。

故穿双眼针，

特缝合欢扇。

宋以后，“乞巧”活动的内容愈多，又添男孩祀牛郎神之俗。民间设“乞巧市”“乞巧棚”。富贵之家则结彩楼、小舫以乞巧。苏东坡《七夕词》云：“人生何处不儿嬉，乞与朱楼彩舫。”男儿向牵牛“乞聪明”，女孩向织女“乞巧”。《帝京景物略》又载：“七月七日许丢巧针，妇女曝盎水日中，顷之，水膜生面，绣针投之则浮。则看水底针影，有成云雾、花头、鸟兽影者，有成鞋及剪刀、水茄影者，谓乞得巧。其影粗如槌，细如丝，直如轴蜡，此拙征矣”。《帝京岁时纪胜》又载：“七夕前数日，种麦于小瓦器，为牵牛星之神，谓之‘五生盆’。”“街市卖巧果，人家设宴，儿女对银河拜，咸为乞巧。”

陕西黄土高原地区，妇女们用花草扎为“巧姑”供奉，七夕将豆苗、青葱放入水碗之中，用月下投物之影占卜巧拙之命。浙江、安徽等地还用蜘蛛来乞巧。《武林旧事》云：“以小蜘蛛贮盒内，以候结网之疏密，为得巧之多少。”

广州地区有汲“七夕水”之俗。《广东新语》载：“广州人每以七夕鸡初鸣，汲江水或井水贮之。是夕水重于他夕数斤，经年味不变，益甘，以疗热病，谓之圣水，亦称天孙水。”广州竹枝词云：“七夕江中争汲水”。浙江农村有七夕用盆接露水之俗，据说七夕露水是牛郎织女的眼泪，用以擦抹于眼上手上，可使人眼明手巧。民间有歌云：“乞手巧，乞貌巧；乞心通，乞颜容；乞我爹娘千百岁，乞我姊妹千万年。”

七夕之节日活动甚多。广东以七月初七为“七娘会”，亦称“拜七姐会”。湘西地区的苗族民众举行“七月七鼓会”。苏州有“七巧会”，又以七月初七为“小儿节”“女儿节”。福建地区畲族妇女举办“赛带会”。山东又以七月初七为牛之生日，俗传牛郎织女婚配得助于老牛。《武定县志》曰：“七月七日”，“牧童采野花插牛角，谓之贺牛生日”。古代，还有七夕种生求子、祭祀祈求丰收等俗。

七夕之节有深厚的文化渊源与久远的影响，历代咏七夕的诗文中甚多名篇佳构。

张文恭《七夕》诗云：

风律惊秋气，
龙梭静夜机。
星桥百枝动，
云路七香飞。
映月回雕扇，
凌霞曳绮衣。
含情向华幄，
流态入重闱。
欢馀夕漏尽，
怨结晓骖归。
谁念分河汉，
还忆两心违。

杜审言《七夕》诗云：

白露含明月，
青霞断绛河。
天街七襄转，

阁道二神过。

袨服锵环珮，

香筵拂绮罗。

年年今夜尽，

机杼别情多。

白居易《七夕》诗云：

烟霄微月澹长空，

银汉秋期万古同。

几许欢情与离恨，

年年并在此宵中。

杜牧《秋夕》诗云：

银烛秋光冷画屏，

轻罗小扇扑流萤。

天阶夜色凉如水，

卧看牵牛织女星。

又，秦观《鹊桥仙》词云：

纤云弄巧，飞星传恨，银汉迢迢暗度。金风玉露一相逢，便胜却人间无数。

柔情似水，佳期如梦，忍顾鹊桥归路。两情若是久长时，又岂在朝朝暮暮。

（三）多彩浪漫的七夕节食俗

中国农历七月初七是七夕节，民间也称其为“乞巧节”，在这一天民间不仅会用不同的形式祭拜织女，各地也都形成了一套有地方特色的七夕食俗，蕴含着人们对美好生活和灵巧双手的向往，充满了趣味性和浪漫色彩。

七夕乞巧风俗起源于人们对牛郎星（天鹰座）和织女星（天琴座）的崇拜心理，而后世流传的牛郎织女的美丽爱情故事，更给这个节日增添了浪漫的神话色彩。在这一天，女性们要祭拜善良勤劳、心灵手巧的织女，并向织女乞巧，她们不仅要比赛绢织、绣花等女红手艺，还要做“巧果”。

1．古代七夕节食俗

乞巧活动在唐代就已经风行于民间了。唐人郑处诲撰《明皇杂录》载，当时洛阳一带，有在七夕制作“乞巧装”和“同心脍”的风俗，这些物品有预示眼明手

巧和心心相印之意。宋时七夕活动变得更加丰富多彩，根据北宋孟元老著《东京梦华录》中记载，京城汴梁人家会在每年的七月七日晚在庭院里搭建彩楼，称为“乞巧楼”，并要摆设花果、酒等食品，让女性焚香列拜。南宋陈元靓编《岁时广记》记载，七夕这一天人们要制作煎饼，用其供奉牛郎织女，祭拜完毕，把这些煎饼分给全家人食用。这种食俗一直延续到了清朝，只不过在清朝又有了发展。

2. 乞巧果子

七夕节有吃巧食的食俗。瓜果、面点等都可以当作巧食，而作为节令面食的“乞巧果子”则是最为普遍的七夕节食品。这些乞巧果子款式多样，形状不一，用米面或者麦面当主料，以油炸或者炉烤的方式制成。宋代时，街市上已出现了买卖七夕巧果的现象，巧果的传统做法为：首先要把白糖放在锅中熔为糖浆，然后加进面粉、芝麻等辅料，拌匀后摊在案上，晾凉之后再切成均匀的长方形，最后再折为梭形或圆形，放到锅中油炸至金黄即可。有些女子还会用一双巧手把这些色泽艳丽的饼捏成各种与七夕传说有关的花样来。此外，乞巧时所用的瓜果形态也丰富多彩：或将瓜果雕成奇花异鸟，或在瓜皮表面雕刻图案，此种瓜果称为“花瓜”。到了清代，这种风俗还在延续并有了发展。

3. 民间各地乞巧食俗

中国历史上，各地的七夕节饮食风俗都带有着浓厚的地方特色，但是一般都称其为吃巧食，其中饺子\ 面条、油果子、馄饨等也被很多地方当作此节日的食物。

有些地区在七夕节有吃云面的食俗，这种云面是加上露水制成的，人们相信食用它能获得灵巧的双手和智慧。有一些民间糕点作坊，喜欢制作一些织女形象的酥糖，民间俗称其为“巧人”或“巧酥”，出售时又称为“送巧人”，此风俗至今在中国一些地方都存在。

有些地区的七夕食俗带有了明显的竞赛性质，女子们在这一天蒸巧饽饽、烙巧果子，比赛谁的做饭手艺更好。还有些地方七夕节有做巧芽汤的习俗，人们大多会在七月初一将谷物浸泡在水中，几天之后谷物发芽，七夕这天，剪芽做成汤，小孩子会特别重视吃巧芽，认为吃了这种食物会聪明伶俐、健康活泼。

（四）七夕节传说典故

1. 牛郎织女的传说

七夕节始终和牛郎织女的传说相连，这是一个很美丽的、千古流传的爱情故事，成为我国四大民间爱情传说之一。

相传在很早以前，南阳城西牛家庄里有个聪明、忠厚的小伙子，父母早亡，只好跟着哥哥嫂子生活，嫂子马氏为人狠毒，经常虐待他，让他干很多的活。一年秋天，嫂子逼他去放牛，给他 9 头牛，却让他等有了 10 头牛时才能回家，牛郎无奈只好赶着牛出了村。

牛郎独自一人赶着牛进了山，在草深林密的山上，他坐在树下伤心，不知道何时才能赶着 10 头牛回家。这时，有位须发皆白的老人出现在他的面前，问他为何伤心，当得知他的遭遇后，笑着对他说："别难过，在伏牛山里有一头病倒的老牛，你去好好喂养它，等老牛病好以后，你就可以赶着它回家了。"

牛郎翻山越岭，走了很远的路，终于找到了那头有病的老牛，他看到老牛病得厉害，就去给老牛打来一捆草。一连喂了三天，老牛吃饱了，才抬起头告诉他：自己本是天上的灰牛大仙，因触犯了天规被贬下凡间，摔坏了腿，无法动弹。自己的伤需要用百花的露水洗一个月才能好。牛郎不畏辛苦，细心地照料了老牛一个月，白天为老牛采花接露水治伤，晚上依偎在老牛身边睡觉，到老牛病好后，牛郎高高兴兴地赶着 10 头牛回了家。

回家后，嫂子对他仍旧不好，曾几次要加害他，都被老牛设法相救，嫂子最后恼羞成怒把牛郎赶出家门，牛郎只要了那头老牛相随。

一天，天上的织女和诸仙女一起下凡游戏，在河里洗澡，牛郎在老牛的帮助下认识了织女，二人互生情意，后来织女便偷偷下凡，来到人间，做了牛郎的妻子。织女还把从天上带来的天蚕分给大家，并教大家养蚕，抽丝，织出又光又亮的绸缎。

牛郎和织女结婚后，男耕女织，情深义重，他们生了一男一女两个孩子，一家人生活得很幸福。但是好景不长，这事很快便让天帝知道了，王母娘娘亲自下凡来，强行把织女带回天上，恩爱夫妻被拆散。

牛郎上天无路，还是老牛告诉牛郎，在它死后，可以用它的皮做成鞋，穿着就可以上天。牛郎按照老牛的话做了，穿上牛皮做的鞋，拉着自己的儿女，一起腾云驾雾上天去追织女，眼见就要追到了，谁知王母娘娘拔下头上的金簪一挥，一道波涛汹涌的天河就出现了，牛郎和织女被隔在两岸，只能相对哭泣流泪。他们的忠贞爱情感动了喜鹊，千万只喜鹊飞来，搭成鹊桥，让牛郎织女走上鹊桥相会，王母娘

娘对此也无奈，只好允许两人在每年七月七日于鹊桥相会。

后来，每到农历七月初七，牛郎织女鹊桥相会的日子，姑娘们就会来到花前月下，抬头仰望星空，寻找银河两边的牛郎星和织女星，希望能看到他们一年一度的相会，乞求上天能让自己像织女那样心灵手巧，祈祷自己能有如意称心的美满婚姻。

牛郎织女

2. 晒书的传说

司马懿当年因位高权重，颇受曹操的猜忌，为求自保，他便装疯病躲在家里。曹操仍然不大放心，就派了一个亲信令史暗中探查真相。时值七月七日，装疯的司马懿也在家中晒书。令史回去禀报曹操，曹操马上下令要司马懿回朝任职，否则即可收押。司马懿只得乖乖的遵命回朝。另有一种人，在乱世中，以放浪形骸来表达心中的郁闷。他们藐视礼法，反对时俗。刘义庆的《世说新语》卷二十五记载，七月七日人人晒书，只有郝隆跑到太阳底下去躺着，人家问他为什么，他回答："我晒书。"这一方面是蔑视晒书的习俗，另一方面也是夸耀自己腹中的才学，晒肚皮也就是晒书。汉代晒衣的风俗在魏晋时为豪门富室制造了夸耀财富的机会。名列"竹林七贤"的阮咸就瞧不起这种作风。七月七日，当他的邻居晒衣时，只见架上全是绫罗绸缎，光彩夺目。而阮咸不慌不忙地用竹竿挑起一件破旧的衣服，有人问他在干什么，他说："未能免俗，聊复尔耳！"由这几则小故事看来，就知道当时七夕晒书、晒衣的风俗有多盛了。

3. 拜魁星的传说

根据民间传说，魁星爷生前长相奇丑，脸上长满斑点，又是个跛脚。有人便写了一首打油诗来取笑他："不扬何用饰铅华，纵使铅华也莫遮。娶得麻姑成两美，比来蜂室果无差。须眉以下鸿留爪，口鼻之旁雁踏沙。莫是檐前贪午睡，风吹额上落梅花。相君玉趾最离奇，一步高来一步低。款款行时身欲舞，飘飘度处乎如口。只缘世路皆倾险，累得芳踪尽侧奇。莫笑腰肢常半折，临时摇曳亦多姿。"然而这位魁星爷志气奇高，发愤用功，竟然高中了。皇帝殿试时，问他为何脸上全是斑点，他答道：“麻面满天星。”问他的脚为何跛了，他答道：“独脚跳龙门。”皇帝很满意，就录取了他。

另一种完全不同的传说，说魁星爷生前虽然满腹学问，可惜每考必败，便悲愤得投河自杀了。岂料竟被鳖鱼救起，升天成了魁星。因为魁星能左右文人的考运，所以每逢七月七日他的生日，读书人都郑重的祭拜。

4. 七夕乞巧的传说

据载，蔡州有位丁姓女子，十分擅长女红。有一年七夕她乞巧时，看到一颗流星掉在她的香案里。第二天早上一看，原来是只金梭。从此之后，她巧思益进。

乞巧的方式之多，甚至连祭织女的供品也可派上用场。供品中必不可少的是瓜果，如果夜里有子（一种小蜘蛛）在瓜果上结网，就表示该女子已得巧。讲究一点的，如唐朝宫女，就把子放在小盒子里，第二天早晨打开来看。如果网结得少就是巧乞得少。

另有窃听哭声之说，据说必须是个童女，在夜深人静之时，悄悄地走近古井旁边，或是葡萄架下，屏息静听，隐隐之中如果能听到牛郎织女对说话或是哭泣的声音，此女必能得巧。

5. 唐玄宗与杨贵妃的爱情故事

在许多七夕的传说中，又以唐玄宗与杨贵妃的爱情故事最为脍炙人口。古代的天子拥有三宫六院是极平常的事。每位后宫佳丽莫不使出浑身解数来争取君王的宠幸，她们所凭借的最大本钱就是美貌。但色衰爱弛，就连集三千宠爱于一身的杨贵妃，亦不免有秋扇见捐的恐惧。某年七夕，在夜凉如水的长生殿，杨贵妃看着天上的牛郎星和织女星，除了羡慕他们坚贞的爱情外，同时也兴起了对自己地位的感慨，忍不住吐露了自己的心事。唐玄宗听了以后，也深受感动，便和立下了“愿生生世世为夫妻”的誓约。这段凄美的爱情，经过后代文人的彩笔描绘，变得家喻户晓。

6. 因七夕而丧命的南唐李煜

南唐后主李煜，在未亡国前，宫中的生活极尽风雅之能事。每到七夕，就命宫女在宫中用红白罗百匹，拉开象征天河，隔天再收起。李后主降宋后，过着遭人软禁的生活。有一年七夕，他因思念故国，就填了一首词“小楼昨夜又东风，故国不堪回首月明中”，还招来以前的宫女演唱。宋太宗知道以后大怒，下令赐死。一代词人竟因七夕而丧命。

十、今夜清光此处多——中秋节

（一）中秋节历史史话

在中国古老的夏历纪年法当中，七、八、九三个月为秋，俗称“三秋”，八月恰在“三秋”正中，而八月十五又恰在八月之中，因此，把八月十五称为“中秋”是再合适不过的了。秋天，因植物的成熟而变成一个金黄色的季节，人们有理由享受收获的乐趣，也有必要为即将到来的漫漫冬季做好心理和情绪上的准备，在这个时候选择一个轻松愉快的日子，过一个温馨浪漫的节日，是很有必要的。我们的祖先选择了八月十五，并把这个节日叫做“中秋节”。

中秋节是一个与月亮有关的节日，“秋高气爽”，“天高云淡”，如果不是阴雨天气，八月十五的月亮就是秋天里最浪漫动人的景色，说它浪漫，原因在于人们观赏月色，并没有像享受阳光那样具有实用的功效，进而也就没有功利行为的束缚，剩下的只有想象的自由驰骋，情怀的尽兴抒发。所以，当古人仰望一轮明月的时候所发生的种种猜想、为我们留下的种种传说，都是那样的虚幻、唯美，打动着一代又一代的中华儿女。

在古代关于月亮的传说中，古人最直观的描绘是把月亮称为“银盘”、“银盆”，“银轮”，更有想象力的称谓是“冰轮”。我们相信古人是无法测量月球表面温度的，但他们根据直觉把月亮同寒冷联系在一起，“琼楼玉宇，高处不胜寒”，称月亮为“广寒宫”，这就是接下来更为细致的观察和猜想了，一轮皓月当中有着明暗不同的阴影，仿佛巍峨的宫殿、仿佛婆娑的树木、仿佛俏丽的佳人、仿佛可爱的动物，真是“一千双眼睛里面有一千个月亮”。在许许多多的传说中，嫦娥的故事恐怕是最普遍的了。

嫦娥，多数传说认为她是射日英雄后羿的妻子，古代典籍说她偷吃了后羿的长生不老药飞到月宫做了神仙，但一个“偷”字还是语焉不详，如此温婉美丽的女人怎么会偷呢？于是人们又在“偷”字上演绎出更多的猜想，因为世人更愿意相信善良的动机，所以嫦娥偷吃仙药的故事就有了这样两个版本：一说后羿得到上天赐予的不老仙药之后交给妻子嫦娥保管，而后羿的一个居心险恶的部下趁后羿不在的机会来抢夺仙药，面对这一突发事件，嫦娥为避免仙药落入贼人之手，采取断然措施，将仙药吞入自己的腹中。另一说法是后羿功成名就之后变成了一个崇尚暴力、草菅人命、鱼肉百姓的恶人，为了尽早结束他的残酷统治，避免人民遭受永久的苦难，嫦娥毅然偷吃了后羿的仙药。不管是出于上面所说的哪一种原因，嫦娥吃下仙药以后，一下子变成了长生不老的神仙，飞向月亮、入住月宫，成为百姓心目中月亮的代表，而月亮也就成为百姓心目中美丽的女神，所以，也有人把形容女子姿态美好的“婵娟”一词用来代指月亮。

除了嫦娥以外，在民间神话中月亮上还有一位男性居民，名叫吴刚。道教传说中的吴刚是一个执著地痴迷于学道成仙却屡屡犯错的人，对于这样一个虔诚的信徒，上帝既要成全他的神仙梦，又要惩戒他的错误，就把他送到月亮上去砍伐桂树。在古人的想象中，月亮上面如同植物枝叶一般轻轻摇曳的影子，就是神奇的桂树，正是这位吴刚把桂树的种子带给人间，世上才有了芬芳的桂花，才有了香醇的桂花酒。毛泽东主席曾用“吴刚捧出桂花酒”，“寂寞嫦娥舒广袖，万里长空且为忠魂舞”的词句，纪念为人民解放事业壮烈牺牲的英雄。

嫦娥奔月

关于月亮的最离奇的故事莫过于“广寒宫”的传说了，因为这个传说同中国古代一部著名但却充满神秘色彩的音乐作品有关，这部音乐作品就是“霓裳羽衣曲”，这支乐曲由唐代玄宗皇帝李隆基创作，并由杨贵妃编配舞蹈，所以又称“霓裳羽衣舞”。相传，唐玄宗在梦境中由他的“天师”陪同，于中秋之夜来到了月亮之上，见到月宫门上的匾额写着“广寒清虚之府”，这就是后来人们说的“广寒宫”的来历，待玄宗皇帝入得宫内，只听得乐曲玄妙优美，只见得仙女们舞姿翩翩。醒来以后，唐玄宗根据自己对梦境的记忆，一点一点地拼凑、整理和完善，甚至到了朝不理政，夜不成寐的境地，“工夫不负有心人”，唐玄宗终于把这部梦幻般的乐曲创作出来了。现在，人们只是根据文字记载和文学描述知道“霓裳羽衣曲”是享誉一时的宫廷“大曲”，用音乐、舞蹈、服装表现了虚无缥缈的仙境和婀娜曼妙的仙女形象，但谁也没有见到过这部“大曲”的“真容”。因为，在“安史之乱”以后，随着唐朝政权的衰败，这部经典音乐作品不幸失传；据说南唐王朝的国君李煜，曾经把“霓裳羽衣曲”的大部分都补齐了，可惜在宋军攻破都城金陵的时候，李煜下令把它全部烧毁了。

当然，关于月亮的传说还有很多，比如，说月亮上面有一只洁白的兔子陪伴嫦娥，人们称它为“玉兔”，这只玉兔为了帮助神仙炼制仙丹而不停地捣药；还把月亮称为“蟾蜍”，称月宫为“蟾宫”等等。所有的传说大都是善良、美好的，面对这样一轮外形美丽、内涵美好的明月，必然引得人间百姓顶礼膜拜，中秋拜月、祭月，也就成为节日活动的重要内容。

古代的拜月、祭月十分讲究，最初是通过祭拜希望获得“貌似嫦娥，面如皓月”的美丽容颜，所以叩拜者只能是女性，民间有“男不拜月，女不祭灶”的说法，同时也在圆月的“圆”字上寄托家人团圆的寓意；后来，以祈祷阖家团圆为目的中秋祭月逐渐成为主流，祭祀供品多取圆形，月饼和西瓜是必不可少的食物，月饼要全家人分而食之，事先要算好全家一共有几口人，再把月饼切成多少块，每人一块，不能多，更不能少；圆圆的西瓜要一切两半，切口必须是齿状的，人们认为这样的形状像莲花，是吉祥的象征。

说到月饼和西瓜，很多人都知道西瓜是从西域传入中国的，所以叫“西瓜”；但是也许很少有人知道，有着地地道道本土名称的月饼，它的“身世”也和西域有关系。月饼除了有“月团”、“团圆饼”的别称以外，还有一个名字叫“胡饼”，相传在唐代的时候，高祖李渊皇帝在八月十五为打了胜仗的将士举行庆功宴，当时有西域商人献饼祝捷，这种圆形的饼里面包裹着西域特产的胡桃仁、芝麻等做成的馅，吃起来香甜可口，唐高祖非常高兴，指着月亮说道：“应将胡饼邀蟾蜍”，然后将胡饼分给将士们共享，后人认为这是中秋分食月饼的开端。自唐代开始，中秋节吃月饼的风俗广为流行，史书记载说，有一年的中秋节，唐僖宗正在吃月饼，听说当年新考中的进士也在附近聚餐，就派人用红绫包裹月饼赏赐他们，一时间月饼被称为“红绫饼”。到了宋代，月饼已经成为中秋节的必备食品，而且出现了许多花色，比如“荷叶”、“金花”、“芙蓉”等，大诗人苏轼在品尝月饼时赋诗称赞说：“小饼如嚼月，中有酥与饴”，月饼里面有酥油和饴糖，真是又香又甜。到了明代，不仅百姓自家在中秋节吃月饼，而且做好月饼之后在亲友之间互相赠送，有描写当时风俗的记载说："八月十五谓之中秋，民间又以月饼相遗，取团圆之义"。商铺制作月饼应节销售，更是花样百出，甚至"有一饼值数百钱者"，看来"天价月饼"自古有之。

关于月饼的故事，除了这些祥和的说法之外，也有与战争有关的传说。常见的说法是在唐高祖举兵攻打突厥的时候，以及明太祖起兵造反的时候，都曾把作战命令藏在月饼中传递出去，并成功地指挥部队取得了胜利，据说由此还形成了后人在月饼中放纸条的习俗，一直到 20 世纪中期，有些地方的月饼上还贴有纸片。设想一下当时的条件，如果真的把军事行动定在中秋节期间，那么，在月饼馅里藏一张写明进攻时间的小纸条，利用老百姓家家户户送月饼的机会传递出去，指挥参加起义的民众同时行动，也许还真是一个可行的办法。

中秋节作为中原百姓的四大节日之一，以其独具浪漫色彩的特点而著称，使得无数诗人情有独钟，在历史上留下大量以祈祷和平、安定和团圆为主题的诗词歌赋，成为古典诗词百花园里的一枝绚丽的奇葩。唐代诗人张九龄"海上生明月，天涯共此时"的诗句，说出了华夏儿女共同的愿望；宋代大文学家苏轼在一个丙辰年的中秋节，通宵畅饮之后，乘着大醉的酒意，写下了"明月几时有，把酒问青天"的绝代佳作，发出了"但愿人长久，千里共婵娟"的永恒祝福；词坛女杰李清照以细腻的笔触描绘"雁字回时，月满西楼"的深秋景致，一句"此情无计可消除，才下眉头，却上心头"，说得多少身隔两地，盼望团圆的人潸然落泪；才华横溢的清初词人纳兰性德中秋之夜思念自己早逝的妻子，一首"碧海年年，试问取，冰轮为谁圆缺？"的《琵琶仙》，表达了生死不渝的夫妻深情。

鉴于中秋节的深厚文化内涵和在人民群众中的深刻影响，我国政府于 2006 年 5 月 20 日将这个节日列入国家级非物质文化遗产名录，2008 年起，又把它规定为国家法定节假日。

（二）中秋节节日诗话

人道秋中明月好，
欲邀同赏意如何。
华阳洞里秋坛上，
今夜清光此处多。

这是白居易《华阳观中八月十五日夜招友玩月》诗。

嬴女乘鸾已上天，

仁祠空在鼎湖边。

凉风遥夜清秋半，

一望金波照粉田。

这是权德舆《八月十五日夜瑶台寺对月绝句》诗。

玉颗珊珊下月轮，

殿前拾得露华新。

至今不会天中事，

应是嫦娥掷与人。

这是皮日休《天竺寺八月十五日夜桂子》诗。

九重城接天花界，

三五秋生一夜风。

行听漏声云散后，

遥闻天语月明中。

含凉阁迥通仙掖，

承露盘高出上宫。

谁问独愁门外客，

清谈不与此宵同。

这是李益、广宣《八月十五夜宣上人独游安国寺山庭院步人迟明将至因话昨宵乘兴联句》诗。

诗人与月，有不解之缘。不论在观、在寺，在外、在家，在朝、在野……每逢中秋明月，总是诗兴勃发，妙笔生花，一定有佳作名篇。这既因为明月皎洁澄澈，寄寓着人间的美好理想，更因为诗人能够思接千载、神游万里，锦心绣口，对明月有着真诚倾心的爱。

诚如孙蜀《中秋夜戏酬顾道流》诗所云：

不那此身偏爱月，

等闲看月即更深。

仙翁每被嫦娥使，

一度逢圆一度吟。

八月十五，中秋节，亦称秋节、仲秋节、八月节、团圆节、八月半、端正月、月夕、月节、女儿节，等等。八月十五，恰值三秋之半，故名中秋。早在周代，中秋之夜就要举行迎寒和祭月活动。《周礼·春官·籥章》说：“中春，昼击土鼓，歓豳诗，以逆暑，中秋夜迎寒，亦如之。”《礼记·月令》说：“仲秋之月，日在角，昏南斗中，晓毕中，律中南吕，盲风至，鸿雁来，玄鸟归，群鸟养羞。”据《中国风俗辞典》说：中秋节，在汉代已具雏形，其时在立秋日。晋时有中秋赏月之举，但未成俗。至唐代，中秋赏月、玩月颇为盛行。北宋时，始定八月十五为中秋节。

南北朝宋谢灵运有《怨晓月赋》云：

卧洞房兮当何悦，

灭华烛兮弄晓月。

昨三五兮既满，

今二八兮将缺。

浮云褰兮收泛滟，

明舒照兮殊皎洁。

墀除兮镜鉴，

廊栊兮澄澈。

宋谢庄也有《月赋》云：

陈王初丧应刘，端忧多暇。绿苔生阁，芳尘凝榭。悄焉疚怀，不怡中夜……于时斜汉左界，北陆南躔；白露暖空，素月流天，沉吟齐章，殷勤陈篇。抽毫进牍，以命仲宣。仲宣跪而称曰：……日以阳德，月以阴灵，擅扶光于东沼，嗣若英于西溟，引玄兔于帝台，集素娥于后庭……若夫气霁地表，云敛天末，洞庭始波，木叶微脱……升清质之悠悠，降澄辉之蔼蔼。列宿掩缛，长河韬映，柔祇雪凝，圆灵水镜，连观霜缟，周除冰净……歌曰：美人迈兮音尘阙，隔千里兮共明月……

《文苑英华》载梁沈约《咏月》（《文选》作《秋月》）诗云：

月华临静夜，

夜静灭氛埃。

方晖竟户入，

圆影隙中来。

高楼切思妇，
西园游上才。
网轩映珠缀，
应门照绿苔。
洞房殊未晓，
清光信悠哉。
又有《咏月篇》（《艺文类聚》作《望秋月》）诗云：
望秋月，
秋月光如练。
照曜三爵台，
徘徊九华殿。
九华瑇瑁梁，
华榱与璧珰。
以兹雕丽色，
持照明月光。
凝华入黼帐，
清辉悬洞房。
先过飞燕户，
却照班姬床。
桂宫袅袅落桂枝，
露寒凄凄凝白露。
上林晚叶飒飒鸣，
雁门早鸿离离度。
湛秀质兮似规，
委清光兮如素。
照愁轩之蓬影，
映金阶之轻步。
居人临此笑以歌，
别客对之伤且慕。

经衰圃，映寒丛。

凝清夜，带秋风。

随庭雪以偕素，

与池荷而共红。

临玉墀之皎皎，

含霜霭之蒙蒙。

輁天衢而徙度，

轹长汉而飞空。

隐岩崖之半出，

隔帷幌而才通。

散朱庭之奕奕，

入青琐而玲珑。

闲阶悲寡鹄，

沙洲怨别鸿。

文姬泣胡殿，

昭君思汉宫。

余亦何为者，

淹留此山东。

南宋吴自牧《梦粱录》卷四说："八月十五日中秋节，此日之秋恰半，故谓之'中秋'。此夜月色倍于常时，又谓之'月夕'。此际金风荐爽，玉露生凉，丹桂飘香，银蟾光满，王孙公子，富家巨室，莫不登危楼，临轩玩月，或开广榭，玳筵罗列，琴瑟铿锵，酬酒高歌，以卜竟夕之欢。""至如铺席之家，亦登小小月台，安排家宴，团圆子女，以酬佳节。虽陋巷贫窭之人，解衣市酒，勉强迎欢，不肯虚度。此夜天街买卖，直至五鼓，玩月游人，婆娑于市，至晓不绝"。

梁元帝《望江中月影》诗云：

澄江涵皓月，

水影若浮天。

风来如可泛，

流急不成圆。

秦钩断复接，

和璧碎还联。

裂纨依岸草，

斜桂逐行船。

即此春江上，

无俟百枝然。

鲍照曾有诗句写月云：

始见西南楼，

纤纤如玉钩。

末映东北墀，

娟娟似蛾眉。

枚乘《月赋》说："猗嗟明月，当心而出。隐圆岩而似钩，蔽修堞而如镜。"何偃《月赋》又说："日月虽如璧，以光为形。""远日如鉴，满月如璧。"班婕妤《怨歌行》云："新裂齐纨素，鲜洁如霜雪。裁为合欢扇，团团似明月。"虞喜安《天论》说："俗传月中仙人桂树，今视其初生，见仙人之足，渐已成形，桂树后生。"

梁戴嵩《月重轮行》诗云：

皇储属明两，

副德表重轮。

重轮非是晕，

桂满月恒春。

海珠全更减，

阶蓂翳且新。

婕妤比圆扇，

曹王譬洛神。

浮川疑让璧，

入户类烧银。

从来看顾兔，

不曾闻斗麟。

北堂岂盈手，

西园偏照人。

《初学记》载：《军国占候》曰："若月有三珥者，大臣有喜。若月冠而复晕者，天下有喜。"崔豹《古今注》说："汉明帝做太子，乐人歌四章，以赞太子之德。其一曰日重光，二曰月重轮，三曰星重曜，四曰海重润。"《抱朴子》说："昔帝轩辕候凤鸣以调律。唐尧观蓂荚以知月。"《帝王世纪》云："尧时有草，夹阶而生。每月朔日生一荚，至月半则生十五荚。至十六日后，日落一荚，至月晦而尽。若月小，余一荚。王者以是占历，应和而生，以为尧瑞。名之蓂荚，一名历荚，一名仙茆。"隋庾信《舟中望月》诗云：

舟子夜离家，

开船望月华。

山明疑有雪，

岸白不关沙。

天汉看珠蚌，

星桥视桂花。

灰飞重晕缺，

蓂落独轮斜。

《淮南子》说："方诸见月，则津而为水。"高诱注曰："方诸，阴燧大蛤也。熟摩令热以向月，则水生也。"许慎注曰："诸，珠也。方，名也。"《淮南子》又说："画随灰而月晕阙。"许慎注曰："有军事相围守则月晕。以芦灰环，缺其一面，则月晕亦阙于其上。"

梁庾肩吾《和望月诗》云：

桂殿月偏来，

留光引上才。

园随汉东蚌，

晕逐淮南灰。

渡河光不湿，

移轮辙讵开。

此夜临清景，

还承终宴杯。

《释名》云："朏，月未成明也。魄，月始生魄然也。朔，月初之名也。朔，苏也，月死复苏生也。晦，月尽之名也。晦，灰也，死为灰，月光尽似之也。弦，月半之名也，其形一旁曲，一旁直，若张弓弦也。望，月满之名也，日月遥相望也。"《五经通义》说："月中有兔与蟾蜍何？兔，阴也。蟾蜍，阳也。而与兔并，明阴聚于阳也。"

唐太宗《辽城望月》诗云：

玄兔月初明，

澄辉照辽碣。

映云光暂隐，

隔树花如缀。

魄满桂枝圆，

轮亏镜彩缺。

临城却影散，

带晕重围结。

驻跸俯九都，

停观妖氛灭。

唐欧阳詹有《玩月》诗，诗前有"序"说："月可玩。玩月，古也。""月之为玩，冬则繁霜大寒，夏则蒸云大热。云蔽月，霜侵人，蔽与侵，俱害乎玩。秋之于时，后夏先冬；八月于秋，季始盈终；十五于夜，又月之中；稽于天道，则寒暑均；取于月数，则蟾兔圆。况埃壒不流，太空悠悠。婵娟裴回，桂华上浮。升东林，入西楼，肌骨与之疏凉，神气与之清冷。四君子悦而相谓曰：'斯古人所以为玩也。'既得古人所玩之意，宜袭古人所玩之事，作《玩月》诗云：

八月十五夕，

旧嘉蟾兔光。

斯从古人好，

共下今宵堂。

素魄皎孤凝，

芳辉纷四扬。

裴回林上头，

泛滟天中央。

皓露助流华，

轻风佐浮凉。

清冷到肌骨，

洁白盈衣裳。

惜此苦宜玩，

揽之非可将。

含情顾广庭，

愿勿沉西方。”

《东京梦华录》说：“中秋夜，贵家结饰台榭，民间争占酒楼玩月。”即使是野寺僧人也要玩月吟咏，诗人们更是聚于江边水榭或茶楼酒肆，相互酬唱玩月。

唐代越中僧人栖白有《八月十五夜玩月》诗，云：

寻常三五月，

不是不婵娟。

及至中秋满，

还胜别夜圆。

清光凝有露，

皓魄爽无烟。

自古人皆望，

年来又一年。

白居易《八月十五日夜湓亭望月》诗云：

昔年八月十五夜，

曲江池畔杏园边。

今年八月十五夜，

湓浦沙头水馆前。

西北望乡何处是，

东南见月几回圆。

临风一叹无人会，

今夜清光似往年。

又有《八月十五日夜同诸客玩月》“次韵”诗云：

光彩遍空轮欲满，

青霄映出皎云端。

纵饶唤得姮娥下，

引向堂前仔细看。

裴夷直有《同乐天中秋夜洛河玩月》二首，其一云：

清洛半秋悬璧月，

彩船当夕泛银河。

苍龙颔底珠皆没，

白帝心边镜乍磨。

海上几时霜雪积，

人间此夜管弦多。

须知天地为炉意，

尽取黄金铸作波。

其二云：

不热不寒三五夕，

晴川明月正相临。

千珠竞没苍龙颔，

一镜高悬白帝心。

几处凄凉缘地远，

有时惆怅值云阴。

何如清洛如清昼，

共见初升又见沈。

《帝京景物略》卷二载：“八月十五日祭月，其祭，果饼必圆，分瓜必牙错，瓣刻之，如莲华。纸肆市月光纸，缋满月像，趺坐莲华者，月光遍照菩萨也。华下月轮桂殿，有兔杵而人立，捣药臼中。纸小者三寸，大者丈，致工者金碧缤纷。家设月光位，于月所出方，向月供而拜，则焚月光纸，撤所供，散家之人必遍。”

民间祭月，各地有别。如《中华全国风俗志》载，江苏“中秋节晚间焚香拜月，小儿则以瓜果菱芡之类，供于中庭。供毕仍饱口福，是晚望子者，至夫子庙游后，过桥一行，谓可卜梦熊云”。山西则“中秋作家宴者少，铺户中，各出一人，互相邀请，然绝无人来。请毕，闭门畅饮，达旦方息，谓之圆月”。安徽寿春“八月十五夜，妇人设瓜果团饼于庭院拜月”。

祭月多由女子主祭，说是“男不拜月，女不祭灶”。有些地方也不然，男女都可拜月。欧阳修《新编醉翁谈录》说：京师中秋夕，“倾城人家子女，不以贫富，能自行者十二、三，皆以成人之服饰之，登楼或于中庭焚香拜月，各有所期：男则愿早步蟾宫，高攀仙桂；女则愿貌似嫦娥，圆如皓月。”祭月时所用供品都为圆形，取团圆之义。还有老妇人拜月时祝颂道：“八月十五月正圆，西瓜月饼敬老天。敬的老天心喜欢，一年四季保平安”云云。

苏轼《中秋月》诗云：

暮云收尽溢清寒，

银汉无声转玉盘。

此生此夜不长好，

明月明年何处看。

李朴《中秋》诗云：

皓魄当空宝镜升，

云间仙籁寂无声。

平分秋色一轮满，

长伴云衢千里明。

狡兔空从弦外落，

妖蟆休向眼前生。

灵槎拟约同携手，

更待银河彻底清。

明代田汝成《西湖游览志余》说：“八月十五日谓之中秋，民间以月饼相送，取团圆之意。”亲友之间相互馈赠月饼，在北方民间也相当普遍。有的人家甚至做许多月饼，遍送亲友。月饼的种类繁多，制作方法各异，有京式、广式、苏式、滇式等不同风味，有“嫦娥奔月”“银河夜月”“三潭印月”“西施醉月”等不同图案，有酥皮、脆皮、糖浆面皮，有豆沙、枣泥、五仁、火腿、甜肉等不同馅芯，真是百花齐放，异彩纷呈，美不胜收。《燕京岁时记》说：“中秋月饼，以前门致美斋者为京都第一”，“至供月饼，到处皆有，大者尺余，上绘月宫蟾兔之形。有祭毕而食者，有留至除夕而食者，谓之团圆饼。”

中秋节，也是求子求丁的节日。《中华全国风俗志》载：“中秋晚，衡城有送瓜一事。凡席丰履厚之家，娶妇数年不育者，则亲友举行送瓜。先数日于菜园中窃冬瓜一个，勿令园主知之，以彩色绘成面目，衣服裹于其上如人形，举年长命好者抱之，鸣金放炮送至其家。年长者置瓜于床，以被覆之，口中念曰：‘种瓜得瓜，种豆得豆。’受瓜者设盛筵款之，若喜事然。妇女得瓜后即剖食之”。贵州“偷瓜以晚上行之，偷之时，故意使被偷之人知道，以讨其怒骂，而且骂得（厉）害愈妙。将瓜偷来之后，穿之以衣服，绘以眉目，装成小儿之状，乘以竹舆，有锣鼓送至于无子之妇人家。受瓜之人，须请送瓜人食一顿月饼，然后将瓜放在床上，伴睡一夜。次日清晨，将瓜煮而食之，以为自此可怀孕也。”湖南苗族，也有偷瓜送子之俗近似。江苏“乡村愚妇，有夜分私取园瓜，谓之‘摸秋’，以兆生子。”南京地区也传说妇女在中秋夜入人家菜园，摸得瓜者可得子……

李峤有《瓜》诗云：

欲识东陵味，

青门五色瓜。

龙蹄远珠履，

女臂动金花。

六子方呈瑞，

三仙实可嘉。

终朝奉絺绤，

谒帝伫非赊。

中秋节之俗，内容甚丰，有祭太社、请篮神、请桌神、玩兔爷、烧斗香、走月亮、摸丁东、放天灯、树中秋、瓦子灯、舞火龙、打中秋炮、点塔灯、斗蟋蟀、听日彩……

浙江沿海，有中秋钱塘观潮之俗。《武林旧事》描写海潮震天撼地之磅礴气势：“方其远出海门，仅如银线，既而渐近，则玉城雪岭，际天而来。大声如雷霆，震撼激射，吞天沃日，势极雄豪。”苏轼有《八月十五日看潮》诗云：

定知玉兔十分圆，

已作霜风九月寒。

寄语重门休上钥，

夜潮留向月中看。

中秋节也是许多少数民族的共同节日。蒙古族、回族、彝族、壮族、布依族、朝鲜族、满族、白族、侗族、土家族、哈尼族、黎族、傈僳族、畲族、拉祜族、纳西族、达斡尔族、羌族、仡佬族、锡伯族、鄂温克族、裕固族、京族、鄂伦春族、赫哲族等民族均过中秋节，又有许多多彩的民俗活动。

不论中秋节的活动有多少，赏月是一个永恒的主题。历代的诗人们笔下的咏月诗篇卷帙浩繁，有“待月”“望月”“看月”“对月”“邀月”“问月”“寄月”“玩月”“步月”“听月”“醉月”，等等。

曹松《中秋对月》诗云：

无云世界秋三五，

共看蟾盘上海涯。

直到天头天尽处，

不曾私照一人家。

清余京有一首《中秋月蚀》，也算是“千年等一回”了，诗云：

秋半蟾光彻底清，

妖蟆残夜蓦然生。

匣开尘土蒙金镜，

盘弄泥丸污水晶。

自满定知多外侮，

处高原忌太分明。

广寒宫阙愁昏黑，

斟酌姮娥秉烛行。

同是对着一轮明月，诗人们在不同的情境下有许多不同的感怀，可以歌倾太平盛世，可以感喟兵火乱世，可以怀念故乡、怀念友人，可以欢歌、畅饮，也可以寄托离愁别绪……

如果中秋夜而“不见月”，则诗人们的情绪又会有许多不同。

罗隐《中秋夜不见月》诗云：

阴云薄暮上空虚，

此夕清光已破除。

只恐异时开霁后，

玉轮依旧养蟾蜍。

元凛《中秋夜不见月》诗云：

蟾轮何事色全微，

赚得佳人出绣帏。

四野雾凝空寂寞，

九霄云锁绝光辉。

吟时得句翻停笔，

玩处临尊却掩扉。

公子倚栏犹怅望，

懒寻红烛草堂归。

清代诗人樊增祥，字樊山，号云门，有《樊山全集》，仅《中秋夜无月》就有数首，其中有一首云：

亘古清光彻九州，

只今烟雾锁琼楼。

莫愁遮断山河影，

照出山河影更愁。

诗人一生作诗三万余首，大多内容空乏。而这首《中秋夜无月》却犹有韵味。该诗作于光绪三十一年（一九O五年），其时朝廷政治腐败黑暗，国家内忧外患，山河破碎，民族处在危亡之际。作者在中秋之夜，望着浓云遮月，心中翻卷着忧国之思。于是感慨地说，今夜无月反倒胜于有月，因为有月会照出破碎的山河，只能加剧家国之愁。作者沉痛地说，无月正好莫愁，深沉的爱国之情溢于言表。

八月十五中秋节，诗人吟咏“中秋月”。许多诗人在中秋节之前之后，都留下了咏月的诗篇。王建有《和元郎中从八月十二至十五夜玩月》诗五首，云：

半秋初入中旬夜，

已向阶前守月明。

从未圆时看却好，
一分一见傍轮生。
乱云遮却台东月，
不许教依次第看。
莫为诗家先见镜，
被他笼与作艰难。
今夜月明胜昨夜，
新添桂树近东枝。
立多地湿舁床坐，
看过墙西寸寸迟。
月似圆来色渐凝，
玉盆盛水欲侵棱。
夜深尽放家人醉，
直到天明不炷灯。
合望月时常望月，
分明不得似今年。
仰头五夜风中立，
从未圆时直到圆。

元稹《八月十四日夜玩月》诗云：

犹欠一宵轮未满，
紫霞红衬碧云端。
谁能唤得姮娥下，
引向堂前仔细看。

杜甫《十六夜玩月》云：

旧挹金波爽，
皆传玉露秋。
关山随地阔，
河汉近人流。
谷口樵归唱，

孤城笛起愁。

巴童浑不寝，

半夜有行舟。

又有《十七夜对月》诗云：

秋月仍圆夜，

江村独老身。

卷帘还照客，

倚杖更随人。

光射潜虬动，

明翻宿鸟频。

茅斋依橘柚，

清切露华新。

唐彦谦《八月十六日夜月》诗云：

断肠佳赏固难期，

昨夜销魂更不疑。

丹桂影空蟾有露，

绿槐阴在鹊无枝。

赖将吟咏聊惆怅，

早是疏顽耐别离。

堪恨贾生曾恸哭，

不缘清景为忧时。

卢延让《八月十六夜月》诗云：

十六胜三五，

中天照大荒。

只讹些子缘，

应耗没多光。

桂老犹全在，

蟾深未煞忙。

难期一年事，

到晓泥诗章。

（三）团圆庆丰的中秋节食俗

中秋佳节，秋实累累，一年辛勤劳动都将在此时结出丰硕果实。届时家家都要置办佳肴美酒，怀着丰收的喜悦，欢度佳节，从而形成中国丰富多彩的中秋饮食风俗。

按照中国的历法，农历八月居秋季之中，而八月的三十天中，十五又居一月之中，故八月十五日称为“中秋”。据传吃月饼的风俗始于唐代的甜饼，后才形成了专门的中秋节日的糕点。因为月饼为圆形，所以富有家家团圆、欢乐之意。

1．中秋节吃月饼

月饼作为一种食品开始于宋代，词人苏东坡就有“小饼嚼如月，中有酥与饴”之句，诗中的“酥”与“饴”道出了月饼的主要特点。当时专门记载宋代民俗的《梦粱录》中说：“市食点心，时时皆有……芙蓉饼、菊花饼、月饼、梅花饼……就门供卖。”不过，那时的月饼还没有成为中秋佳节的节令食品。月饼作为一种时令食品并中秋赏月联系在一起，始见于南宋的《武林旧事》。自明代之后，有关中秋赏月吃月饼的记述就比较普遍了。如明人田汝成在《西湖游览志余》卷二十里说：“八月十五日谓之中秋，民间以月饼相遗，取团圆之意。”说明在中秋这天吃月饼，有以圆如满月的月饼来象征月圆和团圆的意义。明人沈榜在《宛署杂记》里说，每到中秋，百姓们都制作面饼互相赠送，大小不等，呼之为“月饼”。可见，“中秋佳节吃月饼”是中国流传几百年的传统风俗。

2．中秋节吃田螺

中秋吃田螺也是民间的旧俗，在清咸丰年间的《顺德县志》有记：“八月望日，尚芋食螺。”民间认为，中秋田螺，可以明目。据分析，螺肉营养丰富，而所含的维生素A又是眼睛视色素的重要物质。食田螺可明目，言之成理。但为什么一定要在中秋节特别热衷于食之呢。这是因为此时正是田螺空怀的时候，腹内无小螺，因此，肉质特别肥美，是食田螺的最佳时节。如今在广州民间，不少家庭在中秋期间，都

月饼

有炒田螺的习惯。

3．中秋节饮桂花酒、吃芋头

在中国古代，每逢中秋之夜人们还要饮桂花酒，仰望着月中丹桂，闻着阵阵桂香，喝桂花美酒，已成为节日的一种美妙的享受。桂花不仅可供观赏，而且还有食用价值。屈原的《九歌》中便有“援id斗兮酌桂浆”、“奠桂兮椒浆”的诗句。可见中国饮桂花酿酒的年代已是相当久远了。

4．中秋节吃芋头

中秋节还有吃芋头的食俗，其寓意是为了辟邪消灾，并有表示不信邪之意。如清代乾隆癸未年的《潮州府志》曰：“中秋玩月，剥芋头食之，谓之剥鬼皮”。可见在当时“剥芋头”有剥鬼而食的意思，体现了古人不畏鬼魅的气概。

5．中秋节吃南瓜

江南各地过中秋节，有钱人家吃月饼，穷苦人家有吃南瓜的风俗。海盐南瓜质量好，曾经是地方特产之一。农民收获南瓜后，不管是吃还是卖，总会选几个最大最好吃的老南瓜藏起来，留待八月半吃，以及送亲友过中秋节之用。吃和送自己种植的又红又圆又甜的老南瓜，是老百姓对红红火火、团团圆圆和甜甜蜜蜜的生活向往。时至现在，海盐南北湖及其周边地区的人家，八月半吃老南瓜的习俗仍部分保留着。

（四）中秋节传说典故

1．八月十五吃南瓜的风俗

传说很久以前，南山脚住着一户穷苦人家，双亲年老，膝下只有一女，名叫黄花。她美丽、聪明、善良、勤劳，那时连年灾荒，黄花的父母年老多病，加上缺衣少食．于是卧床不起。有一天，正值那年的八月十五，黄花在南山杂草丛中，发现两只扁圆形野瓜。她采了回来，煮给父母吃。两老吃了食欲大增，病体也好了。于是黄花姑娘就把瓜子种在地里，第二年果然生根发芽，长出许多圆圆的瓜来，因为这是从南山采来的，就叫南瓜。从此，每年八月十五那一天，江南家家户户流传着八月半吃老南瓜烧糯米饭的风俗。

2．思念亲人吃月饼

相传，当年的七仙女为追求自由和爱情，冒禁下凡嫁给了勤劳孝顺的董永。可她毕竟敌不过玉帝，被逼返回天宫。她和董永生的儿子却留在了人间。

七仙女之子从小没有母亲的抚爱，过着辛酸的日子，更难以忍受的是因没有母亲而遭到歧视。有一年的八月十五，七仙女之子见同村的小孩在村口的桂花树下玩耍，也走过去凑热闹。谁知小孩们不仅不和他玩，还把他臭骂了一顿，说他是没妈的野孩子。这正触动他的痛处，他扭头来到村边的槐树下，放声痛哭，一边哭还一边喊妈妈，听起来叫人伤心。这哭声喊声惊动了天神吴刚，吴刚决定冒犯天条之危险，让他与自己的母亲见上一面。吴刚一边给七仙女捎信，一边来到孩子身边，拿出一双登云鞋给孩子，对他说："好孩子，快别哭，要想见妈妈，穿鞋圆月下。"

七仙女之子原本十分机灵，等到夜幕降临，月亮刚刚露出东边山头，便迫不及待地穿上登云鞋，飞到天宫找妈妈去了。七仙女见到亲生儿子，高兴得又是亲又是抱。众姐妹也都带来各种好吃的东西欢迎远道而来的外甥。七仙女拿出各种各样好吃的东西，生怕儿子吃不够，还亲自动手，用桂花蜜糖拌花生仁、核桃仁为馅，做成圆月形状的仙饼给儿子吃。这仙饼甜美无比，又香又软，儿子非常喜欢。

这边母子欢聚，论长说短，欢天喜地，不料却被玉皇大帝知道了，他气得七窍生烟，大发雷霆。下令罚吴刚到月宫里砍伐桂花树，永世不得离开，又命手下脱掉董永儿子的登云鞋，打发麒麟驮他回到人间。

七仙女之子回到人间后，年复一年，对于天宫中的事情慢慢模糊了，唯一记得牢牢的是妈妈为他做的饼子。后来，他当了大官，就让辖区内的老百姓每逢八月十五这天，都仿做这种饼，放在月亮下，遥祝亲人。这种饼产在圆月这一天，又形如圆圆的月亮，人们就称它为"月饼"。

3．月饼的"地下工作"

元朝末年，中原广大人民不甘忍受蒙古人的残酷统治，纷纷起义抗元。朱元璋欲联合反抗力量起兵谋反，但元朝官兵搜查严密，苦于无法传递消息。足智多谋的军师刘基，想出了一个绝妙的好主意——"以饼传信"。他命王昭光制作饼子，将写有"八月十五夜起义"的纸条藏入饼子里面，再命人分头传送到各地起义军手中，通知他们在八月十五日晚上响应起义，一举推翻元朝的统治，起义取得了成功。为了纪念这一功绩，中秋吃月饼的习俗也就流传了下来。

4．拜月的传说

相传古代齐国有一丑女无盐，幼年时曾虔诚拜月，长大后，以超群品德入宫，但未被宠幸。某年八月十五赏月，天子在月光下见到她，觉得她美丽出众，后立她

为皇后，中秋拜月由此而来。月中嫦娥，以美貌著称，故少女拜月，愿“貌似嫦娥，面如皓月”。

5. 傣族拜月的传说

傣族的民间传说，月亮是天皇第三个儿子岩尖变的。岩尖是一位英勇刚强的青年，他曾率领傣族人民打败过敌人，赢得了傣族乡亲的爱戴。后来，他不幸去世，变成了月亮，继续给傣族人民带来光明。所以每到中秋节，傣族人都要举行“拜月”活动来纪念他。

6. 苗族跳月的传说

苗族的古老传说，月亮是个忠诚憨厚、勤劳勇敢的青年。有个年轻美丽的水清姑娘，她拒绝了来自九十九州岛上的九十九个向她求婚的小伙子，深深爱上了月亮。最后，她还经历了太阳制造的种种磨难，终于和月亮幸福地结合一起。

7. 嫦娥奔月

相传，远古时候天上有十日同时出现，晒得庄稼枯死，民不聊生。一个名叫后羿的英雄，力大无穷，他同情受苦的百姓，登上昆仑山顶，运足神力，拉开神弓，一气射下九个太阳，并严令最后一个太阳按时起落，为民造福。

后羿因此受到百姓的尊敬和爱戴，而且娶了个美丽善良的妻子，名叫嫦娥。后羿除传艺狩猎外，终日和妻子在一起，人们都羡慕这对郎才女貌的恩爱夫妻。

不少志士慕名前来投师学艺，心术不正的蓬蒙也混了进来。

一天，后羿到昆仑山访友求道，巧遇由此经过的王母娘娘，便向王母求得一包不死药。据说，服下此药，能即刻升天成仙。然而，后羿舍不得撇下妻子，只好暂时把不死药交给嫦娥珍藏。嫦娥将药藏进梳妆台的百宝匣里，不料被小人蓬蒙看见了，他想偷吃不死药自己成仙。

三天后，后羿率众徒外出狩猎，心怀鬼胎的蓬蒙假装生病，留了下来。待后羿率众人走后不久，蓬蒙手持宝剑闯入内宅后院，威逼嫦娥交出不死药。嫦娥知道自己不是蓬蒙的对手，危急之时她当机立断，转身打开百宝匣，拿出不死药一口吞了下去。嫦娥吞下药，身子立时飘离地面，冲出窗口，向天上飞去。由于嫦娥牵挂着丈夫，便飞落到离人间最近的月亮上成了仙。

傍晚，后羿回到家，侍女们哭诉了白天发生的事。后羿既惊又怒，抽剑去杀恶徒，这时蓬蒙早逃走了，后羿气得捶胸顿足，悲痛欲绝，仰望着夜空呼唤爱妻的名字，这时他惊奇地发现，今天的月亮格外皎洁明亮，而且有个晃动的身影酷似嫦娥。他拼命朝月亮追去，可是他追三步，月亮退三步，他退三步，月亮进三步，无论怎样也追不到跟前。

后羿无可奈何，又思念妻子，只好派人到嫦娥喜爱的后花园里，摆上香案，放上她平时最爱吃的蜜食鲜果，遥祭在月宫里眷恋着自己的嫦娥。百姓们闻知嫦娥奔月成仙的消息后，纷纷在月下摆设香案，向善良的嫦娥祈求吉祥平安。

从此，中秋节拜月的风俗在民间传开了。

8．朱元璋起义与月饼

中秋节吃月饼相传始于元代。当时，中原广大人民不堪忍受元朝统治阶级的残酷统治，纷纷起义抗元。朱元璋联合各路反抗力量准备起义。但朝廷官兵搜查得十分严密，传递消息十分困难。军师刘伯温便想出一计策，命令属下把藏有“八月十五夜起义”的纸条藏入饼子里画，再派人分头传送到各地起义军中，通知他们在八月十五日晚上响应起义。到了起义的那天，各路义军一齐响应，起义军如星火燎原。

很快，徐达就攻下了元大都，起义成功了。消息传来，朱元璋高兴得连忙传下口谕，在即将来临的中秋节，让全体将士与民同乐，并将当年起兵时以秘密传递信息的“月饼”，作为节令糕点赏赐给群臣。此后，“月饼”制作越发精细，品种更多，大者如圆盘，成为馈赠的佳品。以后中秋节吃月饼的习俗便在民间流传开来。

9．舞火龙的传说

很早以前，大坑区在一次风灾袭击后，出现了一条蟒蛇，四处作恶，村民们四出搜捕，终于把它击毙。不料次日蟒蛇尸体不翼而飞。数天后，大坑区便发生瘟疫。这时，村中父老忽获菩萨托梦，说是只要在中秋佳节舞动火龙，便可将瘟疫驱除。事有巧合，此举竟然奏效。从此，舞火龙就流传至今。

10．吴刚伐桂

相传月亮上的广寒宫前有一棵桂树生长繁茂，有五百多丈高，下边有一个人常在砍伐它，但是每次砍下去之后，被砍的地方又立即合拢了。几千年来，就这样随砍随合，这棵桂树永远也不能被砍光。据说这个砍树的人名叫吴刚，是汉朝西河人，曾跟随仙人修道，到了天界，但是他犯了错误，仙人就把他贬到月宫，天天做这种徒劳无功的苦差使，以示惩处。李白诗中有“欲斫月中桂，持为寒者薪”的

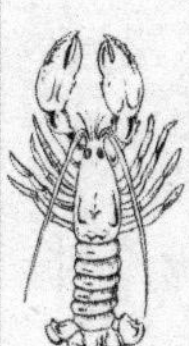

记载。

11. 吃南瓜的传说

传说很久很久以前，南山脚住着一户穷苦人家，双亲年老，膝下只有一女，名叫黄花，美丽、聪明、善良、勤劳。那时连年灾荒，黄花的父母年老多病，加上缺衣少食，病在床上，奄奄一息。那天八月十五，黄花在南山杂草丛中，发现两只扁圆形的野瓜。她便采了回来，煮熟了给父母吃。香喷喷、甜滋滋，两老吃了食欲大增，病体也好了。黄花姑娘就把瓜子种在地里，第二年果然生根发芽，长出许多圆圆的瓜来，因为这是从南山采来的，就叫南瓜。从此，每年八月十五那一天，江南家家户户流传着八月半吃老南瓜烧糯米饭的风俗。

12. 玉兔捣药的传说

相传有三位神仙变成三个可怜的老人，向狐狸、猴子、兔子求食，狐狸与猴子都有食物可以济助他们，唯有兔子束手无策。后来兔子说："你们吃我的肉吧！"就跃入烈火中，将自己烧熟，神仙大受感动，把兔子送到月宫内，成了玉兔。

13. 玉兔入月宫

传说很久以前，有一对修行千年的兔子，得道成了仙。它们有四个可爱的女儿，个个生得纯白伶俐。

一天，玉皇大帝召见雄兔上天宫，它依依不舍地离开妻儿，踏着云彩上天宫去。正当它来到南天门时，看到太白金星带领天将押着嫦娥从身边走去。兔仙不知发生了什么事，就问旁边一位看守天门的天神。听完她的遭遇后，兔仙觉得嫦娥无辜受罪，很同情她。但是自己力量微薄，能帮什么忙呢？想到嫦娥一个人关在月宫里，多么寂寞悲伤，要是有人陪伴就好了，忽然想到自己的四个女儿，它立即飞奔回家。

兔仙把嫦娥的遭遇告诉雌兔，并说想送一个孩子跟嫦娥做伴。雌兔虽然深深同情嫦娥，但是又舍不得自己的宝贝女儿，几个女儿也舍不得离开父母，一个个泪流满面。雄兔语重心长地说道："如果是我孤独地被关起来，你们愿意陪伴我吗？嫦娥为了解救百姓，受到牵累，我们能不同情她吗？孩子，我们不能只想到自己呀！"

孩子们明白了父亲的心，都表示愿意去。雄兔和雌兔眼里含着泪，笑了。它们决定让最小的女儿去。

小玉兔告别父母和姐姐们，到月宫陪伴嫦娥去了！

14. 阿昌族煮饭喂狗的传说

相传从前稻谷皆自生自长，而且高大如芭蕉树，人们因此养成好吃懒做的习惯，并把吃不完的稻谷都糟蹋掉。一天，观音娘娘见人们如此不珍惜粮食，一气之下刮起一阵狂风，卷走了所有的谷子。不久，人们便一个个饿得嗷嗷直叫，狗也饿得嗷嗷直叫，观音听到狗叫，想到作孽的是人不是狗，于是就朝狗叫的地方撒下一把把谷子，人们把狗撵走，抢谷种吃，一位老人劝阻了大家，并把捡到的几粒谷种播撒在河边的田里，从此代代相传，人们不仅学会了种谷子，还懂得了生活要靠辛勤劳动的道理。为了不忘过去的教训，也为了报答狗讨来谷种的恩德，八月十五这天早上，家家户户都要用新收获的大米煮饭喂狗，而后走亲访友，欢聚娱乐。

15. 郑成功“中秋会饼”的传说

三百多年前，民族英雄郑成功以厦门为根据地，驱逐荷夷收复台湾。郑成功的士兵基本上来自福建、广东各地，到中秋节前后，士兵们思念亲人。郑成功的部将洪旭，为了抚慰士兵离乡背井、思亲想家之念，激励士兵先国后家，克敌制胜的斗志，便与兵部衙堂的属员，经过一番筹谋，巧设“中秋会饼”，通过“掷骰子”活动让士兵们赏月玩饼、品茗谈天。中秋会饼每会有63块饼，隐含七、九、六十三之数，因为三、九是我国民间的吉利数。会饼模仿科举制，设状元1个，直径20厘米，宛似一轮明月，饼上雕印有“嫦娥奔月”、“桂树玉兔”等图案；对堂（榜眼）2个，直径13厘米左右；另外还有三红（探花）4个，四进（进士）8个，二举（举人）16个，一秀（秀才）32个，会饼的直径依次减少，最小的大约1.7厘米。它们分别代表文武状元、榜眼、探花、进士、举人、秀才。由于博状元寓教于乐，活泼有趣，所以郑成功特别批准从八月十三日至十八日，军中按单、双日分批轮流赏月搏饼。每当中秋佳节，明月高悬，海风习习，涛声阵阵，勇士们就围着中秋会饼搏状元。

16. 牛渚玩月的传说

牛渚（今采石矶），汉时即属丹阳郡秣陵（今南京）。《续汉书·郡国志》说，秣陵县“南有牛渚”。早在一千六百年前，东晋于南京（当时叫建业）建都，镇守牛渚的谢尚月夜泛舟牛渚江上，听到有人在运租船上朗诵自己的《咏史》诗，大为赞赏，于是邀请过船，此人即是袁宏。他们一见如故，吟诗畅叙直达天明。当时谢尚身为镇西将军，而袁宏只是个靠运租为业的穷书生，由于对才能的尊重，他们之间打破了身份地位的障碍。袁宏因受到谢尚的赞誉，从此名声大振。谢尚玩月闻袁宏咏史于前，文人雅士亦趋之于后，于是泛舟、登楼赏月者连绵不绝。唐朝大诗人李白游抵金陵闻知此事，即赋诗曰："昔闻牛渚泳五章，今来何谢袁家郎?"感慨系之，登城西孙楚酒楼"玩月达曙"。

17. 李世民与月饼

唐朝时，太宗李世民为征讨北方突厥，平定其屡次的侵犯，令手下大将李靖亲自率兵出征，转战边塞，结果屡建奇功。八月十五这天凯旋归京。为了庆祝胜利，京都长安城内外鸣炮奏乐，军民狂欢通宵。当时有个到长安通商的吐蕃人，特地向皇上献圆饼祝捷。太宗李世民大喜，接过装饰华丽的饼盒，取出彩色圆饼，指着悬挂天空的明月说道："应将胡饼邀蟾蜍（月亮）。"随后，将圆饼分给了文武百官。从此，中秋节吃月饼的习俗便流传了下来。

18. 唐明皇游月宫的传说

相传唐玄宗与申天师及道士鸿都中秋望月，突然玄宗兴起游月宫之念，于是天师作法，三人一起步上青云，漫游月宫，但宫前有守卫森严，无法进入，只能在外俯瞰长安皇城，在此之际，忽闻仙声阵阵，清丽奇绝，宛转动人！唐玄宗素来熟通音律，于是默记心中。这正是"此曲只应天上有，人间哪得几回闻！"日后玄宗回忆月宫仙娥的音乐歌声，自己又谱曲编舞，这便是历史上有名的"霓裳羽衣曲"。

19. 仫佬族杀鸭子的传说

传说从前仫佬人居住的地方，山好水好，四季如春。村村六畜兴旺，年年五谷丰登。可是有一年，突然来了"番鬼佬"，到处杀人放火，抢劫奸淫，害得仫佬人日夜不宁。村中有个卖糖的老夫妇和儿子三人，决心带头反抗。他们想了一个计谋：以游村卖糖来串联村民，在八月十五晚上一齐动手杀番鬼佬。果然大部分"番鬼佬"被打死，一部分跳到河里，都变成了鸭子。仫佬人就把鸭子捉回村，杀掉当做庆祝胜利的美餐。从此，仫佬人为了纪念卖糖的一家三人，每年八月十五，家家户户都要买饼子、杀鸭子，以此教育后代不要忘记反抗侵略的斗争。

20. 中秋吃芋头的传说

1279 年，蒙古贵族灭了南宋，建立元朝，对汉人进行了残酷的统治。马发据守潮州抗元，城破后，百姓惨遭屠杀。为了不忘胡人统治之苦，后人就取芋头与"胡头"谐音，且形似人头，以此来祭奠祖先，历代相传，至今犹存。

21．高山族托舞球的传说

相传古代，大清溪边有对青年夫妇，男的叫大尖哥，女的叫水花姐，靠捕鱼度日。一天，太阳和月亮突然都不见了，天昏地暗，禾苗枯萎，花果不长，虫鸟哭泣。大尖和水花决定要把太阳和月亮找回来。他俩在白发老婆婆指点下，用金斧砍死了深潭中吞食太阳的公龙；又用金剪刀杀死了吞食月亮的母龙。他们还拿了大棕榈树枝，把太阳和月亮托上天空。为了征服恶龙，他们永远守在潭边，变成了大尖和水花两座大山。这个大潭，人们就称它为“日月潭”。

所以，每逢中秋，高山族同胞想念大尖和水花夫妇的献身精神，都要到日月潭边来模仿他们夫妇托太阳、月亮的彩球，不让彩球落地，以求一年的日月昌明，风调雨顺，五谷丰登。

十一、茱萸插遍花宜寿——重阳节

（一）重阳节历史史话

在古人看来，“数起于一，而处于九”，“九”是数字的尽头，“九”之后只能从“一”开始重新再来；同时，“九”又是道教所说的“阳数”，所谓“九，阳之变也”，按照这样的看法，九月九日则是“两九相重，日月并阳”，因而被古人称为“重阳”。特意选择重阳举行祭祀活动，早在战国时期就已经形成风气，成为实质上的民间节日，到了唐代，朝廷将重阳正式确定为节目，从此便一直延续下来。

为什么要特意选择重阳这一天来进行祭祀？祭祀的内容又是什么呢？研究历史的专家学者认为，最初选择重阳进行祭祀的原因，可能来源于古人的“末日”恐惧，因为进入九月，古人借以判断季节变化从而安排生产和生活的标志性星宿“大火”悄然隐没了，一年的时间即将走到尽头，就要进入到严冬无所作为的隐居状态了，人们不无忐忑地期待着“大火”星能够如人所愿地再次出现，好重新指引人类继续生存下去；而恰恰是在这个时候，人们遇到了一个加剧心理恐惧的日子——九月九日，两个代表“尽头”的数字不祥地碰到了一起，古人把这些自然的现象看做是“凶兆”，必须用祭祀活动来规避凶险的发生，并祈祷人们顺利度过这一段“黑暗”时期。于是，就有了这样一个传说：有一个名叫桓景的人跟随大师费长房一边游历一边学习，有一天费老师突然对学生桓景说，九月初九你家将有大难，赶快回去让你全家躲到附近的山上，还要每人做一个布囊装上草药茱萸系在胳膊上，并且要喝菊花酒，这样才可以避免灾难伤害到你的家人。桓景火速赶回家里按照老师的话一一办好，等到全家从山上返回时，发现留在家里的牲畜全都无缘无故地死掉了，桓景回去把家里的情况报告给老师，费长房说，这些牲畜代替你的家人受难了。这个故事流传开来，百姓们纷纷在九月初九出门登高，佩戴茱萸，喝菊花酒，这些做法很快便流行起来，成为民间的一种风气和习俗。

如果仅仅是怀着恐惧的心情消极地“辟邪”，那岂不是全然没有过节的味道了吗？重阳又怎么能够称为“节日”呢？热爱生活而又充满中华传统智慧的祖先们，很快就从对于“九九”这个“极数”的惧怕情绪中萌生了“借势”的愿望，既然“九九”是最高的“阳数”，而人活在世间的寿命就是古人心目中的“阳寿”，那么，何不通过祭祀和祈祷，在重阳之日借“九九高阳”之势来为人增寿呢？更何况“九九”与“久久”音、义两合，正如古人所说：“九作久，阳数九为老，久义也”，于是，重阳就成为人们通过消灾辟邪来祝福长寿的快乐的节日了。魏文帝曹丕在重阳日写过一封书信，信中说：“岁往月来，忽复九月九日。九为阳数，而日月并应，俗嘉其名，以为宜于长久，故以享宴高会”。曹丕的这段文字，说明了早在三国时代，登高聚会、宴请宾朋以祝福长寿，已经成为重阳的主要节日活动内容了，传承下来，就像唐代诗人沈俭期诗中所说：“年年重九庆，日月奉天长”。

重阳节“借势”的意味典型地体现在“登高”上，“九九”为至高，人们便要顺势登高，让自己站在高点之上，借以增高，祈求得到“高寿”。每逢重阳，虽然家家户户外出登高，但那时的“登高”并不是我们现在的“登山运动”，而是更接近于“秋游”，晚秋的郊野，“树树深红出浅黄”，碧绿的色彩正在退出大自然的画面，我们的先人就把重阳登高称为“辞青”，与春天的“踏青”遥相对应，多么具有诗意。既然是“辞青”的秋游，当然就没有匆匆的步履，人们漫步山林，饱览秋光，怡然自得，甚至到了如醉如痴、物我两忘的境地。相传晋朝大司马桓温与参军大将孟嘉等人重阳登龙山，孟嘉痴醉于山间秋色，帽子被风吹掉了还浑然不觉，桓温命人作文讥笑他，孟嘉反而作文应答，留下了“龙山落帽”的典故。人们在游览间歇还要围坐野餐、烤肉，宴饮一番，文人们还会乘兴吟诗作画，寂静秋林一时间喧闹起来。重阳登高的时尚发展到鼎盛时期，人们有山登山，无山登塔、登楼、登高阁，几乎是见高则登，据说传世佳篇《滕王阁序》就是王勃于重阳之日所作。明清时期，北京人远登西山八大处，近登天宁寺、陶然亭；广州人登白云山；而无山可登的上海人就登豫园里面的大假山，到了民国时期，连24层高的国际饭店也成了重阳登高之所。百姓如此，皇家也不例外，宫廷有人工堆成的土丘，专供皇帝重阳登临，称“万岁山”；清代末期，慈禧“老佛爷”跑到现在的北海公园登“桃花山”，与文武大臣野餐、烤肉，并以蓝布围挡，派亲兵把守，禁止百姓窥视。

唐代诗人王维远在异乡，重阳之日思念家中亲人有感而发，写下了“遥知兄弟登高处，遍插茱萸少一人”的诗句。“茱萸”是我们在了解重阳节的时候不得不说的。茱萸是一种常绿小乔木植物，果实成熟后为绛红色，有芳香、辛辣的气味，具有杀虫消毒、驱寒祛风等功效，历来就是我国人民常用的一味草药，现在药店销售的“六味地黄丸”、“十全大补丸”等中药里面，都有茱萸的成分。茱萸也有不同的品种，药用价值比较高，是古代称为“吴”一带地区出产的“吴茱萸”。相传在春秋时代，弱小的吴国向楚国进贡的物品中就有“吴萸”，但不识货的楚王看不上这种土里土气的东西，要把吴国的使臣赶出去，楚王身边一位姓朱的大臣好言相劝留住了吴国使臣，仔细了解了“吴萸”的用途并把它保存起来，后来楚王受寒腹痛难忍，医生都没有办法，这时姓朱的大臣连忙取出“吴萸”给楚王服用，很快便解除了病痛，楚王高兴地奖励了朱姓大臣，并向吴国道歉。以后，“吴萸”便被广泛种植和使用，为了纪念朱姓大臣，人们在“吴萸”中加上“朱”字，流传到后世，不仅“吴”地有这种药材，其他地区也有，所以“吴”字渐渐被人遗忘了，而“朱”字却一直保留着，并按照汉语的用字习惯在“朱”字上加了“艹”，成了广为人知的“茱萸”。由于茱萸的实际药用价值，以及它散发的辛香气息、紫红的色泽，再加上关于它的神奇传说，所以，古时候的人们都相信茱萸具有驱邪避害的作用，茱萸也由此获得了“辟邪翁”的雅号，无论王公贵族还是平头百姓，都会在重阳节缝制和佩带“茱萸囊”、插茱萸、戴茱萸，喝茱萸酒，渐渐成为我国人民的一个风俗习惯。由于茱萸在重阳节扮演着如此重要的角色，因此，人们索性把重阳节称为“茱萸节”。

还有一种植物是必须提到的，那就是菊花。菊花也叫“黄花”，原产于我国，最初有17个品种，明清之际传入欧洲，在人工培植过程中增加到30多种。中国医药理论认为，菊花“味微辛、甘、苦，性微寒”，具有“疏风散热、清肝明目”的解毒功效，自古就有以菊代茶、以菊制酒的饮食风俗，传说在河南南阳一带有个叫

甘谷的村庄，盛产菊花，清泉流经花丛，花瓣散落水中，村民世代饮用散发着菊香的泉水，那里的人个个都是老寿星，年长的百三十岁，年轻的也能活到七八十岁。这样的故事在民间流传，更增加了人们对菊花健身益寿作用的追捧；而且，菊花的盛花期是在“我花开后百花煞”的晚秋时节，其他花朵都凋零了，而菊花却正在开放，也让人觉得菊花比其他花卉的寿命更长，所以，古人把菊花称为“延龄客”、“延寿客”、“傅延年”，菊花酒是重阳节必饮的佳酿，赏菊则是重阳节重要的活动内容。

菊花酒在我国有着悠久的历史，在中华酒文化中占有重要的位置。相传，酿制菊花酒在汉魏时期已经盛行，酿制菊花酒，要在九月九重阳日采摘初放的菊花，连同些许青翠的花茎和菊叶，一起放入配制好的酿酒主料当中，放置一年以后，在来年的重阳节饮用。写出“采菊东篱下，悠然见南山”诗句的晋代诗人陶渊明认为：“酒能祛百病，菊解制颓龄”，重阳饮菊花酒，既能够在生理上起到活血化瘀的保健作用，又能够在心理上发挥祈求长寿的暗示作用，遂成为各界人士的喜好。为迎合这一民俗，有人用世代家传的菊花酒酿制秘方酿酒销售，形成了百年品牌，据说酿酒业的兴旺就与重阳饮酒关系密切，有些地方的酒坊以重阳为祭祀酒神的日子，还有一些地方的酒坊规定必须在重阳下料酿酒，因为只有在阳气最旺的九月九日才能酿出好酒。

重阳赏菊也是十分热闹的盛大活动，不少有条件的人家于重阳举办花会，展示的菊花动辄数百盆，甚至摆放成“花山”、“花塔”，供游人观赏；也有专门栽培和贩运各种菊花的商人，在重阳摆花市，供人们买回家里，或置于庭院盆栽，或置于几案瓶养，为居家环境增添一份清雅和吉祥。普通百姓逛花会、花市，争相观看争奇斗艳的菊花新品种。文人墨客则寓意于花，吟诗作赋，留给后人无数咏菊名篇。重阳节真是满街菊花、满桌菊花、满纸菊花，仿佛菊花就是为九月九才开放的，难怪人称菊花为“九花”。九月九求高寿，不仅要登高，还要吃“糕”，“糕”与“高”同音，在重阳节食用糕点，也是流行的民风。有史书记载汉代民风说：“九月九日，佩茱萸，食蓬饵，饮菊花酒，云令人长寿”，“蓬饵”就是古代米果之类的糕点，后来发展成专门制作的“重阳糕”，供人们在节日食用。“重阳糕”也叫“花糕”、“菊花糕”，一般的制作方法是用面粉、米粉蒸制，中间夹入青果、小枣、核桃仁之类的干果，习惯上要贴上香菜叶，表明它是专为节日制作的“花糕”，这种简易制作的花糕叫做“糙花糕”；比它精致一些的叫“细花糕”，要蒸制成二三层的样子，每一层中间都夹着苹果脯、桃脯、杏脯等蜜饯；最讲究的花糕要做成九层的宝塔状，暗合“九九”之意，在“宝塔”的顶端，要做两只小羊的造型放在上面，暗合“重阳”之意，更有附会者，在花糕上点燃蜡烛曰“灯”，灯在糕上，取“登高”的意思；再插上一面小小的纸红旗，象征“茱萸”，真可谓煞费苦心。

随着节日内容的发展变化，祈望长寿的主题越来越鲜明，从而引导人们羡慕、敬重那些长寿的老人，学习和推广长寿人群的生活经验，进而又启发出人们对老年人的普遍尊敬，重阳节为老人贺寿、祝寿也渐渐形成风气，重阳节又增添了敬老、爱老的内容。

从重阳节的历史变迁中，我们可以发现与端午节相同的道理。从担心五月初五的“五毒俱出”，最终演变为除虫灭害的“讲卫生”运动；从惧怕九月初九的“阳极必反”，最终演变为借势延寿的“尊老爱老”活动，我们的祖先在面对生活中的种种“不利”、“不顺”的时候，并不是无所作为、听天由命的，他们在困难面前所表现出的积极、智慧、乐观和豁达的精神，为中华民族留下了热爱生活的优良传统。

(二) 重阳节节日诗话

王昌龄《九日登高》诗云：

青山远近带皇州，
霁景重阳上北楼。
雨歇亭皋仙菊润，
霜飞天苑御梨秋。
茱萸插鬓花宜寿，
翡翠横钗舞作愁。
漫说陶潜篱下醉，
何曾见得此风流？

王昌龄是盛唐时期著名诗人，有“七绝圣手”之誉。九月九日，诗人登上长安北楼，即景赋诗，写出了登高所见之山川形势、节候风物，也自然流露出了诗人欢快愉悦的心情。

重阳节，又名重九、九月九、九日，还称登高节、菊花节、茱萸节，也有称为女儿节的。《易经》以阳爻为九，九为阳数，两九相重，故为“重九”，月与日并为阳九，故名“重阳”。重阳节由来已久，一般认为始于先秦，古代有秋游去灾的风俗。两汉长安有秋日登高台之游。东汉末曹丕《九日与钟繇书》云：“岁往月来，忽复九月九日。九为阳数，而日月并应，俗嘉其名，以为宜于长久，故以享宴高会”。又梁吴均《续齐谐记》云：“汝南桓景，随费长房游学。累年，长房谓之曰：‘九月九日，汝家中当有灾，宜急去，令家人各作绛囊，盛茱萸以系臂，登高，饮菊花酒，此祸可除。’景如言，齐家登山。夕还，见鸡犬牛羊，一时暴死。长房闻之曰：‘此可代也’。”此后，每逢九月九日，人们便登高、野宴、佩戴茱萸、饮菊花酒，以求免祸呈祥。世代相沿，遂为节日风俗。

登高大约原本为与采集、狩猎有关的经济活动，随着社会生产的发展，又逐渐演化为娱乐、健身活动。孙思邈《千金方·月令》载：“重阳日，必以肴酒登高远眺，为时宴之游赏，以畅秋志。酒必采茱萸、菊以泛之，即醉而归”。《帝京景物略》载：“九月九日，载酒具、茶炉、食榼，曰登高。香山诸山，高山也；法藏寺，高塔也；显灵宫、报国寺，高阁也”。《梦粱录》云：“日月梭飞，转盼重阳”。是日有“孟嘉登龙山落帽，渊明向东篱赏菊”等故事传为佳话。“孟嘉落帽”事见《晋书·孟嘉传》：“嘉为桓温参军，九月九日漫游龙山，僚佐毕集，有风至，吹嘉落帽不觉”。“渊明赏菊”事见《南史·隐逸传》：“九月九日，陶渊明无酒可饮，便到宅边菊丛中赏菊坐久，恰有朋友王弘送酒至，乃痛饮一醉。”

李白《九日》诗云：

今日云景好，
水绿秋山明。
携壶酌流霞，
搴菊泛寒荣。
地远松石古。
风扬弦管清。
窥觞照欢颜，
独笑还自倾。
落帽醉山月，
空歌怀友生。

杜甫有《九日蓝田崔氏庄》诗云：

老去悲秋强自宽，

兴来今日尽君欢。

羞将短发还吹帽，

笑倩旁人为正冠。

蓝水远从千涧落，

玉山高并两峰寒。

明年此会知谁健，

醉把茱萸仔细看。

此诗抒发诗人悲秋叹老之情怀，给人以意味深长、悠然无穷之感。又有《登高》一诗云：

风急天高猿啸哀，

渚清沙白鸟飞回。

无边落木萧萧下，

不尽长江滚滚来。

万里悲秋常作客，

百年多病独登台。

艰难苦恨繁霜鬓，

潦倒新停浊酒杯。

萧涤非论此诗是一首“拔山扛鼎”式的悲歌。

插茱萸亦为重阳节民间驱灾求吉的活动之一。民间认为，正如五月为“毒月”一样，九月九日亦为逢凶多灾之日。为逢凶化吉、驱灾去难，便要“插茱萸”。《西京杂记》载：“九月九日佩茱萸，食蓬饵，饮菊华（花）酒，令人长寿。菊花舒时并采茎叶，杂黍米酿之。至来年九月九日始熟，就饮焉，故谓之菊华酒。”茱萸为中草药的一种，香味浓郁，可以驱虫去湿，逐风邪，治寒热，宣气开郁，消除积食。北魏贾思勰《齐民要术》卷四称“舍东种白杨、茱萸三根，增年益寿，除患害也”。古人视茱萸为灵物，认为佩插茱萸、在舍房井边栽种茱萸可除患害、去瘟病。

唐王维《九月九日忆山东兄弟》诗云：

独在异乡为异客，
每逢佳节倍思亲。
遥知兄弟登高处，
遍插茱萸少一人。

宋宋祁《九日置酒》诗云：

秋晚佳辰重物华，
高台複帐短鸣笳。
邀欢任落风前帽，
促饮争吹酒上花。
溪态澄明初毕雨，
日痕清澹不成霞。
白头太守真愚甚，
满插茱萸望辟邪。

此诗俊逸流畅，富有生活情趣与喜剧气氛，确为“兴会高华”之作。

赏菊是重阳节的重要活动内容。菊花又名黄花，为观赏花卉，品种繁多，有的又可为饮料与药物。屈原《离骚》中有“朝饮木兰之坠露兮，夕餐秋菊之落英”句。陶潜爱菊更为传世佳话。其《九日闲居》诗序云：“余闲居，爱重九之名。秋菊盈园，而持醪靡由，空服九华，寄怀于言”。其诗云：

世短意常多，
斯人乐久生。
日月依辰至，
举俗爱其名。
露凄暄风息，
气澈天象明。
往燕无遗影，
来雁有余声。
酒能祛百虑，
菊解制颓龄。
如何蓬庐士，

空视时运倾！

尘爵耻虚罍。

寒华徒自荣。

敛襟独闲谣，

缅焉起深情。

栖迟固多娱，

淹留岂无成。

唐杜牧《九日齐山登高》有“尘世难逢开口笑，菊花须插满头归”，与宋祁“满插茱萸望辟邪”句相通。古人认为，菊花与茱萸同样具有避瘟的功能。《梦粱录》曰：“今世人以菊花、茱萸，浮于酒饮之，盖茱萸名‘辟邪翁’，菊花为‘延寿客’；故借此两物服之，以消阳九之厄”。《东京梦华录》载：“九月重阳，都下赏菊，有数种，其黄白色蕊若莲房，曰‘万龄菊’；粉红色曰‘桃花菊’；而白桧曰‘木香菊’；黄色而圆者曰‘金铃菊’；纯白而大者曰‘喜容菊’，无处无之”。清代又出现了菊花会、菊花山。《清嘉录》载：“畦菊乍放，虎阜花农，已千盎百盂担入城市，居人买为瓶，洗供赏者，或五器七器为一台”。“或于广庭大厦堆千百盆，为玩者绉纸为山，号为菊花山，而茶肆尤盛。蔡云《吴歙》云：堆得菊山高复高，铜瓶瓷碗供周遭。酒边灯下花成卮，笑倒柴桑处士陶。”古人重阳诗中，咏菊抒怀者甚多。

隋江总《于长安归还扬州，九月九日行薇山亭赋韵》云：

心逐南云逝，

形随北雁来。

故乡篱下菊，

今日几花开？

唐王绩《九月九日赠崔使君善为》诗云：

野人迷节候，

端坐隔尘埃。

忽见黄花吐，

方知素节回。

映岩千段发，

临浦万株开。

香气徒盈把，

无人送酒来。

唐崔国辅《九月九日》诗云：

江边枫落菊花黄，

少长登高一望乡。

九日陶家虽载酒，

三年楚客已沾裳。

重阳节还有许多祭祀活动。是日，胶东农村祭财神，长岛地区祭祖，各种手工业作坊祭行业神，各瓦木工祭鲁班大师，酒坊祭杜康，染房祭梅福或葛洪。古代还有驱鬼巫术等活动。重阳节的娱乐，有围猎、射柳、放风筝、赛马等。重阳节除饮菊花酒外，也是食蟹的季节，还食重阳糕。重阳糕又名五色糕、花糕，有取谐音“高”以求步步升高之吉。

目前，我国已确认九月九日重阳节又为老年节，或老人节、敬老节。这大约与“九”的谐音有关，九与久同音，九九相逢，可作为长寿的象征。

重阳节又名“女儿节”。《帝京景物略》载：“父母家必迎女来食花糕，或不得迎，母则诟，女则怨诧，小妹则泣，望其姊姨，亦曰女儿节。”我国有许多少数民族也过重阳节，但名称与内容又有所不同。

唐崔曙《九日登望仙台呈刘明府》诗云：

汉文皇帝有高台，

此日登临曙色开。

三晋云山皆北向，

二陵风雨自东来。

关门令尹谁能识，

河上仙翁去不回。

且欲近寻彭泽宰，

陶然共醉菊花杯。

元张可久有《四块玉·客中九日》云：

落帽风，

登高酒，
人远天涯碧云秋，
雨荒篱下黄花瘦。
愁又愁，
楼上楼，
九月九。
元汤式又有《小梁州·九日渡江二首》云：
秋风江上棹孤舟，
烟水悠悠，
伤心无句赋登楼。
山容瘦，
老树替人愁。
樽前醉把茱萸嗅，
问相知几个白头？
乐可酬，
人非旧。
黄花时候，
难比旧风流。
秋风江上棹孤航。
烟水茫茫。
白云西去雁南翔。
推篷望，
清思满沧浪。
东篱载酒陶元亮，
等闲间过了重阳。
自感伤，
何情况，
黄花惆怅，
空作去年香。

（三）期盼长寿的重阳节食俗

重阳节历史悠久、年代久远，尽管各地有不同的过节食俗，但其核心文化价值始终是寓意平安和谐，生命长久和健康长寿，从古至今从未改变。

重阳节也叫重九节，因为正值农历九月九日，二九相重，日月并应。古时，人们把“九”作为阳数之极，所以也称重阳节。

1. 重阳节饮菊花酒

古时九月九日这天，人们采下初开的菊花和一点青翠的枝叶，掺和在准备酿酒的粮食中，然后一齐用来酿酒，放至第二年九月九日饮用。菊花酒在古代被看作是重阳必饮、祛灾祈福的“吉祥酒”。

菊花酒早在汉代就已经出现，据西汉学者刘歆《西京杂记》载：“菊花舒时，并采茎叶，杂黍为酿之，至来年九月九日始熟，就饮焉，故谓之菊花酒”。到了明清时代菊花酒仍然在民间盛行，人们又在菊花酒中又加入很多种草药。明代高濂在《遵生八笺》中记载，菊花酒已经成为当时盛行的健身饮料，具有较高的药用价值，传说喝了菊花酒可以延年益寿。从医学角度看，菊花酒可以明目、治头昏、降血压，有减肥、轻身、补肝气、安肠胃、利血之妙。

2. 重阳节吃重阳糕

重阳糕也叫花糕或重阳花糕，是重阳节的节日糕点。重阳糕的制作方式和食用习俗因地而异，关于它的源起和民俗文化的寓意也有多种说法。一般认为重阳糕源起重阳节登高的习俗。据南朝梁吴均《续齐谐记》载，汉代时一个叫桓景的人师从费长房学仙，有一天费长房告诉桓景：九月九日有大灾降临你家，可教家人缝制布囊，内盛茱萸，系之臂上，届时登山饮菊花酒，灾祸可消。桓景依言行事，果然无恙。后人仿效，遂形成九月初九登高山、饮菊酒、插茱萸等一整套重阳节俗。

（四）重阳节传说典故

1. 吃重阳糕的传说

重阳花糕的起源有一种来源甚早的说法。《南齐书》卷九上说，刘裕篡晋之前，有一年在彭城过重阳。一时兴起，便骑马登上了项羽戏马台。等他即位称帝后，便规定每年九月九日为骑马射箭、校阅军队的日子。据传说，后来流行的重阳糕，就是当年发给士兵的干粮。

另一种传说则流传于陕西附近。传说明朝的状元康海是陕西武功人。他参加八月中的乡试后，卧病长安，八月下旨发榜后，报喜的报子兼程将此喜讯送到武功，但此时康海尚未抵家。家里没人打发赏钱，报子就不肯走，一定要等到康海回来。等康海病好回家时，已经是重阳节了。这时他才打发报子，给了他赏钱，并蒸了一锅糕给他回程做干粮。又多蒸了一些糕分给左邻右舍。因为这糕是用来庆祝康海中状元，所以后来有子弟上学的人家，也在重阳节蒸糕分发，讨一个好兆头。重阳节吃糕的习俗就这样传开来了。

2. 桓景除魔的传说

东汉时，汝南县里有一个叫桓景的农村小伙子，父母双全，妻子儿女一大家。日子虽然不算好，半菜半粮也能过得去。谁知不幸的事儿来了。汝河两岸害起了瘟疫，家家户户都病倒了，尸首遍地没人埋。这一年，桓景的父母也都病死了。

桓景小时候听大人们说："汝河里住有一个瘟魔，每年都要出来到人间走走。它走到哪里就把瘟疫带到哪里。桓景决心访师求友学本领，战胜瘟魔，为民除害。听说东南山中住着一个名叫费长房的大仙，他就收拾行装，起程进山拜师学艺。

费长房送给桓景一把降妖青龙剑。桓景早起晚睡，披星戴月，不分昼夜地练开了。转眼又是一年，那天桓景正在练剑，费长房走到跟前说："今年九月九，汝河瘟魔又要出来。你赶紧回乡为民除害。我给你茱萸叶子一包，菊花酒一瓶，让你家乡父老登高避祸。"仙翁说罢，用手一指，一只仙鹤展翅飞来，落在桓景面前。桓景跨上仙鹤向汝南飞去。

桓景回到家乡，召集乡亲。把大仙的话给大伙儿说了。九月九那天，他领着妻儿、乡亲父老登上了附近的一座山。把茱萸叶子每人分了一片，说这样随身带上，瘟魔不敢近身。又把菊花酒倒出来，每人喝了一口，说喝了菊花酒，不染瘟疫之疾。他把乡亲们安排好，就带着他的降妖青龙剑回到家里，独坐屋内，单等瘟魔来时杀死瘟魔。

不大一会儿，只听汝河怒吼，怪风旋起。瘟魔出水走上岸来，穿过村庄，走千家串万户也不见一个人，忽然抬头见人们都在高高的山上欢聚。它窜到山下，只觉得酒气刺鼻，茱萸冲肺，不敢近前登山，就又回身向村里走去。只见一个人正在屋中端坐，就吼叫一声向前扑去。桓景一见瘟魔扑来，急忙舞剑迎战。

斗了几个回合，瘟魔战不过他，拔腿就跑。桓景"嗖"的一声把降妖青龙剑抛出，只见宝剑闪着寒光向瘟魔追去，穿心透肺地把瘟魔扎倒在地。

此后，汝河两岸的百姓，再也不受瘟魔的侵害了。人们把九月九登高避祸、桓景剑刺瘟魔的事，父传子，子传孙，一直传到现在。从那时起，人们就过起重阳节来，有了重九登高的风俗。

3. 孟嘉落帽的传说

“孟嘉落帽”说的是晋朝永和年间，陶渊明外祖父孟嘉在征西大将军桓温幕下任职。一年重阳节，桓温召集幕僚游览龙山并在山上宴饮，由于孟嘉酒醉并为山中景致所吸引，竟然不知头上的帽子被风吹落。由于古人视帽子为头颅，孟嘉落帽惊动了所有宾客。为了让大家高兴，桓温示意大家不要告诉孟嘉，并趁孟嘉去厕所的时候，让人把他的帽子拾起，并让在座的著名文人孙胜写文章嘲讽孟嘉。不过孟嘉人醉心不醉，回来后提笔写了一篇文章回敬孙胜，结果在座的人纷纷叫好。此事经陶渊明记载在《晋故征西大将军长史孟府君传》后，从此传为美谈，“孟嘉落帽”遂成为历代文人重阳登高最喜用的典故之一。如李白《九日》诗：“落帽醉山月，空歌怀友生”；辛弃疾《念奴娇·重九席上》词：“龙山何在？记当年高会。重阳佳节，谁与老兵共一笑？落帽参军华发。”

4. 陶渊明赏菊

陶渊明以隐居出名，以诗出名，以酒出名，也以爱菊出名；后人效之，遂有重阳赏菊之俗。旧时士大夫，还多将赏菊与宴饮结合，以求和陶渊明更接近。北宋京师开封，重阳赏菊很盛行，当时的菊花就有很多种。清代以后，赏菊之俗尤为昌盛，虽不限于九月九日，但仍然是重阳节前后最为繁盛。

5. 吃蓬糕的传说

古代，在一座高山下住着一户勤劳善良的农民，凭着辛勤劳动过着自给自足的生活。有一天，这家主人收工回来，天色已晚，路上遇到一位投宿的老者，他二话没说，就把老者让到自己家好吃好喝好招待。第二天老者临走时，对农民说：“九月九日你家中要有灾难，必须往高处搬家，越高越好，还要搬到草木稀少的地方，这样可以免灾。善良的农民听了这位老者的话，就搬到山上居住了。九月九日这一天，善良的农民从山上往下一看，果然见自己原来住的房子着火了，而且火势向山上蔓延，但因农民听了老者的话，选择了草木稀少的地方，所以火势没蔓延上来。从此登山避灾的事就传开了。但年年搬家，实非易事，况且有的地方尽是平原，无山可登。于是有聪明人想出了吃糕，代替登高搬家的办法。因“糕”与“高”谐

音，从此，重阳吃糕可以避灾的习俗就传下来了。

6. 滕王阁重阳盛会

《旧唐书·王勃传》记载：王勃的《滕王阁序》就是在重阳节这一天写出来的。当时王勃的父亲担任交趾令，王勃前往探视父亲，九月九日路过南昌时，洪州牧阎伯屿正在重修的滕王阁中宴请宾客及部属，他想夸耀女婿吴子章的才气，便事先拿出纸笔请宾客动笔作序，所有的宾客都知道他的用意，没有人敢作。却不料王勃事先并不知道州牧的用心，于是毫不谦让接过纸笔。州牧原本心中十分生气，立即派人在旁边看王勃书写，谁知道王勃才气不凡，蓄积已久的心情完全发泄出来，文章越写越好，当写到“落霞与孤鹜齐飞，秋水共长天一色”的词句时，忍不住拍案叫绝！王勃从此名震诗坛。

7. 冤魂的祈求

滕王阁

淮南全椒县有一丁氏，嫁给同县姓谢的人家，谢家虽说是大户人家，她婆婆却凶恶残暴，虐待丁氏，强迫她干繁重的家务，经常遭到痛骂和毒打。丁氏最终忍受不住，在重阳节悬梁自尽。死后冤魂不散，依附在巫祝身上说：“做人家媳妇每天辛苦劳动不得休息，重阳节请婆家不要让她们再操劳。”所以，江南人每逢重阳日，都让妇女休息，叫做“休息日”。并为这位姓丁妇人立祠祭祀，称为“丁姑祠”。以后，每逢重阳节，父母们要把嫁出去的女儿接回家吃花糕；到明代，甚至将重阳节称为“女儿节”。

8. 重阳节吃糍粑

吃糍粑是中国西南地区重阳佳节的又一食俗，糍粑分为软甜、硬咸两种。糍粑的做法是：将洗净的糯米下到开水锅里，一沸即捞，上笼蒸熟，再放臼里捣烂，揉搓成团即可。食用时，把芝麻炒熟，捣成细末，把糍粑团搓成条，揪成小块，拌上芝麻、白糖等。其味香甜适口，称为“软糍粑”（温食最佳）。硬糍粑又称“油糍粑”，做法是：糯米蒸熟后不捣烂，放在案上搓成团，擀开后放些食盐和花椒粉做成“馅芯”，再卷条切片，再入油锅中炸制，成色金黄美观，咸麻香脆，回味无穷。

9. 重阳节吃柿子

在中国古代重阳节还有吃柿子的习俗。传说有一年，明太祖朱元璋微服出城私访，这一天正值重阳节。他已经一天未食，感到饥饿口渴。当他行至剩柴村时，只见家家墙倒树凋，均为兵火所烧。朱元璋暗自悲叹，举目环视，唯有东北隅有一树柿子正熟，于是采摘吃了，大约吃了10枚便饱腹，又惆怅久之而去。之后，明太祖攻采石（今安徽马鞍山市采石矶），取太平（今安徽太平县），道经于此，柿树犹存，便将以前微服私访在此食柿的事告于侍臣，并下旨："封柿为凌霜侯，令天下人在重阳节均食柿子，以示纪念。"

十二、山意冲寒欲放梅——冬至节

（一）冬至节历史史话

冬至是二十四节气中的一个节气，有"冬天将至"的意思，这一天，北半球白天最短、夜晚最长；过了这一天，则是白天越来越长，夜晚越来越短了。据说，大约在2500年前的春秋时代，我们智慧的祖先就已经观测出了冬至到来的时间，冬至也成为二十四节气中最早制定出来的一个节气。在讲究阴阳的中华传统文化中，人们认为，到了冬至"阴极而阳始至"，是阴阳转化的关键的时间节点；自冬至开始，白昼渐长，阳气回升，因此，冬至是一个重要而吉祥的日子，值得庆贺，这就是古人说的"冬至阳气起，君道长，故贺"。于是，冬至就成为中华民族最古老的传统节日之一了。冬至作为一个节日，又被称为"冬节"、"长至节"；人们过冬至节，也被称为"贺冬"。

冬至在我们祖先的心目中，自古以来就是一个非常重要的节日，有"冬至大如年"的说法，这一方面是因为，在使用周朝历法的时代，正月就是夏朝历法的十一月，过新年和过冬节是合并在一起的，直到汉武帝诏令使用夏朝历法以后，过大年与过冬节才分开；另一方面，冬节在年节之前，大事宴饮、广为馈赠的喜庆活动还没有正式开始，所以各家各户储备颇丰，对于寻常百姓而言，过冬节比过年节感觉更宽裕、出手更大方，所以，也有"冬肥年瘦"之说。古人云："冬至，拜节，或以羊、酒相馈遗，谓之'肥冬'"。终年劳作，收获"肥冬"，百姓自然欢天喜地，官府依例放假休息，自成一派祥和、吉庆的节日气氛，所以，古人又称冬至为"喜冬"。

史书记载，早在周代就有冬至祭祀活动，所谓“以冬日至，致天神人鬼”，感谢上天赐福使阴阳再得转化，祈求神灵保佑使灾疫远离人间；到了汉代，冬节正式成为一个单独的重大节日，官府举行“贺冬”仪式，官吏休假，边塞关闭，商旅停业，百姓走亲访友；唐宋时代，冬节庆贺活动渐达鼎盛，与庆贺新年规模相当，皇室要到郊外举行祭天典礼，百姓要祭祀祖先、叩拜尊长。宋人记录当时京城过节的情景说，“十一月冬至，京师最重此节，虽至贫者，一年之间，积累假借，至此日更易新衣，备办饮食，享祀先祖。官放关扑，庆祝往来，一如年节”。直到明、清两代，皇室还保留着称为“冬至郊天”的祭天大典活动，百官要向皇帝呈递贺表，官吏相互之间也要“投刺”祝贺，民间则多为尊长祭祖，宴饮娱乐。

说到宴饮，就不能不说“冬至进补”的传统。冬令时节以滋补食品加强营养，是中华民族饮食文化的重要内容。人类生活在自然界里，与自然界其他动物乃至植物一样，其机理功能是随季节不同而变化的，都遵循着“春生、夏长、秋收、冬藏”的内在规律。人的身体在冬季同样处于“封藏”时期，选择这个时节来滋补，可以使营养物质易于吸收和蕴蓄，进而发挥更好的作用，正如民谚所说：“冬至进补，春来打虎”，这无疑是中华民族“应天顺时”世界观在饮食习俗上的具体表现。

在我们的祖先看来，最富有滋补价值的食品，要数狗肉和羊肉。据说，冬至吃狗肉的习俗源自汉代，相传在某一年的冬至，樊哙为刘邦煮狗肉，刘邦食用以后，感觉不仅味道鲜美，而且体力倍增，为此，汉高祖对狗肉赞赏有加，故事流传开来，人们纷纷仿效，从此便形成了冬至吃狗肉的习俗。今天，狗作为宠物越来越多地进入了人们的家庭，成为与人类生活朝夕相伴的朋友，食用狗肉被很多人，特别是动物保护组织看成是违背人类文明和道德的行为，进而加以抗议和反对。应当承认，作为人类宠物的狗，同其他作为宠物的动物，比如像猫、鸟、猪、鼠等一样，我们必须像朋友一样对待，不能虐待，更不能宰杀、食用，这是人类文明和道德的基本要求。但是，对于保留着食用狗肉传统的地区和喜欢吃狗肉的人们而言，专门饲养食用“菜狗”的行为，是否应当得到人们的宽容和尊重呢？让人类文明的进步做出选择吧。

饺子是冬至必备的节令食品，冬至吃饺子的传统据说与东汉末年“医圣”张仲景有关。张仲景写有《伤寒杂病论》，留下了“不为良相则为良医”的名言，毅然

辞去长沙太守的官职，回乡行医治病。传说张仲景回乡之时正值冬季，见沿途百姓为饥寒所困，不少人的耳朵都冻坏了，于是让弟子们搭棚支锅，将羊肉连同一些驱寒食材下锅熬煮，然后将羊肉等食材捞出切碎，用面皮包成形似耳朵的食物，唤做“娇耳”，分给众人食用，每人一碗热汤，汤中有“娇耳”两只，称服用此汤食可祛寒护耳。百姓用后，周身暖和，两耳发热，效果明显，于是“娇耳祛寒汤”广为流传，逐渐演变为后来的水饺，人们称其为“饺子”、“扁食”。冬至吃饺子，既饱口腹之欲，又取祛寒防病之意，民间有“冬至不端饺子碗，冻掉耳朵没人管”的谚语，难怪饺子成为节令食品的首选。

除了吃饺子以外，有些地方流行在冬至吃馄饨的习俗。古时候，逢冬至日，道观便有盛大的法事活动，庆贺元始天尊诞辰。道教认为，元始天尊象征天地混沌未分的世纪，在这个阴阳转换的时刻，须破除混沌、彰显道气，馄饨与混沌相近，遂使民间流传冬至吃馄饨的习俗。《燕京岁时记》有记载说：“夫馄饨之形有如鸡卵，颇似天地混沌之象，故于冬至日食之”。

华夏幅员辽阔，各地风情迥异。冬节期间，江南水乡流行吃红豆糯米饭、“冬至团”；潮汕地区讲究吃“甜丸”又称“冬节圆”的节令食品；云贵地区时兴吃“豆面团”；西北人家则喜欢吃一种叫做“头脑”的羊肉粉汤；台湾同胞保留着冬至蒸“九层糕”的传统。

中华民族传统的计算和表示冬季时令的方法，叫做“数九九”，即从冬至开始，每九天为一个时段，共有九个时段，是整个冬天最冷的时期，第一个九天叫做“一九”，第二个九天叫做“二九”，以此类推，直至“九九”，冬去春来。有歌谣流传至今：

一九二九不出手；

三九四九冰上走；

五九六九河边看柳；

七九河开，八九雁来；

九九加一九，耕牛遍地走。

冬季里的这八十一天，是寒冷难耐的日子，我们的祖先在这段日子里，以九数之，屈指度日，故称“数九”。有寒冷的煎熬，就必然产生消除寒冷的愿望。在古代文人中流行的所谓“消寒”活动，就是典型的例证。比如，文人宴饮，特意挑选一个“九”日，邀九位亲朋。餐台上用九碟九碗，摆“花九件”席，然届大吃一顿，将食物一扫而光，取“九九消寒”之意。

帮助百姓“数九”度日更有文化韵味的方法，要数“九九消寒图”了。古时候的“消寒图”形式多样，俗的一种，是在可供张贴的白纸上画纵横各九栏的格子，每个格子里面画一枚铜钱，共八十一枚，每天用笔涂抹一枚，并按照“上阴下晴，左风右雨雪当中”的口诀来涂抹，整幅“消寒图”所有的铜钱都涂抹过了，不仅冬去春来，而且记录了整个冬天的气候资料，的确是老百姓消磨时光的有趣办法。雅的一类，是如同描红模子一样的书法图，图上写有一句诗，诗句由九个字组成，每个字又是九画，共八十一画，每天在一个字上描一画；或写一副对联，上下两联各为九字九画，每天上下联各描一字中的一画，全部描好后，八十一天也就过去了。若想同时记录天气，就用不同颜色描字，比如，晴为红色，阴为蓝色，雨为绿色，风为黄色，落雪则空白。还有“梅花消寒图”，“日冬至，画素梅一枝，为瓣八十有一，日染一瓣，瓣尽而九九出，则春深矣”。更有韵致的叫做“佳人晓妆染梅”，即窗间贴一幅白梅图，共八十一朵，妇女每天晨起梳妆时，用胭脂涂抹一朵梅花，八十一朵梅花全部涂成胭脂色，人们称其为“由梅而杏，由冬而春”，正如古人诗中所述：“试数窗间九九图，余寒消尽暖回初。梅花点遍无余白，看到今朝是杏株”。

在这样一个其乐融融的节日里，谁还惧怕寒冷呢？

（二）冬至节节日诗话

冬至，是我国农历二十四节气中非常重要的一个节气，也是一个传统节日。冬至节又名冬节、大冬、亚岁、履长节等。皎然《冬至日陪裴端公使君清水堂》诗云：

亚岁崇嘉燕，

华轩照绿波。

渚芳迎气早，

山翠问晴多。

推往知时训，

书群辨政和。

从公惜日短，

留赏夜如何。

《通纬·孝经援神契》说：“大雪后十五日，斗指子，为冬至，十一月中，阴极而阳始至。”《周礼》说：“冬至日在牵牛，景长一丈三尺。夏至日在东井，景长有五寸。”《礼记》说：“仲冬之月，日短至，阴阳争，诸生荡。”郑玄注云：“争者，阳欲施，阴欲化，争成功也。”《玉烛宝典》说：“十一月建子，周之正月。冬至日南极景极长，阴阳日月万物之始，律当黄钟，其管最长，故有履长之贺。”

独孤铉《日南长至》诗云：

玉历颁新律，
凝阴发一阳。
轮辉犹惜短，
圭影此偏长。
晷度经南斗，
流晶尽北堂。
乍疑周户耀，
可爱逗林光。
积雪销微照，
初萌动早芒。
更升台上望，
云物已昭彰。

冬至前一日为“小至”。杜甫有《小至》诗云：

天时人事日相催，
冬至阳生春又来。
刺绣五纹添弱线，
吹葭六琯动浮灰。
岸容待腊将舒柳，
山意冲寒欲放梅。
云物不殊乡国异，
教儿且覆掌中杯。

远在周朝，古人以冬至为岁首，即以冬至日为一年节气的开始。关于岁首，古代有以新年第一天为岁首的，即正月初一；也有以新年第一个节气为岁首的，即立春日，又称为气首。周以冬至所在月为正月，秦以冬至为一岁之始，汉以冬至为冬节，魏晋南北朝把冬至叫做岁首或亚岁，至唐则主要称冬至。

袁淑《咏冬至诗》云：

连星贯初历，

令月临首岁。

荐乐行阴政，

登金赞阳滞。

收凉降天德，

萌华宜地惠。

司瑞记夜晞，

书云掌朝誓。

隋萧悫《奉和冬至应教诗》云：

天宫初动磬，

缇室已飞灰。

暮风吹竹起，

阳云覆石来。

析冰开荔芭，

除雪出兰栽。

惭无宋玉辨，

滥吹楚王台。

古人认为，十一月冬至一阳生，十二月二阳生，正月三阳开泰。所谓一阳生，是指十一月为复卦，上坤，下震，五个阴爻在上，一个阳爻在下。二阳生指十二月为临卦，上坤下兑，四阴爻在上，二阳爻在下。正月为泰卦，上坤下乾，三阴爻在上，三阳爻在下。这在卦象上显示，阴消阳长，是吉祥之象。《汉书》说："冬至阳气起，君道长，故贺。"

车钙《冬至日宿斋时郡君南内朝谒因寄》诗云：

清斋独向圜丘拜，

盛服想君兴庆朝。

明日一阳生百福，

不辞相望阻寒宵。

《淮南子》说："冬至日，天子率王公九卿迎岁"。《宋书》说："冬至日朝贺享祀，皆如元日之仪"。《晋书》又有"魏晋冬至日，受万国及百僚称贺，因小会，其仪亚于岁朝"的记载，故民间又云："冬至大如年"。有的又称冬至夜为"小岁"。明谢肇淛《五杂俎·天》说："腊之次日为小岁，今俗以冬至夜为小岁。"

白居易《小岁日对酒吟钱湖州所寄诗》云：

独酌无多兴，

闲吟有所思。

一杯新岁酒，

两句故人诗。

杨柳初黄日，

髭须半白时。

蹉跎春气味，

彼此老心知。

《大清会典》说："皇上每于冬至郊天"。《明典故纪闻》说："冬至后，殿前将军甲士赐黄羊、野雉、野猪、内鹿脯，赐酒曰头脑酒"。

张朝墉《燕京岁时杂咏》中有句云：

冬至郊天礼数隆，

鸾旗象辇出深宫。

倚臣宠锡天恩大，

鹿脯羊膏岁岁同。

中国古代有对天神的信仰。皇帝、君主自视为天神之子，即天之骄子。因此，重要的年节必祭天，遇事必告天，称为"郊祀"。郊天即在城郊祭礼天神。祭天大典是国家隆重的宗教祭祀活动。《帝京岁时纪胜》说："长至南郊大祀，次旦百官进表朝贺，为国大典。"古人认为，天属阳，地属阴，故祭天在南郊，祭地则在城北。《梦粱录》卷六载："十一月仲冬，正当小寒、大雪气候。大抵杭都风俗，举行典礼，四方则之为师，最是冬至岁节，士庶所重，如馈送节仪，及举杯相庆，祭享宗禋，加于常节……此日宰臣以下，行朝贺礼。士夫庶人，互相为庆。太庙行荐

黍之典，朝廷命宰执祀于圜丘。官放公私僦金三日。东驾诣攒官朝享。”

崔琮《长至日上公献寿》诗云：

应律三阳首，

朝天万国同。

斗边看子月，

台上候祥风。

五夜钟初动，

千门日正融。

玉阶文物盛，

仙仗武貔雄。

率舞皆群辟，

称觞即上公。

南山为圣寿，

长对未央宫。

李露露《中国节》说：明清两代皆在北京南郊天坛祭天。天坛建于明永乐十八年（公元一四二〇年）。中央为祈年殿、皇穹宇和圜丘，东北为牺牲所，西南为斋宫。祭天前一天，皇帝移驾斋宫，进行沐浴。第二天在圜丘举行祭天大礼，所用牛、羊、猪、鹿是在牺牲所专门饲养的。清代皇帝祭天时，必穿祭服，请神牌，太常寺堂官奏请行礼。此时典仪官要唱“燔柴迎帝神”。在东南燔柴炉升火，西南方悬望灯，乐队齐鸣。祭天仪式极为烦琐、复杂、隆重。清代诸皇帝每年都祭天，祈求天神保佑，国泰民安。

裴达《南至日太史登台书云物》诗云：

圜丘才展礼，

佳气近初分。

太史方簪笔，

高台纪彩云。

天容和缥缈，

晓色共氛氲。

道泰资贤辅，

年丰倚圣君。
恭惟同国瑞，
兼用察人文。
应念怀铅客，
终朝望碧雾。

郭遵《南至日隔仗望含元殿香炉》诗云：

冕旒亲负扆，
卉服尽朝天。
旸谷移初日，
金炉出御烟。
芬馨流远近，
散漫入貂蝉。
霜仗凝逾白，
朱栏映转鲜。
如看浮阙在，
稍觉逐风迁。
为沐皇家庆，
来瞻羽卫前。

在民间，冬至是祭祖的重要节日。据《四民月令》载，冬至日祭祖之礼与元旦相同。家祭在祠堂，同宗子孙以序拜祖，然后举行酒宴，谓之“食祖”。没有宗祠的平民百姓则去先人墓地，摆放贡品，焚化纸钱。在台湾至今仍保存着冬至日用九层糕祭祖的传统。九层糕是用糯米粉捏成鸡、鸭、龟、猪、牛、羊等象征吉祥如意的动物，用笼屉蒸成。冬至多吃馄饨。京师谚曰：“冬至馄饨夏至面。”《燕京岁时记》说：“夫馄饨之形有如鸡卵，颇似天地混沌之象，故于冬至日食之。”这即是说，冬至吃馄饨，可能有纪念天地开辟、混沌化出万物的意义。同时，也可能与把冬至作为岁首有关，寓含一元复始，万象更新之意。馄饨别名甚多，广东称云吞，湖北称包面，江西称清汤，四川称抄手，新疆称曲曲。江南还有冬至吃汤圆、吃豆腐的习俗。冬至汤圆又叫“冬至团”，既用以祭祖，又用以赠人。所谓“家家捣米做汤圆，知是明朝冬至天。”此外，还有吃团圆饭、吃冬至粥、饮冬至酒、扫雪煮

茶等饮食习俗。

陆游《辛酉冬至》诗，写于南宋嘉泰元年（公元一二〇一年）冬至节，其时诗人已有七十七岁高龄，在“身老怯增年”之时，仍有“镜湖探春”之梦。其诗云：

今日日南至，

吾门方寂然。

家贫轻过节，

身老怯增年。

毕祭皆扶拜，

分盘独早眠。

惟应探春梦，

已绕镜湖边。

冬至一到，即开始“数九”。从冬至起，每九天是一个“九”，从“一九”开始数起，一直数到“九九”，八十一天过去，春天就到了。于是就有了“九九消寒图”。常见的“九九消寒图”有三种形式：

一是文字九九消寒图，由九个汉字组成，如“亭前垂柳珍重待春风”或“春前庭柏风送香盈室”等，每字九画，九字共八十一画，以双钩中空印在纸上。每天画一画，用朱笔涂上红色，九天即成一字。待九个字全部写成，就迎来了春天。

二是圆圈九九消寒图。《帝京景物略》说：“有直作圈九丛，丛九圈者，刻而市之，附以九九之歌，述其寒燠之候。”即在一张纸上印九组圆圈，每组九个，共八十一个圆圈，旁边标明日期，再以“上阴下晴左风右雨雪当中”加以区分，每天划一圈，划完全图即“出九”迎春。谚曰：“上点天阴下点晴，左风右雾雪中心。图中点得墨黑黑，门外已是草茵茵。”

三是梅花九九消寒图。《帝京景物略》说：“日冬至，画素梅一枝，为瓣八十有一，日染一瓣，瓣尽而九九出，则春深矣。”就是在白纸上画一枝春梅，梅花九朵，每朵九瓣，共有八十一瓣。每天染红一瓣，八十一天素梅变成红梅就“出九”迎春。

杨允孚《杂咏》诗云：

试数窗间九九图，

余寒消尽暖回初。

梅花点遍无余白，

看到今朝是杏株。

此外，还有鱼形、泉纹、葫芦、蒸气、四喜人消寒图，等等。这些九九消寒图，既是计算时日的日历，又是优美的装饰图案，是中国民间喜闻乐见的文化艺术娱乐形式。与“九九消寒图”近似，民间还有“九九消寒歌”，简称“九九歌”。

《西湖游览志馀》中有“九九消寒歌”云：

一九二九，

召唤不出手。

三九二十七，

篱头吹觱篥。

四九三十六，

夜眠如露宿。

五九四十五，

太阳开门户。

六九五十四，

贫儿争意气。

七九六十三，

布纳两头担。

八九七十二，

猫狗寻阴地。

九九八十一，

犁耙一起出。

我国幅员辽阔，同一时期各地的气温差别也较大，所以各地又有不同的“九九歌”。

如：北方“九九歌”云：

一九二九不出手，

三九四九冻死老狗，

五九六九河边看柳，

七九河开，

八九雁来，

九九加一九，

耕牛遍地走。

华中“九九歌”云：

一九二九暖，

三九四九冻破脸，

五九六九沿河看柳，

七九河开，

八九雁来，

九九加一九，

耕牛遍地走。

华东“九九歌”云：

一九二九背起粪篓，

三九四九拾粪老汉沿河走，

五九六九挑泥挖沟，

七九六十三，

家家把种拣，

八九七十二，

修车装板儿，

九九八十一，

犁耙一起出。

闽台“九九歌”云：

一九二九不动手，

三九四九寒气流，

五九六九河垂柳，

七九雨水至，

八九始惊蛰，

九九再一九，

遍地是耕牛。

明刘侗《帝京景物略》中也载有一首《九九消寒歌》云：

一九，二九，

相唤不出手；

三九二十七，

篱头吹觱篥；

四九三十六，

夜眠如露宿；

五九四十五，

家家堆盐虎；

六九五十四，

口中嗞暖气；

七九六十三，

行人把衣单；

八九七十二，

猫狗寻阴地；

九九八十一，

穷汉受罪毕；

才要伸脚睡，

蚊虫蛴蚤出。

根据内容判断，这首“九九歌”大约也是南方的。笔者在晋、陕、蒙交界地准格尔旗民间所听到的“九九歌”则是：

一九二九不算九，

三九四九冻烂碓臼，

五九六九閤拉门叫狗，

七九八九开门大走，

九九又一九，黄牛遍地走。

冬至节还有赠送鞋帽、祈求生育、卜生男女、冰雪游戏、冬猎等习俗。不一而足。

朱彝尊有《云中至日》诗云：

去岁山川缙云岭，

今年雨雪白登台。

可怜日至长为客，

何意天涯数举杯。

城晚角声通雁塞，

关寒马色上龙堆。

故园望断江村里，

愁说梅花细细开。

张耒《冬至后》其二诗云：

水国过冬至，

风光春已生。

梅如相见喜，

雁有欲归声。

老去书全懒，

闲中酒愈倾。

穷通付吾道，

不复问君平。

（三）隆重温暖的冬至食俗

古代有“冬至大如年”之说，表明古人对冬至十分重视。正因如此，冬至的饮食文化也是丰富多彩的，诸如馄饨、饺子、汤圆、冬至盘、赤豆粥、黍米糕等不下数十种。

冬至是一个非常重要的节气，也是中华民族的一个传统节日。冬至俗称“冬节”、“长至节”、“亚岁”等。从古至今中国都有庆贺冬至的习俗，各地在冬至也有不同的饮食风俗。

1. 冬至吃饺子

在中国北方大部分地区，每到农历冬至这一天，不论贫富都有吃饺子的习俗。民谚有：“十月一，冬至到，家家户户吃水饺。”冬至吃饺子是不忘“医圣”张仲景“祛寒娇耳汤”之恩，至今张仲景南阳仍有“冬至不端饺子碗，冻掉耳朵没人

管”的民谣。据清人潘荣陛著《燕京岁时记》载：“冬至馄饨夏至面”。冬至这天，京师人家多食馄饨。南宋时，当时临安（今杭州）也有每逢冬至这一天吃馄饨的风俗。宋朝人周密说，临安人在冬至吃馄饨是为了祭祀祖先。到了南宋，中国开始盛行冬至食馄饨祭祖的风俗。

赤豆糯米饭

2. 冬至吃汤圆

中国冬至有吃汤圆的传统习俗，在江南一带尤为盛行，当地有“吃了汤圆大一岁”之说。汤圆也称汤团，冬至吃汤团又叫“冬至团”。清朝文献记载，江南人用糯米粉做成面团，里面包上精、肉、苹果、豆沙、萝卜丝等。冬至团可以用来祭祖，也可用于互赠亲朋。

旧时上海人最讲究吃汤团，他们在家宴上尝新酿的甜白酒、花糕和糯米粉圆号，然后用肉块垒于盘中祭祖。一古人有诗云：“家家捣米做汤圆，知是明朝冬至天。”汤圆也是中国传统的美味食品。南北各地还有不少汤圆的名品，如宁波汤圆馅多皮薄，糯而不粘；长沙姐妹汤圆洁白晶莹，香甜可口；温州县前汤圆用料考究，甜美味香，都是驰名的美味食品。此外，台湾的菜肉汤圆、成都的赖汤圆、贵阳的八宝汤圆、安庆的韦家巷汤圆，也是风味独特的美味食品。如今不仅冬至吃，一年四季都能吃到汤圆。

3. 冬至吃年糕

从古至今，中国人在冬至之日还有喜吃年糕的习俗，还要做三种不同风味的年糕，早上吃的是芝麻粉拌白糖的年禚，中午是油墩儿菜、冬笋丝、肉丝炒年糕，晚餐是雪里蕻、肉丝、笋丝汤年糕。

4. 冬至吃赤豆糯米饭

在江南一带，民间还有冬至之夜全家欢聚一堂共吃赤豆糯来饭的习俗。关于它的由来，还有一段有趣的传闻。相传，有一位叫共工氏的人，他的儿子不成才，作恶多端，死于冬至这一天，死后变成疫鬼，继续残害百姓。但是，这个疫鬼最怕赤豆，于是人们就在冬至这一天煮吃赤豆饭，用以驱避疫鬼，防灾祛病。

十三、村童送腊话丰亨——腊八节

（一）腊八节历史史话

自东汉以后，佛教逐渐在中华大地兴盛起来，并且不断本土化，佛也逐渐成为中原百姓信仰中的第一大神，佛教故事和传说广为流传，与中华传统文化融合得越来越紧密。传说中，佛祖释迦牟尼最初出家修道时并无收获，后经六年苦行，于十二月八日在菩提树下悟道成佛。在这六年苦行中，每天少食寡餐，后世信徒为牢记他所承受的苦难，便将每年十二月初八定为“佛祖成道日”，并吃水清米寡的稀饭以志纪念。习惯上，我们祖先称十二月为“腊月”，人们便认为“腊八”作为一个节日，起源于佛教的“佛成道节”。

其实，腊月初八作为一个节日，远早于佛教传入中国。根据史书记载，先秦时代即在每年的十二月举行大型祭典活动，以报答一年来对百姓生产、生活有所帮助的神灵们。其中，特别是以祭祀与农事有关八种神明为主，这八神分别是：先穑神农、司穑后稷、农官田畯、田舍邮神、田间小路神、田间沟渠神，以及吃鼠的猫神、吃野猪的虎神，因此，这种祭祀又被称为“八蜡。”由于“八蜡”必须使用打猎收获的禽兽肉干来祭祀神明，所以，蜡祭也常常被写做“腊祭”，腊祭乃“岁终大祭”，是一个重要节日，要“纵吏民宴饮”，古书记载说，节前五日杀猪、三日杀羊，前二日开始扫除，备膳食。晋代有《大蜡》诗将腊日盛况夸耀为：“有肉如丘，有酒如泉，有肴如林，有货如山”。可见腊祭规模之宏大、场面之壮观。于是，人们把年末的腊祭之月称为“腊月”。据说腊祭日具体在腊月的哪一天，早先并不确定，以后人们迎合“八蜡”之意，以腊月初八为腊祭日，或称“腊日”、“腊节”。

历史长河沧桑巨变，先前祭祀众神的“八蜡”本意渐渐淡化，终于在元明以后，将腊祭从国家祀典中取消，腊日演变为佛教纪念“佛成道日”的寺庙活动，而留在民间的，似乎只有喝腊八粥的习俗了。

“腊八粥”最初是寺庙向门徒以及善男信女们赠送的。传说佛祖释迦牟尼苦行时曾经饿昏在路上，被一位善良的牧羊女用一碗奶粥救活。为纪念这一事件，佛家弟子在每年腊月初八的成道节，仿照牧羊女的办法，用谷物、干果等熬制“腊八粥”。有寺院的僧人手持钵盂，沿街化缘，将百姓施舍的五谷杂粮积攒起来，待腊八节时熬成腊八粥，再分送给僧俗信众，被穷苦民众称为“佛粥”，认为食用“佛粥”可以得到佛的护佑。据说在杭州著名的天宁寺里，有一间专门储藏剩饭的“栈饭楼”，平时，寺僧们把每天剩下的饭晒干，放在“栈饭楼”，到腊月初八的时候，煮成腊八粥分赠信徒，称为“福寿粥”、“福德粥”，意思是说吃了这样的腊八粥以后，可以增福增寿，也算是表现了当时寺僧爱惜粮食的美德吧。

与寺庙的做法不同，尘世间的腊八粥就讲究了许多。据说，腊八节食用腊八粥的习俗自宋代形成，元代《燕都游览志》记载说：“十二月八日，赐百官粥，以米果杂成之。品多者为胜，此盖循宋时故事”。由此可知，腊八粥使用的材料不断增加，开始叫“五味粥”、“七宝粥”，后来又叫“八宝粥”，至于用哪八种食材制作，各个时期、各个地方均有不同，但多用糯米、红豆、枣子、栗子、花生、白果、莲子、百合等煮成甜粥，还有加入桂圆、龙眼肉、蜜饯等同煮的。明代《永乐大典》记载说：“是月八日，禅家谓之腊八日，煮经糟粥以供佛饭僧”。清代有记载说，每逢腊八日，在雍和宫内万福阁等处，用锅煮腊八粥并请来喇嘛僧人诵经，然后将粥分给各王公大臣，品尝食用以度节日。光绪年间，“每岁腊月八日，雍和宫熬粥，定制，派大臣监视，盖供上膳焉”。宫廷如此，百姓的做法更是因地制宜，风格独特，白米、黄米、江米、菱角米、薏仁米、珍珠米，红豆、绿豆、黄豆、黑豆、芸豆、豇豆，桃仁、杏仁、大麦仁、花生仁、松子仁，桂圆肉、荔枝肉，甚至牛羊肉，食材五光十色；甜的、咸的、辣的，口味五花八门。而有些北方地区，过腊八节却不吃腊八粥，吃一种叫做“腊八面”的食物。

在北方，特别华北地区，过腊八节还有一件事情几乎是家家都要做的，那就是腌腊八蒜。腌腊八蒜很简单，但却可以收到“一举两得”的实惠，紫皮蒜把皮剥净后，用米醋腌在密封的罐子里，蒜就会慢慢变成翠绿色，吃起来辣味会柔和许多；腌过蒜的醋，酸味也会柔和许多，既成就了“腊八蒜”，也成就了“腊八醋”，就着这两样佐料吃饺子，是北方人，特别是北京人的最爱。说起北京人，“腊八蒜”意味深长。据说在老北京，“腊八蒜”还有“腊八算”的含义，因为做生意的北京人既要求利，又特别好面子，年末算账发现别人欠了自己的账，登门要钱总是张不开口，就在节日拜访的“掩护”下，以腊八蒜为礼品赠送对方，暗示算账的意思，且腊八蒜就是“醋蒜”，“醋”与“催促”的“促”同音，意思就是催着对方赶快结账。

除了腊八节的饮食习俗以外，有些地方还在节日期间举行跳傩活动，这种活动来源于古老的腊月傩舞。跳傩本来是本地居民自发的公益性驱鬼活动，但是在演变过程中，逐渐变成城镇“丐帮”的“专利”，这些沿街乞讨的人们化彩妆、穿戏服，敲锣打鼓，以为商户、酒肆驱鬼除魔的名义，巡门乞钱，这就是腊八节期间的另外一道“景色”——跳灶神。

（二）腊八节节日诗话

腊月初八为腊八节，又称腊日。“腊，岁终祭众神之名。”秦汉腊行于农历十二月，后世遂以十二月为“腊月”。腊日是一个古老的节日。《风俗通·祀典》说：“礼传曰，夏曰嘉平，殷曰清祀，周曰大腊。汉改为腊。”据《玉烛宝典》说：在汉代以冬至后的第三个戌日为腊日，曹魏以冬至后的辰日为腊，两晋又以冬至后丑日为腊。到南北朝时，腊日始定为十二月初八。《荆梦岁时记》说：“十二月八日为腊日。”遂称“腊八”。

杜甫有《腊日》诗云：

腊日常年暖尚遥，
今年腊日冻全消。
侵陵雪色还萱草，
漏泄春光有柳条。
纵酒欲谋良夜醉，
还家初散紫宸朝。
口脂面药随恩泽，
翠管银罂下九霄。

古代的腊日是祭祖先的节日，同时也祀神。《岁时纪时辞典》说：“是日一般有五祀：祭门神、祭户神、祭宅神、祭灶神、祭井神。北方农村，是日给水井供献腊八粥，为古代遗风。”

腊八节，又称“成道节”。相传释迦牟尼本名乔达摩·悉达多，是古印度北部迦毗罗卫国（今尼泊尔境内）净饭王的儿子。他二十九岁时，舍弃王子的优裕生活，弃家求道。经历了六年的艰苦探索，在三十五岁时才获得正觉。一天，他在尼

连河边由于饥劳过度而昏倒。一个牧女看见了，便把身边带的杂粮，加些野果，用清泉水熬成糜状的粥，喂给他。释迦牟尼顿时清醒过来，在尼连河里洗了澡，静坐在菩提树下沉思。终于在十二月初八这天得道成佛。是日，佛寺诵经，并效法牧女献粥故事，用香谷、果实等做粥供佛，粥谓之“腊八粥”。

孙雄《燕京岁时杂咏》诗中有句云：

家家腊八煮双弓，

榛子桃仁染色红。

我喜娇儿逢览揆，

长叨佛佑荫无穷。

《东京梦华录》说：“初八日，街巷中有僧尼三五人，队作念佛，以银铜沙罗或好盆器，坐一宗铜或木佛像，浸以香水，杨枝洒浴，排门教化。诸大寺作浴佛会，并送七宝五味粥与门徒，谓之‘腊八粥’。都人是日各家亦以果子杂料煮粥而食也。”《燕京岁时记》说：“雍和宫喇嘛于初八日夜内熬粥供佛，特派大臣监视，以昭诚敬。其粥锅之大，可容数石米。”

《帝京岁时纪胜》说：“腊月八日为王侯腊，家家煮果粥。皆于预日捡簸米豆，以百果雕作人物像生花式。三更煮粥成，祀家堂门灶陇亩，阖家聚食，馈送亲邻，为腊八粥。”《燕京岁时记》说：“腊八粥者，用黄米、白米、江米、小米、菱角米、栗子、红豇豆、去皮枣泥等，合水煮熟，外用染红桃仁、杏仁、瓜子、花生、榛穰、松子及白糖、红糖、琐琐葡萄，以作点染。切不可用莲子、扁豆、薏米、桂圆，用则伤味。每至腊七日，则剥果涤器，终夜经营，至天明时则粥熟矣。除祀先供佛外，分馈亲友，不得过午。并用红枣、桃仁等制成狮子、小儿等类，以见巧思。”又按《燕都游览志》：“十二月八日，赐百官粥。民间亦作腊八粥，以果米杂成之，品多者为胜。今虽无百官之赐，而朱门馈赠，竞巧争奇，较之古人有过之无不及矣。”

陆游有《十二月八日步至西村》诗云：

腊月风和意已春，

时因散策过吾邻。

草烟漠漠柴门里，

牛迹重重野水滨。

多病所须惟药物，
差科未动是闲人。
今朝佛粥交相馈，
更觉江村节物新。
李福有《腊八粥诗》云：
腊月八日粥，
传自梵王国。
七宝美调和，
五味香掺入。
用以供伊蒲，
籍之作功德。
僧尼多好事，
踵事增华饰。
此风未汰除，
歉岁尚沿袭。
今晨或馈遗，
啜这不能食。
吾家住城南，
饥民两寺集。
男女叫号喧，
老少街衢塞。
失足命须臾，
当风肤迸裂。
怯者蒙面走，
一路吞声泣。
问尔泣何为，
答之我无得。
此景望见之。
令我心凄恻。

荒政十有二，
蠲赈最下策。
悭囊未易破，
胥吏弊何敦。
所以经费艰，
安能按户给？
吾佛好施舍，
君子贵周急。
愿言借粟多，
苍生免菜色。
此去虚莫偿，
嗟叹复何益。
安得布地金，
凭仗大慈力。
眷然对是粥，
跂望丞民粒。

腊八粥通常要多做一些。北方寒冷，有把腊八粥冷冻之后逐日取食的习惯。

北京儿歌唱道：

老婆老婆你别馋，
过了腊八就是年。
腊八粥，喝几天，
里里拉拉二十三。
……

腊八节除吃腊八粥之外，在陕北还吃腊八臊子面。这是一种热汤面，要加八种菜，是腊八节必食之物。潼关地区则喜欢吃腊八辣椒汤面。在许多地方，还要在腊八节煮酒，并饮腊八酒。

腊八节时值冬储收藏之季，古代有在腊日舂米之俗，谓“腊日舂米为一岁计，多聚杵臼，尽腊中毕事，藏之土仓瓦瓮中，经年不坏，谓之冬舂米。”范成大有一组诗《腊月村田乐府十首》，其中就有一首《冬舂行》，是歌行体诗，诗中写到穷苦人家到了腊日舂米之时却无米可舂的窘况，本来“薄收饭不足”，还有“官租私债纷如麻”，贫苦百姓不知“年年辛苦为谁忙”，诗中对百姓的同情之心溢于言表。诗云：

腊中储蓄百事利，

第一先舂年计米。

群呼步碓满门庭，

运杵成风雷动地。

筛匀箕健无粞糠，

百斛只费三日忙。

齐头圆洁箭子长，

隔篱耀日雪生光。

土仓瓦龛分盖藏，

不蠹不腐常生香。

去年薄收饭不足，

今年顿顿炊白玉。

春耕有种夏有粮，

接到明年秋刈熟。

邻叟来观还叹嗟，

贫人一饱不可赊。

官租私债纷如麻，

有米冬舂能几家。

冬舂是谓储米，还有储菜。腊八节又是人们储藏各种菜蔬的好时节。一是要腌制“腊八蒜”。清人沈太侔《春明采风志》说：“腊八蒜，亦名腊八醋，腊日多以小坛甑贮醋，剥蒜浸其中，封固，正月初间取食之，蒜皆绿，味稍酸，颇佳，醋则味辣矣。”二是要腌酸菜。《燕京岁时记》说：“大白菜者，乃盐腌白菜也。凡送粥之家，必以此为副。菜之美恶，可卜其家之盛衰。”

上古时，在腊日的前一天要举行一种叫做“大傩”的宗教仪式。《礼记》说：“傩，人所以逐疫鬼也。”高诱注释说：“大傩，逐尽阴气为导阳也。今人腊岁前一日击鼓驱疫，谓之逐除是也。”商周至战国时期，上自天子，下至百姓，都举行驱

逐疫鬼的“傩仪”。汉代以后，大多集中在腊日和除夕举行。《后汉书·礼仪志》说：“先腊一日大傩，谓之逐疫。”不同时代，各地大傩的规模仪式均有所不同。所逐之“疫鬼”，据《搜神记》说：“昔颛顼氏有三子，死而为疫鬼：一居江水，为虐鬼；一居若水，为魍魉鬼；一居人宫室，善惊人小儿，为小鬼。于是正岁命方相氏，帅肆傩，以驱疫鬼。”《梁书》中又称“野虎逐除”，唐代又称“打野狐”等。

《荆楚岁时记》说：“十二月八日为腊日”。谚言：“‘腊鼓鸣，春草生。’村人并击细腰鼓，戴胡头，及作金刚力士以逐疫。”所谓击腊鼓，也许既有逐疫之义，又有催春之义。《燕京岁时记·太平鼓》说：“儿童三五成群，以藤杖击之，鼓声冬冬然，环声铮铮然，上下相应，即所谓迎年之鼓也。”

《故宫文物月刊》载有“嘉庆御览之宝”《太平腊鼓》图，图上有题诗云：

村童送腊话丰亨，

不识不知赤子情。

岂为催花频击鼓，

团圞尽是太平声。

在民间还有许多不同的传说、不同的腊八风俗。有说天庭要派牛魔王、弼马瘟和猪八戒下界，作为管理牲畜的神，视察人间的六畜，所以腊八节要给牲畜喂粥，还要为牛栏、猪圈等神上供。民间传有《马经》《驼经》，也是为牲畜治病逐疫的。民间在祈神、驱疫的同时，还有张贴平安符，利用符咒驱邪的，也有张挂《钟馗出猎图》的。

腊日冬季，也正是狩猎的好时机。中唐大历十才子之一的卢纶就有《腊日观咸宁王部曲娑勒擒豹歌》，诗云：

山头曈曈日将出，

山下围猎照初日。

前林有兽未识名，

将军促骑无人声。

潜形踠伏草不动，

双雕旋转群鸦鸣。

阴方质子才三十，

译语受词蕃语揖。

舍鞍解甲疾如风，

人忽虎蹲兽人立。

欻然扼颡批其颐，

爪牙委地涎淋漓。

既苏复吼拗仍怒，

果协英谋生致之。

拖自深丛目如电，

万夫失容千马战。

传呼贺拜声相连，

杀气腾凌阴满川。

始知缚虎如缚鼠，

败虏降羌生眼前。

祝尔嘉词尔无苦，

献尔将随犀象舞。

苑中流水禁中山，

期尔攫搏开天颜。

非熊之兆庆无极，

愿纪雄名传百蛮。

在浙江的一些地区有在腊八节祭万回之俗。《铸鼎余闻·西湖游览志》说：“宋时杭城，以腊日祀万回哥哥，其像蓬头笑面，身着绿衣，左手擎鼓，右手执棒，云和合之神。祀之人在万里外，可使回家，故曰万回。”万回本为唐代僧人，俗姓张，民间称万里寻兄。唐代已有信仰，认为万回能预卜休咎，排难解纷，后为欢喜神。清代雍正以后，封唐代诗僧寒山、拾得为“和合二神”。民间年画中有“和合如意真人”。

诗人羁旅天涯，腊八节也常常是他们异乡怀人的时候。唐戎昱《桂州腊夜》诗云：

坐到三更尽，

归仍万里赊。

雪声偏傍竹，

寒梦不离家。

晓角分残漏，

孤灯落碎花。

二年随骠骑，

辛苦向天涯。

宋张耒又有《腊日二首》诗，其一云：

腊日开门雪满山，

愁阴短景岁将阑。

江海飘落香元在，

汀雁飞鸣意已还。

佳节再逢身且健，

一樽相属鬓毛斑。

明光起草真荣事，

寂寂衡门我自闲。

其二云：

异乡怀旧人千里，

胜日难忘酒一杯。

不恨北风催短景，

最怜残雪冷疏梅。

江边寒色雁催尽，

天上春光斗杷回。

我独呼儿剩丸药，

微功聊取助衰骸。

这里还要说一说中国历史上唯一的女皇武则天，因为她也有一首腊日之诗传世。武则天是唐朝开国功勋武士彟的次女，唐太宗李世民的“才人”，唐高宗李治的皇后。她在协助高宗、佐持朝政三十年后，又亲登帝位，自称神圣皇帝，废唐祚于一旦，改国号为周，成为中国历史上空前绝后的女皇。相传在武则天称帝的次年天授二年（公元六九一年）腊月初，宫中有人图谋政变，大臣诈称上苑百花已开，请武则天前去观花。武则天怀疑有阴谋，写下一首《腊日宣诏幸上苑》的诗，急令

"报春"花发，派人前去宣诏。腊八节这天，果然百花盛开，令人目瞪口呆。因此吓退一场政变。这是一段历史传闻，也是一篇诗坛佳话。诗云：

明朝游上苑，
火急报春知。
花须连夜发，
莫待晓风吹。

腊后岁前是一段准备过年迎春的好时日。白居易有《腊后岁前遇景咏意》诗云：

海梅半白柳微黄，
冻水初融日欲长。
度腊都无苦霜霰，
迎春先有好风光。
郡中起晚听衙鼓，
城上行慵倚女墙。
公事渐闲身且健，
使君殊未厌余杭。

南方"迎春先有好风光"，北方也有踏雪寻梅迎春的好景色。《故宫文物月刊》又有《三羊告丰》图，画上有诗云：

年前三白瑞诚真，
玉积千村盈尺匀。
滴粉寒林映茅屋，
吹豳黍谷迓新春。

范成大《灯市行》说吴地在春前腊后即有灯市，诗云：

吴台今古繁华地，
偏爱元宵灯影戏；
春前腊后天好晴，
已向街头作灯市。
叠玉千丝似鬼工，
剪罗万眼人力穷；

两品争新最先出，
不待三五迎东风。
儿郎种麦荷锄倦，
偷闲也向城中看；
酒垆博塞杂歌呼，
夜夜长如正月半。
灾伤不及什之三，
岁寒民气如春酣；
侬家亦幸荒田少，
始觉城中灯市好。

（三）蕴含慈悲之心的腊八节食俗

农历十二月初八，古代称为“腊日”，俗称“腊八节”。在这一天，中国自古以来就有吃腊八粥的习惯，这种习惯不仅历史悠久，也逐渐在各地方形成了丰富多彩的腊八食俗。

先秦时，人们就有在腊八这天祭祀祖先和神灵祈求来年五谷丰登和吉祥如意的习俗。相传，佛教创始人释迦牟尼也是在这一天修道成佛，因此腊八也是佛教徒的重大节日，称为“佛成道节。”

1. 古代的腊八食俗

腊八粥原本是佛教徒在腊八这天食用，在唐代就出现了吃腊八粥的食俗。唐宋以后，在腊八这天，寺院里要准备腊八粥，民间也纷纷开始效仿。宋代孟元老在《东京梦华录》中记载：“诸大寺作浴佛会，并送七宝五味粥，谓之腊八粥。”北宋著名文学家苏轼也有“今朝佛粥更相馈”的诗句。到了元、明两代，宫廷之中也出现了做腊八粥的食俗。元代孙国敉在《燕都游览志》中记载：“十二月八日赐百官粥，民间亦作腊八粥”。《明宫史》中还有“初八日，吃腊八粥”的描写。到了清代，腊八吃粥的食俗更是得到了宫廷的重视，雍正皇帝曾经将北京安定门内国子监以东的府邸改为雍和宫，每逢腊八日，在宫内万福阁等处，用锅煮腊八粥并请来喇嘛僧人诵经，然后将粥分给各王宫大臣，供其品尝食用以度节日。可见，腊八节食用腊八粥的食俗在中国已经有着悠久的历史了。

2. 腊八粥的做法

最初的腊八粥是用红小豆来熬制，后经过演变加上了很多特色，形成了具有地域特色的腊八食俗。南宋周密撰《武林旧事》中说：“用胡桃、松子、乳覃、柿、栗之类作粥，谓之腊八粥。”清人富察敦崇在《燕京岁时记》里称“腊八粥者，用黄米、白米、江米、小米、菱角米、栗子、去皮枣泥等，和水煮熟，外用染红桃仁、杏仁、瓜子、花生、榛穰、松子及白糖、红糖、琐琐葡萄以作点染”，颇有京城特色。

人们往往在腊月初七的晚上就开始为煮粥忙碌了，洗米、泡料、剥皮、挑选，然后在半夜之时开始煮，用微火炖，一直要炖到第二天清晨，腊八粥才能算熬好。腊八粥熬好之后，首先要祭祀祖先，之后还要赠送亲朋好友。旧时习俗，腊八粥一定要在中午之前送出去，最后剩下的才可以全家人共同食用。如果出现了剩下的腊八粥，吃了几天都吃不完的情况，人们就会认为这是个好兆头，有“年年有余”的吉祥寓意。如果有人家把粥送给贫穷人家，那更是一件为自己积德的大好事。如果院子里种着花卉和果树，人们就会在树干上涂抹一些腊八粥，希望来年多结果实。

在中国北方一些不产或少产大米的地方，人们不吃腊八粥，而是吃腊八面。前一要天用各种果、蔬做成臊子，把面条擀好，到腊月初八早晨全家吃腊八面。

3. 泡制腊八蒜

腊八粥

腊八节泡腊八蒜，这个食俗在华北地区尤为盛行。在腊八这天，人们会准备好醋和大蒜瓣儿，将剥了皮的蒜瓣儿放到一个可以密封的罐子或者瓶子之类的容器里面，然后倒入醋，封上口放到一个冷的地方。慢慢地，泡在醋中的蒜就会变绿，最后会变得通体碧绿的，如同翡翠碧玉。

清代营养学家曹燕山曾经在《粥谱》中详细描述了腊八粥的保健营养功效讲，他认为腊八粥可以调理饮食，易于被人体吸收，是“食疗”中的佳品，有养心、补脾、和胃、清肺、益肾、通便、利肝、安神、消渴、明目的效果。这些结论都已经被现代科学所证实。

（四）腊八节传说典故

1. 腊八粥的由来

佛教的创始者释迦牟尼本是古印度北部迦毗罗卫国（今尼泊尔境内）净饭王的儿子，他见众生受生老病死等痛苦折磨，又不满当时婆罗门的神权统治，便舍弃王位，出家修道，想要找出一条解脱之路。一开始他苦苦思考却不能有所得，后经六年苦行，于腊月八日，在菩提树下悟道成佛。在这六年苦行中，释迦牟尼每日仅食一麻一米。后人不忘他所受的苦难，纷纷效仿释迦牟尼成道前，牧女献乳糜的传说故事，用香谷、果实等煮粥供佛，称“腊八粥”，并将腊八粥赠送给门徒及善男信女们，以后腊八吃粥便在民间相沿成俗。

2. 懒惰的教训

早些年，有这么一个四口之家，老两口和两个儿子。老两口非常勤快，一年到头干着地里的庄稼活，春耕夏锄秋收，兢兢业业奔日子，家里存的各样粮食都满满的。庭院里还有棵大枣树，老两口精心培育，结出的枣又脆又甜，拿到集上去卖，也能卖很多银钱，小日子过得挺富裕。

眼看儿子一天天长大，都到了该娶媳妇的岁数了，老两口也都老的不行了。老父亲临死的时候嘱咐哥俩儿好好种庄稼；老母亲临死的时候嘱咐哥俩儿好好保养院里的枣树，攒钱存粮留着娶媳妇。

四口之家现在光剩下哥儿俩过日子了。哥哥看到家里满仓的粮食，对弟弟说：“咱们有这么多的粮食，够了，今年歇一年吧！”

弟弟说：“今年这枣树也不当紧了，反正咱们也不缺枣吃。”

就这样，哥儿俩越来越懒，越来越馋。光知道一年一年吃喝玩乐，没几年就把粮食吃完了，院里的枣树呢，结的枣也一年不如一年了。

这年到了腊月初八，家里实在没有什么可吃的了，怎么办呢？哥哥找了一把小扫帚，弟弟拿来一个小簸箕，到先前盛粮食的仓房缝里扫呀扫，从这里扫来一把黄米粒，从那里寻出一把红豆来，就这样，杂粮五谷各凑几把，数量不多，样数可不少，最后又搜出几枚干红枣，放到锅里一齐煮了起来。煮好了，哥俩吃起这五谷杂粮凑合起来的粥，两双眼对望，才记起父母临死前说的话，后悔极了。

尝到了懒的苦头的哥俩，败子回头，第二年就都勤快了起来，像他们的父母一样，不几年就又过上了好日子，娶了媳妇，有了孩子。

为了记取懒的教训，叫人千万别忘了勤快节俭地过日子，从那以后，每逢农历腊月初八那天，人们就吃用五谷杂粮混在一起熬成的粥，因为这一天正是腊月初八，所以人们都叫这粥为“腊八粥”。

3. 牧女乳靡救佛祖的传说

据说腊八粥传自印度。佛教的创始者释迦牟尼本是古印度北部迦毗罗卫国（今尼泊尔境内）净饭王的儿子，他见众生经常忍受生老病死等痛苦的折磨，又不满当时婆罗门的神权统治，舍弃王位，出家修道。初无收获，后经六年苦行，于腊月八日，在菩提树下悟道成佛。在这六年苦行中，每日仅食一麻一米。后人不忘他所受的苦难，于每年腊月初八吃粥以做纪念。“腊八”就成了佛祖成道的纪念日。

“腊八”是佛教的盛大节日。解放以前各地佛寺作浴佛会，举行诵经，并效仿释迦牟尼成道前牧女献乳糜的传说故事，用香谷、果实等煮粥供佛，称“腊八粥”。并将腊八粥赠送给门徒及善男信女们，以后便在民间相沿成俗。据说有的寺院于腊月初八以前由僧人手持钵盂，沿街化缘，将收集来的米、栗、枣、果仁等材料煮成腊八粥散发给穷人。传说吃了以后可以得到佛祖的保佑，所以穷人把它叫做“佛粥”。南宋陆游诗云：“今朝佛粥更相馈，反觉江村节物新。”据说杭州名刹天宁寺内有储藏剩饭的“栈饭楼”，平时寺僧每日把剩饭晒干，积一年的余粮，到腊月初八煮成腊八粥分赠信徒，称为“福寿粥”福德粥”，意思是说吃了以后可以增福增寿，可见当时各寺僧爱惜粮食的美德。

4.“杂米粥”的传说

早先有户农家，老两口守着一个儿子。老头是个勤快人，整天泡在地里，早出晚归，精耕细作，调理的几亩农田年年五谷丰登。老婆是个勤俭人，把院子里修整的瓜棚遮天，园子里青菜铺地，一日三餐，精打细算，家境虽不富裕，但一年四季吃穿不愁。老两口不但勤劳节俭，还心地善良，碰上谁家揭不开锅，常常拿些米粮接济人家，渡过难关。

光阴似箭，转眼间，他们的儿子已经十七八了。虽说大小伙子长得五大三粗，身强力壮，可是跟他爹娘不一样，懒得出奇。这也是从小饭来张口衣来伸手娇惯坏了。长大了还是胡吃闷睡，游游逛逛，什么活也不干。

一天，老汉摸摸花白胡子，感到自己老了，对儿子说：“爹娘只能养你小，不能养你老。要吃饭，得流汗。你往后学学种庄稼过日子吧。”儿子哼哼两声，这个耳朵进，那个耳朵出，照旧溜溜达达，胡吃闷睡。

不久，老两口给儿子娶了媳妇。原想儿子成了家，小两口该合计怎么干活过日子了。哪知这个媳妇跟儿子一样，也是好吃懒做，横草不拿，日头不落睡，日出三竿起，不动针线，不进灶房，倒了油瓶也不扶。

一天，老婆梳着满头白发，自知土已埋到脖子了，就把满心的话说给媳妇："勤是摇钱树，俭是聚宝盆。要想日子过得好，勤俭是个宝。"儿媳妇把这话当成耳边风，一句也不往心里放。

过了几年，老两口身患重病，卧床不起，把小两口叫到床前，嘱咐再三："要想日子过得富，鸡叫三遍离床铺。男当勤耕作，女应多织布……"话没说完，老两口一起去世了。

小两口托乡亲埋葬了两位老人，看看囤里粮、缸里米、柜里棉花、箱里衣。男人说："有吃有喝不用愁，何必下地晒日头。"女人说："夏有单衣冬有棉，何必纺织到日偏。"小两口一唱一和，早把两位老人的遗嘱忘到脑后了。

一年又一年过去了，几亩田地成了荒草园。家里柴米油盐、衣被鞋袜，一天少似一天。小两口还不着急。只要有口吃的，就懒得动手。又是花开花落，秋去冬来。地里颗粒无收，家里吃穿已尽。小两口断顿了，邻居们看在去世的老人面上，东家给块馍，西家端碗汤。小两口还在想："讨饭也能度时光。"

进了腊月，天越来越冷。到了初八这天，天寒地冻，滴水成冰。俗话说："腊七腊八，冻死'叫花'。"小两口屋里没火，身上衣单，肚里没食，蜷缩在凉炕席上"筛糠"。可四只眼睛还满屋搜寻着。突然发现炕缝里有几粒米豆子，就用手一粒粒抠出来；又发现地缝里还有米粒，也都挖出来。这可是救命稻草啊，他俩东捡西凑的弄了一把，放进锅里。把炕上的铺草塞进灶膛，就这样熬了一锅杂七烩八的粥。有小米、玉米、黄豆、小豆、高粱、干菜叶……凡能充饥的都放了进去。煮熟后一人一碗，悲悲切切地吃起来了。这时两人想起二位老人的教诲，后悔没有早听进去，现在已经晚了。

正在小两口悲切之时，一阵大风刮来，由于这房子年久失修，早已破烂不堪，被风一吹，"呼啦"一声，房倒屋塌，小两口被压在底下。等邻居赶来挖出来时，都已经死了，身边还放着半碗杂豆粥。从此以后，乡亲们每到腊月初八这天，家家熬一锅杂米粥让孩子们吃，并给孩子讲这杂米粥的故事教育他们。就这样一传十，十传百，越传越远；父传子，子传孙，代代相传，一直传到现代，形成了腊月初八吃“杂米粥”的习俗。因这粥是腊月初八吃，所以就叫“腊八粥”。

5. 八宝饭的传说

相传，清朝道光年间，皇帝派了一名姓万的旗人到徐闻任知县。他平易近人，但也小有心计。那年皇太后的生辰，所有知县都纷纷备办了厚礼进贡贺寿。

万知县诚惶诚恐，礼是一定要送的，但送什么，心里没个底。金银珠宝，后宫有的是。万知县想来想去，也够烦的。于是他决定微服出行，透透闷气。

有一天，他来到县城附近的一个村子，忽然听到鞭炮齐鸣，原来是一家富户娶亲。这时正值中午，饥肠辘辘。他也是个爽快的人，顿时掏出个光银，用红纸包了交贺礼，就去上座喝酒。席上的鱼虾蟹蛤，他没兴趣。八宝饭，他觉得很新奇，伸手一夹，放到嘴里一嚼，“哇，劲!”妙不可言，竟不顾左右，把八宝饭吃个精光。吃完后，突发奇想“把八宝饭进贡给皇太后”。于是，回到县衙，传令村厨入城，制作一百个八宝饭当做贺礼，马上进贡入京。皇太后尝了八宝饭，龙颜大悦，给万知县提官爵，让他回京城做个大官。

万知县凭空升官发财，但心里总是恋着八宝饭。他走马上任前，特意请村厨到衙门喝酒，酒到三巡，知县便叩问八宝饭制法。这村厨酒醉人不醉，原来，八宝饭早在明朝时就是宫廷名菜，明末清初，宫廷厨师逃命避难，落到徐闻乡下，留下这招绝艺，世代相传，不教外人，这村厨是名厨之后，不忘祖训。这时，也三七四六地胡扯一通，那知县听了似懂非懂，好不得意，回到京城，如法炮制，可惜味道怎么也不如徐闻县的好。

6. 民工吃粥的传说

传说秦修长城时，民工常年吃住在工地，但粮食要靠家人送。有的人因为家里遥远或贫穷，粮食不能及时送到，有一年腊八这天，民工们断了粮，大家翻搜粮袋，将收集的豆、米等各种粮食汇集到一起，熬了一锅粥吃了，但最终还是饿死了。为了悼念这些民工，人们每年到腊八就吃腊八粥。

7. 宝娃悔过的传说

传说有一个叫宝娃的人懒惰贪玩，而且生活奢侈，不久就把父母留下的家产糟蹋完了。这年腊月初八，别人都开始准备年货，而他家却粮仓见了底。望着满面泪水的媳妇腊花，宝娃羞愧难当。乡邻们闻讯东家一碗米，西家一碗豆，送来了各种粮、菜。腊花将乡亲们送来的粮、菜合到一起，熬了一锅粥，解决了一时的困难。从此，宝娃不仅勤奋劳动，而且生活节俭，很快富裕起来。为了让宝娃永远记住这个教训，腊花每年腊八就熬腊八粥。人们为了用宝娃的故事教育子女，也在这天吃腊八粥，渐成风俗。

8. 朱元璋吃粥的传说

据说当年朱元璋落难在牢监里受苦时，当时正值寒天，又冷又饿的朱元璋竟然从监牢的老鼠洞刨找出一些红豆、大米、红枣等七八种五谷杂粮。朱元璋便把这些东西熬成了粥，因那天正是腊月初八，朱元璋便美其名曰这锅杂粮粥为“腊八粥”，美美地享受了一顿。后来朱元璋平定天下，做了皇帝，为了纪念在监牢中那个特殊的日子，便把这一天定为腊八节，把自己那天吃的杂粮粥正式命名为腊八粥。

9. 赤豆打鬼

传说上古五帝之一的颛顼氏，三个儿子死后变成恶鬼，专门出来惊吓孩子。古代人们普遍相信迷信，害怕鬼神，认为大人小孩中风得病、身体不好都是由于疫鬼作祟。这些恶鬼天不怕地不怕，单怕赤（红）豆，故有“赤豆打鬼”的说法。所以，在腊月初八这一天以红小豆、赤小豆熬粥，以祛疫迎祥。

10. 岳家军吃粥的传说

腊八节是人们出于对忠臣岳飞的怀念。当年，岳飞率兵抗金于朱仙镇，正值数九严冬，岳家军衣食不济、挨饿受冻，众百姓相继送粥，岳家军饱餐了一顿百姓送的“千家粥”，大胜而归。这天正是腊月初八。岳飞死后，人民为了纪念他，每到腊月初八，便以杂粮豆果煮粥，终于成俗。

11. 煮五豆的传说

宋朝欧阳修不得势时，卖文谋生。遇一李姓员外的女儿抛彩球选婿。欧阳修中彩后，李员外嫌贫爱富，李小姐倒是一位义气女子，誓与欧阳修终生为伴，于是李员外将女儿逐出门外。从此，欧阳修便把卖文得来的钱交给妻子掌管。其妻节衣缩食，勤俭持家。每天早上只吃豆子稀饭，苦日子熬到皇恩开科，妻子取出平日攒下的银子给欧阳修作盘缠。欧阳修问银子从何而来，其妻说是吃豆子稀饭省下的。后来，欧阳修金榜题名，做了大官，携妻赴任。妻子怕他做了高官，忘了根本，就在腊月初八给他煮了一顿五种豆子的稀饭。欧阳修一尝，皱着眉头连说：“难吃！难吃！”妻子接着就讲述了过去经历的苦难。欧阳修深感妻贤，便给家中定了个规矩，

每年腊月初八吃豆子稀饭。流传到民间，就形成了煮“五豆”的习俗。

12. 懒惰青年难过腊八的传说

西晋时有个极懒的青年人，平素游手好闲，坐吃山空，他的新婚娘子屡劝无效，然而到了年末的十二月初八，家里断炊了，那小伙子饥肠难熬，搜遍米缸、面袋和家里的坛坛罐罐，将剩粒遗粉连同可食的残碎物，洗过入锅，煮了一碗糊状粥喝下，从此，苦思悔恨，狠下决心痛改前非。当地人们便借此教育子女，每逢腊八都煮粥喝，既表示腊祭日不忘祖先勤俭之美德，又盼神灵带来丰衣足食的好年景。

十四、司命升天有报章——祭灶节

(一) 祭灶节历史史话

夏历（即农历，俗称阴历）十二月二十三，在中华民族古老的节庆文化中，是一个祭“灶神”的日子。在中国古代，灶神被认为是一家之主，具有十分显贵的地位，民间俗称其为“灶王爷”。有人说灶神是人文始祖黄帝，也有人说灶神是为人间传播火种的“火神”祝融，不论灶神所指是谁，其权威性在中国古代从未动摇过，家家户户的灶间都会恭敬地摆设灶神的牌位，或张贴灶神的画像，传说中，灶神是玉皇大帝钦封的“九天东厨司命灶王府君”，因而又称“灶君”，负责管理各家的灶火，保佑各家的平安。到了唐代，灶神又增加了“监察官”的职责，为玉帝督查子民的言行，并定期返回天庭报告，凡被报告有罪的，大罪判减寿三百天，小罪判减寿一百天，所以，百姓人家在灶王神龛两侧，贴“上天言好事，下界保平安”的对联，由此看来，灶神是万万怠慢不得的。

知道了灶王爷的厉害，就能够理解我们的祖先要在旧岁之末、新年之前，隆重祭拜灶神的原因了。祭拜灶神，简称为“祭灶”，是一项历史悠久、影响深远、流传广泛的民间祭祀活动，祭灶渗透在百姓的日常生活当中，家庭中每遇急难险困，我们的祖先都会首先求助于灶神，因为求助于这位神仙是最近便的，而腊月二十三的祭灶活动，主要内容则是“送灶神”。灶神自上年的除夕以来，一直留在家中“值守”，到了腊月二十三要返回天庭“述职”，报告本家人等的善恶，因此必须为灶王爷隆重“饯行”。

送灶神的仪式称为“送灶”或“辞灶”，仪式规矩十分讲究，腊月二十三黄昏

时分，先由家人在灶房摆设供桌，陈列用饴糖制成的“糖瓜”以及其他酒肉、果品，特意供奉“糖瓜”的目的，是想粘住灶王爷的嘴巴，以防“胡言乱语”，即便开口说话，也是“嘴甜”说好话。按照“男不拜月，女不祭灶”的规矩，送灶活动完全由家中主事的男子操办。天色黑暗之后，将用松、柏、冬青枝条扎成的小把灶柴，以及用秫秸或竹篾做骨架扎制成的灶王坐骑、鹰犬等，在灶神像前摆放停当，并准备好一张新的灶神画像，然后由送灶的操办人恭敬地取下已经在神龛或墙壁上站立了一年的“灶神”，再恭敬地换上已经准备好的新的灶神画像，这时，参加送灶活动的家庭男性成员要齐唱祭神的歌曲，并向灶神鞠躬拜谢。这个仪式完成以后，便用灶柴将摘下的灶神像，以及灶王坐骑、供灶王御使的鹰犬等，一同烧掉。

腊月二十三的祭灶，表现了中华民族先民们在文化信仰和精神寄托上朴素和实在，人总是要有信仰和寄托的，对于古人来说，与其信奉遥远的、虚无缥缈的神仙，不如信奉近在身边、与柴米油盐关联密切的“灶王爷”。在他们虔诚地面对灶神画像默默祈祷的时候，内心深处盼望神灵带来福祉，也担心自己的不当和过错受到神灵的惩罚，从而焕发向善的愿望，这不能不说是古代文明对于大众的一种教化作用。

围绕祭灶，腊月二十三是一个欢乐的节日，人们在祭灶之后，便开始迎接新年的准备工作，其中主要的一项，就是打扫房间，收拾庭院，“卫生运动”从这一天开始，一直持续到除夕，人们称其为“扫尘日”、“迎春日”，扫尘，在北方叫做“扫房”，在南方叫做“掸尘”，不仅洒扫房屋庭院，还要拆洗被褥，清洁器皿，过年的气氛油然而生。

孩子们最喜欢的是吃“灶糖”，灶糖是一种麦芽糖，黏性很大，把它抽为长条形的糖棍就是“关东糖”，压成扁圆形就叫做“糖瓜”，把灶糖放在屋外，在严寒天气里，灶糖会凝固且在芯里出现微小的气泡，吃起来脆甜香酥，别有风味。

妇女们则开始为打扫一新的房屋准备窗花，窗花的样式丰富多彩，心灵手巧的姑娘、媳妇们能够剪出许多动物、植物形状，并组合成寓意吉祥的图案。比如,，喜鹊登梅、孔雀戏牡丹、狮子滚绣球等，她们剪出鹿鹤桐椿，寓意“六合同春”，剪出五只蝙蝠围绕寿桃，寓意连花鲤鱼，寓意“连年有馀”。

正是因为腊月二十三充满了浓浓的年节味道，所以，人们把这一天称为“小年”。

（二）祭灶节节日诗话

腊月二十三或二十四为祀灶日或祭灶日，李露露《中国节》称“祭灶节”。祭灶节有祭灶、送灶、谢灶、辞灶之俗。祭灶日又称“小年”或“小年节”等。

祭灶为古时“五祀”之一。春秋时，即有“五祀”。《礼记·曲礼下》说：“天子祭五祀”。郑玄注释说：“五祀，户、灶、中霤、门、行者。”东汉班固《白虎通·五祀》说：“五祀者，何谓也？谓门、户、井、灶、中霤也。”

祭灶所祭为灶神。文献记载最早的灶神为火神。《礼记·月令》说：“孟春之月，其帝炎帝，其神祝融，其祀灶，祭先师。”随着灶的出现，始有灶神。《淮南子》说：“黄帝作灶，死为灶神。”黄帝、炎帝与祝融既是光明之神、火神，又是中国最古老的灶神。《中国神仙传》又说，灶神为黄帝第十二代孙，姓张，名单（一说禅，一说蝉），字子郭。许慎《五经异义》记载传说灶神为夫妇二人：“灶神，姓苏名吉利，妇姓王名博颊。”唐段成式《酉阳杂俎》说：“灶神名隗，状如美女。又姓张名单，字子郭，夫人字卿忌，有六女皆名察洽。常以月晦上天，白人罪状。”民间关于灶神的传说更是五花八门，来历多变亦毁誉不一。

灶神在民间影响十分广泛，被千家万户奉为一家之主，其神性功能也不断扩大，进而又为“司命”神。同治戊辰年刊印的《东厨司命宝诰》云：

自在红光府，

逍遥碧焰宫。

为五祀之灵祇，

作七元之使者。

运用而威分火德，

辉煌而道合阴阳。

清宣统年间重镌的《灶王府君真经》中云：

灶王爷司东厨一家之主，

一家人凡做事看得分明。

谁作善谁作恶观察虚实，

每月里三十日上奏天庭。

……

读书人敬灶君魁名高中，
种地人敬灶君五谷丰登。
手艺人敬灶君百能百巧，
生意人敬灶君买卖兴隆。
在家人敬灶君身体康健，
出门人敬灶君到处安宁。
造厨人敬灶君蒸肴美味，
赶车人敬灶君一路顺风。
年老人敬灶君眼明脚快，
少年人敬灶君神气清明。
男儿人敬灶君戒杀放生，
女儿人敬灶君习读五经。
世间人你何必舍近求远，
游名山过海滨千里路程。
灶君前只要你诚心恭敬，
无论你什么事都能应承。
只要你存好心多行方便，
我与你一件件转奏天庭。
为名的管保你功高显名，
为利的管保你财发万金。
有病的管保你疾病痊愈，
有难的管保你跳出难中。
求福的管保你富贵荣华，
求寿的管保你年登百旬。
求儿的管保你门生贵子，
求女的管保你天生花容。
求夫的管保你一位书生，
求妻的管保你天降美人。
见玉帝我与你多添好话，

祷则灵求则应凡事遂心。

关于祭灶的日期与礼仪，不同朝代不同地方亦多有不同。祭灶的日期大体说来，在汉代之前多取孟春之月，或孟夏之月，或腊日。晋之后多取腊月二十三，或腊月二十四，或腊月二十五。李露露《中国节》说：北方在腊月二十三，南方在腊月二十四；又有的说是“官三、民四、蛋家五”，即官府在腊月二十三，百姓在腊月二十四，沿海的渔民在腊月二十五。又据杨福泉《灶与灶神》说：在有的地方，祭灶的时间也随行业而有区别。据日本人洼德忠的调查，过去香港的官职人员在十二月二十三日祭灶，普通人家在十二月二十四日，妓女则在二十五日。过去，四川汉族民间的祭灶日有“衿三民四”之谚，“衿”指当时的官员。江苏亦有“官三民四龟五鳖六”之说。广州也有类似习俗，刘万章在一九二九年的一份广州过年习俗调查报告中记叙说：我们普通的民众，是今天谢灶的，那蛋民，是在明天——廿四举行的，妓女和龟婆，又要在后天——廿五。梅县亦有“官三民四鬼五”的俗语。据民国二十四年铅印甘肃《重修镇原县志》载：“明代军阀皆功臣之裔，声势煊赫，与庶民异；岁暮祀灶，军三民四。《客座赘语》载：‘秣陵人家，以十二月二十四日祀灶’此其证也。邑人无论贫富，均于除月二十三日夜送灶神上天。”可知不同社会阶层祭灶之日的差异早已有之。

程文海有《祭灶诗》云：

何年呼得灶为君？

鼻是烟囱耳是铛。

深夜乞灵余不会，

但令分我胶牙饧。

灶神（灶君）之祭，历代自有沿革。春秋时，其祭设于灶台，祭品也较简单，仅盛食于盘，盛酒于瓶。到汉时，祭礼变得隆重了。《后汉书·阴兴传》载：“宣帝时，阴子方者，至孝有仁恩。腊日晨炊而灶神形见，子方再拜受庆。家有黄羊，因以祀之。自是已后，暴至巨富。”“故后常以腊日祀灶而荐黄羊焉。”这里所谓“黄羊”即狗，古代用狗作祭祀时，称为“黄羊”。《搜神记》也有相同记载。民间又有“男不拜月，女不祭灶”之说，但亦非尽然。

范成大《祭灶诗》反映了宋代祭灶的习俗与情景。诗云：

古传腊月二十四，

灶君朝天欲言事。

云车风马小留连，

家有杯盘丰典祀。

猪头烂熟双鱼鲜，

豆沙甘松米饵圆。

男儿酌献女儿避，

酹酒烧钱灶君喜。

婢子斗争君莫闻，

猫犬触秽君莫嗔。

送君醉饱登天门，

勺长勺短勿复云，

乞取利市归来分。

孟元老《东京梦华录》说："十二月二十四日，京中各个人家，都要夜间烧一些纸钱。将灶马供在灶上，再用些酒糟涂在灶门上，意思是要特别对于灶神，大加致敬，令他喝一个酩酊大醉，吃一个肚儿圆，好叫他替家中人多说一些方便话。"

刘侗、于奕正《帝京景物略》说："二十四日以糖剂、饼、黍、糕、枣、栗、胡桃、炒豆祀灶君。"冯应京纂辑的《月令广义》载："燕俗，图灶神，锓于水，以纸印之曰灶马。士民竞鬻，以腊月二十四日焚之，为送灶升天，别具小糖饼奉灶君，具黑豆寸草为秣马具。合家少长罗拜，祝曰：'辛甘臭辣，灶君莫言。'至次年元旦，又具如前曰迎灶。"

《清稗类钞》载："乾隆一朝，大内祀灶，在坤宁宫行之。室有正炕，设鼓板，后先上座，驾临，坐炕，自击鼓板，唱访贤一曲，唱毕，送神，乃还宫。至嘉庆时始罢。"

《故宫文物月刊》载有《黄羊祭灶》图，画上有嘉庆皇帝御笔，诗云：

至孝曾传阴子方，

自兹祀灶用黄羊。

心期富足近于媚，

养福修身致炽昌。

又有诗云：

嘉平小除夜，

媚灶用黄羊。

典纪千门遍，

礼传五祀祥。

饎芳裛鼎篆，

精诘列盘糖。

《清官词》又云：

玻璃糖果满盘装，

司命升天有报章。

说与胶牙因一笑，

中官亲列御厨房。

一九三七年商务印书馆出版的李家瑞《北平风俗类征·岁时》载有北京俗曲，大体勾勒了当时祭灶的一般情形。曲云：

腊月二十三，呀呀哟，

家家祭灶，送神上天，

祭的是人间善恶言。

一张方桌搁在灶前，

阡张元宝挂在西边。

滚茶凉水，草料俱全。

糖果子糖饼干，

正素两盘。

当家人跪倒，

手举着香烟，

一不求富贵，

二不求吃穿，

好事儿替我多说，

恶事儿替我隐瞒。

祭灶前要“扫尘”，苏州叫“打尘埃”。送灶这天，以旧灯笼糊红纸挂在灶龛两旁并贴上一幅小对联：“上天言好事，下界保平安”，或“上天多奏善，达意广言功”。祭灶用麦芽糖，还要焚烧轿杠与“灶疏”。杨福泉《灶与灶神》载，蔡云有《吴歈》诗云：

媚灶家家治酒筵，

妇司祭厕莫敢前。

剉柴撒豆喂神马，

小小篮舆飞上天。

《海虞风俗竹枝词》两首又写了常熟祭灶的情形，其一云：

焚香置酒送神回，

小小肩与削竹擎。

红纸为帘芦作杠，

豆萁数束架纵横。

其二云：

一声爆竹送神回，

顷刻行装尽属灰。

火势高低丰歉卜，

熠红元宝定通财。

祭灶时，诵唱祭灶歌。各地祭灶歌的歌词也略有不同。如吉林永吉地区的祭灶歌为：

灶王爷，本姓张，

今天是腊月二十三。

骑着马，跨着筐，

秫秸草料备停当。

送你老人家上西天，

人间好事要多说，

明年下界降吉祥。

民间有关祭灶的民谚，如《灶君谣》，是祭灶的人对灶君所言，云：

灶糖一盘茶一盏，

打发灶君上青天。

天宫见了玉帝面，

不当说的且莫言。

而《灶君怨》又拟灶君口吻，云：

一年没吃一点啥，

临走灶糖粘嘴巴。

你这一家好人家，

叫我咋给玉帝夸？

（三）祈福盼吉祥的祭灶节食俗

灶王爷又称“灶神”、“灶王”等，是中国古代民间信仰和崇拜的灶神和饮食之神，传说农历腊月二十三这天是灶王爷上天言事的时间，民间在这一天有祭灶、吃灶糖和灶饼的风俗。

旧时，每家灶间都设有“灶王爷”的神位，祭灶习俗在中国也有着极深的影响。传说这位灶神是玉皇大帝封的“九天东厨司命灶王府君”，专门负责管理各家的灶火，被作为一家的保护神而受到崇拜。腊月二十三这天，在民间又被称为“小年”。旧时，每家在这天都要举行祭灶仪式，人们会在灶君神像前供上关东糖、清水和秣草，送灶君爷“上天”。传说在腊月二十三这一天，灶神要回天宫汇报人间的情况，到正月初一才回到人间。为了让灶神“上天言好事，下界保平安”，所以人们要为其送行。

1. 历代祭灶食品的发展

祭灶的风俗在中国有着很悠久的历史，《礼记·月令》云：“祀灶之礼，设主于灶径。灶径即灶边承器之物，以土为之者。”那时祭灶礼就被列为五祀之一了。《战国策·赵策》云：“复涤侦谓卫君日：臣尝梦见灶君，”可见两千多年前就已有出现了祭灶习俗。

祭灶的食品，历代都有所变化。汉魏时期，祭灶多用黄羊，南北朝时期多用“豚酒”。到了宋代，人们开始使用米饵、鱼、猪头等食品。明清时代祭灶的食品由最初的荤食转变为了素食，民间开始盛行用一种叫做“灶糖”的食品祭灶。“灶糖”其实就是被人们所熟知的麦芽糖，人们想利用麦芽糖的粘性封住灶王爷的嘴巴，叫他有口难开，不能多嘴报告出家中的坏事，免生是非。

2. 祭灶的饮食选择

祭灶时使用的供品，不需要用鸡鸭鱼肉、干鲜果品之类，更不需用牛羊三牲，只要用一些麦芽糖制成的糖块即可，民间俗称这种食物为“糖瓜”。晋北地区习惯用饧，是麻糖的初级品，非常粘，现在统称麻糖。当地民间流传有“二十三，吃饧饭”的谚语。稍微讲究一点的人家，在供上糖瓜之余还会再供上一碗用糯米蒸熟的莲子八宝饭。除此以外，一些地方还有给灶王爷骑的神马供以香糟炒豆和清水的食俗。供品中还要摆上几颗鸡蛋，是给狐狸、黄鼠狼之类的零食。据说它们都是灶君的部下，不能不打点一下。祭灶时上香、送酒，还要为灶君坐骑撒马料，从灶台前一直撒到厨房门外。这些仪程完了以后，就要将灶君神像拿下来烧掉，等到除夕时再设新神像。

在祭灶节这天，一些地区民间也讲究吃饺子，取意“送行饺子迎风面”。有些地方也有用“灶饼”祭灶的食俗，这种饼是由米发酵之后的精白面加上适量的碱做好的，里面包有柿饼、红糖、枣、大葱、丁香等配料，包好后擀成饼，放入柴灶里烙熟食用。家中的每个人都要吃一个饼，如果家人外出，返回时则一定要补吃，人们认为吃了这个饼会保佑人们来年不挨饿。晋东南地区流行吃炒玉米的习俗，民谚有“二十三，不吃炒，大年初一一锅倒”的说法，这些地区的人们喜欢把炒玉米用麦芽糖粘起来，然后再冰冻成大块，吃起来酥脆香甜。

（四）祭灶节传说典故

1. 灶君吃灶糖的传说

古时，一对老夫妇仅有一子，两人视儿子如掌上明珠，十分疼爱。但因家中贫困，无以糊口，只得忍痛让儿子到煤矿去挖煤。

儿子久去不归，老人格外想念。这天，老太婆嘱咐老汉到煤矿上看看。路上，老汉遇到一个光脚片的同路人，两人越走越熟，相处十分融洽。闲谈之中，老汉得知光脚片是受阎王指使，来矿上收回一百名矿工。老汉心急如焚，乞求光脚片留下自己的儿子。光脚片慷慨应允，叮嘱他不要告诉别人。

见了儿子，老汉佯装害病，儿子侍奉左右，一直无法下井。不久，煤矿出了事故，老汉赶忙把儿子领回家里。

转眼三年过去了，这年腊月二十二夜里，老汉想起当年的风险，忍不住对老伴说了。谁知此话被灶君听见了，二十三晚上，灶君上天后，对玉帝讲了这件事。玉帝恼羞成怒，立即惩罚了光脚片，并收走了老汉的儿子。

为此，每到腊月二十三这天，人们请灶君吃灶糖，希望他到天宫后，不要再搬弄人间是非。久而久之，人们都在腊月二十三这天祭灶。

2．张灶王的传说

据说，古代有一户姓张的人家，兄弟俩，哥是泥水匠，弟弟是画师。哥哥拿手的活是盘锅台，东街请，西街邀，都夸奖他是垒灶的高手。年长月久出了名，方圆千里都尊称他为“张灶王”。说来张灶王也怪，不管到谁家垒灶，如遇别人家有纠纷，他爱管闲事。遇上吵闹的媳妇他要劝，遇上凶婆婆他也要说，好像是个老长辈。以后，左邻右舍有了事都要找他，大家都很尊敬他。

张灶王整整活了七十岁，寿终正寝时正好是腊月二十三日深夜。张灶王一去世，张家可乱了套，原来张灶王是一家之主，家里事都听他吩咐，现在大哥离开人间，弟弟只会诗书绘画，虽已花甲，但从未管过家务。几房儿媳妇都吵着要分家，画师被搅得无可奈何，整日愁眉苦脸。有天，他终于想出个好点子。就在腊月二十三日，也就是张灶王亡故一周年的祭日，深夜，画师忽然呼叫着把全家人喊醒，说是大哥显灵了。他将全家老小引到厨房，只见黑漆漆的灶壁上，飘动着的烛光若隐若现显出张灶王和他已故的妻子的容貌，家人都惊呆了。画师说：“我寝时梦见大哥和大嫂已成了仙，玉帝封他为‘九天东厨司命灶王府君’。你们平素好吃懒做，妯娌不和，不敬不孝，闹得家神不安。大哥知道你们在闹分家，很气恼，准备上天禀告玉帝，年三十晚下界来惩罚你们。”儿女侄媳们听了这番话，惊恐不已，立即跪地连连磕头，忙取来张灶王平日爱吃的甜食供在灶上，恳求灶王爷饶恕。从此后，经常吵闹的叔伯兄弟和媳妇们再也不敢撒泼，全家平安相处，老少安宁度日。

这事给街坊邻友知道后，一传十，十传百，都赶来张家打探虚实。其实，腊月二十三日夜灶壁上的灶王，是画师预先绘制的。他是假借大哥显灵来镇吓儿女侄媳，不料此法果真灵验。所以当乡邻来找画师探听情况时，他只得假戏真做，把画好的灶王像分送给邻舍。如此一来，沿乡流传，家家户户的灶房都贴上了灶王像。岁月流逝就形成了腊月二十三给灶王爷上供祈求合家平安的习俗。祭灶风俗流传后，自周朝开始，皇宫也将它列入祭典，在全国立下祭灶的规矩，成为固定的仪式了。

3．阿凡提劈棺材的传说

明代，住在朱紫坊的郑堂被称为“福州的阿凡提”。传说在祭灶节这天，曾被他戏弄的富人给他送了口棺材想让他晦气一下。没想到郑堂把棺材劈开，一块块地

丢进火里烧掉，边烧边唱："郑堂劈棺材，除死（意指一生）无大灾。"这句话一直流传到现在。

4. 灶王爷和灶王奶奶的传说

有一年，玉皇大帝派王母娘娘到人间视察民情，玉皇大帝的小女儿在天上待久了，觉得闷得慌，也跟随母亲下到了凡间。她看到民间百姓的疾苦，非常同情；同时也看到人间有那么多的恩爱夫妻，她很向往真挚的爱情。后来她看上了一个给人烧火帮灶的小伙子，她觉得这个人心地善良、勤劳朴实，于是决定留在凡间和他一起生活。玉皇大帝听后非常生气，把小女儿打下凡间，不许她再回天庭。王母娘娘心疼女儿，百般求情，玉帝才勉强答应给那个烧火的穷小子一个灶王的职位。从此，人们就称那个"穷烧火的"为"灶王爷"，而玉帝的小女儿就是"灶王奶奶"。

5. 郑性之的故事

宋代，福州有个叫郑性之的落魄书生。祭灶时他没有可以祭供的东西，他就把人家砍掉的甘蔗尾捡回去作为供品。祭灶时，他写了一首诗："一只乌骓一条鞭，送你灶王上青天。玉皇若问人间事，就道文章不值钱。"后来此人当了高官，曾经欺负他的人在他衣锦还乡时，急忙躲避，三坊七巷中的"吉庇（急避）巷"由此得名。

6. 张郎休妻

张郎名万仓，是个富农。他娶了个媳妇叫丁香，张郎创业丁香管家，夫妻二人小日子过得越来越红火，没几年，张万仓便成了一方的首富，人称张员外。"男人有钱就变坏"，没多久，张万仓就看不上人老珠黄的丁香了。尽管丁香曾和他一起操持家业，并且终于出人头地，尽管张万仓曾经对丁香一头长发爱不释手，可是鬼迷心窍的张万仓还是休了糟糠之妻，娶了年轻妖娆的李海棠。

被逐出员外府的丁香，只好流落街头，乞讨度日。终于有一日，遇到好心樵夫范三收留了她，二人情投意合，结为夫妇，过着清贫但快乐的生活。

话说张万仓休了丁香娶进海棠，日子虽过的逍遥，可是其忘恩负义的罪过早已惹怒天庭。一个月黑风高的晚上，一把天火从天而降，几乎将张员外家烧了个精光！张万仓侥幸逃命但是双眼已被烧瞎了，此时的李海棠趁机卷走了大火中残存的财务逃之夭夭。瞎了双眼没了家产的张万仓别无选择，最终沦落为一个乞丐，用一双手摸索着四处乞讨。

一个风雪交加的冬日，衣衫褴褛的张万仓竟然乞讨到了樵夫范三的草屋前。打开柴门的丁香认出了面前又老又瞎几乎要冻死的乞丐就是曾经将他驱出大门的员外相公。一时间百感交集，丁香赶忙将其领进了灶房，并让张万仓靠近灶炉边坐着取暖。可怜瞎了眼的张万仓，怎么会想到眼前这位好心的大姐就是昔日自己的结发妻子呢？

丁香与张万仓还是夫妻的时候，就留有一头乌黑的长发，张万仓也对丁香的长发爱不释手。直到现在，丁香还保留着一头长发。想当年恩爱时候，张万仓每每为自己梳洗长发的温馨情景此时一再在丁香脑海浮现。

丁香赶忙给张万仓下了一碗面条，并扯断一根长发混在面条之间。看到张郎狼吞虎咽的样子，丁香心痛，不忍再看，于是出了灶房，打算再找几件衣裳送给张郎。

张郎吃着面条，就觉着味道很是熟悉，纳闷之时，吃出了丁香的长发！张郎手摸长发，顿时明白面条的味道为何如此熟悉——原来今日居然乞讨到了自己糟糠之妻的门前！瞬间，羞愧、后悔、感激等等情绪纠缠在一起，张万仓自语“张郎喜新厌旧，丁香以德报怨，我张万仓还有什么颜面活在世上！自作孽不可活啊！”一头碰死在丁香家的灶台之上……

张万仓死后被召至天庭，玉皇大帝看其幡然悔悟又是碰死在灶台上，于是封其“灶王”，重回人间，居于灶台上，督管各家生活，免得再有人家重蹈“张郎休妻”覆辙。并规定每年腊月二十三上天庭述职，来年正月初六再回灶台任职。

7. 女不祭灶的传说

俗语有“男不拜月，女不祭灶”的说法。有的地方，女人是不祭灶的，据说，灶王爷长得像个小白脸，怕女的祭灶，有男女之嫌。灶王爷在中国民间诸神中资格算是很老的，早在夏代，他已经是民间所尊奉的一位大神了。据古籍《礼记·礼器》孔颖达疏：“颛顼氏有子曰黎，为祝融，祀为灶神。”《庄子·达生》记载：“灶有髻。”司马彪注释说：“髻，灶神，着赤衣，状如美女。”

十五、爆炸声中一岁除——除夕

（一）除夕历史史话

夏历一年当中的最后一天叫做“岁除”，一般是在十二月，也就是腊月的三十或二十九，因而也叫“年三十”，而除夕则是指这一天的晚上。为什么这一天的节日不叫“岁除”而叫“除夕”呢？道理和元宵节是一样的，节日的最精彩的内容在晚上，过节其实就是要过这个夜晚。

根据古籍的记述，远古的人们在新年的前一天，用击鼓的方法来驱逐“疫疠之鬼”，这是除夕节令的最初由来，而“除夕”这个词，则最早出现在西晋。除夕作为一个节日，其实是过年节的一个组成部分，在中华民族的传统文化中，自腊月二十三开始，一直到来年的正月十五，都会被人们看做是过年。但是，除夕的节日活动内容，又确实有着与大年初一不同的特点。

作为岁时民俗中最重要的节日，除夕最能打动华夏子孙的，就是以阖家团圆为主题的年夜饭，直到今天，这桌意味深长的典型的“中国菜”，依然牢牢牵动着无数中华儿女的神经，多少人不远千里，不辞辛苦，即便是风尘仆仆，也要赶回家中，与亲人，特别是父老共进这顿晚餐。除夕夜的团圆饭起源悠远，准确时间已无从查考，据说在古代，有官吏甚至将狱中囚徒释放回家，与亲人共享年夜饭。

在古代，年夜饭十分讲究，尽管除夕这天朋友之间有相互走访“辞岁”的风俗，如《燕京岁时记》所载：“凡除夕，蟒袍补褂走谒亲友者，谓之辞岁”，但晚餐是断不邀请家庭成员以外的亲友出席的。在祭拜祖先之后，一家人按照长幼之序落座，年幼或辈分低者，要向年长或辈分高者敬酒，说吉祥、祝福的话，而年长或辈分高者，则要对敬酒者予以勉励。年夜饭的酒是非喝不可的，即便是不会喝酒的，也要多少喝一点，以示庆贺之意，这个时候喝酒要“品”，绝不能“豪饮”，讲究酒的品质和喝的雅致。年夜饭菜肴丰盛，品种多样，但只有两道菜是当然的“主角”，一道是火锅，摆在席上热气腾腾，吃到肚里暖意洋洋，取红红火火之意；另一道菜就是鱼，而席面上这条鱼就更有讲究了，在有些地方，这条鱼只是“摆设”，谁也不能真的把它吃了，因为这条鱼代表“年年有余”和来年的“富裕”，不能把它碰坏了。而在另外的一些地方，这条鱼是可以吃的，但必须剩下一些，寓意“有富余”，也是和了“年年有余”的意思。用餐之际，即便是家教森严的豪门大户，也一改“食不言，寝不语”家规，亲人之间相聊甚欢，其乐融融。

年夜饭用过以后，一家人欢聚“守岁”通宵不眠。据说，除夕守岁的习俗，始自南北朝时期，苏轼《守岁》诗生动描写了除岁达旦不眠的情景，其中，“儿童强不睡，相守夜喧哗”的诗句脍炙人口。守岁，具有年终岁尾驱鬼除魔的意味，起源于上古时代，那时的人们聚拢在一起，点燃篝火，彻夜不眠，以共同对付恶魔。传承下来的守岁则充满了欢快的气氛，人们或饮酒畅谈，或燃放爆竹，贴春联、换门神，有些地方的人家在庭院里燃烧松枝，称为“熰岁”；有些地方还把芝麻秸铺撒在院子里，家人踩上去就发出“噼噼啪啪”的响声，称为“踩岁”。

除夕还有“接神”的仪式，也就是迎接在腊月二十三“上天言好事”的灶王爷回家，但与“送神”相比，仪式简单了许多，只是在四更时分摆上供桌和供品，焚香点灯，为灶神照亮、引路。这个仪式虽然简单，但却必不可少，因为灶王爷不是一个人回来的，跟着一起来的还有各路神仙，这些神仙来到人间过年，降临谁家就会给谁家带来福气，没有香火引路，岂不是会错过了机会？

除夕夜还有置“压岁钱”的风俗，现在的人们知道长辈给晚辈压岁钱，其实，传统上的压岁钱有两种，一种是人们熟悉的给孩子的压岁钱，据说“压岁”有“压祟”的意思，象征长辈用自己的付出为晚辈“压住新的一岁”，希望孩子们在新的一年里不生病遭灾；另一种压岁钱则如古人所说：“以彩绳穿钱，编作龙形，置于床脚，谓之压岁钱”，也是求来年基业稳固，家事兴旺。

除夕之夜不仅有轻松愉快，也有忙碌辛劳，这就是为过新年包饺子的活计，这个活计一般由家中的女性承担，由于大年初一有不动刀剪的习俗，所以，大年初一的饺子馅必须在大年三十就准备完毕，于是乎家家户户的厨房里，“当当当当”的剁馅声响成一片。

说到包饺子，北京有自己的地方特点。在老北京，除夕夜包的饺子叫做“素饽饽”，就是不放肉的素馅饺子，无论贫苦百姓还是富贵人家，大年初一都吃“素饽饽”，而且要求极为严格，不仅饺子馅是全素的，连包饺子、煮饺子、盛饺子的器具也不能沾染荤腥，忙得各家主妇们先要把锅碗瓢盆用碱水彻底清洗干净，再洗菜剁馅准备包饺子。据说北京人除夕包素馅饺子，原因在于这一天包的饺子是“请神饺子”，是“招待”下界回家的灶神以及随他而来的各路神仙的，神仙们来考察善恶，当然以不杀生为好；再说各路神灵个个都是仙风道骨，恐怕是以素食者居多，用“素饽饽”款待比较合适。

除了燃放爆竹烟花之外，除夕的户外活动就是换门神和贴春联了。除夕夜晚，各家各户就会把旧的“门神”揭下来，换上新的“门神”。所谓“门神”其实是一张画像，唐朝以前，画像上的人物是传说中的“神荼”和“郁垒”。到了唐代，传说唐太宗生病，在昏昏沉沉之间听到门外鬼魅呼号，惊得唐太宗彻夜不得安睡，于是命秦叔宝、尉迟恭二位将军手持兵刃镇守门前，是夜果然风平气静，为此，唐太宗诏令将二将军画像贴于门上，以镇妖孽，此习俗在民间流传，到唐代以后，门神当中就多了秦叔宝和尉迟恭。门神的张贴习惯是两扇门各贴一幅，所以门神都是“成双成对”的。春联是特指为迎接新春而专门制作的楹联，门楣另加一幅“横批”，内容多为应时的吉祥语句，比如，上联写“新春富贵年年好”，下联写“佳岁平安步步高”，横批为“福临家门”；比如，上联写“生意兴隆通四海”，下联写“财源茂盛达三江”，横批为“喜迎新春”等。除夕夜贴春联也是我国传统文化的一个组成部分，其中，流传着不少有趣的故事。相传东晋大书法家王羲之写了一副春联，待除夕入夜时分贴在自家的门上，上联为“春风春雨春色”，下联为“新年新月新景”，谁知贴出不久，就被仰慕他书法的“粉丝”揭走了。无奈之下，王羲之再写一幅“莺啼百里”，“燕语南邻”，不曾想还是被人揭走了。王羲之左思右想，终于有了万全之策，他重新写好一副春联，将两联的下半部分裁掉，先将上半部分贴出，但见上联书“福无双至”，下联写“祸不单行”，书法虽好但“粉丝”们觉得内容太不吉利，故无人再揭。待夜深人静，王羲之把春联的下半部分贴出，完整的春联为“福无双至今日至，祸不单行昨夜行”，初一元旦，当人们看到这幅春联时，无不赞叹王羲之的奇思妙想。据说，五代时期的后蜀主孟昶，“每岁除，命学士为词，题桃符，置寝门左右”。在归宋的前一年，孟昶看了一位学士的撰词后，认为不够工稳，就亲自执笔在桃符上题写了“新年纳余庆”，“佳节号长春”的联语，这幅联语被认为是我国最早的春联。

在人们不倦的守望中，新春的朝阳冉冉升起，红底的春联在朝阳映衬下熠熠生辉。美酒、美食和美好的心愿都已经准备好了，人们可以欢天喜地过大年了！

（二）除夕节节日诗话

今岁今宵尽，

明年明日催。

寒随一夜去，

春逐五更来。

气色空中改，

容颜暗里回。

风光人不觉，

已著后园梅。

这是唐开元进士王諲《除夜》中的诗句。除夜，即除夕。

除夕，又称岁夕、岁除、年夜，俗称大年夜。农历十二月（腊月）为“除月”，萧绎《纂要》说：“十二月季冬，亦曰暮冬、杪冬、除月、暮节、暮岁、穷稔和穷纪”。十二月的最后一天为“除日”。除夕是除日之夜。

除夕是岁节。除夕的活动并不仅仅在年夜。进入腊月以来，人们就早早地为过年做着准备了。

《清嘉录》说：“腊将残，择宪书宜扫舍宇日，去庭户尘秽。”“扫除”或从腊八起，或至二十几。纳西族又把扫尘倒垃圾与驱鬼打鬼相联系，反映了传统的民间信仰。

《东京梦华录》说：“近岁节，市井皆印卖门神、钟馗、桃板、桃符，及财门钝驴、回头鹿马、天行帖子。卖干茄瓠、马牙菜、胶牙饧之类，以备除夜之用。”《清嘉录》又载：“市肆贩置南北杂货，备居民岁晚人事之需，俗称‘六十日头店’。熟食铺，豚蹄鸡鸭，较常货买有加，纸马香烛铺，预印路头财马，纸糊元宝缎匹，多浇巨蜡，束名香。街坊吟卖篝灯灯草，挂锭灶牌帘，及箪瓢箕帚竹筐，瓷器缶器，鲜鱼果蔬诸品不绝。锻磨磨刀杀鸡诸色工人，亦应时而出，喧于城市。酒肆药铺，各以酒糟、苍术、辟瘟丹之属，馈遗于主顾家，总谓之‘年市’。”开年市，办年货，都是为了这一年一度的“过大年”。

民谣中有“迎年曲”唱道：

二十三祭灶倌，

二十四扫房子，

二十五磨豆腐，

二十六去割肉，

二十七杀只鸡，

二十八去买花，

二十九去沽酒，

年三十儿都捏鼻儿（即包饺子）……

古诗云：

日出日落三百六，

周而复始从头来。

草木荣枯分四时，

一岁月有十二圆。

据说，这是古代天坛石壁上刻的一首诗。相传，远古时有个叫万年的人制作了晷仪测日影，又用漏壶计时间，发现了四季轮回，创建了历法。万年在旧岁终了、新春复始之时，拜请国君祖乙为四季轮回之始定个“节”。祖乙以“春为岁首”，便把一年之始定为“春节”。而一年之终，为“除夕”。除夕与春节，合称为“过年”。

过年的“年”，指地球绕太阳运行，从某一定标点又回到同一标点所经历的时间。我们的祖先把春夏秋冬四季转换的一个周期叫做一年。《说文解字》说：“年，谷熟也”。《谷梁传》又说：“五谷大熟为大有年也”。有年即“丰年”。

民间还有过年起源的传说云：很久以前，山林中有一凶猛的吃人怪兽，其貌狰狞，其性凶残，其名曰“年”。每到年末岁首的除夜，“年”就跑到村庄里来吃人。人们谈“年”色变，把除夕称作“年关”。为了安全度过年关，村里的人们家家户户贴红纸（门神、春联、窗花、年画），挂红灯，在庭院里燃柴火，放爆竹……这样，年复一年，便形成了“过年”的风俗。

过年的民俗活动内容繁多。换桃符、贴春联、挂年画等是除夕盛典的前奏。

爆竹声中一岁除，

春风送暖入屠苏。

千门万户曈曈日，

总把新桃换旧符。

王安石的这首诗中呈现了“桃符”“爆竹”“春风”“朝日”“屠苏”等意象。

换桃符之俗，据说始于秦汉之前，后演变为贴门神、贴春联。门神为司门之神。汉代的门神为神荼、郁垒。唐代的门神改为秦叔宝和尉迟恭。宋以后，门神日益多样，或为将军，或为朝官，或戴虎头盔，复加爵鹿、蝠喜、宝马等状，既为驱鬼，又以迎祥。郭频伽有《门神诗》云：

金碧家家灿，

迁除岁岁忙。

侯封沿汉号，

剑佩俨唐装。

到五代时，后蜀国君孟昶命学士为桃符题写联语，且自题云：

新年纳余庆，

嘉节号长春。

《岁时广记》引《古今诗话》说：伪蜀每岁除日，诸宫门各给桃符，书“元亨利贞”四字。时昶子善书札，取本宫策勋府桃符书云：“天垂余庆，地接长春。”据说，这是我国古代最早的两副春联。到明代，贴春联又取代了挂桃符。《燕京岁时记》曰：“春联者，即桃符也。”蒋士铨有《春联》诗云：

制仿宜春帖，

排门吉语多。

丰年资颂祷，

民气验康和。

春联的内容，大多为颂祝吉祥如意之语。如：

天增岁月人增寿，

春满乾坤福满门。

福如东海长流水，

寿比南山不老松。

生意兴隆通四海，

财源茂盛达三江。

清人何淡如为佛山春色赛会题写的春联云：

新相识，旧相识，春宵有约期方值，试问今夕何夕，一样月色灯色，该寻觅；

这边游，那边游，风景如斯乐未休，况是前头后头，几度茶楼酒楼，尽勾留。

此外，还有贴斗方、贴剪纸、挂年画，以装点节日气氛。斗方大多写四字，如“新春万福”“喜气盈门”“吉祥如意”等，也可以只写一个大“福”字，福字可正贴，也可倒贴，意为“福到”。剪纸大多贴在窗上，又曰“窗花”，内容有人物、故事、花鸟、虫鱼等，如“丹凤朝阳”“孔雀开屏”“麒麟献瑞”“喜鹊登梅”“鲤鱼跳龙门”“狮子滚绣球”等。年画原为木版画，多取材于神话传说、历史故事、传统戏曲与民俗风情，如《四美图》《五虎将》《将相和》《八仙过海》或《富贵牡丹》《红梅报春》《花好月圆》乃至胖娃娃抱鲤鱼等。明清两季，我国的年画创作形成三大重镇，它们是：天津的杨柳青，苏州的桃花坞，潍坊的杨家埠。年画的内容大多喜庆吉祥，艺术构图丰满，色彩鲜艳美丽，富有生活气息，为民众所喜爱。

春联、窗花、年画，红灯高挂，旺火熊熊，爆竹声声，礼花映碧空。

敬香、献酒、祭祖，叩首，家家盛宴，户户团圆。美酒、美食、美好的祝愿、美好的期盼，尽在除夕的欢乐之中。

方干《除夜》诗云：

玉漏斯须即达晨，
四时吹转任风轮。
寒灯短烬方烧腊，
画角残声已报春。
明日便为经岁客，
昨朝犹是少年人。
新正定数随年减，
浮世惟应百遍新。

大年之夜，一家人团坐一桌，共饮屠苏酒。韩鄂《岁华纪丽》载："昔有人居草庵之中，每岁除夜，闾里一药贴，令囊浸井中。至元日取水，置于酒樽，合家饮之，不病瘟疫。今人得其方而不知其人姓名，但曰屠苏而已。"喝屠苏酒的时候，按年龄、辈分，由少向长依序，《荆楚岁时记》说："凡饮酒次第，从小起"。据说这样做是庆贺年少者又长了一岁，长江后浪推前浪，有年老让贤之意。顾况《岁日作》诗云：

不觉老将春共至，
更悲携手几人全。
还丹寂寞羞明镜，
手把屠苏让少年。

除夕的年夜饭上，家族团聚之时，晚辈要向长辈敬酒祝福，长辈要给晚辈或小孩"压岁钱"。压岁，本意为镇压邪祟，护佑孩童健康成长。古代的压岁钱为专门制造的，钱上铸有"吉祥如意""长命百岁"等祝词，或生肖、八卦纹饰。清代开始，大多改为用流通钱币来压岁，这一习俗相传至今。

清人吴曼云有《压岁钱》云：

百十钱穿彩线长。

分来再枕自收藏，

商量爆竹谈箫价，

添得娇儿一夜忙。

除夕要守岁。晋代周处《风土记》记有时人除夕守岁之俗。唐董思恭《守岁》诗云："共欢新故岁，迎送一宵中。"《东京梦华录》记宋代除夕之夜，"士庶之家，围炉团坐，达旦不寐"。

唐太宗李世民有《守岁诗》云：

暮景斜芳殿，

年华丽绮宫。

寒辞去冬雪，

暖带入春风。

阶馥舒梅素，

盘花卷烛红。

共欢新故岁，

迎送一宵中。

皇帝在宫中守岁，诗人白居易在异乡作《客中守岁》，其诗云：

守岁尊无酒，

思乡泪满巾。

始知为客苦，

不及在家贫。

畏老偏惊节，

防愁预恶春。

故园今夜里，

应念未归人。

归家的人在家乡守夜，周弘亮有《故乡除夜》诗云：

三百六十日云终，

故乡还与异乡同。
非唯律变情堪恨，
抑亦才疏命未通。
何处夜歌销腊酒，
谁家高烛候春风。
诗成始欲吟将看，
早是去年牵课中。

羁旅的人在他乡守夜，高适有《除夜作》诗云：

旅馆寒灯独不眠，
客心何事转凄然。
故乡今夜思千里，
愁鬓明朝又一年。

袁凯在烽火乱离中有《客中除夕》诗云：

今夕为何夕，
他乡说故乡。
看人儿女大，
为客岁年长。
戎马无休歇，
关山正渺茫。
一杯椒叶酒，
未敌泪千行。

戴叔伦《除夜宿石桥馆》诗云：

旅馆谁相问，
寒灯独可亲。
一年将尽夜，
万里未归人。
寥落悲前事，
支离笑此身。
愁颜与衰鬓，

明日又逢春。

著名戏曲家孔尚任是孔子的六十四代孙。除戏曲外，还有诗文传世。其《甲午元旦》云：

萧疏白发不盈颠，

守岁围炉竟废眠。

剪烛催干消夜酒，

倾囊分遍买春钱。

听烧爆竹童心在，

看换桃符老兴偏。

鼓角梅花添一部，

五更欢笑拜新年。

宋嘉祐七年（公元一O六二年）岁末，苏轼在陕西凤翔任上。思念留在京师的父亲和新到商州任职的弟弟，回想故乡岁暮的淳朴民风，写下了三首有名的风俗诗寄给弟弟苏辙，以抒发思乡之情。诗的题目为《岁晚相与馈问，为“馈岁”；酒食相邀，呼为“别岁”；至除夜，达旦不眠，为“守岁”。蜀之风俗如是。余官于歧下，岁暮思归而不可得，故为此三诗以寄子由馈岁》，诗云：

馈岁

农功各已收，

岁事得相佐。

为欢恐无及，

假物不论货。

山川随出产，

贫富称小大。

置盘巨鲤横，

发笼双兔卧。

富人事华靡，

彩绣光翻座。

贫者愧不能，

微挚出春磨。

官居故人少，
里巷佳节过。
亦欲举乡风，
独倡无人和。

别岁

故人适千里，
临别尚迟迟。
人行犹可复，
岁行那可追！
问岁安所之？
远在天一涯。
已逐东流水，
赴海归无时。
东邻酒初熟，
西舍彘亦肥。
且为一日欢，
慰此穷年悲。
勿嗟旧岁别，
行与新岁辞。
去去勿回顾，
还君老与衰。

守岁

欲知垂尽岁，
有似赴壑蛇。
修鳞半已没，
去意谁能遮。
况欲系其尾，
虽勤知奈何。
儿童强不睡，

相守夜欢哗。

晨鸡且勿唱，

更鼓畏添挝。

坐久灯烬落，

起看北斗斜。

明年岂无年？

心事恐蹉跎。

努力尽今夕，

少年犹可夸。

（三）守岁不眠的除夕食俗

旧年将腊月最后一日称为除夕。古代极重除夕之夜的礼仪，人们通宵不寐，以待新年，称为“守岁”。周处《风土记》：“除夕之夜，各相与赠送，称曰‘馈岁’；酒食相邀，称曰‘别岁’；长幼聚饮，祝颂完备，称曰‘分岁’；大家终夜不眠，以待天明，称曰‘守岁’。”

春节饮食活动的高潮是除夕夜吃“团圆饭”。除夕夜年夜饭有两个特点：一是全家务必聚齐，因故未回者必须留一座位和一套餐具，体现团圆之意；二是饭食丰盛，重视“口彩”，把年糕叫“步步高”、饺子叫“万万顺”，酒水叫“长流水”，鸡蛋叫“大元宝”，金鱼叫“年年有余”；这条鱼准看不准吃，名为“看余”，必须留待初一食用。北方无鱼的地区，多是刻条木头鱼替代；三是座次有序，多为祖辈居上，孙辈居中，父辈居下，不分男女老幼，都要饮酒。吃饭时关门闭户，热闹尽兴而止。

除夕的家宴菜肴各地都有自己的特色。旧时北京、天津一般人家做大米干饭，炖猪肉、牛羊肉，炖鸡，再做几个炒菜。陕西家宴一般为四大盘、八大碗，四大盘为炒菜和凉菜，八大碗以烩菜、烧菜为主。安徽南部仅肉类菜肴就有红烧肉、虎皮肉、肉圆子、木须肉、粉蒸肉、炖肉及猪肝、猪心、猪肚制品，另外还有各种炒肉片、炒肉丝等。湖北东部地区为“三蒸”、“三糕”、“三丸”。“三蒸”为蒸全鱼、蒸全鸭、蒸全鸡；“三糕”是鱼糕、肉糕、羊糕；“三丸”是鱼丸、肉丸、藕丸。哈尔滨一带一般人家炒 8 个、10 个或 12 个、16 个菜不等，其主料无非是鸡鸭鱼肉和蔬菜。赣南的年夜饭一般为 12 道菜。浙江有些地方一般为“十大碗”，讨“十全

十福”之彩，以鸡鸭鱼肉及各种蔬菜为主。江西南昌地区一般十多道菜，讲究四冷、四热、八大菜、两个汤。

各地除夕家宴上都有一种或几种必备的菜，而这些菜往往具有某种吉祥的含义。如江苏扬州餐桌上要有豌豆苗（安安稳稳）、水芹菜（喻办事路路通）。苏州一带，餐桌上必有青菜（称安乐菜）、黄豆芽（如意菜）、芹菜（勤勤恳恳）。湘中南地区必有一条两斤左右的鲤鱼，称“团年鱼”、必有一个3千克左右的猪肘子，称“团年肘子”。皖中、皖南餐桌上有两条鱼，一条完整的鲤鱼，只能看却不许吃，既敬祖又表示年年有余；另一条是鲢鱼，可以吃，象征连子连孙，人丁兴旺。祁门家宴的第一碗菜是“中和”，用豆腐、香菇、冬笋、虾米、鲜肉等制成，含义为“和气生财”。合肥的饭桌上有一碗“鸡抓豆”，意思是“抓钱发财”。管家人要吃一只鸡腿，名为“抓钱爪”，意味着明年招财进宝。安庆的当家人要在饭前先吃一碗面条，叫“钱串子”。南昌地区必食年糕、红烧鱼、炒米粉、八宝饭、煮糊羹，其含义依次是年年高升、年年有鱼、稻米成串、八宝进财、年年富裕。

中国的岁时节日大多包含有尝新的饮食活动，尤其在春、夏、秋三季。这是我们这个以农业立国的民族的一个重要文化传统，新的季节，有新的气象，也必有新的食物，有新的希望。

岁时节日的另一个现象就是祭祖。古代传统的敬老、爱幼、尊长、孝敬的美德，在热烈的饮食活动中得到充分体现。人人都受到熏陶，感情得到敦睦，传统也因此一代代延续下去。最能体现亲情的节日，都是重大的传统节日，如春节、清明节、中秋节和除夕夜等。岁时节日的饮食活动还表现在人们对祈福祛病的心理追求上，显现出迷信与科学混杂的双重特征，如端午节、送灶等。

不同的节日有不同的饮食风俗，这些食物不一定是美味佳肴，但却含有一些特定的意义。一是象征性的，被认为可给人带来好处，带来福气；一是实用性的，被作为保健食物享用，可防病治病，健美体魄。

年复一年，月复一月，人们的希望与寄托，就在未来的年年月月。孩童盼年节，希寄有吃有玩。成人过年节，总结一年的成败和得失。人们平时的饮食，多半为口腹之需。而岁时的食俗，则寄托着人们的精神需求。岁时节令的食俗，既是文化活动，也是社会活动，在这样的活动中，人们享受自然的恩赐，喜尝收获的果实，联络彼此的感情，抒发美好的情怀，休养自己的体魄。

(四）除夕传说典故

1. 饺子原是治病的“娇耳”

东汉末年，各地灾害严重，很多人身患疾病。南阳有个名医叫张机，字仲景，自幼苦读医书，博采众长，是当地的名医。张仲景不仅医术高明，什么疑难杂症都能手到病除，而且医德高尚，无论穷人和富人，他都认真施治，挽救了不少人的性命。张仲景曾在长沙为官，常为百姓除疾医病。有一年当地瘟疫盛行，他就在衙门口垒起大锅，舍药救人，深得长沙人民的爱戴。

张仲景从长沙告老还乡后，走到家乡白河岸边，见很多穷苦百姓忍饥受寒，耳朵都冻烂了。他心里非常难受，决心救治他们。张仲景回到家乡后，前来求医的人特别多，他忙得不可开交，但他心里总挂记着那些冻烂耳朵的穷苦百姓。他仿照在长沙的办法，叫弟子在南阳东关的一块空地上搭起医棚，架起大锅，在冬至那天开张，向穷人舍药治病。

张仲景的药名叫“祛寒娇耳汤”，其做法是用羊肉、辣椒和一些祛寒药材在锅里煮熬，煮好后再把这些东西捞出来切碎，用面皮包成耳朵状的“娇耳”，下锅煮熟后分给乞药的病人。每人两只娇耳，一碗汤。人们吃下后浑身发热，血液通畅，两耳变暖。吃了一段时间，病人的烂耳朵就好了。

张仲景舍药一直持续到大年三十，大年初一人们庆祝新年，也庆祝烂耳康复，就仿照娇耳的样子做过年的食物，并在初一早上吃。后来，人们就称这种食物为“饺耳”“饺子”，并在冬至和年初一都要吃一顿，以纪念张仲景开棚舍药和治愈病人的高尚医德。

2. 饺子又名扁食

饺子又名扁食，至于这个名字的来历，民间还有一则传说。从前有一个皇帝，整天不理朝政，只顾寻欢作乐，朝里奸臣得宠，忠良受害，闹得国家贫穷交加，百姓怨声载道。有一天，奸臣潘奇叩见皇上，声称他有个好主意，能使皇上长生不老。皇上听后，很感兴趣。忙问：“潘爱卿，有何妙法，快讲与朕听!”潘奇奏道：“人若能吃百样饭，就可增寿延年成神仙，皇上可下令在各地招选名厨师，让入选者一日三餐做新样，吃到百种饭，不就如愿以偿了吗?”皇上听后连连点头，即出告示，举国招选。

不几日，全国各地好多有名的厨师陆续被送到京里，经过殿试，手艺高的厨师苏巧生被选上了。从此，苏巧生凭着自己高超的技艺为皇上做了 99 个花样的饭菜，皇上十分满意。到了最后一天，苏巧生心想：“明天早上再做一样饭就可以离开这个可恨的昏君，回家与亲人团聚了。”但到了做饭的时候，竟不知该怎么做最后一顿饭了。他想到自杀、逃跑，还想到毒死这个吃喝人民血肉的昏君，可都只能是妄想罢了。正在万分苦恼的时候，他突然看到菜案上有些剩下的羊肉和菜，便拿起刀把羊肉和菜一起剁碎，胡乱搁上调料，用白面皮包了许多小角角，然后放在开水锅里煮熟，当作最后一样饭给皇帝端去。就在苏巧生正木呆呆地坐着等死时，谁知皇上吃了这餐饭后，竟穿着睡衣跑进厨房说：“今日这顿饭最香，这叫什么名字？”苏巧生听罢，长长地舒了口气，随后抬头看见这种扁扁的东西，信口答道：“这是民间上等品——扁食。”皇上又留苏巧生继续给他做饭，苏巧生对这个贪得无厌的昏君气愤极了，第二天便偷偷地溜走了。后人为了纪念这位厨师，就学着包扁食吃。这样，一代一代，饺子一直流传到了今天。

3. 熬年守岁的传说

太古时期，有一种凶猛的怪兽，散居在深山密林中，人们管它们叫“年”。它的形貌狰狞，生性凶残，专食飞禽走兽、鳞介虫豸，一天换一种口味，从磕头虫一直吃到大活人，令人谈“年”色变。后来，人们慢慢掌握了“年”的活动规律，它是每隔三百六十五天窜到人群聚居的地方尝一次口鲜，而且出没的时间都是在天黑以后，等到鸡鸣破晓，它们便返回山林中去了。

算准了“年”肆虐的日期，百姓们便把这可怕的一夜视为关口来煞，称作“年关”，并且想出了一整套过年关的办法：每到这一天晚上，每家每户都提前做好晚饭，熄火净灶，再把鸡圈牛栏全部拴牢，把宅院的前后门都封住，躲在屋里吃“年夜饭”，由于这顿晚餐具有凶吉未卜的意味，所以置办得很丰盛，除了要全家老小围在一起用餐表示和睦团圆外，还须在吃饭前先供祭祖先，祈求祖先的神灵保佑，平安地度过这一夜，吃过晚饭后，谁都不敢睡觉，挤坐在一起闲聊壮胆。这就逐渐形成了除夕熬年守岁的习惯。

4. “压岁钱”的传说故事

古时候，有一种小妖叫“祟”，大年三十晚上出来用手去摸熟睡着的孩子的头，孩子往往吓得哭起来，接着头疼发热，变成傻子。因此，家家都在这天亮着灯坐着不睡，叫做“守祟”。

有一家夫妻俩老年得子，视为心肝宝贝。到了年三十夜晚，他们怕“祟”来害孩子，就拿出八枚铜钱同孩子玩。孩子玩累了睡着了，他们就把八枚铜钱用红纸包着放在孩子的枕头下边，夫妻俩不敢合眼。半夜里一阵阴风吹开房门，吹灭了灯火，“祟”刚伸手去摸孩子的头，枕头边就迸发道道闪光，吓得“祟”逃跑了。第二天，夫妻俩把用红纸包八枚铜钱吓退“祟”的事告诉了大家，以后大家学着做，孩子就太平无事了。

原来八枚铜钱是八仙变的，暗中来保护孩子的。因为“祟”与“岁”谐音，之后逐渐演变为“压岁钱”。到了明清，“以彩绳穿钱编为龙形，谓之压岁钱。尊长之赐小儿者，亦谓压岁钱”。所以一些地方把给孩子压岁钱叫“串钱”。到了近代则演变为红纸包一百文铜钱赐给晚辈，寓意“长命百岁”。对已成年的晚辈红纸包里则放一枚银元，寓意“一本万利”。货币改为纸币后，长辈们喜欢到银行兑换票面号码相连的新钞票给孩子，祝愿孩子“连连高升”。

5. 年兽的传说

相传，中国古时候有一种叫“年”的怪兽，头长触角，凶猛异常。“年”长年深居海底，每到除夕才爬上岸，吞食牲畜，伤害人命。因此，每到除夕这天，村寨的人们都要扶老携幼逃往深山，以躲避“年”兽的伤害。

这一年的除夕，桃花村的人们正准备扶老携幼上山避难，这时从村外来了个乞讨的老人，只见他手拄拐杖，臂搭袋囊，银须飘逸，目若朗星。当时全村的乡亲们正在收拾行装，谁也没心关照这位乞讨的老人。只有村东头的一位老婆婆给了老人一些食物，并劝他抓紧上山以躲避“年”兽。这时，只见那老人高声笑道：“婆婆若让我在你家待一夜，我一定能把‘年’兽赶走。”老婆婆惊目细看，只见他鹤发童颜，精神矍铄，气宇不凡。老婆婆继续劝说他，乞讨老人笑而不语。婆婆无奈，只有撇下他，上山避难去了。

半夜时分，“年”兽闯进村。它发现村里气氛与往年不同：只见村东头老婆婆家里，门贴大红纸，屋内烛火通明。“年”兽浑身一抖，怪叫了一声，便向老婆婆家扑了过去。快到门口时，院内突然传来“砰砰啪啪”的炸响声，“年”浑身战栗，就再也不敢往前走了。这时，婆婆的家门大开，只见院内一位身披红袍的老人在哈哈大笑。“年”大惊失色，狼狈逃窜了。原来“年”最怕红色、火光和炸响。

第二天是正月初一，避难回来的人们见村里安然无恙，十分惊奇。这时老婆婆才恍然大悟，赶忙向乡亲们述说了乞讨老人的许诺。于是，乡亲们一起拥向老婆婆家，只见婆婆家门上贴着红纸，院里一堆未燃尽的竹子仍在“啪啪”作响，屋内几根红蜡烛还发着余光……欣喜若狂的乡亲们为庆祝吉祥的来临，纷纷换新衣戴新帽，到亲友家道喜问好。这件事很快在周围村予传开了，人们都知道了驱赶“年”兽的办法。

从此每年除夕，家家贴红对联，燃放爆竹，户户烛光通明，守更待岁。初一一大早，还要走亲串友道喜问好。后来这风俗越传越广，逐渐成了中华民族最隆重的传统节日。

6. 七郎射“夕”的传说

很久以前，有一个妖怪叫“夕”。这家伙专门害人，特别是看见哪家有漂亮的女孩，晚上就要去糟蹋她，而后还要把女孩吃了才甘心。老百姓对它恨得要死，但又没有办法。

有个叫七郎的猎人，力大无穷，箭射得特别好，喂的狗也非常厉害，任何猛兽它都敢去斗。七郎见百姓被“夕”害苦了，就想除掉它。他带着狗到处找“夕”，找来找去始终没有找到。原来“夕”白天不出来，太阳落山后它才出来害人，半夜后又不见了，也没人知道它住在哪儿。

七郎找“夕”找了一年，这天已是腊月三十，他来到一个镇上，见人们都在欢欢喜喜准备过年，心想，这个镇大，人多，姑娘也多，说不定“夕”要来。他就找镇上的人们商量，说“夕”最怕响声，叫大家天黑时不要睡觉。多找些敲得响的东西放在家里，一有动静就使劲敲，好把“夕”吓出来除掉。

这天晚上“夕”果然来了，它刚闯进一户人家就被发现了。这家人马上敲起了盆盆罐罐，这家一敲，整个镇子也跟着敲起来了。“夕”吓得四处乱跑，结果被七郎看见了。七郎放出猎狗去咬它，“夕”就跟七郎和狗打了起来。人们一听外头杀起来了，都拿起东西敲得震天响。这时“夕”有点斗不过了，想逃跑了事，哪晓得后腿被猎狗咬着不放。七郎趁机开弓猛射，一箭就把“夕”射死了。

从那以后，人们就把腊月三十叫做“除夕”。这天晚上，家家户户都要守岁、放火炮，表示驱除不祥、迎接幸福祥瑞。

7. 屠苏酒的来历

传说，屠苏是一间草庵（茅舍）的名称。古时有个人住在这草庵里，每年大年夜他便分送给附近的人家一包草药，嘱咐他们放在布袋里缝好，投在井里，到元旦那天汲取井水，和着酒杯里的酒，每人各饮一杯，这样一年中就不会得瘟疫。人们得了这个药方，却不知道这位神医的姓名，就只好用“屠苏”这个草庵的名称来命名这种药酒。

十六、其它节日时令食俗典故

（一）雨水

雨水为春季第二个节气，在公历 2 月 19 日前后入节，此时太阳到达黄经 330 度。《月令七十二候集解》中提到：“正月中，天一生水。春始属木，然生木者必水也，故立春后继之雨水。且东风既解冻，则散而为雨水矣。”春季万物始生，需要雨水的滋润，而且随着天气的渐渐回暖，冰雪融化，降雨量逐渐增多，故取名为雨水。雨水节气分为三候：“一候獭祭鱼；二候鸿雁北；三候草木萌动。”

1.“女婿送节”——“红带带”加“罐罐肉”

四川有些地方在雨水节气有一个重要习俗，就是女儿给父母、女婿给岳父岳母送节。女婿送节的礼品通常是一丈二尺长的红带，如果是农历的闰年闰月，还要增加一对椅子。“红带带”蕴含着两层意思：其一，严寒的冬季终于过去了，冬季阳消阴长，自然界万物凋零，同时也是老人最难熬和过世最多的季节，现在大地回春，老人和自然界一样又焕发出了新的生命力，女婿以此表示对老人长寿的美好祝愿；其二，春季也是疾病多发的季节，晚辈们也以此提醒老人多注意保养身体。

在送节的时候，不仅要带上表示美好祝愿的红带带，还要带上另外一个典型的礼品——“罐罐肉”，就是用砂锅炖一罐猪脚，里面配上黄豆、海带、红枣等，再用红纸、红绳把罐口封好。

女儿女婿将美好的祝愿和养生保健食品在雨水节气送给父母，表达对父母辛苦养育之恩的感激之情。如果是新婚女婿送节，岳父岳母还要回赠雨伞，为女婿出门奔波时遮风挡雨，祝愿女婿人生旅途顺利平安。这种家人团圆、尊老爱幼、共享天伦之乐的美好和谐场景足以让人惬意开怀，欢心舒畅，还可以生阳理气、疏肝活血，正合春季养生之道！

不要小看了这个“罐罐肉”，其用料是大有讲究的。

首先来看猪脚，猪脚又称猪蹄、猪手等，其性味归经和功效古代医药典籍多有记载，《本草纲目》云其“气味甘咸，小寒，无毒”。《随息居饮食谱》云其：“甘、咸，平。填肾精而健腰脚，滋胃液以滑皮肤。长肌肉，可愈漏疡；助血脉，能充乳汁。较肉尤补。”

再来看黄豆，其营养价值很高，是天然食物中最受营养学家推崇的。黄豆性平、味甘，入脾、大肠经，具有健脾宽中、润燥消水、清热解毒、益气的功效，对于脾气虚弱、消化不良、腹胀羸瘦等症状都有良效，还可预防骨质疏松、神经衰弱、心脏病、冠状动脉硬化、肿瘤等。

然后来看海带，海带是褐藻的一种，生长在海底的岩石上，形状像带子，含有大量的碘质，素有“长寿菜”、“海上蔬菜”、“含碘冠军”的美誉，是一种保健长寿食品。中医入药时不叫海带，叫昆布。《本草再新》云其“味苦，性寒，无毒”，入肝、胃、肾经，具有消痰软坚、泄热利水、止咳平喘、祛脂降压、散结抗癌、延缓衰老之功效，可用于治疗咳喘、水肿、高血压、冠心病、肥胖病等疾病。由于海带为寒性食物，脾胃虚寒者不宜多食。

最后来看看红枣，自古以来被列为“五果”（桃、李、梅、杏、枣）之一。生枣不宜多食，我们所说的红枣为成熟全赤晒干的枣，其性平、味甘，含有大量的蛋白质、糖、有机酸、维生素及多种氨基酸等营养成分，有滋补脾土之效，是营养保健的佳品。常食红枣可治疗身体虚弱、神经衰弱、脾胃不和、消化不良、咳嗽、贫血消瘦，并有养肝防癌之功效。

2.“占稻色”——爆米花占卜

大约自宋代开始，中国南部一些稻作地区在雨水节开始流行一种通过爆炒糯谷米花来占卜该年稻谷成色的民俗，此谓“占稻色”。此种卜法很简单，就是把糯谷放在锅中爆炒，爆出的米花越多越大，则预示着是年稻谷收成好，反之则意味着是年收成不好。元代娄元礼《田家五行》记载了当时华南稻作地区“占稻色”的习俗：“雨水节，烧干镬（锅），以糯稻爆之，谓之孛罗花，占稻色。”

据考证，以爆米花占卜应起源于江南吴中一带的岁时民俗。但是，吴中地区爆米花不在雨水节，而是在农历正月十三、十四，古书中有“农历正月十三，吴俗以糯谷入焦釜爆米花，谓之爆孛娄”的记载。在吴中地区，爆米花不仅仅用于占稻色卜收成，亦可用来预测人生之吉凶。明代李诩《戒庵老人漫笔》录时人《爆孛娄》

诗曰：“东入吴城十万家，家家爆谷卜年华。就锅抛下黄金粟，转手翻成白玉花。红粉佳人占喜事，白头老叟问生涯。晓来装饰诸儿女，数点梅花插鬓斜。”青年女子用爆米花来占卜自己美好的爱情，白发老人用爆米花占卜自己是否长寿。此诗足可看出当时爆米花占卜流年风俗之盛。清代时爆米花占卜的民俗仍然流行，但占卜之用渐渐淡化，爆米花已进入人们的饮食生活，此俗渐渐演变成年终食用爆米花的习俗。

爆米花怎么做?

材料：玉米粒 100 克，黄油或橄榄油 10 克，糖 2 大勺。

做法：锅中加入黄油，小火热化；加入玉米粒，盖上盖子，转大火，一只手按住盖子，另一只手端起炒锅不停摇动（离火 1 厘米左右距离），之后能听到噼啪噼啪的声音；听到声音后，转小火，重复上述动作，持续 3 分钟左右，声音逐渐变小，声音差不多消失后即可打开盖子；这时玉米粒已经爆成米花，立即加两勺糖，然后用铲子搅拌，待糖溶化后沾到爆米花上即可关火。

爆米花香脆可口，自己在家就可以动手做。但是假如从外面购买的话，一定要购买正规厂家生产的可微波加热的袋装产品。用微波炉崩出爆米花后，应当打开包装袋，将爆米花充分通风后再食用，以免吸入过多的香味剂挥发气体。

（二）惊蛰

当太阳运行至黄经 345 度时，即入惊蛰节气，公历一般在每年的 3 月 6 日左右。此时，气温回升较快，天气回暖，除东北、西北地区仍呈现冬日景象外，我国大部分地区平均气温已升到 0℃以上，华北地区日平均气温为 3～6℃，沿江江南为 8℃以上，而西南和华南已达 10～15℃。这个节气，长江流域大部分地区已渐有春雷，民间认为蛰伏于地下越冬的小动物被雷震惊醒，开始出来活动，故谓之“惊蛰”，农谚有云：“惊蛰节到闻雷声，震醒蛰伏越冬虫。”

1. 惊蛰要吃梨

惊蛰日吃梨是北方的民间习俗。为何要在惊蛰日吃梨，民间说法不一，有一种说法是“梨”与“离”谐音，意思是要与害虫远离。不管此俗来历如何，惊蛰时节吃梨确是正当时。

我国是梨属植物中心发源地之一，梨是“百果之宗”，鲜嫩多汁，酸甜适口。梨性寒，味甘、微酸，入肺、胃经，具有生津、润燥、清热、化痰的作用，可用于

热病伤阴或阴虚所致的干咳、口渴、便秘等症，也可用于内热所致的烦渴、咳喘、痰黄等症。《本草纲目》记载："润肺凉心，消痰降火，解疮毒、酒毒。"历代医家亦多有以梨入方之举，如《温病条辨》记载有"雪梨浆方"："太阴温病，口渴甚者，雪梨浆沃之。""以甜水梨大者一枚，薄切，新汲凉水内浸半日，时时频饮。"《圣惠方》记载："治小儿心藏风热，昏怕躁闷，不能食：梨三枚。切，以水二升，煮取一升，去滓，入大米一合，煮粥食之。"《普济方》记载："治消渴：香水梨（或好鹅梨，或南雪梨，俱可），用蜜熬，瓶盛，不时用热水或冷冰水调服，大有功效，止嚼梨亦妙。"

梨

惊蛰时气候比较干燥，人易口干舌燥、咽痛音哑，此时吃梨既可以生津润肺，又可以止咳化痰，而且梨富含果酸、铁质、维生素等，比较适宜此季食用。但要注意梨性寒，一次不要吃得过多，否则会伤及脾胃。《千金·食治》中即云："不可多食，令人寒中。"对于脾胃虚寒的人不宜吃生梨，可把梨切块煮水食用。

2. 烙煎饼——"烟熏火燎灭害虫"

在山东一些地区，农民在惊蛰日要在庭院之中生火炉烙煎饼，其用意也与驱虫有关，取"烟熏火燎灭害虫"之意。

煎饼为山东具有特色的代表性食品之一，与山东接壤的苏北一带亦吃煎饼，但只是偶尔为之，远不如山东来得寻常。煎饼是以麦子、地瓜、谷子、玉米、高粱等五谷杂粮为原料，搅拌为浆，摊平于鏊子之上，经火热烙烤而成，因此此物性温，味甘，且含有丰富的蛋白质、淀粉、膳食纤维等，具有健脾养胃、促进消化之功效。另外，煎饼多含膳食纤维，又有清体、排毒的功用。

煎饼往往要卷食其他食物，尤以煎饼卷大葱为代表。大葱，是我国一种很普遍的调味品和蔬菜。南方多产小葱，又被称作香葱，是一种常用的调味品，北方则以大葱为主。大葱不仅可用来当作调味品，而且能防病治病。大葱性温，味辛，入肺、胃二经，具有通阳活血、驱虫解毒、发汗解表的功效，主治风寒感冒轻症、痈肿疮毒、痢疾脉微、寒凝腹痛、小便不利等病症。《神农本草经》记载：“主伤寒，寒热，出汗，中风，面目肿。”《名医别录》记载：“葱白，平。主治伤寒，骨肉痛……葱根，主治伤寒头痛。”《本草从新》记载：“发汗解肌，通上下阳气。”早春是吃大葱的好时机，此季吃大葱有利于生发阳气，帮助身体恢复机能。由于葱对汗腺有较强的刺激作用，有腋臭的人夏季一般不宜食葱，对这个群体来讲，春季正是一年之中最好的食葱时段。但是，患有胃肠道疾病，特别是溃疡病的人不宜多食，表虚、多汗者也应忌食。另外，还要注意的是，过多食用大葱还会损伤视力，嵇康《养生论》中即云“薰辛害目”。所谓“薰辛”，就是指有辛辣气味的菜，如大葱、大蒜、生姜等。

3. 惊蛰吃炒豆

在陕西，一些地区有过惊蛰吃炒豆的风俗。豆，指黄豆，用盐水浸泡后放在锅中爆炒。为什么惊蛰日要吃炒豆？据说也是和驱虫相关，炒豆就意味着毒虫，黄豆在锅中发出噼里啪啦的声响，象征着虫子在锅中受热煎熬时的蹦跳之声。吃掉炒豆也就意味着吃掉虫子，消灭了害虫。其他一些地区也有与此相类似的习俗。如广西金秀县瑶族等一些少数民族地区，有惊蛰日家家户户吃“炒虫”的习俗，这里所谓的“虫”，实际上就是玉米，把玉米炒熟后，全家人要围坐在一起大吃，边吃还要边喊：“吃炒虫了，吃炒虫了！”江苏瓜洲则吃炒糯米。赣南闽西一带的客家人，在惊蛰这天不但要吃炒豆，还要煮带毛的芋头。

这些习俗都是象征着消灭害虫。虽说这些是象征驱虫的习俗，但其所食用的食品都是于身体大有裨益的营养保健食品，其做法和吃法也是符合养生之道的。

4. 炒玉米粒，降胆固醇

玉米又叫做苞谷、棒子等，原产于中美洲，17 世纪时传入我国。玉米性平，味甘，具有益肺宁心、健脾开胃、防癌、降胆固醇、健脑、利尿、利胆、降血压、降血脂等功效，是粗粮中的保健佳品，适宜脾胃气虚、气血不足、营养不良、动脉硬化、高血压、高脂血症、冠心病、肥胖症、脂肪肝、癌症、记忆力减退、习惯性便秘、慢性肾炎水肿患者食用。但吃玉米时要注意，受潮霉变的玉米不能食用，因为其产生的黄曲霉素有致癌作用。另外，阴虚火旺之人不要吃爆玉米花，否则会助火伤阴。

5. 芋头蘸糖吃，绵甜香糯

芋头口感细软，绵甜香糯，是一种深受人们喜爱的营养食品。其性平，味甘、辛，有小毒，归肠、胃经，具有宽肠、通便、解毒、补中益肝肾、消肿止痛、益胃健脾、散结、调节中气、化痰、添精益髓等功效，可用于主治肿块、痰核、瘰疬、便秘等病症。《别录》记载："主宽肠胃，充肌肤，滑中。"《唐本草》记载："可蒸煮啖之，又宜冷啖，疗热止渴。"《滇南本草》记载："治中气不足，久服补肝肾，添精益髓。"

煮芋头往往蘸糖食用，甜食养脾，适宜春季食用。但注意生芋有小毒，食时必须熟透，陶弘景说："生则有毒，味莶不可食。"另外，芋头含有较多的淀粉，一次吃得过多会导致腹胀，《本草衍义》云："多食难克化，滞气困脾。"对于有痰、过敏性体质、食滞胃痛、肠胃湿热者尤其要忌食。

6. 喝醪酒，活血通络

惊蛰节，西北一些地方有喝醪酒、吃鸡蛋煎饼拌芥末汁之俗，其目的在于助阳、驱寒。

醪酒，即米酒，用糯米或大米为原料，经过加入发酵剂（酒曲）发酵酿制而成。我国自古即以醪酒健身治病。古代用五谷熬煮成汤液，来滋养五脏，用五谷发酵酿造成醪醴，来作为治疗的药剂。稻米生长在高下得宜的平地，上受天阳，下受水阴，所以能禀受最为完备的天地之和气。稻米春种秋收，又深得最为坚实的金秋刚劲之气，所以稻米是制作汤液醪醴的最佳原料，稻薪是最好的燃料。醪酒富含碳水化合物、多种氨基酸、脂肪、维生素、钙、磷、铁和有机酸等，其风味别致，营养丰富，男女老幼皆宜。醪酒有活血通络、温中和胃、提神解疲等功效，常喝醪酒不但对健康有益，而且对消化不良、慢性萎缩性胃炎、高脂血症、动脉粥样硬化等疾病具有预防或辅助治疗作用。

（三）春分

春分，古时又称为"日中"、"日夜分"、"仲春之月"，在公历每年的 3 月 21 日前后入节。分，乃平分之意，《明史·历》中说："分者，黄赤相交之点，太阳行至此，乃昼夜平分。"此时，太阳位于黄经 0 度，直射赤道，一天的时间白天黑夜平分，各为 12 小时，其后阳光直射位置逐渐北移，开始昼长夜短。另外，春分正值春季三个月之中，平分了春季。春分是一个重要的节气，古代此日有祭日的传统。《礼记》载："祭日于坛。"

1.“吃春菜”——野苋菜清热解毒

春分日，旧时民间有吃春菜的习俗。春菜是一种野苋菜，又被称为春碧蒿。春分那天，人们到田野中采摘春菜，其做法一般是与鱼片“滚汤”，名曰“春汤”。民间俗语云“春汤灌脏，洗涤肝肠。阖家老少，平安健康”，表达了人们对一年之中平安美好生活的祈求。

野苋菜为一年生草本植物，多处野生状态，生长在路边、河堤、沟岸、田间、地埂等处，其嫩苗和嫩茎叶可食用。野苋菜鲜嫩味美，清代《植物名实图考》就已经把野苋菜列为美味。野苋菜营养丰富，富含蛋白质、脂肪及多种维生素和矿物质等，且极易为人体所吸收，非常有利于增强体质、提高机体免疫力，因此有“长寿菜”之美誉。野苋菜性微寒，味甘，具有清热解毒、利尿之功效，对痢疾、肠炎、腹泻、痔疮肿痛、乳腺炎、小便不利等有疗效。但其性微寒，因此脾胃虚寒的人不宜多食。

对于“春菜”，也有另一种说法，认为春菜泛指此时节能吃到的各种时令蔬菜。那么，“春分吃春菜”正合中国古代进食的时令性原则。孔子在《论语·乡党》中有八个“不食”，其中一个就是“不时不食”，主张适时饮食，这里“时”的含义比较丰富，基本含义是顺应人体与自然界的运化规律合理安排膳食，其中就包括按照季节时令选择饮食，不是合乎时令的食物就不吃。

现如今，随着科技的发达，反季节食物已是随处可见，表面看起来人们饮食的选择余地大了，品种丰富了，但违背自然规律，逆时而食，并不符合养生之道。

怎样吃苋菜?

鱼丸苋菜汤

材料：鱼肉馅250克，野苋菜100克，盐、胡椒粉、麻油、枸杞子各适量。

做法：①将野苋菜去杂洗净，切成段。②锅置火上，烧沸适量水，把鱼肉馅在沾水的手掌上搓成丸子，放入锅中煮熟。③放入苋菜段，加盐、胡椒粉调味，关火加枸杞子，滴上适量麻油即可。

功效：利水、利消化，清热明目。

银鱼苋菜汤

材料：苋菜200克，银鱼干50克，盐、胡椒粉、蒜瓣、香油各适量。

做法：①苋菜洗净，切成段；银鱼干用清水泡软。②锅热倒油，小火炒香蒜瓣，加入苋菜，大火快速翻炒。③加入清水、银鱼干，大火烧沸。④加盐、胡椒粉调味，搅拌均匀，关火，淋上香油即可。

功效：清热明目，解毒通便，抗衰老。

苋菜黄鱼羹

材料：黄鱼 1 条，苋菜 100 克，花椒水、葱末、姜末、盐、胡椒粉、水淀粉、料酒各适量。

做法：①黄鱼去杂洗净，在鱼肉中抹上胡椒粉和花椒水，腌制半小时，上锅蒸熟。②去鱼骨取下黄鱼肉，苋菜洗净切小段。③锅热倒入食用油，爆香姜末，放入黄鱼肉快速翻炒，再放入苋菜翻炒。④加清水以及料酒、葱末，大火烧沸，加盐调味。⑤加水淀粉勾芡，关火即可。

功效：补气益精，健脾胃，润燥解毒。

2. 吃汤圆，顺便粘雀子嘴

春分日，农民有吃汤圆、粘雀子嘴之俗。此日，汤圆不但家家食用，而且要煮一些不用包心的汤圆，用细竹叉扦着放到田地里，引诱麻雀前来啄食，民间认为这样可以把麻雀的嘴粘住，就不会来破坏庄稼了，名曰粘雀子嘴。

希望用汤圆将麻雀的嘴粘住当然只是农民朋友的美好想象和愿望，不过这其中也说明了一个道理，那就是汤圆的黏性比较大，不易消化，不宜多食。汤圆多以糯米为主原料和其他一些配料制成，糯米性温，味甘，所加配料亦往往是高糖分、高热量之物，在春寒季节少量食用有助于补充身体热能，补虚调血、升阳健脾。但糯米黏滞、难消化，多食容易导致食滞。

3. 吃太阳糕祭日

春分日，太阳直射位置开始逐渐北移，民间有“吃了春分饭，一天长一线”的说法。万物生长靠太阳，太阳的光和热是生命之源。因此，旧时春分日有祭祀太阳神的活动。据考证，早在周代，我国就有了春分祭日的仪式。此俗历代相传，元朝时专建日坛用以祭日，明清两代均于每年春分日在日坛祭日，清朝时遇甲、丙、戊、庚、壬年由皇帝亲祭，其余年岁遣官致祭。

清亡之后，虽官方祭日仪式已成往尘，但民间春分日祭祀太阳神的活动并未停止。这一天人们早早起床，在庭院中向东放置好供桌，在供桌上摆上香炉，燃上高香，在晨光初露时，全家老少依辈分先后面向东方跪拜，感谢太阳赐予人间恩泽。

这个仪式中，供桌上少不了给太阳神的贡品，那就是“太阳糕”。

太阳糕是一种以糯米面为主要成分，加上白砂糖、红枣等其他配料蒸制而成的圆形小饼，上面往往印有报晓的朱红金鸡等图案，清代富察敦崇《燕京岁时记·太阳糕》记载：“二月初一日，市人以米团成小饼，五枚一层，上贯以寸余小鸡，谓之太阳糕。都人祭日者买而供之，三五具不等。”太阳糕既是春分祭祀时的贡品，又是应节的食品。春季饮食宜省酸增甘，应适当进食糯米、红枣等，以补益脾胃，但糯米黏滞，且此种点心往往过于甜腻，不宜多食。

（四）谷雨

春季最后一个节气是谷雨。在公历4月20日前后入节，此时太阳到达黄经30度。《月令七十二候集解》对“谷雨”的解释是：“三月中，自雨水后，土膏脉动，今又雨其谷于水也。雨读作去声，如‘雨我公田’之‘雨’。盖谷以此时播种，自上而下也。”《岁时广记》引《三统历》云：“谷雨者，言雨以生百谷。”此节寒潮天气已基本结束，天气较暖，我国大部分地区的平均气温都在12℃以上，雨水明显增多，非常有利于谷类农作物的生长，故谓之“谷雨”。

1. 谷雨茶——清火明目、鲜浓耐泡

中国南方有谷雨节气摘新茶饮用的习俗。谷雨前采摘的称“雨前茶”。权势富贵之人向来推崇雨前茶，但因其价格不菲，远非普通百姓可用，且不耐泡，一两次即已寡淡。谷雨茶虽不如雨前茶那样细嫩，但受气温影响，发育充分，内含物质丰富，远比雨前茶滋味鲜浓而耐泡，再者其价格远低于雨前茶，经济实惠，因此受到大多数茶客的追捧。明代许次纾在《茶疏》中论采茶云：“清明谷雨，摘茶之候也。清明太早，立夏太迟，谷雨前后，其时适中。”民间谚语云：“谷雨谷雨，采茶对雨。”历代文人雅士亦有诸多咏颂谷雨品茶的诗句，如晚唐著名诗僧齐已《谢中上人寄茶》诗云：“春山谷雨前，并手摘芳烟。绿嫩难盈笼，清和易晚天。且招邻院客，试煮落花泉。地远劳相寄，无来又隔年。”

民间认为谷雨这天的茶喝了有清火、明目等功效，不但当天要摘回饮用，而且加以珍藏以待贵客。茶叶性微寒，味苦、甘，具有清头目、除烦渴、化痰、消食、利尿、解毒等功效。谷雨茶采摘于温和多雨的时节，性偏温凉，去火的功效较著，谷雨时节饮用有利于去春火祛湿气。再者谷雨茶富含多种维生素和氨基酸，其含有的生理活性成分具有杀菌消毒的作用，有研究表明谷雨茶具有抗菌斑形成的作用，对牙齿具有保健作用。当然，饮茶亦当辨体质，倘饮之不当，亦会伤身。

2. 食香椿

北方谷雨节气有食香椿的习俗。香椿被称为“树上蔬菜”，是香椿树的嫩芽。谷雨前后正是食用香椿的最佳时节，民间有谚语“雨前香椿嫩如丝”，这时的香椿醇香爽口，营养价值高，或炒或拌或焯或做汤，皆为佳品。而谷雨之后的香椿芽膳食纤维老化，口感差，而且营养价值也大大降低。

香椿不仅味道鲜美，营养丰富，且具有较高的药用价值。中医认为香椿性平，味苦、涩，有清热解毒、健胃理气、润肤明目、杀虫之效，可用以主治疮疡、脱发、目赤、肺热咳嗽等病症，还可用于久泻久痢、痔便血、疮癣等病症。《本草纲目》载：“白秃不生发：取椿、桃、楸叶心，捣汁，频涂之。”不过，香椿为发物，多食易诱使痼疾复发，故慢性疾病患者应少食或不食。

另外，在中国人心目中，椿树是长寿的象征。《庄子·逍遥游》中云：“上古有大椿者，以八千岁为春，八千岁为秋，此大年也。”北京至今还保留有谷雨节气用手摸古香椿树的习俗，以寄托长寿多福的美好愿望。

香椿苗拌核桃仁

材料：香椿苗 250 克，核桃仁 50 克，橄榄油、盐各适量。

做法：①核桃仁开水煮 5 分钟后浸泡 10 分钟，用牙签去除表面的薄皮。②香椿苗去根洗净，沥干。③将香椿苗、核桃仁、橄榄油、盐搅拌均匀，即可。功效：润肤明目，健脑补肾，开胃健胃，可以作为孕妇保胎食品。

（五）立夏

太阳黄经至 45 度，为立夏节气，公历在 5 月 4 ~7 日入节。立夏意味着告别春天，温度明显升高，雷雨增多，农作物进入生长的旺季，春天播种的植物已经茁壮成长，故谓之“立夏”。立夏，又被称作“初夏”、“孟夏”、“首夏”、“夏首”等。立夏为春夏之交，因此要注意养生，以使自己顺利完成春夏换季时节的平稳过渡。

1. 吃蛋防疰夏

立夏日，民间有“吃蛋”的习俗。据说此举可以预防疰夏。民谚云“立夏吃了蛋，热天不疰夏”。

什么是疰夏？疰夏是一种季节性疾病，是夏季的常见病，又叫做注夏、苦夏。《时病论·疰夏》云：“疰夏者，每逢春夏之交，日长暴暖，忽然眩晕、头疼、身倦、脚软，体热食少，频欲呵欠，心烦自汗是也。”如果人的体质本就虚弱，立夏之后天暑下迫，地湿上蒸，人感受了暑热之气，耗气伤津，加之湿气困脾，导致脾胃运化失调，身体一时难以调适，往往会产生乏力倦怠、眩晕心烦、多汗口渴、食欲减退，甚或持续低烧等症状，人也逐渐消瘦，这就是“疰夏”。体质较弱的老人和小孩易疰夏，6 个月至 3 岁的婴幼儿最容易疰夏。一般来说，夏季过后，病情就可自行改善。

鸡蛋性平，味甘，具有滋阴润燥、养血益气、清热安神之功效。当然，只有立夏吃一次蛋是不能起到完全预防疰夏的作用的，其意义在于提醒大家要开始注意饮食调养以安然度过炎热的暑夏。预防疰夏要多管齐下，首先是要心态好，休息好，工作压力要适度，不宜过劳，尽量避免出汗过多，如出汗后要及时补充水分。其次要注意保持一个干燥通风洁净的工作与生活环境。再次，要适度进行体育锻炼和娱乐活动，以强身健体、调畅气机。最后，饮食上要清淡，注意健脾和胃，宜多食蔬菜、水果、淡水鱼等，少食油腻、辛辣的食饮。如果有了疰夏的症状，也不要着急，对于疰夏中医有很多治疗的好方法。除了药物治疗之外，还可以采用针灸、推拿、拔罐、刮痧等传统的中医治疗方法，只要辨证论治，方法得当，通常都会有很好的治疗效果。

2. 尝新——时令鲜果水产

吃时令菜是养生膳食的一大原则。立夏日，江浙一带民间有尝新之俗。

此处所说的“新”，不仅仅是时令蔬菜水果，也包括时鲜的水产品等。苏州民谚云“立夏见三新”，此处“三新”指新熟的樱桃、梅子和麦子。

常熟立夏尝新有“九荤十三素”之说，“九荤”指鲥鱼、鲚鱼、咸蛋、海蛳、麋鸭、腌鲜、卤虾、樱桃肉和鲳鳊鱼，“十三素”指樱桃、梅子、麦蚕（新麦揉成细条煮熟）、笋、蚕豆、茅针、豌豆、黄瓜、莴笋、草头（苜蓿）、萝卜、玫瑰、松花。

温州立夏日，家家吃淮豆、春笋和梅子。

无锡民间有立夏尝三鲜的习俗，三鲜分地三鲜、树三鲜、水三鲜。地三鲜即蚕豆、苋菜、黄瓜（一说是苋菜、元麦、蚕豆，也有说是苋菜、蚕豆、蒜苗）；树三鲜即樱桃、枇杷、杏子（一说是梅子、杏子、樱桃，也有说是梅子、樱桃、香椿头）；水三鲜即海蛳、河豚、鲥鱼（一说是鲥鱼、鲳鱼、黄鱼，也有说是鲥鱼、银

鱼、子鲚鱼）。

上海地区立夏日吃糖梅子、酒酿、咸蛋，称尝“三新”。

3．七家粥和五色饭

浙东农村立夏有吃“七家粥”的风俗，所谓“七家粥”，就是以邻里之间互相赠送的豆、米，加上红糖，煮成一大锅粥供大家分食。杭州人则在立夏吃“七家茶”，把各家新茶混合烹煮，配以果品饼饵等，大家欢聚共饮共食。明代田汝成《西湖游览志余》记载：“立夏之日，人家各烹新茶，配以诸色细果，馈送亲戚比邻，谓之‘七家茶’。富室竞侈，果皆雕刻，饰以金箔，而香汤名目，若茉莉、林禽、蔷薇、桂蕊、丁檀、苏杏，盛以哥、汝瓷瓯，仅供一啜而已。”

有些地方吃“五色饭”，用红豆、黄豆、黑豆、青豆、绿豆五色豆拌合大米煮成，又称“立夏饭”。这些立夏食俗，有的提醒大家注意入夏食补，有的则还有构建和谐邻里关系的作用。

立夏日食俗，美好祝愿和祈福求安的意义大于食补的意义。如浙江嵊州，立夏日吃蛋为了拄心，吃笋为了拄腿，吃豌豆为了拄眼，所谓拄就是“支撑”的意思。蛋的形状像心脏，人们认为吃了蛋能补益心气；春笋能冲破泥土石块，力量无比，人们希望双腿也像春笋那样健壮有力；带壳豌豆形状看起来像眼睛，人们吃豌豆希望眼睛像新鲜豌豆那样明亮。

湖南长沙，立夏日吃“立夏羹”，也就是糯米粉拌鼠曲草做成的汤丸，用意在于想使自己拥有无穷的力量，民谚云“吃了立夏羹，麻石踩成坑”、“立夏吃个团，一脚跨过河”。

闽南地区立夏日吃虾面，虾煮熟后变红，意喻吉祥，而“虾”与“夏”谐音，正是祝愿度过一个吉祥如意的夏季。

鲜虾面

做法一：

材料：鲜虾200克，面条150克，酸菜100克，生姜、大蒜、盐各适量。

做法：①将鲜虾洗净，生姜、大蒜切成片。②锅中加入姜片、蒜片、鲜虾煸一下，倒入开水，往锅里加酸菜。③另起锅，将面煮熟，捞出，将鲜虾汤倒在面上即可。

功效：补肾壮阳，滋阴补钙。

做法二：

材料：鲜虾200克，面条150克，香菇、油菜各100克，盐适量。

做法：①鲜虾、香菇、油菜洗净。②锅里放适量油，清炒香菇，然后锅里放热水，加面条煮10分钟。③再放鲜虾，煮5分钟后放入油菜。④再煮两分钟左右即可。

功效：益气通便，补肾壮阳。

鲜虾面

（六）小满

夏季的第二个节气为小满。在公历5月20日到22日入节，此时太阳到达黄经60度。为什么称作“小满”？《月令七十二候集解》云：“四月中，小满者，物至于此小得盈满。”《历书》载：“斗指甲为小满，万物长于此少得盈满，麦至此方小满而未全熟，故名也。”所谓“满”，是指夏熟作物子粒的饱满。此季，麦类等夏收作物的子粒开始灌浆饱满，但尚未成熟，还不到最饱满的时候，只是小满，还未大满。古代将小满节气分为三候：“初候苦菜秀；二候靡草死；三候麦秋至。”

1. 吃苦菜——解毒排脓

《逸周书》云：“小满之日苦菜秀。”小满前后是苦菜生长旺盛的时节，也是食用苦菜的最佳时节。苦菜是中国人最早食用的野菜之一，《诗经》中即吟唱道：“采苦采苦，首阳之下。”

苦菜不但是饥荒时期人们的食粮，更具有养生和药用价值。苦菜又名山苦菜、败酱草、活血草、苦丁菜、苦麻菜、小苦苣、黄鼠草、游冬等，性寒，味苦，有清热解毒、凉血止血、排脓之功效。对于其功用历代药典多有记载，如《神农本草经》记载：“主五藏邪气，厌谷胃痹，肠澼，渴热，中疾，恶疮。久服安心益气，聪察少卧，轻身耐老。耐饥寒，高气不老。”

苦菜的吃法

什锦苦菜

材料：苦菜200克，香菇50克，豆腐、粉条、土豆、白菜各20克，料酒、大葱、生姜、酱油、奶汤、盐、花椒、香油各适量。

做法：①苦菜洗净，切段。②香菇水发，一切两半；豆腐切成长方块，入锅炸至金黄色捞出，备用；土豆切滚刀块，炸成红褐色；粉条温水泡软，白菜切段。③坐锅，倒入油，烧热后用大葱、生姜炝锅，加入料酒、酱油，迅速加入奶汤，放入土豆、豆腐、粉条、白菜。④小火煨10分钟，再放入苦菜、盐，入味后，淋花椒油、香油，出锅即成。

功效：祛火明目，化瘀解毒，凉血止血。

苦菜酸辣汤

材料：苦菜200克，姜末、盐、白砂糖、醋、料酒、水淀粉、胡椒粉、香油各适量。

做法：①苦菜洗净，切成段。②锅内烧水，放入姜末烧沸，再加入醋、盐、胡椒粉、白砂糖，煮沸。③放入苦菜，加香油、料酒。④加入水淀粉勾芡，关火即可。

功效：去火解毒，生津开胃。

海米苦菜包

材料：苦菜500克，海米100克，面粉、盐各适量。

做法：①苦菜洗净，锅中烧开水，水中倒几滴油和适量盐，将苦菜放入焯熟，放入凉水中过凉。②将苦菜切成碎末；海米泡软，倒入苦菜碎中，加盐，搅拌好馅料。③和面制成光滑的面团，分成若干剂子，擀成包子皮，包成包子。④上锅大火蒸15分钟，即可。

功效：清热解毒，补充蛋白质、钙、磷等营养物质。

（七）芒种

芒种为二十四节气中的第九个节气，一般在公历6月6日前后入节，此时太阳到达黄经75度。此节气为什么称作“芒种”？《月令七十二候集解》释云：“五月节，谓有芒之种谷可稼种矣。”《历书》记载：“斗指巳为芒种，此时可种有芒之谷，过此即失效，故名芒种也。”有芒的作物如大麦、小麦等已经成熟，要抓紧时间抢收；稻谷及黍、稷等夏播作物也要赶紧播种，一旦过了这个节气成活率就会降低，所以称作“芒种”。

1. 安苗节祭祀——小麦

皖南地区芒种节气有安苗祭祀活动，据传该习俗始于明初。

芒种时节，水稻栽种完毕，人们举行安苗仪式，以祈求秋天的丰收。祭祀用的供品是用新麦面做的蒸食，面团被捏成五谷六畜、瓜果蔬菜等形状，还要用蔬菜汁染上颜色。

我们都知道小麦是重要的粮食，是我国北方人民的主食。小麦性凉，味甘，入心、脾、肾经，有养心除烦、健脾益肾、除热止渴之功效，可用于辅助治疗脏躁、烦热、消渴、泄利、痈肿、外伤出血、烫伤等。《本草拾遗》记载小麦面云："性温，味甘。补虚，实人肤体，厚肠胃，强气力。"

小麦具有很好的食疗和药用价值，其茎叶（小麦苗）、干瘪轻浮的种子（浮小麦）、种皮（小麦麸）也可供药用。小麦的嫩茎叶性凉，味辛，有除烦热、疗黄疸、解酒毒之功效。浮小麦是小麦干燥轻浮瘪瘦的果实，性凉，味甘，入心经，有益气除热，养心生津，止虚汗、盗汗、骨蒸虚热的作用，可治疗虚热多汗、盗汗、口干舌燥、心烦失眠等。小麦麸为小麦磨取面粉后筛下的种皮，性凉，味甘，可用于辅助治疗虚汗、盗汗、泄利、糖尿病、口腔炎、热疮、折伤、风湿痹痛、脚气等症。《本草拾遗》记载："和面作饼，止泄利，调中去热，健人。蒸热袋盛熨人。马冷失腰脚，和醋蒸，包扎所伤折处，止痛散血。"

另有大麦也是我国的主食之一，大麦性凉，味甘、咸，入脾、胃二经，有益气和胃、宽肠利水、消渴除热及回乳等功效，对滋补虚劳、强脉益肤、充实五脏、消化谷食、食滞泄泻、小便淋痛、消化不良、饱闷腹胀、烧烫伤有明显疗效。

小麦的吃法大全

羊肉小麦仁粥

材料：羊肉 50 克，小麦仁 100 克，盐适量。

做法：①羊肉洗净，切小块；小麦仁洗净，浸泡 1 小时。②锅置火上，放入小麦仁和适量水，大火烧沸后改小火。③放入羊肉块，小火熬煮至粥熟烂，加盐调味即可。

功效：滋补益气，暖中补虚，养胆明目。

小麦红枣桂圆粥

材料：小麦 100 克，糯米 50 克，红枣 10 个，桂圆 20 克，白砂糖适量。做法：①小麦、糯米洗净，浸泡 1 小时；红枣去核；桂圆切碎。②锅置火上，放入小麦和适量水，大火烧沸。③放入糯米、红枣和桂圆，大火烧沸后改小火炖煮。④待粥煮熟时，放入白砂糖，搅拌均匀即可。功效：清热除烦，利尿止渴。

香蕉胚芽汁

材料：香蕉2根，小麦胚芽30颗，西红柿1个，草莓20个，牛奶200毫升。

做法：①香蕉去皮，切小块；西红柿洗净去皮，切小块；草莓去蒂洗净。②小麦胚芽洗净，浸泡1小时。③锅置火上，放入小麦胚芽、牛奶，大火煮沸，再放入香蕉块、西红柿块、草莓，煮沸后关火凉凉。④再放入榨汁机中，搅成浆汁即可。

功效：降压降脂，泄热化浊，适用于湿热蕴结型痛风患者。

2. 煮梅——解乏开胃，生津止渴

芒种时节还有煮梅的习俗，据传此俗从夏朝即已开始。

芒种时节，亦是梅子成熟的季节，所以长江中下游这一时期的连绵阴雨天被称为“梅雨”。新鲜梅子味道酸涩，难以直接入口，需要经过加工后方可食用，这种加工过程就是煮梅。梅分观赏的花梅和食用的果梅。果梅的果实称为青梅、梅子、酸梅，青梅经烟熏烤或置笼内蒸后，其色乌黑，称为乌梅。梅子不仅具有食用价值，还有一定药用价值和保健作用。

梅子性温，味甘、酸，入肝、脾、肺、大肠经，具有敛肺止咳、涩肠止泻、除烦静心、生津止渴、杀虫安蛔、止痛止血的作用，可用于久咳、虚热烦渴、久疟、久泻、尿血、血崩、呕吐等病症。梅子属绿色水果，含有单宁酸、酒石酸等多种有机酸，生食能生津止渴，开胃解郁。梅果肉含有较多的钾，用乌梅制作的酸梅汤，可防止汗出太多引起的低钾现象，如倦怠、乏力、嗜睡等，是清凉解暑生津的良品。

怎样吃梅子？

话梅红烧肉

材料：五花肉块1000克，九制话梅6个，冰糖10克，姜片、葱段、八角、料酒、酱油、盐各适量。

做法：①话梅用温开水浸泡1小时。②锅里烧开水，放进猪肉块焯一下，去掉血沫，颜色发白后捞出冷水冲净，滤干。③炒锅烧七成热，倒入一大勺油，烧热后加入冰糖，烧出糖泡，下肉迅速翻炒，加入姜片、八角、葱段、料酒、酱油，继续翻炒。④颜色适宜时，将话梅水和话梅一起放入锅中，水要淹没肉块，然后等烧开再转小火慢慢烧，大约1个半小时，直到收干水分，肉汁裹在肉上面即可。

功效：生津止渴，补充蛋白质。

梅子蒸鱼

材料：海鱼2000克（适合清蒸的鱼都可用），咸梅4个，盐、白砂糖、葱蓉、姜蓉、酱油各适量。

做法：①用盐将鱼肉抹匀腌一会。②咸梅切碎，加入适量白砂糖，和姜蓉、葱蓉拌匀后抹在鱼肉上。③放入烧开水的蒸锅，蒸8分钟左右，出锅浇上酱油即成。

功效：健脾开胃，补充营养。

话梅山药

材料：山药400克，话梅10个，白砂糖、白醋各适量。

做法：①山药去皮，洗净，切成长方形的片，放入盘中。②另一盘中加入白砂糖、白醋、话梅，加温水搅拌均匀，放入冰箱待用。③将炒锅加水烧开，投入山药片，氽入沸水后捞起沥干，放入盛有话梅的盘中，浸泡1小时左右，再移入冰箱冷藏1小时，取出装盘。

功效：润肺去燥，养脾生津。

（八）夏至

公历每年6月20日至22日，太阳直射地面的位置达一年的最北端，几乎直射北回归线，是北半球一年中白昼最长的一天，这就到了夏季的第四个节气：夏至。夏至，古时又称“夏节”、“夏至节”。夏至是二十四节气中最早被确定的一个节气。《恪遵宪度抄本》云：“曰北至，曰长之至，曰影短至，故曰夏至。至者，极也。”夏至以后，太阳直射地面的位置逐渐南移，北半球的白昼日渐缩短，民间有“吃过夏至面，一天短一线”的说法。

1. 夏至吃苋菜

苋菜原本是一种野菜，不仅要当作“春菜”吃，在夏季也适宜食用。苋菜富含多种人体必需的蛋白质、维生素和矿物质等物质，铁、钙的含量比菠菜高，为新鲜蔬菜中的佼佼者，其所含的蛋白质比牛奶更容易被人体吸收，所含胡萝卜素比茄果类高，对于增强体质、提高机体的免疫力、促进儿童生长发育等皆有裨益，有“长寿菜”之称。

苋菜性微寒，味微甘，入肺、大肠经，有清热解毒、利尿除湿、通利大便等功效，主治痢疾、大便涩滞、淋证、漆疮瘙痒等症。在夏季食用苋菜对于清热解毒、治疗肠炎痢疾以及大便干结和小便赤涩有显著作用。但脾胃虚寒者忌食苋菜，平素胃肠有寒气、易腹泻的人也不宜多食。

苋菜

苋菜的种子和根可以入药，性寒，味甘。其子具有清肝明目的功效，可用于角膜云翳（眼角膜上所生障碍视线的白斑）、目赤肿痛。其根可凉血解毒、止痢，可用于细菌性痢疾、肠炎、红崩、白带、痔疮等。

2. 吃葫芦，消肿润肤

葫芦，我国自古就有栽培，其嫩果可供食用，是民间夏季常吃的佳肴。葫芦是可消肿结、润肌肤的瓜菜。葫芦含有丰富的维生素C、蛋白质及多种微量元素，有助于增强机体免疫功能，提高机体抗病毒能力。葫芦性寒，味甘，入肺、胃、肾经，具有清热利尿、除烦止渴、润肺止咳、消肿散结的功能，可用以治疗水肿腹水、烦热口喝、疮毒、黄疸、淋病、痈肿等病症。葫芦另有润肌肤的优点，能抗病毒并防癌。

要注意的是，葫芦栽培时因土壤或光照等原因，可能含有葫芦甙等苦素有毒物质，食后易出现呕吐、腹泻和痉挛等症状，因此烹饪前要舔尝，如有苦味，应弃而不用。

3. 狗肉——提高身体抵抗力

狗自古被列为六畜之一，狗肉味道醇厚，蛋白质含量高、质量佳，具有较高的食用价值，对增强机体抗病力和细胞活力及器官功能有明显作用，是古代主要肉食之一。狗肉与羊肉同为冬令进补的佳品，食用狗肉可增强人的体魄，提高消化能力，促进血液循环，改善性功能，冬天常吃，可增强身体抗寒能力。狗肉性温，味甘、咸、酸，归脾、胃、肾经，具有温补脾胃、补肾助阳、壮力气、补血脉的功效，可用于肾阳虚所致的腰膝冷痛、小便清长、小便频数、浮肿、耳聋、阳痿等症和脾胃阳气不足所致的脘腹胀满、腹部冷痛等症。

《食医心镜》记载：“脾胃虚冷，胀满刺痛。肥狗肉半斤，以米同盐、豉煮粥，频食一两顿。”《普济方》记载：“治水气鼓胀浮肿：用狗肉一斤，细切，和米煮粥，空腹吃，作羹臛吃亦佳。”《本草纲目》记载：“虚寒疟疾：黄狗肉煮，入五味，食之。”但凡是阴虚火旺体质或患咳嗽、感冒、发热、腹泻等非虚寒性疾病的人均不宜食用，脑血管病、心脏病、高血压、中风后遗症患者不宜食用，大病初愈的人也不宜食用。《本草纲目》即云：“脾胃属土，喜暖恶寒。犬性温暖，能治脾胃虚寒之疾。脾胃温和，而腰肾受荫矣。若素常气壮多火之人，则宜忌之。”

民间夏至食狗肉抱有美好的防病进补愿景，俗谚云“吃了夏至狗，西风绕道走”，认为夏至吃了狗肉能够提高抵抗力，增强秋冬季节御风寒的能力。但夏至天气炎热，人易生内火，因此不宜多食，民间夏至日吃狗肉也大多象征性地食用，许多人会在吃狗肉前后喝一碗凉茶，其目的即在于抵消狗肉所带来的热性火性。

（九）小暑

公历每年7月7日前后，太阳到达黄经105度，为小暑节气。《月令七十二候集解》云：“六月节……暑，热也。就热之中分为大小，月初为小，月中为大，今则热气犹小也。”《历书》记载“斗指辛为小暑，斯时天气已热，尚未达於极点，故名也”。暑，表示炎热的意思，小暑是相对于大暑而言，不是大热而是小热，意思是说天气开始炎热，但还没到最热。小暑节气的到来，也就意味着江淮流域即将出梅，气温升高，开始进入伏天盛夏。

1. 吃藕，凉血散瘀，补脾开胃

小暑节气，民间有吃藕的习俗。

生藕性寒，味甘，归心、脾、胃、肝、肺经，具有凉血散瘀、清热生津、止渴除烦、补脾开胃的功效，可用于热病烦渴、咯血、鼻出血、吐血、便血、尿血等症。熟藕性温，味甘，具有益胃健脾、养血补益、生肌、止泻的功效，可用于肺热咳嗽、烦燥口渴、脾虚泄泻、食欲不振及各种血证。

《本草经疏》记载：“藕禀土气以生，其味甘，生寒熟温……本生于污泥之中，而体至洁白，味甚甘脆，孔窍玲珑，丝纶内隐，疗血止渴，补益心脾，真水果中之嘉品也。又能解蟹毒。”《随息居饮食谱》记载：“以肥白纯甘者良。生食宜鲜嫩，煮食宜壮老，用砂锅桑柴缓火煨极烂，入炼白蜜，收干食之，最补心脾。若阴虚肝旺，内热血少，及诸失血证，但日熬浓藕汤饮之，久久自愈，不服他药可也。老藕捣浸澄粉，为产后、病后、衰老、虚劳妙品。”《滇南本草》记载：“多服润肠肺，

生津液。”“开胃健脾。生食令人冷中，熟食补五脏。产妇忌生冷，惟藕不忌。”

莲藕粥

材料：藕200克，大米、糯米各50克，红糖适量。

做法：①藕洗净，切片；大米、糯米洗净，浸泡1小时。②锅置火上，放入大米、糯米和适量水，大火煮沸。③放入藕片，大火煮沸后，改小火炖煮。④粥煮至黏稠时，放入红糖，搅拌均匀即可。

功效：缓解神经紧张。

2. 鳝鱼——“三高”人群理想食品

俗语云：“小暑黄鳝赛人参。”小暑前后一个月的夏鳝鱼最为滋补味美，正是食用鳝鱼的最佳时节。

鳝鱼，也叫黄鳝、长鱼、海蛇等。鳝鱼富含的DHA和卵磷脂是构成人体各器官组织细胞膜的主要成分，而且是脑细胞不可缺少的营养。鳝鱼中含降低血糖和调节血糖的“鳝鱼素”，且所含脂肪极少，是糖尿病患者的理想食品。另外，鳝鱼还含有丰富的维生素A，能增进视力，促进皮膜的新陈代谢。鳝鱼性温，味甘，入肝、脾、肾经，具有补中益气、养血固脱、温阳益脾、强精止血、滋补肝肾、祛风通络等功效。《本草经疏》云：“鳝鱼得土中之阳气以生，故其味甘，气大温。甘温俱足，所以能补中益血。甘温能通经脉，疗风邪，故又主沈唇，及今人用之以治口眼歪斜也。”《本经逢原》记载“大力丸”的做法：“用熊筋、虎骨、当归、人参等分为末，酒蒸大鳝鱼，取肉捣烂为丸。每日空腹酒下两许，气力骤长。”

鳝鱼粥

材料：鳝鱼200克，大米50克，姜丝、葱花、胡椒粉、料酒、盐各适量。

做法：①大米洗净，加水4杯浸泡20分钟，移到炉火上煮开，改小火熬粥。②鳝鱼杀好、洗净、切丝，用开水加1大匙料酒氽烫过捞出，放入粥内同煮，再加姜丝和盐调味。③待鳝鱼熟软时即可熄火，撒上葱花和胡椒粉，盛出食用。

功效：补虚损，益五脏，驱风邪。

3. 头伏面

民间头伏日吃面的习俗由来已久，最早在三国时期就已开始。《魏氏春秋》记载：“何晏以伏日食汤饼，以巾拭汗，面色皎然，乃知非傅粉。”此处的汤饼就是热汤面，这则记载是说何晏吃汤面后大汗，用手巾拭面后，面色洁白，从而表明其肌肤洁白不是涂粉掩饰，而是自然白。为什么伏日吃汤面呢？《荆楚岁时记》中云："六月伏日，并作汤饼，名为'辟恶饼'。"吃面一方面可增益身体，另一方面淌汗亦是排毒之法。当然，伏天还可吃过水面、炒面等。炒面就是把新麦炒熟磨成面粉，用水和红糖调食，据说吃了炒面可以去暑气，不拉肚子。

4. 食伏羊

徐州食伏羊的习俗历史悠久，据说可上溯到尧舜时期。羊肉是我国人民食用的主要肉类之一，肉质细嫩，脂肪、胆固醇含量比猪肉和牛肉都要低。其性温，味甘，入脾、胃、肾、心经，具有温补脾、胃、肝、肾、补血温经的功效，是助元阳、补精血、疗肺虚、益劳损、暖中胃的佳品，是一种优良的温补强壮剂，可用于脾胃虚寒所致的反胃、身体瘦弱、畏寒等症和肾阳虚所致的腰膝酸软冷痛、阳痿等症，亦可用于产后血虚经寒所致的腹冷痛。

《食医心镜》记载："壮阳益肾：用白羊肉半斤切生，以蒜（细，碎）食之，三日一度。"《本草纲目》记载："五劳七伤虚冷：用肥羊肉一腿，密盖煮烂，绞取汁服，并食肉。"《金匮要略》记载有"当归生姜羊肉汤方：治产后腹中痛及腹中寒疝，虚劳不足：当归三两，生姜五两，羊肉一斤。上三味，以水八升，煮取三升，温服七合，日三服。"《姚僧坦集验方》记载："治虚寒疟疾：羊肉作臛饼，饱食之，更饮酒暖卧取汗。"羊肉性温，适宜在冬季食用，不但可进补，而且可增加人体热量，抵御寒冷。羊肉比较适宜体虚胃寒者，凡外感时邪或内有宿热者忌食羊肉。一般夏季不宜多吃羊肉。徐州地区在伏天吃羊肉的用意在于排汗排毒、祛除冬春集聚在体内的湿寒之邪。另外，夏季暑阳在外，人体伏阴于内，且人们夏季饮食多贪寒凉，适当食用羊肉用以温中暖胃，对人体有益，因此，民谚云"彭城伏羊一碗汤，不用神医开药方"。但夏季吃羊肉应适可而止。

（十）大暑

小暑大暑紧相连，小暑之后即为大暑节气，此时太阳到达黄经 120 度，一般在公历的 7 月 23 日前后入节。《通纬·孝经援神契》云："小暑后十五日，斗指未为大暑。小大者，就极热之中分为大小，初后为小，望后为大也。"历书云："斗指丙为大暑，斯时天气甚烈于小暑，故名曰大暑。"这时正值"中伏"前后，中国大部分地区是一年中最热的时期，俗语云："小暑不算热，大暑三伏天。"我国古代将大暑分为三候："一候腐草为萤；二候土润溽暑；三候大雨时行。"

1. 吃童子鸡、老鸭——“虚劳的圣药”

民间有大暑吃童子鸡、老鸭进补的习俗。

童子鸡，一般指生长刚成熟但未配育过的小公鸡。童子鸡肉蛋白质含量远高于老鸡，营养价值高，而且其肉细嫩、松软适口，易于被人体吸收。中医认为，鸡的全身都可入药，鸡肉性平、温，味甘，有温中益气、补虚填精、健脾胃、活血脉、强筋骨的功效，可用于虚劳瘦弱、中虚食少、泄泻、头晕心悸、月经不调、产后水肿、遗精、耳聋耳鸣等。但感冒发热、内火偏旺、痰湿偏重、肥胖症、热毒疖肿、高血压、血脂偏高者、胆囊炎、胆石症、痛风患者应慎食。

民间有“暑老鸭胜补药”的说法。鸭肉是一种适于滋补的美味佳肴，不但蛋白质高，而且脂肪熔点低，易于消化。鸭肉营养丰富，民间认为是“虚劳的圣药”。其性寒，味甘、咸，具有补虚劳、滋五脏之阴、清虚劳之热、补血行水、养胃生津、止咳定惊、消螺蛳积、清热健脾、利水消肿之效。鸭肉特别适宜夏秋季节食用，既能补充过度消耗的营养，又可祛除暑热给人体带来的不适。老鸭炖食时可加入藕、冬瓜等蔬菜，或与海参同炖食，能增强补虚损、消暑滋阴之效。

大暑如何吃老鸭？

绿豆老鸭汤

材料：老鸭1只，绿豆50克，生姜、盐各适量。

做法：①生姜切片；绿豆洗净，浸泡1小时。②老鸭去内脏洗净，切成小块，在沸水中汆烫。③锅置火上，倒水烧沸，放入鸭块、绿豆、姜片，大火煮沸后，小火炖煮2小时。④加盐调味，即可。

功效：消暑清热，健脾益脏腑，美容养颜。

老鸭冬瓜汤

材料：老鸭1只，冬瓜300克，葱段、姜片、胡椒粒、白砂糖、盐、料酒各适量。

做法：①老鸭去内脏洗净，切成块，在沸水中汆烫；冬瓜洗净，切块。②锅置火上，放入鸭块和适量水，大火烧沸后改小火，炖煮40分钟。③放入冬瓜块、料酒、葱段、姜片、胡椒粒、白砂糖，继续炖煮。④待冬瓜软烂时，撇去汤上浮油，加盐调味即可。功效：补虚损，消暑滋阳。

2. 仙草——药食两用，消暑佳品

大暑时节，广东一些地区有“吃仙草”的习俗。仙草又名凉粉草、仙人草、仙人冻、薪草等，是重要的药食两用植物资源，由于其神奇的消暑功效，被誉为“仙草”。民谚有云：“六月大暑吃仙草，活如神仙不会老。”此品加水煎汁可制成凉粉，作清凉饮料，是一种消暑的甜品。仙草性寒凉，味甘、淡，具有清热利湿、凉血解暑之效，可用于辅助治疗急性风湿性关节炎、高血压、中暑、感冒、黄疸、急性肾炎、糖尿病、泄泻、痢疾、风火牙痛、烧烫伤、丹毒、梅毒、漆过敏等。金代张从正《儒门事亲》卷九《杂记九门》记载一医案云：“一妇人年二十余岁，病经闭不行，寒热往来，咳嗽潮热。庸医禁切，无物可食。一日当暑出门，忽见卖凉粉者，以冰水和饮，大为一食，顿觉神清骨健，数月经水自下。”

仙草鸡

材料：土鸡750克，仙草75克，红枣10个，枸杞子5克，盐适量。

做法：①将土鸡去内脏洗净，放入陶盅备用。②红枣洗净，用小刀将枣粒稍微切开，备用。③仙草洗净，放在锅中，加入跟仙草同高的水量，煮约30分钟，仙草味道释放出来后再将仙草渣滤掉，留下仙草汁备用。④将仙草汁、红枣、枸杞子放入陶盅里，一起炖煮一两个小时，等鸡肉完全熟透并入味，加入盐调味即可。

功效：清热利湿，消暑降肝火，滋补养身。

3. 姜汁调蛋——驱寒止呕，健脾暖胃

浙江台州一带有大暑节气吃姜汁调蛋的风俗。姜汁调蛋选用上等的本地鸡蛋和生姜的姜汁，打散鸡蛋后在蛋糊中加入煮沸后冷却的姜汁，再加入适量的冰糖和黄酒进行调和。调好后放入碗中，然后再放进锅里隔水炖。大概5分钟左右，加入适量核桃，再过一两分钟，就可以出锅了。掀开锅盖可以看到已经发起来的鸡蛋，闻起来味道辣辣的，透着浓浓的酒香。姜汁调蛋能够散寒、止呕、祛痰、健脾、暖胃。

夏天吃姜，好处多多。生姜在我国自古就有栽培，是人们日常饮食中极为重要的一种调味品，也可以作为蔬菜来单独食用，而且还是一味重要的中药材。生姜性微温，味辛，入脾、胃、肺经，具有发汗解表、温中止呕、温肺止咳、杀菌解毒的功效，可用于外感风寒、胃寒呕吐、风寒咳嗽、腹痛腹泻、中鱼蟹毒等病症。另外，生姜中的姜辣素可以防止身体癌变和延缓衰老，老年人常吃生姜可除老年斑。民谚云“冬吃萝卜夏吃姜”，夏天吃生姜，一是可以改善食欲，增加饭量，俗语云

"饭不香，吃生姜"。再者可以驱除体内寒湿之邪，排毒养身。当然，阴虚内热及邪热亢盛的人是忌食生姜的，且吃生姜一次不宜过多，否则会引起内火旺盛、身体不适。

夏天如何吃姜？

蜂蜜生姜茶

材料：生姜40克，蜂蜜20克，红茶10克。

做法：①生姜切小块，放到茶壶中，加水煮沸。②煮沸后加入红茶，关火。③待水温稍凉能入口时，加入蜂蜜，即可。

功效：驱寒活血，有效缓解醉酒。

生姜萝卜汁

材料：白萝卜250克，生姜20克。

做法：①将白萝卜、生姜洗净。②白萝卜留皮，生姜去皮，将两者切碎捣碎。③用干净纱布绞汁，两汁混合即可。

功效：祛寒疏风，解毒消肿，用于辅助治疗风寒感冒、咽喉肿痛。

姜汁撞奶

材料：牛奶200毫升，生姜70克，白砂糖适量。

做法：①生姜磨碎，用纱布滤渣，取汁。②牛奶加糖后在锅中煮沸，关火，放凉至80℃左右。③倒进装有姜汁的碗中，放置10分钟左右，待牛奶凝固即可。

功效：发汗解表，调解血气，补充营养。

地黄生姜粥

材料：生地黄汁15克，生姜汁10毫升，黑米、大米各50克，红糖适量。

做法：①黑米、大米洗净，浸泡1小时。②锅置火上，放入黑米、大米和适量水，大火煮沸后改小火炖煮。③待粥煮熟烂时，放入生地黄汁、生姜汁，搅拌均匀。④出锅前放入红糖，搅拌均匀即可。

功效：养阴血，温中益冲咏。适宜于初产血脉空虚、气弱而腹中恶血不下之腹部作痛等症。

4. 伏姜——治寒胃、伤风

大暑日，民间有晒制伏姜的传统。

民间在大暑这一天，从地里拔出生姜，一般选用个头小的宿姜，掰掉嫩芽，将泥土清洗干净，将之放在屋顶能沥水的炊具等不易被雨水浸泡之处，使之经受整整一个伏天的风吹日晒、暑蒸雨淋，直至伏天结束才将之取回，此谓伏姜。另一种做法是在三伏天时，把生姜切片或者榨汁后与红糖搅拌在一起，装入容器中蒙上纱布，于太阳下晾晒，充分融合后食用。

生姜性质本就温热，经过整个伏天的蒸晒，其性燥大热，温中益气、发汗解表之效更加显著。在夏季能有效驱除湿邪之气和治疗因过食寒凉之物而引起的腹胀、腹痛、腹泻、呕吐。秋冬季节可有效增强身体御冷抗寒的能力，增进血行，驱散寒邪。另外，对于生理期疼痛的女性，伏姜具有较强的保温作用，能促进血液循环，散去体内的“寒”，缓解疼痛。产妇分娩时出血多，出汗，腰酸，腹痛，非常损耗体力，气血、筋骨都很虚弱，容易受到风寒的侵袭。食用伏姜有补充身体能量、温暖子宫、活络关节的作用。

伏姜鸡汤

材料：伏姜200克，母鸡1000克。

做法：将伏姜和母鸡放入锅中，加水，煮沸后小火熬至锅内水剩两碗时熄火即成。

服法：在三伏天的中伏，待鸡汤热而可口时，慢慢地一次喝完。锅内的姜、鸡时隔半天或一天，加水再煎再服。

功效：除湿去寒，泄浊补亏，特别适用于哮喘患者。

（十一）立秋

夏去秋来，公历每年的8月6~9日，太阳到达黄经135度，时为立秋节气。立秋节气的到来意味着暑去凉来，大自然开始迈入了秋天。虽然立秋之后，天气仍然会有一段时间比较炎热，“秋后一伏热死人”，民间俗称“秋老虎”，但天气由炎炎夏季趋向凉爽是很明显的，尤其是气温日差逐渐明显，夜晚开始有些凉意。民谚云“立秋之日凉风至”、“早上立了秋，晚上凉飕飕”。

1. 贴秋膘

立秋节气，北京、河北一带民间流行“贴秋膘”。所谓“膘”，就是身体上的肥肉。夏天酷热潮湿，人易患病，即使不患病也常出现出汗多、疲乏无力、精神萎靡、胃口差等症状，人体往往会虚弱消瘦，俗语云“一夏无病三分虚”，因此古时人们将夏季称为恶季。

立秋之后随着天气的凉爽，人的胃口也开始好转。于是人们就想吃些好的以弥补暑夏的亏空，把夏天身上掉的膘重新补回来，所以叫“贴秋膘”。家境稍好的人家此日会吃些肉类菜肴，如红烧肉、红烧鱼、炖鸡鸭等。旧时下层百姓也会通过“吃秋鲜儿”来贴秋膘，也就是吃新粮、新的蔬菜水果。当然，立秋节气食补不仅是弥补暑夏的亏空，同时也为身体做好储备，增强御寒能力，以迎接严冬的到来，正如俗语所云：“秋季补的好，冬天病不找。”

根据中医“春夏养阳，秋冬养阴”的原则，秋季进补是十分必要的，可恢复和调节人体各脏器的机能。但进补一定要因人、因时、因地而异，不可盲目。

贴秋膘要注意六个禁忌

1．忌无病乱补

服用鱼肝油过量可引起中毒，长期服用葡萄糖会引起发胖，血中胆固醇增多易诱发心血管疾病。

2．忌虚实不分

中医的治疗原则是虚者补之，不是虚证病人不宜用补药，对证服药才能补益身体，否则适得其反，会伤害身体。

3．忌多多益善

任何补药服用过量都有害。如过量服用参茸类补品可引起腹胀，不思饮食；过量服用维生素 C 可致恶心、呕吐和腹泻。

4．忌凡补必肉

肉类不易消化吸收，若久吃多吃，对胃肠功能已减退的老年人来说，常常不堪重负；过多的脂类、糖类等物质又往往是心脑血管病、癌症等老年常见病、多发病的病因。

5．忌以药代食

药补不如食补，重药物轻食物是不科学的，因为许多食物也是有治疗作用的药物。

6．忌重“进”轻“出”

养生专家近年来提出一种关注“负营养”的保健新观念，即重视人体废物的排出，减少“肠毒”的滞留与吸收，提倡在进补的同时，亦应重视排便的及时和通畅。

2. 咬（啃）秋——吃西瓜解暑气

立秋节气，京津及南京等地区有吃西瓜的风俗，天津称为“咬秋”，江南地区则称为“啃秋”。清朝张焘《津门杂记·岁时风俗》中记载：“立秋之时食瓜，曰咬秋，可免腹泻。”民国《首都志》记载：“立秋前一日，食西瓜，谓之啃秋。”人们认为立秋日吃西瓜可清除暑气、避免腹泻。

西瓜性寒，味甘，归心、胃、膀胱经，具有清热解暑、生津止渴、利尿除烦的功效，可用于胸膈气壅、满闷不舒、小便不利、口鼻生疮、暑热、中暑、解酒毒等症。其根及叶、果皮、种仁、种皮均可供药用。西瓜是夏令瓜果，冬季就不宜多吃。而且糖尿病患者应少食，脾胃虚寒、湿盛便溏者也不宜食用。

立秋之后，天气转凉，西瓜应渐渐少食。因此，立秋吃西瓜有与之告别之意。当然，立秋日吃西瓜以免腹泻不仅仅是人们的美好愿景，西瓜确实有治腹泻之效，《草医草药简便验方汇编》中记载有一治消化不良（腹泻）方，其中即有：“病症：此病夏、秋季多见，有呕吐，大便稀，如蛋花汤样，或有不消化食物渣，每天七至八次，以至十余次，不想吃东西；肚子发胀，烦躁不安。处方：西瓜、大蒜。用法：将西瓜切开十分之三，放入大蒜七瓣，然后用草纸包七至九层，再用黄泥全包封，用空竹筒放入瓜内出气，用木炭烧干，研成末，取末用开水吞服。”

京津一带除了吃瓜之外，还吃蒸茄脯，煎香薷饮。

《帝京岁时纪胜》中云：“立秋预日，陈冰瓜，蒸茄脯，煎香薷饮，院中露一宿，新秋日阖家食饮之，谓秋后无余暑疟痢之疾。”

香薷饮是中医的一个古方，组方不一。香薷饮并非人人皆宜，《景岳全书》云：“香薷饮乃夏月通用之药饵，常见富贵之家多有备此，令老少时常服之，用以防暑。而不知人之宜此者少，不宜此者多也。若误用之，必反致疾。何也？盖香薷一物，气香窜而性深寒，惟其气窜所以能通达上下而去菀蒸之湿热，惟其性寒所以能解渴除烦而清抟结之火邪。然必果属阳臓果有火邪，果脾胃气强肥甘过度而宜寒畏热者，乃足以当之，且赖其清凉，未必无益。若气本不充，则服之最能损气，火本非实而服之，乃以败阳。凡素禀阴柔及年质将半，饮食不健躯体素弱之辈，不知利害而效尤妄用者，未有不反助伏阴，损伤胃气而致为吐泻腹痛及阴寒危败等证，若加黄连，其寒尤甚，厚朴破气，均非所宜，用者不可不审。”

蒸茄脯

材料：长茄子300克，生抽50毫升，剁椒酱10克，白砂糖、葱花各适量。

做法：①将长茄子切成条状，上锅蒸10分钟。②出锅后加入生抽、白砂糖、剁椒酱和葱花，调料可根据自己口味任意添加。

功效：清热解暑，降血脂，利减肥。

3. 喝立秋水——防腹泻

立秋节气，四川一些地区流行喝“立秋水”。即在立秋正刻，全家老小各饮一杯，据说可消除积暑，秋来不闹肚子。入秋，阳消阴长，万物归静，水亦至为清静，饮之，足以清火除烦。

四川东部一些地区立秋日要吃“凉宵”，即用优质糯米制作，再进行冰冻的粥。

山东莱西地区则流行立秋吃“渣”，就是一种用豆沫和青菜做成的小豆腐，并有俗语云“吃了立秋的渣，大人孩子不呕也不拉”。

浙江义乌此日则流行用秋水服食红豆的风俗。据说此俗源于唐宋时期，取7～14个红豆，以井水吞服，服时要面朝西，民间认为这样可以一秋不犯痢疾。红豆性平，味甘、酸，归心、小肠经，具有利水消肿、解毒排脓、消利湿热之功效，用于辅助治疗水肿胀满、脚气浮肿、黄疸尿赤、风湿热痹、痈肿疮毒、肠痈腹痛等症。

上述食俗大都有预防腹泻、痢疾之意，其意义不在于一次的食用对预防腹泻、痢疾等症产生多大的实际效用，而在于其中蕴含的我国劳动人们对秋季腹泻的防范意识，正所谓未雨绸缪，及早预防，深得中医治未病的精髓。

怎么吃红豆？

红豆鲤鱼汤

材料：鲤鱼450克，红豆100克，陈皮10克，大蒜、姜片各适量。

做法：①红豆洗净，用水浸泡备用；大蒜去皮，陈皮洗净泡软，刮去内瓤，备用。②鲤鱼宰杀洗净，沥干水分。③锅热倒油，放入鲤鱼和姜片，中小火两面煎至微黄。④往锅中加水，放入所有材料，大火煮20分钟，转小火煲一个半小时，加盐调味即可。

功效：利水祛湿，消胀除肿，对孕妇水肿、产后脾胃虚弱、脚气肿痛、步履艰难者非常适用。

红豆南瓜饼

材料：南瓜220克，糯米粉200克，红豆、面粉各50克，黑芝麻适量。

做法：①红豆洗净，煮熟。②南瓜切薄片，蒸熟，加入糯米粉中，慢慢揉成光滑的面团。③在案板上撒一层干粉，把南瓜面团分成 8 份。④取一个小面团，搓圆后压扁，放上适量的红豆，用面团把红豆包起来，收口。⑤依次把做好的南瓜面团压扁成南瓜饼，上面撒上黑芝麻。⑥平底锅刷一层薄油，烧热，把南瓜饼放进去，小火煎至金黄。⑦翻面，同样小火煎至金黄即可。

功效：祛暑解毒，利水减脂。

（十二）处暑

太阳到达黄经 150 度，为处暑节气，公历在每年 8 月 23 日左右。《月令七十二候集解》云：“处，止也。暑气至此而止矣。”处暑节气，太阳直射点继续南移，太阳辐射减弱，同时副热带高压跨越式地向南撤退，冷空气南下次数增多，气温下降逐渐明显，炎热的夏天结束了。南部仍会有“秋老虎”的余威，民谚云：“处暑天不暑，炎热在中午。”“处暑处暑，热死老鼠。”但总的来说此时空气干燥，早晚较为凉爽。

1. 处暑吃鸭子——祛暑补虚

处暑日，北京有吃鸭子的传统。

鸭子是“鸡鸭鱼肉”四大荤之一，富含蛋白质、B 族维生素、维生素 E、烟酸等，是一种适于滋补的美味佳肴。鸭肉中含有较为丰富的烟酸，对心脏疾病有预防保护作用。鸭肉性寒，味甘、咸，归脾、胃、肺、肾经，具有大补虚劳、滋五脏之阴、清虚劳之热、补血行水、养胃生津、止咳定惊、消螺蛳积、清热健脾、利水消肿之功效，可主治身体虚弱、病后体虚、营养不良性水肿等症。民间认为鸭子是“补虚劳的圣药”。

鸭肝营养丰富，富含维生素 A、维生素 B_2、维生素 C、硒、铁等，是补血养生的最佳食物。其性温，味甘、苦，归肝经，具有补肝、明目、养血之功效，可用于辅助治疗血虚萎黄、夜盲、目赤、浮肿、脚气等症。尤其适用于贫血和常在计算机前工作的人食用。但是，动物肝不宜多食，否则易摄入太多的胆固醇。

鸭血富含铁、维生素 K 及多种微量元素，营养丰富，其性寒，味咸，有补血、解毒之功效。鸭血可以清除体内污垢，对尘埃及金属微粒等有害物质具有净化作用，可以避免积累性中毒，被称为人体污物的“清道夫”。因此非常适合贫血患者、老人、妇女和从事粉尘、纺织、环卫、采掘等工作的人食用。鸭血营养丰富，宜夏秋季食用，既能补充暑热之下大量消耗的营养，又可祛暑热解烦闷。当然，鸭血也不宜多食，尤其是体质虚寒、受凉不适者应慎食。

怎么样吃鸭子?

魔芋鸭汤

材料：鸭子350克，魔芋150克，盐、料酒、花椒粒、葱段、姜片各适量。

做法：①鸭子去内脏洗净，切块；魔芋切块。②鸭块在沸水中汆烫，捞出放入锅中，放入魔芋、料酒、花椒粒、葱段、姜片，大火烧开后改小火炖煮。③炖煮2小时后，加盐调味即可。

功效：清热解暑，利水减肥。

鸭血豆腐汤

材料：鸭血50克，豆腐100克，醋、盐、鸡精、香菜、淀粉、高汤各适量。

做法：①将豆腐和鸭血切成小块，用开水焯一下，以去除腥味和杀菌。②另起锅，加入适量高汤（若没有，可用鸡精冲调），倒入鸭血、豆腐块煮20分钟左右，加入鸡精、盐和少量醋调味。③水淀粉勾芡，撒上香菜出锅即可。

功效：补充蛋白质，清热去火。

木耳烩鸭肝

材料：鸭肝300克，干木耳20克，红彩椒半个，盐、料酒、胡椒粉、水淀粉、葱段、姜片各适量。

做法：①木耳用温水泡发，洗净切小朵；红彩椒洗净，切小块。②鸭肝洗净，切厚片，放入沸水中汆烫。③锅热倒油，爆香葱段、姜片，放入鸭肝、木耳、红椒块，放入料酒翻炒。④倒入适量水，用中火焖5分钟。⑤加盐、胡椒粉调味，迅速翻炒几下，水淀粉勾芡即可。

功效：解毒排毒；还可防止产后出血，适合孕妇在怀孕后期常食。

（十三）白露

每年9月7日前后，太阳到达黄经165度时，为白露节气。此节气，“凉风至，白露降，寒蝉鸣”（出自《礼记》）。《月令七十二候集解》云：“秋属金，金色白，阴气渐重，露凝而白也。”《孝纬经》中也说：“处暑后十五日，斗指庚为白露，阴气渐重，露凝而白也。”这个时节，气温下降，天气转凉，夜间早晨草木上开始出现露水。我国古代将白露分为三候：“一候鸿雁来；二候玄鸟归；三候群鸟养羞。”北雁南飞，燕子南归；候鸟开始南飞避寒；鸟类开始储备过冬的食粮。“羞”，即

"馐"，此处指鸟类的美食。

1. 吃桂圆——补心脾，益血气

福建福州民间有"白露必吃桂圆"之说。

桂圆，又名龙眼，是我国南亚热带著名特产水果，果肉含糖量高达12～23%，维生素C和维生素K的含量也很高。中国桂圆品种资源丰富，其中以福建省最多。桂圆性平、温，味甘，归心、脾、胃经，具有补心脾、益气血、健脾胃、养肌肉之功效，可用于思虑伤脾、头昏、失眠、心悸怔忡、虚羸、病后或产后体虚及由于脾虚所致之下血失血症。虽然桂圆有益气血之效，但过多食用桂圆易生湿热及引起口干，因此患有外感实邪、痰饮胀满者慎食桂圆。《本草汇言》云："桂圆，补血气，壮精神之药也。"李时珍曰："食品以荔枝为贵，而药品则桂圆为良。盖荔枝性热而桂圆性和平也。夫心为君主之官，藏神而主血，此药甘温而润，能补血气。补血气则君主强而精神壮，精神壮则神明可通。故前古有久服养魂魄、聪明智慧之说。"而严用和《济生方》记载："入归脾汤，治思虑伤心脾，为惊悸，为怔忡，为健忘，为失心丧志之疾者，屡用获效。特取甘味归脾，能安益心智之义耳。但甘温而润，恐有滞气，如胃热有痰、有火者，肺受风热，咳嗽有痰有血者，又非所宜也。"《药品化义》云："甘甜助火，亦能作痛，若心肺火盛，中满呕吐及气膈郁结者，皆宜忌用。"

桂圆的成熟期在农历八月，由于古时称八月为"桂"，加上桂圆果实呈圆形，所以取名为"桂圆"。白露节气是桂圆的成熟期，此时桂圆个个颗大核小，味甜口感好，正是吃桂圆的最佳时节。

桂圆

2. 白露吃红薯——解秋燥

浙江温州等地有过白露节之俗。各地食俗又有差异，如苍南、平阳等地于此日采集"十样向"（或云"三样白"）来煨乌骨白毛鸡（或鸭子），民间认为食后可补身体、去风气（关节炎）。所谓"十样白"乃是十种带"白"字的草药，如白木槿、白毛苦等，以应"白露"之"白"。为何要选用白色来食用呢？中医认为秋季对应五行之金，对应五脏之肺，对应五色之白。因此，白色食物往往具

有滋阴润燥补肺之功效。白色食物多偏寒凉，白露时节吃白色，可以泄夏天积聚的热毒，清热敛气，可有效预防秋燥伤阴。

文成民间则有白露吃红薯的习俗，认为此日吃红薯可全年减少胃酸发作。红薯，又名山芋、甘薯、番薯、地瓜、红苕、白薯等。其性平，味甘，入脾、肾二经，有补中和血、益气生津、宽肠胃、通便秘之功效。其功效历代医药典籍多有记载，《本草纲目》记载："补虚乏，益气力，健脾胃，强肾阴。"《纲目拾遗》记载："补中和血，暖胃肥五脏。白皮白肉者，益肺气生津……。煮时加生姜一片，调中，与姜枣同功。红花煮食，可理脾血，使不外泄。"《随息居饮食谱》记载："甘温，煎食补脾胃，益气力，御风寒，益颜色。"但红薯不宜过量食用，湿阻脾胃、气滞食积者应慎食。《纲目拾遗》即云："中满者不宜多食，能壅气。"《随息居饮食谱》亦云："惟性大补，凡时疫、疟、痢、肿胀、便秘等证，皆忌之。"

红薯新吃法

红薯花生汤

材料：红薯1个，花生30克，红枣6个，生姜1片，冰糖适量。

做法：①花生洗净，浸泡30分钟；红枣去核，洗净；红薯切块。②锅置火上，放入花生、红枣、姜片，大火烧沸后改小火炖煮。③放入红薯块，小火煮至薯块变软。④放入冰糖，搅拌均匀即可。功效：滋润补肺，中和补血，润肠通便。

醋熘红薯丝

材料：红薯400克，葱花、醋、生抽、盐、白砂糖各适量。

做法：①红薯洗净，切丝，浸泡在水中，去除红薯表面淀粉。②锅烧热，倒入油，爆香葱花，放入红薯丝，迅速翻炒。③待红薯丝稍微变色，放入2勺醋，再放入2勺白砂糖，翻炒。④加盐、生抽调味，翻炒至红薯丝断生，关火即可。

功效：补中和血，益气生津。

红薯粥

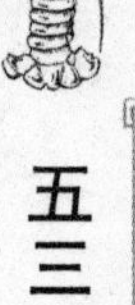

材料：红薯250克，大米50克，白砂糖适量。

做法：①红薯洗净，切小块；大米洗净，浸泡1小时。②锅置火上，放入大米和适量水，大火煮沸后改小火炖煮。③放入红薯块，小火煮至薯块变软。④放白砂糖搅拌均匀，关火即可。

功效：健脾胃、养心神，可防治乳腺癌、结肠癌和直肠癌。

3. 酿白露米酒——提神解乏促消化

白露时节，我国一些地区有用糯米、高粱等五谷酿酒之俗，用以自饮、待客，称为“白露米酒”。白露米酒中的精品是“程酒”，因取程江水酿制而得名。白露米酒的酿造方法相当独特，是将自酿白酒（俗称“土烧”）与糯米糟酒按1：3的比例调配。程酒制作更为精细复杂，且要入坛密封窖藏数年。

米酒是我们祖先最早酿制的酒种，具有促进食欲、帮助消化、温寒补虚、提神解乏、解渴消暑、促进血液循环、润肤等功效。米酒保留了发酵过程中产生的葡萄糖、糊精、甘油、醋酸、矿物质及芳香类物质，乙醇含量极少，其营养物质多以低分子糖类和肽、氨基酸的浸出物状态存在，易被人体消化吸收，且米酒甘甜芳醇，能刺激消化腺的分泌，增进食欲，有助消化，是中老年人、孕产妇和身体虚弱者补气养血之佳品。米酒乙醇含量虽低，但可为人体提供比啤酒、葡萄酒高出数倍的热量，其含有的十多种氨基酸中有8种是人体不能合成而又必需的，被人们称为“液体蛋糕”。米酒对一些慢性病还有辅助治疗的功效，如对患有慢性萎缩性胃炎及消化不良的人，可以促进胃液分泌，增加食欲，帮助消化；对患有高脂血症、动脉粥样硬化的人，可以加快血液循环，提高高密度脂蛋白的含量，减少脂类在血管内的沉积；对慢性关节炎病人，可以活血通络等。

白露时节饮用米酒，可以有效补充夏季人体的“亏损”。但是糯米酒是经酵母发酵制成，产热高，富含糖分，糖尿病人应慎食用。另外，糯米酒含有一定量的酒精，在食用时不要过量。

（十四）秋分

每年的9月22、23或24日，太阳到达黄经180度，直射地球赤道，此为秋分节气。此日同春分一样，昼夜相等。且秋分日居秋季90天之中，平分了秋季。《春秋繁露·阴阳出入上下篇》中云：“秋分者，阴阳相半也，故昼夜均而寒暑平。”我国古代将秋分分为三候：“一候雷始收声；二候蛰虫坯户；三候水始涸。”秋分之后，阳衰阴盛，不再打雷；蛰居的虫子开始堵塞门户用以防寒；沟渠河水开始干涸。

1. 秋分吃秋梨

秋分节气已经真正进入到秋季，作为昼夜时间相等的节气，人们在养生中也应本着阴阳平衡的规律，使机体保持“阴平阳秘”的原则。饮食调养方面，应多喝水，吃清润、温润的食物，可以起到滋阴润肺、养阴生津的作用。秋分的应季蔬果有以下几种。

秋梨：性寒凉，味酸甜，能生津止渴、润肺清心、利肠解毒。秋梨成熟时比较酸，耐储运，以前多在冬季吃。秋梨本身酸度较高，可用来作醋，称酸梨醋。秋梨具有润燥消风、醒酒解毒等功效，在秋季气候干燥时，每天喝一碗秋梨汁可以缓解皮肤瘙痒、口鼻干燥、干咳少痰等症状。

柑橘：柑橘维生素C含量极高，是人体最好的维生素C供给源。橘皮的药用价值更高，以陈者为佳，故又名陈皮。陈皮性温，味辛、苦，具有理气健胃、燥湿化痰的功效。

石榴：石榴性温，味甘、酸、涩，入肺、肾、大肠经，具有生津止渴、收敛固涩、止泻止血的功效，主治津亏口燥咽干、烦渴、久泻、久痢、便血、崩漏等病症。石榴还具有很强的抗氧化作用，可以使细胞免于环境中的污染、UV射线的危害，还可以滋养细胞，减缓机体的衰老。

到了秋分应少吃西瓜

到了秋分，自然界的阳气由发转收，此时应少食寒凉类的瓜果，如西瓜。西瓜性寒，也称“寒瓜”，平素患有慢性肠炎、胃炎及十二指肠溃疡病及中医辨证属于脾胃虚寒的人不宜多食。正常健康人也不能一次吃得太多，因为过多的水分在胃里会冲淡胃液，有时会引起消化不良或腹泻，同时不要吃变质的瓜。

秋分的菜谱

白灵菇螃蟹汤

材料：白灵菇200克，螃蟹1只，盐、黄酒、胡椒粉、葱花各适量。

做法：①白灵菇洗净，切片；螃蟹洗净，剁块。②锅置火上，将白灵菇、螃蟹一同放入锅中，放入适量水，大火烧沸。③放入盐、黄酒、胡椒粉，小火炖至入味，撒上葱花，即可食用。

功效：益阴补髓，清热散瘀。

猪肝拌菠菜

材料：猪肝150克，菠菜200克，海米5克，香菜、盐、鸡精、酱油、醋、蒜泥、香油各适量。

做法：①将猪肝洗净，煮熟，切成薄片；海米用温水浸泡好。②将菠菜择洗干净，切段，放入开水中烫一下捞出，过凉；香菜择洗干净，切段。③将菠菜放在盘内，上面放上猪肝片、香菜段、海米。④用盐、鸡精、酱油、醋、蒜泥、香油兑成调味汁，浇上即可。

功效：可增加血液中铁含量，预防缺铁性贫血。

2. 秋分食俗与春分相似

秋分食俗与春分有些相似，比如竖蛋、吃秋菜、粘雀子嘴等。

与春分日相同，秋分时节民间亦有竖蛋的习俗，有“秋分到，蛋儿俏”的说法。其玩法很简单，选择一个光滑匀称的新鲜鸡蛋，以将其竖立在桌子上为胜。这项习俗早已流传海外，成为了一种“世界游戏”。

秋分日，民间有“秋分吃秋菜”的传统。“秋菜”是一种野苋菜，乡人称之为“秋碧蒿”。其做法一般是与鱼片“滚汤”，名曰“秋汤”。民间有顺口溜云：“秋汤灌脏，洗涤肝肠。阖家老少，平安健康。”此食俗与春分日吃春菜类似。

秋分时节，每家都要吃汤圆，还要把一些不用包心的汤圆用细竹叉扦着置于田边地坎，说是用来粘雀子嘴，以免雀子来破坏庄稼。

（十五）寒露

每年公历10月8日前后，是太阳到达黄经195度时，为寒露。寒露节气气温进一步降低，渐有寒意，地面的露水即将要凝结成霜。《月令七十二候集解》云：“九月节，露气寒冷，将凝结也。”《通纬·孝经援神契》云：“秋分后十五日，斗指辛，为寒露。言露冷寒而将欲凝结也。”此时我国大部分地区天气凉爽，北京此时一般已可见初霜，东北和新疆北部地区一般已开始降雪。民间有俗语，“吃了寒露饭，单衣汉少见”；“吃了重阳饭，不见单衣汉”；“白露身不露，寒露脚不露”。

寒露吃芝麻——润燥抗衰老

民间有“寒露吃芝麻”的习俗。

芝麻有黑白两种，食用以白芝麻为好，补益药用则以黑芝麻为佳。芝麻性平，味甘，富含脂肪、蛋白质、糖类、维生素A、维生素E、卵磷脂、钙、铁、镁等营养成分，有补血明目、祛风润肠、生津通乳、益肝养发、强身体、抗衰老之功效，可用于治疗身体虚弱、头晕耳鸣、高血压、高脂血症、咳嗽、身体虚弱、头发早白、贫血萎黄、津液不足、大便燥结、乳少、尿血等症。

古代养生学家陶弘景评价芝麻为“八谷之中，惟此为良”。芝麻中富含的维生

素E能防止过氧化脂质对皮肤的危害，抵消或中和细胞内有害物质游离基的积聚，芝麻还具有养血的功效，常吃芝麻可使皮肤白皙润泽、光滑柔嫩，从而延缓衰老。

怎样吃芝麻?

全麦黑芝麻饼干

材料：低筋面粉200克，全麦面粉60克，无盐黄油180克，白砂糖80克，鸡蛋1个，黑芝麻、盐、香草精各适量。

做法：①无盐黄油软化，加入白砂糖、盐、香草精，搅拌均匀。②黑芝麻炒熟，用擀面杖碾碎。③鸡蛋打散；然后分3次将鸡蛋液倒入黄油中，搅拌均匀。④筛入低筋面粉、全麦面粉，加入黑芝麻碎，用刮刀切拌均匀，揉成面团。⑤取适量面团，用手揉圆，再按扁，放到油布上。⑥烤箱预热，170℃左右时，烤制25分钟，熄火后用余温再焖10分钟。

功效：养血润肠，养颜润肤。

山药黑芝麻糊

材料：山药15克，黑芝麻150克，大米60克，鲜牛奶200毫升，冰糖100克。

做法：①山药去皮洗净，切小丁；大米洗净，浸泡2小时。②黑芝麻洗净后晒干，入锅炒香，放入搅拌机中，加鲜牛奶和水，磨成浆。③滤出浆汁后，倒入锅中，加适量水和冰糖，搅拌均匀，大火煮沸，搅拌成糊即可。

功效：滋补肝肾，补血护发，预防机体老化，保持血管弹性。

黑芝麻饭团

材料：糯米、大米各100克，红豆200克，黑芝麻、白砂糖各适量。

做法：①将糯米、大米洗净，浸泡1小时，放入电饭煲中蒸熟。②红豆洗净，浸泡2小时，放入锅中煮烂，捞出捣成泥。③黑芝麻炒熟，碾碎。④盛出米饭，包入适量红豆沙、白砂糖，双手捏紧成饭团状，在黑芝麻盘中滚一层芝麻即可。

功效：补中益气、健脾养胃。

（十六）霜降

霜降是秋季的最后一个节气，一般在公历每年10月23日前后入节，此时太阳位于黄经210度。霜降也就意味着出现初霜，《月令七十二候集解》中说：“九月中，气肃而凝，露结为霜矣。”此时我国黄河流域已出现初霜，草木开始枯黄，大地呈现一片深秋景象。我国古代将霜降分为三候：“一候豺祭兽；二候草木黄落；

三候蜇虫咸俯。”意思是说从霜降开始，豺狼开始捕获猎物；草木枯黄树叶凋零；蜇虫开始潜藏进入冬眠。

霜降吃柿子，清热润肺，健脾化痰

霜降节气，一些地方有吃柿子的习俗，如福建俗话云：“吃丁柿，不流涕。”认为霜降吃柿子，不容易感冒流鼻涕。

柿子性寒，味甘涩，营养丰富，所含维生素和糖分比一般水果高 1 ~ 2 倍，有清热润肺、生津止渴、健脾化痰的功效，可用于治疗肺热咳嗽、口干口渴、呕吐泻泄、吐血、口疮等症。新鲜柿子含碘量高，可用于治疗甲状腺疾患。新近研究发现柿子和柿叶有降压、利水、消炎、止血作用。霜降时节，正是柿子的最佳成熟期，此时的柿子个大、皮薄、汁甜。在秋天燥邪盛行之时，柿子与梨一道成为清燥火、润胃肠的首选。

柿子虽然甜腻可口，但糖尿病、脾虚泄泻、便溏、体弱多病、产后外感风寒、贫血等和患有慢性胃炎、排空延缓、消化不良等胃功能低下者皆应慎食。柿子不宜空腹食用，食用时尽量少吃柿皮，食用后忌饮白酒、热汤，食用前后 1 小时内不宜喝牛奶，以防形成胃柿石；不宜与螃蟹等寒性水产品同食，否则会引起腹痛、呕吐、腹泻等症状。

另外，柿子不宜与酸菜、黑枣同食，也不宜与鹅肉、螃蟹、甘薯、鸡蛋共同食用，否则会引起腹痛、呕吐、腹泻等症状，食柿子前后不可食醋，喝白酒后不可食用柿子。

柿子的吃法

柿子松饼

材料：大米粉 80 克，柿子汁 70 毫升，糯米粉 40 克。

做法：①柿子去皮取汁，里面的果肉拿出另用。②将大米粉和糯米粉充分混合均匀，分数次取柿子汁，放入粉中。③充分揉匀，将大米粉搓成细小的粒，此时米粉变成淡柿子色。④过筛，然后将以上食材分装入模具中，上屉小火转中火蒸 18 分钟。⑤取出后凉凉，用果肉在表面装饰即可。

功效：清热润肺，生津止渴。

柿饼粥

材料：柿饼 3 个，大米 50 克。

做法：将柿饼切碎，同大米煮粥，即可。

功效：健脾润肺、涩肠、止血。适用于久痢便血、小便血淋、痔漏下血等病。

注意事项：胃寒者忌服，勿与螃蟹同食。

枣柿饼

材料：柿饼300克，红枣10个，山萸肉、白面粉各100克。

做法：①将柿饼去皮切块，红枣洗净去核，连同山萸肉放入盆内捣碎、拌匀、烘干。②加白面粉、清水适量，调和，制成小饼。③在锅内加油，将饼烙熟即可。

功效：健脾益肝，适宜于肝阴不足、虚火上扰、脾受其制而引起的耳鸣、耳聋、口干食少、倦怠乏力、动则气喘等症。

（十七）立冬

公历每年的11月7日前后，太阳到过黄经225度，为立冬节气，旧时以之为冬季之始。按照气候学的标准，下半年平均气温降10℃以下方为冬季，那么立冬节气进入冬季与黄淮地区的气候规律基本吻合。我国最北部的漠河及大兴安岭以北地区，9月上旬就已进入冬季，长江流域的冬季要到“小雪”节气前后才真正开始。《月令七十二候集解》说：“冬，终也，万物收藏也。”立冬既是冬天的开始，也是万物生机归终，封闭收藏之时。

1. 立冬吃南瓜馅儿饺子

北方立冬日要吃饺子，民间有“冬至吃饺子，不吃饺子，冻耳朵”的说法。饺子，乃“交子”，源于时节相交之时的饮食习俗，如大年三十是旧年和新年之交，立冬是秋冬季节之交。因此，立冬时节要吃饺子。饺子馅多种多样，荤素皆可，美味可口，是我国传统美食，民间认为“好吃不过饺子”，饺子是食补的重要方式。

一些地区立冬日爱吃倭瓜馅的饺子，倭瓜就是南瓜，南瓜夏秋季成熟采摘，此时吃的南瓜是夏季备好的南瓜。它的果肉和种子均可食用，花也可以食用，不但可以充饥，而且还有一定的食疗价值。南瓜性温，味甘，入脾、胃经，具有补中益气、消炎止痛、解毒杀虫、降糖止渴的功效，可用于久病气虚、脾胃虚弱、气短倦怠、便溏、糖尿病、蛔虫等病症。

南瓜皮含有丰富的胡萝卜素和维生素，南瓜心含有相当于果肉5倍的胡萝卜素，烹调时要尽量全部加以利用，倘若皮比较硬，用刀削去硬的部分即可。另外，南瓜的根、藤、须、叶、花、瓜蒂、瓤、种子，亦可供药用。但是由于南瓜性温，胃热炽盛者、气滞中满者、湿热气滞者应少吃，患有脚气、黄疸、气滞湿阻等病者应尽量忌食。《本草纲目》即云："多食发脚气、黄疸。不可同羊肉食，令人气壅。"

2. 吃荞面——净肠益气

北京立冬有吃荞面的习俗。《京都风物志》记载："立冬日或有食荞面等物，谓能益人。"

荞麦性寒，味甘、微酸，富含赖氨酸、维生素E、膳食纤维和铁、锰、锌、镁等微量元素，具有健脾益气、消积化滞、下气宽肠、解毒敛疮等功效。荞麦中的某些黄酮成分具有抗菌、消炎、止咳、平喘、祛痰的作用，因此荞麦被冠以"消炎粮食"的美称，另外荞麦具有清理肠道沉积废物的作用，因此民间称之为"净肠草"。

现在人们常吃细粮，经常食用一些荞麦对身体是很有好处的。但是荞麦不易消化，性寒凉，且含有多种蛋白质及其他致敏物质，因此脾胃虚寒、消化功能不佳、经常腹泻、体质敏感之人不宜食用。《本草纲目》云："荞麦，最降气宽肠，故能炼胃滓滞，而治浊、带、泄痢、腹痛、上气之疾。气盛有湿热者宜之。若脾胃虚寒人食之，则大脱元气而落须眉，非所宜矣。"《本草求真》云："荞麦，味甘性寒。治能降气宽肠，消积去秽。凡白带、白浊、泄痢、痘疮溃烂、烫火灼伤、气盛湿热等证，是其所宜。且炒焦热水冲服，以治绞肠痧腹痛；醋调涂之，以治小儿丹毒赤肿亦妙。盖以味甘入肠，性寒泻热，气动而降，能使五脏滓滞，皆炼而去也。若脾胃虚弱，不堪服食，食则令人头眩。作面和猪、羊肉食，食则令人须眉脱落。又不可合黄鱼以食，皆是其性动降之故。"

荞麦的吃法

荞麦凉面

材料：荞麦面100克，熟鸡蛋1个，白砂糖、酱油、芝麻、海苔丝、裙带菜、腌菜、醋各适量。

做法：①荞麦面煮熟，放入冰箱冷却，加适量纯净水、酱油、糖、醋，搅拌均匀。②将熟鸡蛋、裙带菜、腌菜放入面中，再撒上芝麻、海苔丝，即可。

功效：健脾益气，消积化滞，下气宽肠，解毒敛疮。

虾仁丸子面

材料：荞麦面400克，虾仁120克，猪肉馅80克，姜片、黄瓜片、盐、料酒、

淀粉各适量。

做法：①将虾仁洗净，虾肉剁成馅儿，和猪肉馅混在一起。②肉馅中加料酒、盐、淀粉，顺时针方向搅成泥状，抓成丸子形状。③荞麦面煮熟盛出。③将肉丸、姜片放入锅中煮熟，加盐调味，放入黄瓜片。⑤将汤淋在荞麦面上即可。

虾仁丸子面

功效：健脾益气，开胃宽肠，给孩子吃最好。

荞麦粉蒸茼蒿

材料：荞麦粉 100 克，茼蒿 200 克，盐、大葱、大蒜、干辣椒各适量。做法：①葱、蒜切末，干辣椒切成段。②茼蒿洗净，晾干，将荞麦粉均匀地粘在茼蒿上，加盐拌匀。③茼蒿放盘中，入蒸锅，蒸 10 分钟取出。④将葱蒜末、干辣椒段洒在上面，烧热的油浇在茼蒿上即可。

功效：益气宽肠，清热去火，可治疗痛风。

3. 立冬药膳进补

福建潮汕地区这天有吃药膳进补的习俗。进补药膳用的中药材有人参、当归、枸杞子、西洋参、鱼胶、鹿茸、冬虫夏草、茯苓、黄芪等，药膳常用的食材有乌鸡、鹧鸪、鹌鹑、水鸭等。中国台湾基隆，称立冬为“入冬”，在鸡鸭牛羊肉中加入当归、八珍等补药来炖食。

“立冬进补”是一个时节的标志，整个冬季都是适宜进补的。一般而言，可适当食用一些热量较高的食品，但也要注意食补不宜过量，要适可而止，平时也要多吃新鲜蔬菜和富含维生素、易于消化的食物。

药膳乌鸡

材料：乌鸡 750 克，黄芪、枸杞子备 20 克，当归、党参各 10 克，麦冬 15 克，红枣 10 个。

做法：①乌鸡去内脏洗净，放在盘中。②把枸杞子、麦冬包到纱布里，放到鸡肚中，黄芪、当归、党参、红枣放在鸡旁。③将鸡和其他配料放置高压锅里，炖煮至烂熟即可。

功效：滋阴补气，调血进补。

冬虫夏草炖水鱼

材料：水鱼1条，冬虫夏草10克，生姜、盐、枸杞子各适量。

做法：①水鱼去杂洗净，切块；生姜洗净，切片。②锅置火上，放入鱼块、冬虫夏草、姜片，加水，大火煮沸后改小火炖煮2小时。③加盐调味，撒上枸杞子即可。

功效：滋阴养血，治疗失眠、烦躁，对正在化疗的患者有滋补疗效。

(十八) 小雪

每年11月21日至23日，太阳到达黄经240度，时为小雪节气。此节气，寒潮和强冷空气活动频率较高，我国北方大部地区气温逐渐降到0℃以下，黄河中下游地区一般情况下会出现初雪，但大地尚未过于寒冷，雪量不大，故称小雪。《月令七十二候集解》曰："十月中，雨下而为寒气所薄，故凝而为雪。小者，未盛之辞。"《群芳谱》中说："小雪，气寒而将雪矣，地寒未甚而雪未大也。"

1. 腌菜——冬季也能吃蔬菜

小雪节气，民间有腌菜的风俗，如老南京有"小雪腌菜，大雪腌肉"的说法。

蔬菜腌制在国内外都有着悠久的历史，是一种古老的蔬菜加工储藏方法。腌菜的最初目的在于蔬菜的储藏，使蔬菜能够跨季节食用。尤其是冬季没有当季的蔬菜可供食用，腌菜可以帮助人们度过严寒的冬天。南京民间俗语云"家有腌菜，寒冬不慌，腌菜打滚，吃的饭香"。现代科技发达，跨季蔬菜比较普遍，腌菜的目的就不再是为了解决温饱问题，而是成为了人们日常饮食中的一种调味食品。

腌菜种类很多，大多数蔬菜都可以做成腌菜。腌菜看似简单，实际上具体工序和要求很多，可以说是一项精细活。民谚云"好看不过素打扮，好吃不过咸菜饭"，睫菜具有助消化、消油腻、调节脾胃等作用，是一种开胃的大众食品，可以增进食欲。

但是，腌菜含盐量高，蔬菜中的维生素C在腌制过程中会被大量破坏，腌制酸菜中的草酸钙会结晶沉积在泌尿系统形成结石，腌菜中的亚硝酸盐、硝酸盐等可能产生亚硝酸胺等致癌物质，因而腌菜不宜经常食用，否则会有诱发高血压、造成体内维生素C缺乏，甚至产生结石、诱发癌症等危险。

2. 在家自制腌菜

腌菜心

材料：菜心300克，生姜50克，黄豆酱3大勺，盐、香油各适量。

做法：①菜心洗净，切成6厘米长段条状，姜切末备用。②将菜心用盐抓匀，静置10分钟，然后用水冲洗，去掉盐分和苦涩味，沥干水分。③将菜心放入盆中，加入姜末和黄豆酱，滴上香油搅拌均匀，静置20分钟后即可食用。

功效：爽口开胃。

腌雪里蕻

材料：雪里蕻1000克，粗盐100克，花椒粒适量。

做法：①雪里蕻去黄叶去根，洗净沥干。②雪里蕻放入大盆，用粗盐和少量花椒粒揉搓，然后卷好放入坛中，上面压石块，开始腌渍。③在腌渍的前几天，需要翻动雪里蕻。④腌菜在第二十天后亚硝酸盐的含量明显降低食用健康。

注意事项：整个腌渍过程不能沾油。

腌脆笋

材料：竹笋1200克，盐40克。

做法：①竹笋去外壳，去除较粗部分，其余切片。②将竹笋片放入盆中，加入水，水要盖过竹笋，浸泡约10小时，捞出。③再用温水浸泡竹笋片，浸泡约12小时，捞出沥干水分。④在竹笋片上撒适量盐，拌匀，以重物压制2天，让竹笋片脱水。⑤然后再加入盐拌匀，取一玻璃瓶，将处理好的竹笋片均匀放入瓶中压平。⑥约3天即可食用，密封条件下可保存一年。

功效：利膈爽胃，消渴益气，利尿消肿。

（十九）大雪

每年的12月7日左右，太阳到达黄经255度，时为大雪节气。《三礼义宗》记载：“大雪为节者，形于小雪为大雪。时雪转甚，故以大雪名节。”此节气，天气更冷，我国大部分地区最低温度都降到了0℃或以下，一些地区会降大雪，甚至暴雪。

我国古代将大雪分为三候：“一候鹖鴠（寒号鸟）不鸣；二候虎始交；三候荔挺出。”此节气，天气寒冷，寒号鸟也停止了鸣叫；老虎感受到微阳萌动，开始有求偶行为；荔挺草也因阳气所感而抽出新芽。

腌肉

老南京俗语云“小雪腌菜，大雪腌肉”。大雪节气一到，南京老户居民就会忙着腌制咸肉。

腌制咸肉，要先把粗盐和八角、花椒、桂皮等香料放在铁锅里炒熟，凉透后涂抹在鱼、肉和处理好的禽肉内外，反复揉搓，直到肉色由鲜转暗，表面有液体渗出时，把肉放到坛子里，把剩下的盐撒到腌肉上，找块石头压住，放在阴凉背光的地方。腌一两个星期后，把腌肉拿出来，将腌出的卤汁入锅加水烧开，撇去浮沫，然后继续腌制。再过十日左右后取出，挂在朝阳的屋檐下晾晒干，以迎接新年。

腊肉，是腌肉的一种，选用新鲜的带皮五花肉，分割成块，用盐和少量亚硝酸钠或硝酸钠、黑胡椒、丁香、香叶、茴香等香料腌渍，再经风干或熏制而成，主要流行于四川、湖南和广东一带，具有防腐能力强、保存时间长、风味独特的特点。腊肉中含有丰富的磷、钾、钠、脂肪、蛋白质、碳水化合物等营养物质，其性平，味咸、甘，具有健脾开胃、祛寒消食等功效。但腊肉制作过程中很多营养元素会丧失，且盐、脂肪、胆固醇和亚硝酸盐的含量都比较高，因此不宜多食，多食易导致高血压、癌症，尤其是老年人和胃、十二指肠溃疡患者要慎食。

在家做腌肉

腌咸肉

材料：猪瘦肉 5000 克，盐 250 克，花椒 8 克，硝水少量。

做法：①将猪肉切成 500 克重的长条状，洗净晾干。②烧热锅，把盐同花椒炒匀，盛起待凉。③把每条猪肉用花椒盐擦匀，放入瓦坛内，上再撒盐一层，用石头将它压腌两三天，盐融化为卤汁时，加入硝水搅匀，把肉条上下翻弄，使肉条全部吸收到盐卤。④约腌 20 天左右，将肉条取出，用绳扎紧挂在通风地方，以不淋湿雨为宜，能储藏多时不坏。

功效：开胃驱寒，健胃消食。

冬笋酸菜腊肉汤

材料：冬笋、酸菜各 200 克，腊肉 150 克，姜片、盐各适量。

做法：①冬笋去皮洗净，放入锅中用大火煮 10 分钟，捞出凉凉，切成块。②腊肉洗净，切片；酸菜洗净，切成段。③锅置火上，将冬笋、腊肉、酸菜和姜片一同放入锅中，加入适量清水，大火煮沸后改小火炖煮。④加盐调味即可。

功效：清热化痰，益气和胃。

（二十）小寒

公历 1 月 4 日至 7 日之间，太阳位于黄经 285 度，进入小寒节气，标志着开始进入一年中最寒冷的日子。《月令七十二候集解》云："十二月节，月初寒尚小，故云。月半则大矣。""小寒"正处"出门冰上走"的三九天，天气严寒，民谚云"小寒大寒，滴水成冰"；"小寒大寒，冷成冰团"。古代将小寒分为三候："一候雁北乡；二候鹊始巢；三候雉雊。"此节自然界阳气已动，禽鸟对自然界阴阳之气的转化至为敏感，大雁开始北迁；喜鹊开始筑巢；雉开始鸣叫。

小寒吃黄芽菜养胃

天津地区旧时有小寒吃黄芽菜的习俗。

黄芽菜是大白菜的一个类群，是北方大棚、南方露地秋种冬收的珍稀名贵菜种。冬至后割去茎叶，只留菜心，离地二寸左右，以粪肥覆盖，半月后取食，脆嫩无比，旧时用以弥补冬日蔬菜的匮乏。黄芽菜性平、微寒，味甘、微酸，具有养胃、利小便之功效。

怎么吃黄芽菜?

黄芽菜炒年糕

材料：黄芽菜 400 克，年糕 150 克，肉丝、冬笋各 50 克，生抽、盐、胡椒粉、淀粉各适量。

做法：①冬笋去壳用水煮 10 分钟，切丝；黄芽菜切粗丝。②年糕切片，入沸水焯软。③肉丝用生抽、胡椒粉、淀粉拌匀腌 15 分钟。④炒锅入油，四成热时倒入肉丝煸炒至变色盛出。⑤另起锅入油，倒入黄芽菜、冬笋丝煸炒至软。⑥再放入年糕，加适量生抽、盐调味后大火炒干水分。⑦倒入煸炒过的肉丝，炒匀即可。

功效：补胃益气，美容润肤。

黄芽菜炒鸡肝

材料：黄芽菜 250 克，鸡肝 100 克，姜片 10 克，白砂糖、盐、老抽、胡椒粉、水淀粉、蛋清、香油、料酒各适量。

做法：①将老抽、胡椒粉、料酒、水淀粉、香油、盐、白砂糖兑成芡汁备用；黄芽菜洗净备用。②鸡肝切片，加入水淀粉、蛋清上浆，温油滑散备用。③炒锅入油烧热，下姜片煸香，将黄芽菜煸热，下滑熟的鸡肝，放入芡汁，炒匀即可。

功效：滋阴补肾，养胃护肝。

（二十一）大寒

公历每年 1 月 20 日前后，太阳到达黄经 300 度，时为大寒。大寒是二十四节气的最后一个节气。大寒，是天气极其寒冷的意思。《授时通考·天时》引《三礼义宗》云：“大寒为中者，上形于小寒，故谓之大……寒气之逆极，故谓大寒。”此时寒潮频繁南下，中国大部分地区呈现出冰天雪地、天寒地冻的严寒景象。

大寒，天气极冷，生机潜伏，万物蛰藏，养生以“藏”为原则。起居宜早睡晚起，早晚尽量少外出。做好保暖防护工作，外出时一定加穿外套，戴上口罩、帽子、围巾。凡事不要过度操劳。

（二十二）四月初八——浴佛节

农历四月初八是古代的浴佛节，亦称洗佛节、佛诞节和龙华会。这天，佛教寺庙要举行浴佛、斋会等纪念仪式，民间有放生和吃结缘豆的习俗。浴佛节前后，民间还有拜观音求子以及拜药王等活动习俗。

宋代孟元老《东京梦华录·四月八日》记云：“四月八日佛生日，十大禅院各有浴佛斋会，煎香药糖水相遗，名曰‘浴佛水’。”浴佛水是药草煮炼而成，有甘草、百香草等，信徒每匀水淋佛，即饮之。浴佛水中的甘草根茎很常用，其性平，味甘，能补脾益气、清热解毒、祛痰止咳、缓急止痛、调和诸药，可用于脾胃虚弱、胃及十二指肠溃疡、咳嗽痰多、支气管炎、倦怠乏力、心悸气短、脘腹及四肢挛急疼痛、痈肿疮毒和缓解药物毒性及烈性等。

1. 五香黄豆

在浴佛节这天，民间有舍豆结缘的习俗。佛家认为人之相识乃前世之缘，黄豆是圆的，圆与缘谐音，于是就通过互相施舍黄豆来寓意结缘，浴佛日也是舍豆食豆日。

清宫每到四月初八，都要发放煮熟的五香黄豆。黄豆性平，味甘，能健脾宽中、润燥消水、清热解毒、益气，食疗价值很高。江南崇明“四月初八日，居民遍走闾巷送糖豆，谓小儿食之，可稀痘”。吃糖豆可以预防天花痘当然不现实，但从此俗足可以看出天花在当时的流行程度及人们的预防意识。

2. 苜蓿花，吃稚杏

晋南地区习惯用苜蓿花拌面做成“鼓蕾”尝鲜，孩子们要摘杏子吃，俗语有“四月八，苜蓿花，吃稚杏（杏，土语读哈）”的说法。

苜蓿的营养价值很高，是我国古老的蔬菜之一，具有健胃、清热利尿、舒筋活络、疏利肠道、排石、补血止喘、消肿的功效。苜蓿中含有大量的铁元素，因而可作为治疗贫血的辅助食品，苜蓿中所含的B族维生素，可治疗恶性贫血。此外，苜蓿还含具有止血作用的维生素K，民间常用来治疗胃病或痔疮出血。

杏初夏成熟，酸甜多汁，是夏季主要水果之一。其果肉性温，味甘、酸，具有润肺、止咳定喘、生津止渴的功效，可用于胃阴不足、口渴咽干等症。其甜杏仁，性温，味辛、甘，可润肠、止咳、补气。其苦杏仁，性温，味辛、苦，可止咳、平喘、润肠。杏是维生素B_{17}含量最为丰富的果品，而维生素B_{17}又是极有效的抗癌物质，并且只对癌细胞有杀灭作用，对正常健康的细胞无任何毒害。

成熟的杏可以生食，但不可多吃，因为其中苦杏仁甙的代谢产物会导致组织细胞窒息，严重者会抑制中枢，导致呼吸麻痹，甚至死亡。未成熟的杏不可生吃，另外，产妇、幼儿、病人，特别是糖尿病患者，不宜吃杏或杏制品。

（二十三）六月初六——洗晒节

“六月六”是汉族和一些少数民族人民的传统佳节，有洗晒节、洗象节、姑姑节、天贶（赏赐）节等称呼。民族不同，地区不同，所过节日也不同。

1. 暑汤

一些中药铺和寺庙会施舍冰水、绿豆汤和用中药制作成的暑汤，皆为解暑降温之品。绿豆汤可代茶饮，具有利水消肿、清热解毒、解渴清暑的功效。

《遵生八笺》记载“绿豆汤”之方：“将绿豆淘净，下锅加水，大火一滚，取汤停冷，色碧，食之解暑。如多滚则色浊，不堪食矣。”

2. 食素

民间六月初六有些地区当天要吃素食，如炒韭菜、煎茄子和烙煎饼等。暑热饮食宜清淡，少油腻厚味，是日食素正是夏季饮食习惯。

苏北沿江地区如泰县的姜堰镇有“六月十九吃冷面”的习俗，所谓冷面，就是把煮熟后的小刀面捞出在冷开水中浸泡，晾干后拌上油、盐等佐料，清凉可口、消暑清心，是夏令极佳的冷食。

3. 其他食俗

江苏东台县六月初六早晨全家老少都要互道贺喜，并吃一种用面、糖、油制成的糕屑，民谚云：“六月六，吃了糕屑长了肉。”

浙江义乌赤岸镇三角毛店、南深塘一带的村民有吃六月麦饼的习惯。

浙江上虞六月初六是尝新节，家家品尝新谷。

河南郑州民间这日要祭天，庆祝麦子入仓和祈愿秋粮丰收，吃炒麦面红糖粥，喝大小麦豌豆汤。

有的地方六月初六要吃焦薄饼。

山东鲁西南有一种习惯，66岁的老人必在该年六月初六过生日，做好吃的，当地有民谚云："六月六，一块肉。"这是一种特殊的敬老良俗，祈求老人延年高寿。三伏天气人体消耗较大，适当进补是恰当的，但不宜大量进食厚味。上述食俗皆符合夏令食补原则。

（二十四）十月初一——寒衣节

农历十月初一是我国传统的祭祖日，俗称秋祭。因为这天人们要焚烧剪成衣帽鞋被及房屋等形状的彩纸以给亡人送去御寒之物，故又称寒衣节。

关于寒衣节的起源说法不一，民间广为流传的则是孟姜女十月一日寻夫送寒衣的传说。相传秦朝时孟姜女的丈夫范杞良被征役去修长城，孟姜女于十月初一启程去给丈夫送御寒的衣物。没想到她千辛万苦步行千里到达长城脚下，却被告知丈夫已死，尸骨被埋于长城之下。孟姜女昼夜长哭，竟感天动地，最终哭倒长城，寻出丈夫尸骨，自己也投海自尽。民间深为孟姜女所感动，遂在十月初一日焚化寒衣，追悼亡灵。

红豆糯米饭

江苏一些地区寒衣节有煮红豆糯米饭以夜奠并食用的习俗。据江苏大丰一带的民间传说，此举是为了纪念一位与地主抗争而被地主砍死的放牛娃，因为他流的血把撒在地上的米饭染得通红。童谣云："十月朝，看牛娃儿往家跑；如若不肯走，地主掴你三犁担子一薄刀。"

南京有民谚云："十月朝，穿棉袄，吃豆羹，御寒冷。"老南京认为吃红豆饭是源于朱元璋，相传朱元璋在南京称帝后，为了显示自己敬天顺时，在十月初一早朝行"授衣"之礼，并用新收获的赤豆、糯米做成热羹遍赐群臣尝新。

第二节　婚嫁礼仪食俗

婚嫁礼仪，是陌生男女结合成为夫妻过程中的仪式。由于各民族的文化教育、民风习俗不同，婚礼的方式各有千秋，而且随着历史的发展，婚礼习俗也相应变化。但不管如何变化，在各个朝代乃至现代的婚礼中，都或多或少地折射出古代传统婚礼中“六礼”的影子。“六礼”形成于周代，据《仪礼·士昏礼》的记载，古代的婚礼，从议婚到完婚的礼节一共有六道，按其顺序，先后为“纳采”、“问名”、“纳吉”、“纳征”、“请期”、“亲迎”。这与现在的恋爱相亲、媒妁聘礼、催妆迎亲的婚俗大同小异。我国各地婚嫁风俗，都离不开饮食活动的内容。从恋爱相亲到赠送聘礼，从姑娘出嫁到催妆迎亲，从举办婚礼到三朝回门，“吃”贯穿于婚嫁的整个过程。

婚嫁将改变人生的生活方式，两个陌生人从相见到相爱直至走上婚礼的红地毯，它预示着一种崭新生活的开始。婚嫁食俗在具体表现形式上具有隆重、吉祥的显著特点。婚嫁是人生大事，不隆重无以表达人们的喜悦之情，故大凡婚宴，都具有喜庆、热闹的特点。人们往往在婚嫁饮食活动中，通过多种方式（如食物、口彩等）来表达吉祥的心愿，祝福美好的未来。

一、恋爱相亲食俗

中国古代的婚嫁风俗，大多屈从于父母之命、媒妁之言，男女双方都无权决定自己的婚姻大事，更谈不上所谓恋爱。然而，在我国部分少数民族地区，男女青年都享有选择配偶、谈情说爱的自由。他们常常在一些节日庙会或歌墟集会中，寻觅意中人，并且通过某种特殊的饮宴活动，向对方表露自己的爱慕之情。清人赵翼《檐曝杂记》载：“每春月趁墟唱歌，男女各坐一边，其歌皆男女相悦之词……若俩相悦，则歌毕辄携手就酒棚，并坐而饮，彼此各赠物以定情。”这种以对歌而相悦，以饮宴而定情的恋爱方式及活动，在我国南方少数民族地区颇为盛行。

傣家青年男女社交恋爱，傣语称为“约骚”，当地汉族称为“串姑娘”。傣历新年那一天，傣家竹楼里到处可闻一片杀鸡声，鸡烧好后，便见姑娘穿上盛装，把鸡肉拿到集市上去卖，等候自己喜欢的小伙子来买。兴高采烈的小伙子纷纷前来问价，如果姑娘说：“吃了再称”，吃后姑娘加倍要钱，便是不喜欢了。若姑娘喜欢买鸡肉的小伙子，姑娘便会递给小伙子一个凳子，让他坐到自己身边。这时，小伙子说：“我们傣家有句俗话：‘一起吃才香，一起抬才轻’，来我俩一起吃，鸡肉才会更香。”姑娘回答说：“我们傣家也有句俗话：‘放开来吃才香，放开来才利索’，这里人多嘴杂，干脆我俩拾到林子里去吃。”

居住在我国东南一带的畲族，青年男女在对唱情歌时，如果姑娘相中了某个小伙子，等到一起吃饭时，姑娘便特意为小伙子盛饭，并悄悄地将一白纸团或银戒指藏于饭中，以表示对小伙子的钟爱，当地称“装心饭”。男青年吃到“饭心”，如果对装饭心的姑娘同样钟情，便暗自高兴地将其藏在衣袋里，分别时以手绢相赠，回家后即请媒人至女家求婚。就这样，一碗米饭成了男女婚恋的媒介物。

居住在贵州省织金洞风景区新庄村边远山区的苗族人忠厚老实，勤劳朴素，长期耕种庄稼，苗族青年男女的婚姻爱情从古至今以自由恋爱为主。他（她）们的恋爱方式是在“晒月亮”、跳花节、对歌、赶街等集体活动中相识，认识结交后，经常以对歌等形式来了解，交流思想感情，父母也不反对，待双方都认为性格合得来、感情较好、志同道合后，就商定时间由男方家请寨邻中德高望重的老年人来提亲。提亲这天，男方家请人带来两只大红公鸡到女方家来，这两只鸡必须当众杀死，将两滴血放在酒里混合后让男女双方饮下，表示百年到老；鸡心、肝不切破按原样煮熟吃下，表示永远心不变；鸡肠子也不切断，吃了后表示连接在一起，永不分离。吃鸡血酒和吃鸡心、鸡肝、鸡肠时，由德高望重的老年人说一些吉利话和比喻词，就算这桩事定下来了，然后约定时间举行婚礼，这就叫吃鸡酒。

我国部分少数民族对青年男女恋爱的开放式做法，倒是应该引起大部分流行封建家长包办婚姻的汉族人民的思考。

我国许多地方，新女婿上门，女方家庭必饮宴款待，不过这顿饭不是一顿普通的饭，女方父母往往要借进餐的机会，对新女婿进行各方面的“考察”，从而决定是否同意这门婚事。

在广西靖西、德保、那坡、大新等地，男女恋爱一段时间，到翌年正月初，女方家庭要办一桌丰盛的筵席款待新上门的女婿，当地称“考婿宴”。考婿宴上，女方家长特邀本村一位德高望重、见多识广的前辈考问女婿各方面的知识，有农业生产方面的，有日常生活方面、宗教历史等方面的。这种考问的方式一般是在自然、融洽的进餐过程中进行的。

除了对新女婿进行“口试”外，新女婿进餐时的坐相、食相、入席、撤席时的礼仪等，也都是面试的内容。有的地方在相亲的筵宴上故意安排一些不便取食且易使人“失态”的菜肴，刁难新女婿，如光滑如珠的鹌鹑蛋，半生不熟、油腻肥大的猪蹄膀，或是滚烫灼热、表面平静的猪油豆泥等。小伙子稍不小心，即可招致同席人的嘲笑，以至于无地自容，造成难堪的局面，有的甚至因此姻缘告吹。因此，有些小伙子赴宴时，常常显得十分拘谨和不安。类似这种考婿宴，在很多地区还存在。

相亲之日，姑娘父母对小伙子的印象好坏，是否同意这门婚事，也可以利用食物这种“无声语言”作出答复。

鹌鹑蛋

在湖南洞庭湖地区，如果丈母娘对女婿比较满意，她便会做一碗甜蛋给未来女婿吃。甜蛋是用鸡蛋、桂圆、红枣、红糖一起煮成，小伙子接到这碗甜蛋，便知道丈母娘同意了这门婚事。

在湖北梁子湖一带，如果说丈母娘对新上门的女婿比较满意，便会做一碗瘦肉面条给女婿吃。如果面条中夹着三个半生半熟的荷包蛋，则表明丈母娘不同意这门婚事，不一会，小伙子便会知趣的告辞。

还有的地方以在筵席上拣什么样的菜给小伙子吃来表示是否同意这门婚事。如拣一个肥大的鸡腿给小伙子吃，则有“请你的脚放勤快些，经常到我家里来”表示同意。如果拣一个鸡翅给小伙子，则有“请你远走高飞”的意思，知趣的小伙子遇此，往往羞愧万分。

二、传情达意的订婚食俗

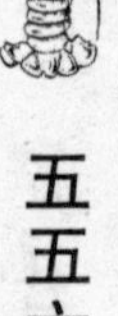

中国民间婚俗，男女正式订婚之日男方必备聘礼。食物在聘礼中也占据了重要的地位，这些食物除了具有一般食物共有的食用价值之外，还都结合婚嫁的主题，含有某种吉祥寓意。

中国古代男女双方合婚之后，如果觉得可以缔结婚姻关系，媒人就会选定一个好日子，带着男方去下聘礼。下聘礼也就是“六礼”中的纳征，这个仪式还可以被称为“过大礼”、“大聘”、“完聘”。在聘礼中包含了很多食礼和食俗。

（一）以茶为聘礼

在中国，以茶为聘礼有着悠久的历史了，明代郎瑛在《七修类稿》中引《茶疏》说：“茶不移本，植必子生。古人结婚，必以茶为礼，取其不移植子之意也。”清末苏州民歌《拣茶叶女》中唱道：“茶叶如何可定亲，只缘茶树忌移根。阿奴尚未将受茶，可有郎来议结亲。”通过这些我们可以看出，人们认为茶树只能从种子萌芽成株不能移植，所以就赋予其坚定的寓意，预示了女子一旦接受聘礼就应该像茶树一样坚定不移。同时，茶树也是常绿树，以茶行聘，不仅象征着爱情的坚贞不移，而且意喻爱情的永世常青。

在中国很多地区的婚俗中，都会把茶叶当作其中必不可少的一种聘礼。拉祜族还有句民谚：“没有茶叶就不能算结婚。”在湘黔一带，男方向女方求婚叫“讨茶”，女方受聘叫“吃茶”或“受茶”，有的地方把聘礼叫“茶礼”。如某家女子已许于人时，则以“已受过人家的茶礼”来说明已订婚约。可见茶是民间婚姻聘礼中的主要礼品。

（二）以鸡鹅为聘礼

古时，鸡、鹅是聘礼中的重要物品。聘礼用鸡、鹅，是与古代聘礼“纳吉”携雁到女家去确定婚约有关。《仪礼·士昏礼》记载“昏礼下达，纳采用雁”，据说这是周公当年定下的规矩。清人秦蕙田撰《五礼通考》中说：“其纳采、问名、纳吉、请期、亲迎，皆用白雁、白羊各一头。”关于聘礼用雁的取义，《白虎通·嫁娶》中说：“用雁者，取其随时而南北，不失其节，明不夺女子之时也。又取飞成行，止成列也，明嫁娶之礼，长幼有序，不相逾越也。”

关于古礼里用雁，主要有这么几层含义：雁是随时令变化而迁徙的候鸟，顺乎阴阳往来并且遵时守信，这正符合丈夫对妻子的要求。同时雁总是雌雄阴阳成双成对的在一起，一生之中只配偶一次，夫妻双方不离不弃，用它取白头到老，忠贞不渝的寓意。又按“不违民时”的儒家思想中的仁政原则，因性欲是生理上的冲动，到了青春期，则要男婚女嫁，倘若婚姻失时，性欲问题不能调节，则难免流于淫乱。只是后来，雁越来越难得，后世常常以鸡、鸭、鹅三禽代替雁。周代以前是按照等级分制用禽纳采，“卿执羊，大夫执雁，士执雉”。如今在河北、辽宁、安徽、江苏等地民间，仍有以鸡、鹅作聘礼。

（三）老北京放大定时的食礼

迎娶的日子决定之后，紧接着就是“放大定”，通常都在迎娶前两个月或一百天举行。放大定的主要内容之一就是男家通知女家迎娶的吉期，故又谓之通信过礼。

在老北京，“放大定”所送礼物分为四种：一是衣料首饰类，包括衣料或者已经裁制好的衣服以及各种首饰。二是酒肉食品类，有双鹅、双坛子酒、羊腿、肘子以及各种蒸食，但是女方家里只能收一只鹅、一坛子酒，出于礼貌剩下的要送回男方家。三是面食类，有龙凤饼、水晶糕以及各种各样的喜点。四是干鲜果品类，包括四干果、四鲜果。四鲜果中有苹果，寓意平平安安，禁止用梨，因为“离”和“梨”谐音，要避免夫妻“分离”。四干果包括红枣、花生、桂圆、栗子、取“枣（早）生桂（贵）子”之意。

从上述订婚聘礼食俗中不难看出，中国人把对婚姻的重视都凝聚在了这些富有祝福和吉祥意义的食物中了。当食品被人们赋予了更多的文化内涵和民俗习惯，饮食文化才真正与其他文化产生交融。

三、祝福新娘的出阁食俗

出阁是民间俗语，即指姑娘出嫁。新娘出嫁时人们经常会利用各种食品，表达对其新婚的美好祝愿，因此，中国民间就形成了丰富多彩的出阁饮食风俗。

在男女双方商定结婚的日期后，男方开始布置新房，女方则筹备、整理嫁妆。嫁妆物品中也包括食品，食品的食用价值已经不是最主要的了，更重要的是其蕴含的祝福意义。

（一）江南地区小夜饭食俗

在江南一些地方，婚礼当日就有给新娘准备“小夜饭”的出阁食俗。闹新房的客人散去以后，新娘就会打开从家里带来的饭食用。饭上一般会放一些蔬菜、腌菜，也可放红枣、莲子等甜食。这是出于娘家人对新娘子的疼爱，他们害怕新娘子刚来到婆家认生，不好意思向婆婆开口要饭吃。

（二）祈孕求子的出阁食俗

中国传统婚姻观念里，结婚的目的之一是生儿育女和传宗接代，各地的婚嫁活动大多包含有“早生子、多生子”的意义，嫁妆中的食品大多含了这种意思。人们经常在嫁妆食品中选用瓜子、豆子、栗子等名称中带有“子”字的食品，多有祝新人生儿子之意。岭南地区嫁妆中少不了要放几枚石榴。石榴多籽，用石榴取其“多子多孙”之义。

自古以来，鸡蛋就是嫁妆中很常见的一种食品。在江浙一带，嫁妆中有一种名叫“子孙桶”的器具，在桶中放一枚喜蛋、一包喜果，送到男方家后由主婚太太将里面这些东西取出，当地人称这种举动为“送子”。鸡蛋能孕育出小鸡，对子嗣的渴望使得民间习俗认为吃了鸡蛋就能早得贵子。

（三）出阁饿嫁食俗

女子出阁，一些地区还有着饿嫁的食俗。在贵阳西北部的苗族，姑娘在出嫁之前吃完“离娘饭”以后，要禁食整整一昼夜，直到婚后第二天早晨才能吃饭。在凉山的彝族人民，出嫁前五日新娘就开始断食，饥饿时也只能吃少量的糖果，有的新娘到出嫁时已经饿得头昏眼花了。清代有一首诗说道：“翠绕珠围楚楚腰，伴娘扶腋不胜娇。新人底事容消瘦，问道停餐已数朝。”就是对这种饿嫁习俗的形象描绘。

（四）出阁前的别亲饭

旧时浙江一些地方，新娘上轿前女家要事先准备好十二个红鸡蛋，鱼、肉、糖、盐、炭、鸡肉各两包，还有米三升三合，并且要将这些东西从她上身裤腰里一一放下去，由裤脚拿出来，喜娘在一旁念念有词：“将来生儿生女如鸡下蛋快。”新娘吃过“辞母饭”，还要在嘴里留一颗肉圆子，不能吞下，直到花轿抬到男家时才能吃下。

在汉族的一些地方，姑娘出嫁前有吃“别亲饭”、“辞家宴”的出阁食俗。在中国红水河和柳江沿岸一些地方，新娘上轿前要坐在堂屋中间，背朝香火，由一个父母和儿女双全的人把夫家送来的一碗饭端在手上，司仪高颂：“一碗米饭白莲莲，糖在上面肉在间。女家吃了男家饭，代代儿孙中状元。”周围的人会应声答道：“好的！有的!”端碗的人轻轻把碗里的一根葱、一只鸡腿、一块红糖拨过一边，给她扒三口饭，她吃三口吐三口（弟妹用裙子接），接着又把一把筷子递给她，她从自己肩上递给后面小辈，自己却不得朝后看，表示永不后顾。

四、催妆与迎亲食俗

新婚佳期将至，男方要派人通知女家及早为新娘准备嫁妆，以便及时亲迎，民间谓之“催妆”。催妆要带催妆礼，明人吕坤《四礼疑》说：“催妆，告亲迎也，……近用果酒二席、大红衣裳一套、脂粉一包、巾栉二面。”其中“果酒二席”，即是说在迎亲的头天，由男方办两桌酒席（多为半成品）送至女家。

有些地区的回族，一般是在男女双方领取结婚证后，由男方选择一个吉日（多数在星期五聚礼日），在征得女方同意后，于结婚前两三天，带上10～12个半斤重的大蒸馍和整只的羊肉，到女方家送“催妆礼”。

旧时天津一带，娶亲前一日，男家以鸡、鸭、鱼、肉及果品等，送至女家，名为“催妆”，女家则送妆奁至男家。

鄂东南一带，催妆礼用的是鲜鱼和鲜肉，其数量多寡，依男方家庭情况而定，一般是各五十斤。催妆礼一般随“上楼”（婚期的前一日到女方家去搬嫁妆，因旧时嫁妆放在楼上，故称上楼）送至女家。

在羌族居住区，男方派人去催婚，必定要带去十几斤好酒作为催妆酒，否则女家不开口说话，男方不能娶走新娘，故此酒礼又叫“开口酒”。

送催妆礼可不是一件容易的事，新娘姊妹往往要故意刁难甚至戏谑、嘲弄送礼者，因此男方往往要挑选一些能说会道、能随机应变的迎亲客，以应付女方各种善意的恶作剧。

五、婚宴食俗

婚宴也称“吃喜酒”，是婚礼期间为贺喜宾朋举办的一种隆重的筵席。如果说婚礼把整个婚嫁活动推向高潮的话，那么婚宴则是高潮的顶峰。

我国民间非常重视婚礼喜酒，把办喜酒作为婚礼活动中一个重要的、甚至唯一的内容。旧时结婚可以不要结婚证，但不可不办酒席，婚宴成了男女正式成婚的一种证明和标志。即使现在，这种旧俗依然存在。在一些落后地区，婚宴大于证书，积习大于法律。

婚宴一般在新郎、新娘拜堂仪式完毕后举行。如果宾客较多，则分两天举办。

第一天迎亲，名为“喜酌”，第二天名为“梅酌”。喜酌的赴宴者都是三亲六戚，梅酌的赴宴者皆为亲朋好友。之所以叫梅酌，是因为古时婚礼，宾客来贺，须献上一杯放有青梅的酒，因此酬谢贺宾的喜酒也就叫梅酌。

民间婚宴，礼仪繁琐而讲究。从入席到安座，从开席到上菜，从菜品组成到进餐礼节，乃至席桌的布置、菜品的摆放等，各地都有一整套规矩。

按照长幼有序的传统思想，婚宴开始，首先要由一名专人负责将贺喜宾客按照一定的秩序牵座。除了个别地区的婚宴是围地而坐、席地而食，不太讲究席位外，我国大多数地区的婚宴是十分重视席位主次的安排的。关于席位的具体坐法，各地不尽相同，这里仅以鄂东一带为例加以说明。按照当地的房屋结构，婚宴一般在堂屋举行，因受场地限制，每次只能开四席，四席开完，接着再开，当地称“流水席”。同开的四桌筵席，有主次席面之分。一席一般为新郎的舅舅、媒人以及族中德高望重者。二席一般为姑父、姑妈、姨父、姨妈等父母辈亲戚。三席、四席为新郎辈亲戚和一般宾客。八仙桌的四方八位，也有主次席位之分。以首席为例，中堂的右边席位上是新郎的舅舅，左边席位上是媒人，其他席位根据来客的主次，依次排定。

在民间婚宴上，有的菜不是在婚宴上吃的，而是给赴宴宾客带回家吃的，这类菜叫“分菜”。分菜一般是炸制的无汁菜，常做成块状或圆子，便于分装携带。菜肴一上桌，由席长或同席长辈分给每位客人，客人取出早已准备好的袋子或毛巾包好，散席后带走。在原湖北汉阳县，凡是送了结婚礼的，全家人都要赴宴。如果家中有年迈老人不能赴宴，那么主人会用一个小袋子或一张纸包上一些半成品菜肴，让家里的代表带回去给未赴宴者，表示都吃了喜酒。

婚宴结束，离开席位也讲究秩序，在湖北安陆一带，主桌未散席，其他桌的客人是不能随便离席的，即使吃完了也得奉陪，直到主桌散席，方可离席。而在主桌中，第一席上的人不起身，同桌其他客人也决不可随意离席。

六、洞房食俗

婚宴结束之后，新郎、新娘入洞房，于是开始了洞房里的一系列礼俗活动。

在我国许多地方，当新人进入洞房时，有“撒喜果”之俗，撒喜果，有的地方也叫“撒帐礼”、“撒五子”。新郎、新娘坐在床沿上，由一“全福人”（上有父母、下有子女，有一定财富及社会地位之中年人）手捧果盘，将盘中各种干果向帐内抛撒，边撒边呼彩语。旧时岭南一带撒喜果还要唱“撒果歌”，撒果歌按不同方位来唱，例如把喜果向东边撒时，唱道：

撒果子，且从东，佳人才子喜相逢。

百年衾枕无更动，笑乐鸳鸯乐始终。

喜见美人同跨凤，欢交佳婿共乘龙。

夫唱妇随问耍弄，早生贵子受王封。

今晚鸳鸯连入梦，保守长春日日红。

我国东南沿海一些地区，新人进入洞房还要兴“食圆礼”。洞房中央摆着一张桌子，新郎、新娘相对坐在桌子两边，这时全福人端上两碗水磨糯米汤圆，让两人先吃自己碗里的，然后接着吃对方的，一只只交替着吃，或由全福人夹到新郎、新娘嘴里吃。“食圆”象征夫妇幸福团圆。

在台湾，过去食圆礼结束之后，紧接着就是吃“洞房花烛宴”。洞房中央的四方桌上，早已摆好了六荤、六素十二碗菜，新郎、新娘坐定之后，全福人用筷子把桌上的每样菜一一夹给他们吃。每夹一样菜，全福人都要呼彩头，譬如吃肉丸——“食肉圆，万事圆”；吃鸡——“吃了鸡，能起家”；吃福圆（龙眼）——“生子生孙中状元”；食红枣——“年年好”；食芋头——“新娘快大肚”。全福人每次呼彩头，新郎、新娘总是象征性地尝一下，而不是为了填肚子。

七、回门食俗

新婚第三天新娘从婆家回到娘家的日子，俗称“三朝回门”。回门之日，新娘要带一些礼物孝敬父母，俗称“回门礼”。回门礼以食品为主，酒、肉、糯米、粑粑、面条、糕点之类为常见。在各地的回门礼俗中，广东一带的回门礼最有特色。按当地旧俗，新娘回门，少不了要带一只烤乳猪（又叫“金猪”）。当地人认为，金猪是新娘贞操的象征，如果回门礼中没有金猪，即意味着新娘在洞房之夜没有“落红”，便认为是“不贞之女”。反之，如果男家娶的是位处女，不但自家引以为喜，女家亦引以为荣，回门时往往以金花彩带系猪身，将金猪放在长方桌上，两人抬着，跟随新娘花轿之后，招摇过市，送往女家。清人俞溥臣的《岭南杂咏》：“闾巷谁教臂印红，洞房花影总朦胧。何人为定青庐礼，三日烧猪代守宫。”即言此俗。

三日入厨做饭，这是媳妇进门应做的第一件事，也是媳妇孝敬公婆的一种礼节。唐人王建《新嫁娘》：“三日入厨下，洗手作羹汤。未诸姑食性，先遣小姑尝。”即是这种风俗的生动写照。

在江南一带，新娘三日入厨，首先是煎豆腐。据《中华全国风俗志》载：“先置豆腐、刀于灶上，新妇至，卷袖露手，一手持刀，一手执豆腐，划开置之釜中，伴娘连做吉语道：‘豆腐煎得黄，来年生个状元郎。豆腐煎得跳，新郎坐八轿。”’新娘第一次入厨要煎豆腐，包含有这样几层意义：首先，经过油煎的豆腐，两面金黄，中间雪白，民间谓之“金镶白玉板”，新娘下厨做豆腐，有希望发财的吉祥寓意。民间道“要得富，煎豆腐”，即包含有这种意思。其次，煎豆腐最能体现新娘的手艺，火候掌握不好，豆腐容易煎糊；调味不当，豆腐又难入味；翻炒不当，豆腐又容易碎。总之，在“公说牙疼郎嫌烂，婆怪恼心姑喊淡。一锅能煮几样菜，做媳妇如滚刀山”的旧社会，要新媳妇做豆腐，恐怕是婆婆给媳妇的一个“下马威”吧。

第三节　生儿育女食俗

生育是人类的本能，在无法控制生育的情况下，人们就千方百计地求助于神灵或一些自然物的帮助，因而形成各种各样的风俗。同时，由于世界上绝大多数民族都存在“重男轻女”的社会观念，人们都以“生的是男孩”为自豪，特别是封建皇帝和其他统治者，都需要有男性，求子风俗、孕子和产子风俗、贺子风俗、教子风俗、成年礼风俗等应运而生。人们在长期的生育实践活动中，因信仰、认识的不同，产生了种种生育风俗，在这些纷繁的生育风俗事项里，有不少饮食活动的内容。生育礼仪活动中的饮食风俗，是饮食民俗的一个重要组成部分，我们透过生育礼仪食俗，可以窥见中国饮食民俗的丰富多彩。

一、求嗣祈孕的求子食俗

在中国古代，“多子多福”的观念兴盛于民间。人们为了能延续家族的香火，能增加劳动力，就不遗余力的祈求上天赐予子嗣，渐渐的，民间也诞生了很多有关祈孕求子的饮食风俗。

在以农业经济为主的封建社会中，劳动力的多少决定了一个家族能否在体力劳动中得到支持，人们总是希望通过多生多育的方式解决劳动力问题。另外，古人也把“不孝有三，无后为大”当作评判一个人是否尽孝道的条件之一。因此，“多子多福”的传统观念在中国人的思想中根深蒂固。于是，人们开始通过种种手段祈孕求子，千奇百怪的求子饮食风俗也就随之便应运而生。

（一）各地的求子饭食俗

中国民间有着送食求子的风俗，人们喜欢给婚后的女子吃喜蛋、喜瓜、莴苣、子母芋头之类的食品。人们相信，多吃这些食品便可受孕。民间各地，也都有着独特的求子食俗。在贵州一带，每当有人去世之时，都要在死者身旁放一碗饭，当地民间称其为“倒头饭”。相传，婚后没有怀孕的妇女，如果吃了这碗饭，便能够怀孕。有些地方，孕妇生完孩子后，都要供奉“送子娘娘”、“催生娘娘”之类的祈孕求子之神一碗饭，并且谓之“娘娘饭”。传说不怀孕的女子吃了这碗饭也可怀孕。

（二）吃蛋祈孕食俗

民间食蛋以促孕的习俗，从古代“简狄吞燕卵而生契”的传说之中可以初见端倪。《诗经·商颂》记载有“天命玄鸟，降而生商”。虽然是传说，从中也不难发现，先秦时期就已经出现了吃蛋求孕的食俗。

在山东黄县一带，每逢正月初一，婚后长期未孕的妇女都要在门后偷偷吃掉一个煮鸡蛋，以求怀孕。在江南一带，小孩出生后的第三天，父母会将一个煮鸡蛋在新生儿身上滚过，食俗上称此蛋为“三朝蛋”，当地民间认为，婚后不孕的妇女吃了此蛋就能怀孕了。在长江中下游地区，嫁女儿的嫁妆里有一个朱漆“子孙桶”，桶里要放上若干个煮熟染红的喜蛋。嫁妆送到男家后，男家亲友中如有不生育的女人，便会向主人讨子孙桶里的喜蛋吃，据说吃了这种蛋很快就会怀有身孕。

（三）吃瓜求子食俗

除了吃蛋祈孕的食俗，民间还风行着吃瓜求子的食俗。瓜果具有着其他植物不具备的自然特点，它们种类繁多、藤蔓绵延、果实累累，如西瓜、甜瓜、黄金瓜等属葫芦科的都卷须缠络绵绵不已。在中国很多地方，都流行着诸如“种瓜得瓜，种豆得豆”、“瓜好子多”等俗语，从这之中不难看出人们对瓜果寄托的祈子之情。

在贵州、湖南、江西、江苏等地，中秋节有偷瓜送子的习俗。清末吴友如的《点石斋画报》上还有一幅《送瓜祝子》图，该图送瓜场面极为热闹：送瓜之人骑马乘轿而来，前拥后呼，隆重异常，接瓜之户全家倾出，恭恭敬敬。

旧时广州妇女还有以莴苣求子的食俗。据《清稗类钞》记载：“广州元夕妇女偷摘人家蔬菜，谓可宜男。又妇女难嗣续者往往于夜中窃人家莴苣食之，云能生子，盖粤人呼叶用莴苣为生菜也。”

这些五花八门的求子食俗，都多少带有些迷信的色彩。从科学的角度来看，受孕是男女结合的结果，妇女受孕问题，是由男女双方共同的生理状况来决定的，而不能仅仅依靠所吃的食物决定。中国历史上这些祈求子嗣的食俗，是一种唯心的观念。在现代社会，我们应该拒绝迷信思想，树立科学看待问题的观念。

二、关爱母子的妊娠食俗

妊娠自古以来不仅是个人的大事，更是家族的幸事。为了保证孕妇在这期间得到很好的照顾，并且祈求生下的孩子健康快乐，历史上也诞生了很多妊娠期食俗。

妊娠，预示着一个新的生命即将诞生到这个世界上，这对于夫妇二人和整个家族来说，都是一件十分值得庆贺的事情，民间俗称怀孕为“有喜”。但是，当众人为怀孕而兴奋之时的，一些可怕的现象诸如流产、早产、难产、畸胎等给分娩蒙上了一层阴影。旧时民间普遍认为，这些悲剧性的现象除了与遗传及妇女妊娠期的行为有关外，主要是由于妊娠期饮食不当造成的。所以，为了保证妇女在妊娠期间的安全，中国自古以来就诞生了诸多关于妊娠的食俗。

（一）妊娠期的饮食禁忌

为了保证孕妇和其腹中胎儿的健康，各地民间都禁止孕妇在怀孕期间食用一些食物，在《古今图书集成·人事典》中记载：“儿在胎，日月未满，阴阳未备，腑

脏骨节皆未足，故自初迄于将产，饮食居处，皆有禁忌”。由此可见，妊娠期间的种种饮食禁忌已经有了悠久的历史了。

客观上来说，妊娠期间是女性的特殊生理阶段，从避免外界侵害和维护母婴健康的角度来讲，孕妇饮食有所禁忌是有科学根据的。但是，这些禁忌要有限度，不能矫枉过正。有些饮食禁忌，大有牵强附会，无中生有之嫌，如在《古今图书集成·人事典》中就记载：“妊娠食羊肝，令子多厄；食山羊肉令子多病；食马肉令子延月；食驴肉生产难；食兔肉犬肉令子无声音并缺唇”。上述的几点禁忌就实在是过于牵强。

在中国民间，有的地方孕妇不能吃黄瓜、生姜，当地人认为吃了黄瓜后，孕妇生下的孩子会长出许多花花绿绿的斑点。吃了生姜后，生下的孩子则会长六指。有的地方还禁止孕妇吃葡萄，说是吃了葡萄容易生葡萄胎。甚至有的地方不允许孕妇食用任何带有绿色菜类，认为“青”菜属于青草之类，没有营养，对孕妇身体没有好处。有的地方孕妇禁食狗肉，当地人普遍认为狗肉不洁净，吃后会导致难产。

这些纷繁的饮食禁忌，大都缺乏科学上的依据，不仅会限制孕妇的饮食自由，对孕妇及胎儿的营养发育更是极为不利的。

（二）古代孕妇妊娠期催礼食俗

对于妊娠期的妇女，古人讲究的是食养与胎教并重，并且还流行有“催生”之风俗。

胎教方面，为了让出生的胎儿健康聪明，民间多会要求孕妇行走坐卧都要端正，多听美好的言语，并且要多诵读诗书，演奏礼乐。

在催生方面，还有很多特别的食俗。据宋代吴自牧《梦粱录》中记载：“杭城人家育子，如孕妇入月，期将届，外舅姑家以银盆或彩盆，盛粟杆一束、上以锦或纸盖之，上簇花朵、通草、贴套、五男二女意思，及眠羊卧鹿，并以彩画鸭蛋一百二十枚、膳食、羊、生枣、栗果及孩儿绣绷彩衣，送至婿家，名催生礼。”可见，催生的饮食风俗早在宋代就出现了。

在湘西一带，妊娠期间，孕妇的母亲会亲自给她做一顿有二至五道食肴的美味饭菜，分别称作“二龙戏珠”、“三阳开泰”、“四时平安”、“五子登科”，这些饭要求孕妇必须一次吃干净，其中包含了对孕妇“早生”、“顺生”的美好祝福之意。在侗族，娘家会送大米饭、鸡蛋与炒肉给孕妇，并且要每七天送一次，直至分娩为止，在浙江则是送喜蛋、桂圆、大枣和红漆筷给孕妇，内含“早生贵子”之意。

三、祈福母子的分娩食俗

分娩对于孕妇和家人来说都具有重要的意义，意味着新生命的诞生，产妇也在分娩过程中承担着风险。为了表达人们对产妇和新生儿的祝福，民间产生了很多与此有关的食俗。

中国各地自古以来就有诸多分娩食俗，这些食俗从在临产之前一直延续到孩子出生之后。最早的分娩食俗是由催生食礼拉开序幕的。

（一）分娩时的催生礼

临近分娩时，人们最担心的是孩子能否顺利生下来。为了避免孕妇难产，人们会采取各种措施来促使孕妇顺利生产。民间最常见的做法就是由娘家给孕妇送“催生饭”。侗族妇女在临产之前，母亲就要为女儿煮上一大碗米饭，并且要包进煎蛋和炒肉，盖上洁净的绣花帕子放在竹篮里，为了表达对孕妇生男孩的祝愿，送饭时一定要左脚先出门。如果女儿吃了还不能顺利生产，母亲还要继续送，直到生下孩子为止。

（二）绍兴一带的催产礼

孕妇将要分娩之时，民间俗称为“落月”。娘家要给女儿送鸡蛋、红糖、生姜、核桃及婴儿的衣服，称“催产”。在绍兴一带，娘家还要将熟了的鸭子盛放在罐子里面端到婿家，为了祈祷女儿生下男孩，在去往女儿家的路上送饭人还要喊：“阿官（与‘鸭罐’同音）来哉！阿官来哉！”除此以外，娘家人还要用红布包裹的若干只红蛋送到女儿床上。这时，应该马上解开包裹让红蛋滚出来，此举包含有预祝女儿顺利生产的意思。娘家人还要送往婿家几只活鸡，只数没有限制，但是绝对不能成双。送到后要马上打开鸡笼，看第一只跑出来的是公鸡还是母鸡，用此举来预测孕妇生下的婴儿性别。

（三）产妇的饮食进补

产后，产妇的身体非常虚弱，为了能使其身体尽快恢复，很多地方都有着历史悠久的产妇进补食俗。南方产妇产后经常食用糯米，坐月子期间要给产妇煮糯米粥、糯米饭，酿糯米酒。福建一带也习惯用糯米放在老酒中煮食，据说有散瘀、驱寒、补血的效果。四川地区则有着给产妇在米酒中放些川贝、当归等生血药物的食俗，有时还要加莲子，以增加滋养。在新疆的哈萨克族，产妇产后一般都喝会有营养的全羊汤，所谓全羊汤是把羊的每个部位都剔一些放在锅里煮。当地的邻里乡亲们前来探望产妇，也要送上一盆全羊汤庆贺。藏族产妇产后会食用母牛的坐子骨，当地人们认为它是绝佳的滋补食品，在产前几个月，产妇家人就会准备一架牛的坐子骨晒干留用。山东除在给产后妇女吃的粥内放红枣之外，还要放花生米，当地流传着："常吃花生能养生，吃了花生不想晕"的谚语。在河套平原生活的汉族人，产后还要吃用小米加红糖、红枣煮制而成的"二红粥"，每天一共要吃八顿。两湖地区，产妇产后每天都要喝红糖水，当地人们普遍认为红糖具有补血的作用。

（四）分晚后报喜食俗

新生儿降生之后，很多地方都有给外婆报喜的风俗，在这些风俗中饮食扮演者重要的角色。在湘西一带，小孩出生后，女婿要带好两斤酒、两斤肉、两斤糖和一只鸡到岳母家报喜，岳母根据女婿报喜带来的是公鸡还是母鸡，就可以判断出新生儿的性别。公鸡表示生男孩，母鸡表示生女孩，双鸡表示生双胞胎。在西南彝族及湘鄂一带均有以鸡报喜的习俗。

红糖

四、庆贺婴儿的育婴食俗

妇女生育之后，新生命降临，为了表达对孩子的祝福，民间诞生了很多育婴礼仪，最常见的有"三朝"、"满月"和"抓周"等，这些仪式当中也都掺杂着很多有关中华饮食的内容。

按照中国民间传统风俗，喜得新生命的家庭会受到众人的贺喜，在这些庆贺仪式当中饮食不仅被安排在招待亲戚朋友的宴席上，更会出现在仪式的过程当中。

（一）三朝食俗

新生儿刚刚诞生以后，亲戚朋友就都要前往祝贺，主家则办酒席答谢，民间称此习俗为"做三朝"。三朝食俗由来已久，"三朝"并不拘泥于三天，民间也有九天举办的。三朝之日，客人要赠送贺礼，东家要设宴款待。

饮食活动是做三朝的重要内容。仪式中要为婴儿洗澡，洗儿时还要在婴儿的浴盆中放置喜蛋等寓有吉祥意义的食物。为了使产妇孕后虚弱的身体得到调养，来贺的宾朋们自然少不了送上食品。婴儿的外婆会送十全果、挂面、喜蛋和香饼，并且还要用香汤给婴儿“洗三”，边洗边念“长流水，水流长，聪明伶俐好儿郎”、“先洗头，做王侯，后洗沟，做知州”的祝福歌。

按照民间礼仪，生子之家收礼受贺后要安排宴席来招待亲戚朋友。举办“三朝宴”，古代也称其为汤饼宴。汤饼也就是面饼，在唐代时就经常被作为新生儿之家设置宴席招待来客的第一道食品。清朝以后，汤饼在“三朝”之中的地位逐渐被红蛋取代。其他一些少数民族地区则有所不同，侗族有着用酸菜会客的食俗，招待客人用的食品一般都是腌制的，有酸鸡、酸鸭、酸鱼、酸豆角等食品。

（二）满月食俗

婴儿降生一个月称为“满月”。民间一般在这天会“过满月”，置办满月酒。清代顾张思在《风土录》中记载：“儿子一月，染红蛋祀先，曰做满月。案《唐高宗纪》：龙朔二年（662 年）七月，以子旭轮生满月，赐食三日。盖始于此。”可见，满月设置宴席的食俗一直从唐代开始延续到今天。此习俗在一些少数民族地区也广为流行，白族人在婴儿满月时，孩子的外婆和其他亲友就会带上鸡蛋前去探望和贺喜，孩子的父母或者祖母就会用红糖鸡蛋和八大碗招待宾客。

（三）抓周食俗

婴儿出生满一年称周岁，有抓周或称“试儿”之俗，以预测小儿的性情、志趣、前途与职业。北齐颜之推在《颜氏家训·风操》中说道：“江南风俗，儿生一期（一年），为制新衣，盥浴装饰，男则用弓矢纸笔，女则刀尺针缕，并加饮食之物及珍宝服玩，置之儿前，观其发意所取，以验贪廉愚智。”可见，这种习俗已经有着悠久的历史了。届时亲朋都要带着礼物前来祝福、观看，主人家需要设宴招待。这种宴席上菜重十，须配以长寿面，菜名多为“长命百岁”、“富贵康宁”之意，要求吉庆、风光。周岁席后诞生礼就告一段落了。

第四节　人生礼仪食俗

人的一生总有一些特殊的日子和重要的年龄阶段值得庆贺、纪念，届时，亲朋好友无不携礼登门祝福以表心意。中国是礼仪之邦，讲究礼尚往来。主家在举行相应仪式后，定要置办酒宴盛情款待。这种人生礼仪中的饮食风尚，久之便形成食俗。这些习俗历经数千年，代代相传，逐步完善。蕴含着中华民族的古老文明，体现了中华民族的优良传统，是中华民族的文化瑰宝。

一、成人礼食俗

古代，人的不同年龄段都有特定的称谓：童子、总角、弱冠（或束发）、而立、不惑、知天命、耳顺（花甲）、古稀、耄耋、期年，这些特定称谓有着深刻的人生寓意。

我国古代的成年礼仪主要是“冠礼”和“笄礼”。一般男子 20 岁要行冠礼，称为“弱冠”，是古代的成年礼。表示孩子已经长大成人，享受成人的权利，可以结交异性，娶妻生子。行冠礼时，要给男子束发加冠，还要请家族中的尊长为加冠者取字。通过种种仪式加强青年人的社会道德观念和家庭责任感。女子 15 岁要行“笄礼”，表示成年。女家请族戚中有德行妇女给加笄者修额，用细丝线绞除面部汗毛，洗脸沐发，挽髻加簪，然后拜祖先和父母，聆听父母教诲，并要开陪嫁筵席：“笄礼”之后，女孩更要多学女红，进修女德。

行“冠礼”和加“笄礼”是古人教育后代的智慧之举，对当今的教育有良好的启示，值得我们传承发扬。

二、寿诞礼食俗

在大家熟知的“金六福”酒文化中，六福是指“一曰长寿福，二曰富裕福，三曰康宁福，四曰美德福，五曰和合福，六曰子孝福。”其中，长寿置于美满人生的首位。“福寿双全”是人们追求的美满幸福人生。人们也常用“福如东海，寿比南山”等吉祥的话语来祝福老人长寿，通过庆贺祝寿的形式聊表子孙的孝敬之心。无论康乾盛世的“千叟宴”，还是民间百姓普通的家庭祝寿宴，都体现了中华民族敬老爱老的传统美德。

寿庆通常从50岁开始，50岁为“大庆”，60岁以上为“上寿”，两老同寿为“双寿”。儿女们在寿辰日要给父母做寿，谚云：“三十、四十无人得知，五十、六十打锣通知。”又有“做七不做八”之说。80岁寿辰多沿至下年补行，俗称“补寿”“添寿”。有的地方“贺九不贺十”，旧俗还因百岁嫌满，满易招损，故不贺百岁寿，百岁老人永远都是九十九。做寿的习俗各地有所不同，人们也只能入乡随俗了。

庆寿之家，先期为寿翁蒸制米粉或面粉“寿桃”（寿越高，桃越大）分送亲族好友，告知家中寿庆之喜，祝寿以女婿女儿为主，儿子媳妇陪衬。

寿庆形式一般为庆寿人家发出请柬，布置寿堂。堂前正中挂金色“寿”字，或挂“百寿图”，两边挂贺联“福如东海大，寿比南山高”。寿辰前一天晚上，红烛高照，寿翁焚香拜告天地祖先后，端坐上座，受子孙和幼辈叩拜礼，俗称“拜寿”。寿诞日清晨，鸣放鞭炮，亲族好友登门祝贺，俗称“拜生日”。至时，寿翁回避，堂上虚设空座，贺客向虚座行礼，儿孙侍立一旁答礼。

做寿要用寿面、寿桃、寿糕、寿酒。面条绵长，寿日吃面条，表示延年益寿。寿面一般长一米，每束须百根以上，盘成塔形，罩以红绿镂纸拉花，作为寿礼敬献寿星，必备双份，祝寿时置于寿案之上。寿宴中，必以捞面为主。寿桃一般用米面粉制成，也有的用鲜桃，由家人置备或亲友馈赠。庆寿时，陈于寿案上，九桃相叠为一盘，三盘并列。

寿桃之说，起源很早。相传西王母娘娘做寿，在瑶池设蟠桃会招待群仙，结果蟠桃叫齐天大圣给偷吃了，王母娘娘大怒，把大圣贬在五指山下。从此，人们做寿都用桃。用面粉蒸制的寿桃，必须用红色将桃嘴染红。寿糕多用面粉、糖及食用色素制成，做成寿桃形，或饰以云卷、吉语等祝寿图案。菜肴多多益善，取多福多寿之兆。寿宴过后，寿翁本人或由儿孙代表，向年高辈尊的亲族贺客登门致谢，俗称“回拜”。富有人家还于晚上请戏班坐棚唱戏，大多唱喜庆戏文，如《打金枝》《五女拜寿》等。

知书达理、尊老爱幼是中华民族的传统美德，人们在礼尚往来的交流过程中，形成了独具特色的寿诞食俗和饮食文化。

三、哀悼亲人的丧葬食俗

丧葬礼仪是人生之中最后一项“通过礼仪”和“脱离仪式”。丧礼在民间俗称“送终”、“办丧事”，在这一仪式上，也有着很多关于饮食的风俗。

不管人类怎样穷尽所思祈求长寿，但是人受自然规律的制约总有死亡的一天，因此，人生礼仪中必有丧葬礼仪。丧葬在古代被称为凶礼，对正常死亡的老人来说，中国民间称其为“白喜事”。旧时，和“红喜事”一样，白喜事也是较为铺张的。晚辈在哀悼尽孝的同时，也要对前来吊唁的亲朋好友和帮助处理丧事的工人们进行招待，这也就有了丧葬食俗。

（一）丧席饮食风俗

在中国民间，遇丧之后一般都要讣告亲友，亲友们则会携带必要的物品前来吊唁，吊丧的宾客在饮食上的限制往往比较少，丧席之中不仅有肉，有的还有酒。但是，客人在丧宴之上绝对不能闹酒，不能喧哗嬉闹，不能和哀悼的气氛相对立。

各个地区的丧席饮食风俗也都有着区别。在鲁北平原，出殡当日会准备八碗菜，并且要使用祭礼上的食品来做成杂烩菜款待众人。当地民间也称“八大碗”为丧宴的代称，因此在喜庆场合禁止提到这个词。在胶东，人去世当天，必须立即通报亲友，入殓、守灵。出殡下葬之后，亲属都会着急的赶回家，人们称之为“抢福”。进餐之时，为了表达哀思要吃白面馒头和白米饭。扬州地区的丧席一般都是6样菜：红烧肉、红烧鸡块、红烧鱼、炒豌豆苗、炒大粉、炒鸡蛋，当地民间称其为“六大碗”。其中的肉、鸡、鱼代表猪头三牲，表达对死者的孝敬；豌豆苗、大粉、鸡蛋是希望大家和平相处，和睦相待。四川一代的“开丧席”，多用巴蜀田席，即由凉菜、炒菜、镶碗、墩子、蹄膀、干盘菜、烧白、汤菜、鸡或鱼等组成的“九大碗”。

（二）祭祀逝者的饮食风俗

除了在葬礼宴席之上各地有不同的食俗，在奉祭逝者之时各地区同样有着不同的饮食风俗。

济南旧俗，老人去世后第三天，丧家会携带盛着米汤的瓦罐赶赴土地庙，呼唤死去的亲人并在各处洒上米汤，民间称此为“送三”。在出殡之日，全家和亲友会聚在一起吃丧葬饭。

老北京风俗，人去世后要在灵位前供干鲜果品和奶油饽饽，奶油饽饽要一层层的码起来，有时会多达数百枚。灵前供上香的瓦盆，在出殡之时儿子要摔碎瓦盆，并且人们认为摔得越响越碎越好。灵前还要准备一个罐子，出殡时将各种食品尽可能多的放到里面，由女主妇抱着葬在棺前，当作送给死者的粮食。解放之后，这种风俗才逐渐消失。

第五节　少数民族食俗

我国是有 56 个民族的大家庭。各地区、各民族之间不断交流，共同发展，创造了光辉灿烂的中华文明。由于地理环境、气候物产、政治经济、民族习惯与信仰的不同，使得各地区、各民族的饮食风俗千姿百态、异彩纷呈。例如：东南沿海地区，人们嗜食鱼虾，且尚生猛；北方及西部草原、高原，人们离不开牛羊奶酪；长江中下游地区则早就形成了“饭稻羹鱼”的饮食传统；偏居东北深山老林的鄂伦春人喜食山珍野味；生活在大山之中的西南少数民族普遍嗜好酸辣糯食；信仰伊斯兰教的回族、维吾尔族等少数民族均遵奉教规，饮食上有诸多禁忌。中国的饮食呈现出浓郁的地方特色和鲜明的民族情调。

一、蒙古族饮食风俗

蒙古族主要聚居在内蒙古自治区，其余多分布在新疆、辽宁、吉林、黑龙江、青海等省区，自古以畜牧和狩猎为主，被称为“马背民族”。蒙古族日食三餐，每餐都离不开奶与肉。肉类主要是牛肉、绵羊肉，其次为山羊肉、骆驼肉和少量的马肉，在狩猎季节也捕猎黄羊，最具特色的是剥皮烤全羊、炉烤带皮整羊，最常见的是手扒羊肉。蒙古族吃羊肉讲究清煮，煮熟后即食用，以保持羊肉的鲜嫩。喜食炒米、烙饼、面条、蒙古包子、蒙古馅饼等食品。每天离不开茶，除饮红茶外，几乎都有饮奶茶的习惯。

多数蒙古族人能饮酒，多为白酒、啤酒、奶酒、马奶酒。蒙古族民间一年之中最大的节日是“年节”，也称“白节”或“白月”。除夕户户都要吃手扒肉，也要包饺子、烙饼。一些地区，夏天要过“马奶节”。节前家家宰羊做手扒羊肉或全羊宴，还要挤马奶酿酒，节日里，牧民要用最好的奶制品招待客人。

蒙古族牧民习惯于早餐和晚餐喝奶茶、泡炒米，吃奶皮和奶酪，晚餐吃手扒肉。

奶茶又称蒙古茶。牧业区有“宁可一日无食，不可一日无茶”之说。奶茶和炒米是牧民的家常饮料和食品。流行的熬茶法是将青砖茶或黑砖茶捣碎，抓一把茶装在小布袋里放入开水锅里煮，或直接把茶叶撒在锅里煮沸几分钟，把新鲜生奶徐徐倒入。奶与水之比依条件、习惯而定。当锅中的水、奶滚后，以勺频频扬翻，待茶乳交融，香气扑鼻即成。

奶皮是将牛奶煮沸后冷却一两天，一层奶脂凝结于表面，像蜂窝状麻面圆饼，用筷子挑起，放在盘或板上，折成半圆形在通风处阴干而制成。奶皮多用于逢年过节送礼、敬老。

烤全羊是蒙古族在喜庆宴会和招待尊贵客人时使用的食品。蒙古族人向来好客，如果客人来了，主人总是将家中最好的食品摆在客人面前。奶茶是待客上品，主人敬茶讲究茶叶好、调煮好、礼貌好。蒙古族中有“浅茶满酒”之俗，斟茶一般为茶具的四分之三至五分之四，如茶碗里倒的满满的，不但不好饮，还有逐客之意。斟酒则恰恰相反，主人若对客人深表敬意时，常把酒满满地斟在碗中。遇到尊贵的客人时，敬酒要实行“德基拉”礼节：主人拿来一瓶酒，酒瓶上涂上酥油，先由上座客人用右手手指蘸瓶口上的酥油往额头上一抹，客人依次抹完，主人才拿杯子斟酒敬客。如果客人表示出客气的样子，主人会用诗一般的语言歌唱劝酒，客人若把酒干净利落的喝下去，以致饱醉，主人才心里高兴，临行前劝客饮“上马酒”，若遭推辞，便动员歌手唱劝酒歌直到客人喝光为止。

主人敬酒，客人要双手接。酒宴上，不论受酒或敬酒，都需要把挽起的袖子落下来。敬酒一般要喝。如果主人躬身双手端出奶茶，客人应欠一下身子双手去接，稍停放一会，再端起来喝。主人敬的第一碗奶茶必须喝，否则会被理解为瞧不起人。主人提壶加茶时客人要欠身，双手捧碗等茶。喝茶时，客人可以边喝边吃桌上的黄油、炒米等，但不要吃尽。

二、满族饮食风俗

满族兴起于关东的“白山黑水”之间，满族饮食特点既保持了其民族传统，同时又有我国北方寒冷地区农耕民族的共性。

满族的主食为饽饽。饽饽是北方方言，是馒头、包子、黄米团等面点的统称。满族的饽饽历史悠久，清代即成为宫廷食品，饽饽的样式品种很多，因季节不同做法也各异。春季吃豆面饽饽；夏季吃苏子叶饽饽；秋冬季节则做黏糕饽饽。黏糕饽饽就是黏豆包，黏豆包又称黄米团，至今为止，东北的满族家庭每年冬季都要蒸上几大锅黏豆包冻起来，随吃随拿。黏豆包是将黄米或江米洗净浸泡发酵，漂净以后磨成水面，用纱布吊包，滤净水分晾干。然后加水将面团调和均匀，拍成圆饼状，将小豆煮熟捣烂做馅，也可用豆沙，将豆馅包入黏面内，做成馒头状，放入笼屉蒸熟，讲究一点的人家每个黏豆包中还可以放一颗红枣，增加口味，宜凉食或热食，蘸荤油、白糖为佳。

满族人特别喜欢吃猪肉，最喜欢的吃法是“猪肉血肠烩酸菜”。满族冬天习惯渍酸菜、灌血肠。血肠多在腊月杀猪时制作，用猪血加盐、姜、辣椒粉、味精、香油等调匀，灌入猪小肠中，所用的肠以不足二尺为宜，两端用细线扎紧，血浆不可灌得太满以免煮时迸裂，煮到一定时候要用干净的钢针在肠体上刺一些针眼，一则可以放出气体，防止煮时膨胀迸裂；二则便于掌握火候，当没有血水自针孔中渗出时即可捞入冷开水或冷水中。食用时可以切成片直接夹食，也可以蘸以酱油、醋、蒜泥、姜汁、辣椒油等食用。酸菜白肉血肠中的白肉必须肥瘦相间，这样才能格外鲜美，酸菜也更滑柔脆爽。

满族除猪肉外，还喜食狍子肉、鹿肉、野猪肉、野鸡肉。昔日的满族以游猎为主，故满族有许多有名的菜品，如烤鹿脯、蒸鹿尾已成为中国饮食文化中的瑰宝。满族日常除食用家种的白菜、萝卜、土豆、豆角外，还喜欢吃采集的野菜，如春天上山采蕨菜、刺棘菜、猴腿、大叶芹、枪头菜、猫子，夏季采集木耳、蘑菇和鬼子姜，不仅为增加菜的数量，更重要的是改善口味。

北方冬天天气寒冷，缺乏新鲜蔬菜，满族民间常以秋冬之际腌渍的大白菜（即酸菜）为主要蔬菜。腌制的方法是将白菜除根、洗净，用开水稍烫之后，装入缸

内，十数天后发酵、变酸，即可用来做菜，用酸菜熬白肉、粉条是满族入冬以后常吃的菜肴。酸菜可用熬、炖、炒和凉拌等方法食用，用酸菜下火锅别具特色。酸菜也可用来做馅包饺子。东北地区的满族，每户腌渍的酸菜一般可以吃到第二年春天。

酸菜煮猪肉或羊肉、鸡肉等，汤极鲜美可口。酸菜煮肉所用的肉料不可过于精瘦，得有相当肥腴的部分，这样肉料和汤汁才格外鲜美，酸菜也才更滑柔脆爽。

火锅也是满族的特色饮食，无论是原始的满族火锅，还是随处可见的现代火锅，都会令人想起"噼啪"作响的山林篝火，联想到"吱吱"作响的小吊锅，弥漫山谷间的肉香、酒香。火锅用料品种丰富，山珍、野味、海鲜等配以酸菜、白菜、粉条等，味道醇厚，气氛热烈。

满族有一种重要的调味品为大酱。大酱亦称为黄酱，一般每年农历二月份，把大豆烀热搅碎，摔成块状，存入发酵，到农历四月份，取出洗净粉碎之后，放入缸、坛之中，加水和盐精心管理，过月后即可食用。以酱为原料，可制出菜酱、肉酱、鸡蛋酱等美味。也可将黄瓜、茄子、南瓜、地瓜、萝卜、芹菜叶、白菜叶等原料放入酱中，腌制成酱菜也别有风味。

满族人喜欢喝酒。许多史书均有满族先世"嚼米为酒"、"酿味极甜"的记载，满族的酒一般分为：清酒、黄酒、汤子酒、松岑酒，其中松岑酒最为有名，酿造时把白酒装入酒坛中，埋入古松树下，数年后取出，酒色如琥珀。满族故乡盛产名贵药材，其中著名的人参酒、鹿茸酒已畅销世界。满族人喝酒实在厉害，几乎家家喝、人人喝、顿顿喝，老头老太太没有不喝酒的，儿子给父母打酒，是孝顺的表示。满族民间嗜酒与东北的气候有着直接的关系。东北地区极为寒冷，一般人要想御寒，酒为最好、最方便的食品。满族求婚需要以酒为礼；丧俗方面，吊祭者要向死者奠酒；年俗中，午夜要饮消夜酒等，可见酒在满族人生活中的重要。

满族的进餐习俗与礼仪繁多，如祭祀用的年糕、神肉，路人可以分享，但一般不能带走，吃完后不许擦嘴；家中聚餐，长辈不动筷，晚辈人不许动筷；过年杀年猪时，有把亲朋好友、邻里请来吃白肉血肠的习惯；过去在庄稼成熟的季节还有"荐新"祭祀的习惯，现已被"上场豆腐了场糕"习俗所代替，即在五谷上场的时候用豆子做豆腐吃，打场结束时用新谷做大黄米或豆面饽饽吃以庆丰收。

满族人唯一不吃的就是狗肉，满族人不准杀狗，不吃狗肉，不使用狗制品如狗皮帽子、狗皮袄等。满族民间流传“黑狗救驾”的传说，传说努尔哈赤少年时曾受尽折磨，并曾被总兵李成凉暗算，幸被黑狗救了一命，至此满族人就忌食狗肉了。传说归传说，其实满族人忌食狗肉主要还是与先民生产生活有关，满族先民长期以狩猎为生，并且家家养狗，狗不仅在狩猎时奋勇向前，而且还经常掩护主人，不惜牺牲性命，所以满族人忌食狗肉。

三、朝鲜族饮食风俗

朝鲜族多生活在滨海多山地带，因而在饮食中“山珍”、“海味”占很大比重。米饭是一日三餐中必不可少的主食。汤是一日三餐中必备的，其种类达 30 多种。日常一般喜欢喝大酱汤，三伏天喜欢喝凉汤。大酱汤是以大酱、蔬菜、海菜、葱花、蒜片、豆油等为主要原料，有时亦用肉类或明太鱼等各种鱼类熬成。凉汤以黄瓜丝、葱花、蒜片冲凉水加上酱油、醋、芝麻而成，夏天食用可清凉祛暑。狗肉汤是各种汤菜之首，做狗肉汤必须先将狗肉煮烂，吃的时候还要放点野香菜、辣椒油、花椒粉、盐和酱油等作料。狗肉汤营养价值高，所以朝鲜族家庭现在一年四季都喜欢吃。

酱是朝鲜族饮食中主要的调料之一。酱是用煮熟的大豆发酵而成，营养丰富。酱的品种有酱油、大酱、辣椒酱、小豆酱、芝麻酱、汁酱、清麦酱等多种。朝鲜族喜欢吃辣椒酱，因为它味道辛辣、香美，能够增进食欲。

狗肉火锅

咸菜是朝鲜族喜爱的佐餐食品，多以桔梗、蕨菜、白菜、萝卜、黄瓜、芹菜等为原料，洗净后切成片、块、丝，用盐卤上，然后再拌以芝麻、蒜泥、姜丝、辣椒面等多种调味品，吃起来清脆爽口，咸淡适口。

朝鲜族辣白菜（又称泡菜）是朝鲜族世代相传的一种佐餐食品，在吉林省朝鲜族的家庭之中，不论粗茶淡饭，还是美酒佳肴，都离不开辣白菜佐餐，没有这道味道鲜美的小菜，总会觉得有些缺憾。

深秋来临之时，是朝鲜族家庭腌制辣白菜的季节，家庭主妇们互相帮助，彼此交流制法，像节日一样愉快地忙碌着。要腌制味道鲜美的辣白菜，并非易事，着实要下一番功夫。

打糕是朝鲜族著名的传统风味食品，因为它是将蒸熟的糯米放到石舀里用木槌捶打制成，故名“打糕”。一旦见到哪家的妇女喜气洋洋地忙着做打糕，就知道这家肯定有大喜的事。打糕不仅用来自己食用或招待客人，更是亲朋好友间相互馈赠的礼品。

松饼也是朝鲜族在节日或招待客人时的特制饮食之一。松饼如饺子，是先将和好的米面擀成小面片，后把拌有芝麻、枣、糖的小豆馅包在里面，再放到松树叶上蒸熟而成。

朝鲜族著名的风味小吃冷面，味道独特，甜辣爽口，清凉不腻，深受人们的喜爱。冷面的制作比较复杂，要按适当比例将荞麦粉、面粉、淀粉等掺和均匀，压成细细的面条，用精牛肉或鸡肉熬汤。做汤时，一定要待汤冷却后撇除浮油才能用。面条下锅煮熟后，盛放于大碗内，上面要放香油、胡椒面、辣椒面、味素等调料，浇上肉汤，再放上牛肉片、鸡蛋丝或切成瓣的熟鸡蛋、苹果片或梨片，吃起来格外开胃、爽口。朝鲜族自古有在农历正月初四中午吃冷面的习俗，说是这一天吃上长长的冷面，就会长命百岁，故冷面又被称作“长寿面”。

四，达斡尔族饮食风俗

达斡尔族，主要居住在内蒙古、黑龙江和新疆等省区。主要从事农业，食物结构以面为主食，肉乳蔬菜为辅。达斡尔族习惯于农忙时日食三餐，农闲时日食两餐。过去以稷、荞麦、燕麦、大麦、苏子为主食。20世纪以后，面粉、小米、玉米渐占主导地位。面粉多制成面条、馒头、烙饼和水饺，鲜牛奶面、面片拌奶油白糖、烙苏子馅饼等颇具民族特色。肉食过去以野生动物为多，有狍子、鹿、驼鹿、猪、黄羊、飞龙、沙鸡、野鸡等。现以猪、牛、羊、鸡等为主要肉食，平时喜用肉炖蔬菜，善制酸菜、干菜，以备冬春食用。饮料有鲜、酸牛奶，奶、奶米茶等。

达斡尔族称春节为“阿涅”。年前，家家要杀年猪、打年糕。中秋节要做月饼，用黄、白糖、山丁子粉和倭瓜粉作馅料。达斡尔族有敬老、互助和好客传统，不论谁家宰杀牲口，均择出好肉分赠给邻居和亲朋。狩猎和捕鱼归来，甚至路人也可以分得一份。有客临门，即使贫困，也乐于设法款待。以烟待客，是达斡尔族的传统，出门在外，男女都随身带烟，熟人见面互敬烟。

五、鄂温克族饮食风俗

鄂温克族，主要居住在内蒙古东北部和黑龙江省西部，多从事畜牧业，少数半农半牧。在纯畜牧业地区的鄂温克族以乳、肉、面为主食。每日三餐离不开牛奶，既以鲜奶作饮料，也常把鲜奶制成酸奶和干奶制品。常将奶油涂在面包或点心上食用。主食以面为主，一般为烤面包、面条、烙饼、油炸馃子。有时也食大米、稷子和小米，但均制成肉粥，很少吃干饭。肉类以牛羊肉为主。入冬前，要大量宰杀牲畜，将肉冻制或晒干储存。多将肉制成手扒肉、灌血肠、熬肉米粥和烤肉串食用。生活在兴安岭原始森林里的鄂温克族，完全以肉类为主食，吃罕达犴肉、鹿肉、熊肉、野猪肉、狍子肉、灰鼠肉和飞龙、野鸡、鱼类等。鱼类多用清炖法制作，只加野葱和盐，讲究原汁原味。生活在农耕兼渔猎地区的鄂温克族以农产品为主食，肉类作副食，日常喜食熊油。鄂温克族以奶茶为主。传统上用罕达犴骨制成杯子、筷子，鹿角做成酒盅，犴子肚盛水煮肉，桦木、兽皮制成盛器。除春节等节日与附近其他民族相同外，鄂温克族还要在农历五月下旬举行“米调鲁”节。“米调鲁”是欢庆丰收之意。鄂温克族十分好客，客至，要用奶茶、酒、肉肴款待。

六、鄂伦春族饮食风俗

鄂伦春族，主要居住在内蒙古自治区呼伦贝尔市及黑龙江省的大兴安岭林区，从事狩猎业、林业，部分兼营农业、采集和捕鱼。鄂伦春族过去一直以各种兽肉为主食，一般日食一两餐，用餐时间不固定。冬季在太阳未出前用餐，餐后出猎；夏天则早晨先出猎，猎归后再用早餐。有时在猎区过夜。早晚两餐，均由妇女在家司厨。主食以兽肉为主。近代鄂伦春族中则多了米面、玉米、土豆等食物。他们食用最多的是狍子，其次是犴，食用兽肉大都习惯于煮、烤和生食肝肾，煮肉时将带骨肉块煮至半熟捞出，用刀割取蘸盐水食用。他们尤喜食带血筋的食用狍子，喜欢将煮过的肉及其肝脑切碎拌和，再拌上野猪油和野葱花而食。鄂伦春族一般用晒干法保存猎物。成年男子好饮酒，多饮自制的马奶酒和由外地输入的白酒。鄂伦春人待人纯朴、诚恳，有客来，一定盛情招待，若遇猎归，不论是否相识，只要你说想要

一点肉，定会将猎刀给你，任由割取。他们有较多的饮食禁忌，如规定妇女在月经期或产期内不吃兽的头和心脏；不准向“仙人柱”（帐房）中升起的篝火吐痰、洒水；每次饮食前要先敬火神；不许射击正在交配的野兽；猎获鹿、犴、熊或野猪后，开膛时心脏和舌头须连在一起，不能随便割断等。

七、赫哲族饮食风俗

素以渔猎生产为主的赫哲族，很早以前就有穿冰捕鱼的超人本领。早年是将江面上凿穿一个面盆大的冰眼，然后垂下鱼钩静等“愿者”咬钩。后来，又发明了“咕咚网”、“铃铛网”，渔民在设网的上游打“咕咚耙”，驱赶鱼群入网，鱼群触网牵动铃响，即可起网收鱼。

以鱼类为主要食品的赫哲族形成了具有民族特色的“食鱼文化”。除了晒鱼干、烤鱼干、炸鱼块、炒鱼毛（将鱼肉去刺撕碎后翻炒成鱼松）、晒鱼子等特殊加工的食品令人垂涎欲滴以外，赫哲族的生制鱼食品也别具风味。其中，最有特色的“刹生鱼”就有刨花鱼、生拌鱼丝、蘸鱼片、生拌鳇鱼鼻翅等各种花样。其中尤以刨花鱼和生拌鱼丝最受欢迎。

刨花鱼，赫哲语称“苏日阿克”，是冬季吃鱼的一种方法。将冻着的鲟、鳇、哲罗、细鳞、牙布沙等鱼剥皮，薄薄地切刨成片，就像刨花一样，然后不加烹饪，直接蘸上醋、盐、辣椒油食用，其味道鲜凉爽口，实在是酒宴上待客的上品。

生拌鱼丝，赫哲语叫做“他拉克阿”，多以鲟、鳇、草鱼、白鱼等鲜肉为原料，从鱼骨上剔下成片的鱼肉，细细地切成丝，拌上北方山林特产的“姜”、“葱”和“野辣椒”，点上醋、盐，即可食用。在没有醋的时候，赫哲族人把野樱桃捣成浆汁拌进去，味道可口，别有一番山野的原始风味。赫哲族人在下河捕鱼连日劳作期间，在进山打猎、爬冰卧雪的日子里，以鲜活鱼和动物为主食。他们凭借一口吊锅和简单的烧烤来加工食品，享受着大自然赐予的美味佳肴。吊锅是将有两个锅耳的铁锅，用铁丝或麻绳吊起在树枝搭成的支架上，然后拢起干柴，在吊锅下点起火堆，即可用吊锅煮食鱼汤、鱼饭、兽肉及猎物的新鲜内脏等。当集体捕鱼或进山打围时，七八个人围坐吊锅旁，随吃随煮，一边饮酒，一边说唱。吊锅中飘然而起的热气和香味，让人在品尝饭菜的美味之余，还品味到劳动收获后的快慰。

赫哲族的烧烤饮食也别具特色。在河畔沙滩或深山老林之中，架起火堆，把鱼分半切片，用树枝把动物的肉块穿成串，放在火上烧烤，当鱼片、肉块逐渐变色，发出一股诱人的香味时，渔民或猎人掏出怀里带有体温的烧酒，慢慢地啧咂、品尝自己亲手做成的酒菜。

八、回族饮食风俗

回族有三大节日，即开斋节、古尔邦节、圣纪节。我国陕西、甘肃、青海、云南等地的回民将开斋节亦称为“大尔德”，这种称呼流行于全国十个信仰伊斯兰教的民族中，但信仰伊斯兰教的十个民族在过节时又有许多各民族自己的特点和习俗。

斋月里，回族的食物比平时要丰盛得多。一般都备有牛羊肉、白米、白面、油茶、白糖、茶叶、水果等有营养的食品。

封斋的人，在东方发白前要吃饱饭。东方发晓后，至太阳落山前，禁止行房事，断绝一切饮食。封斋的目的就是让人们体验饥饿和干渴的痛苦，让有钱的人真心救济穷人。通过封斋，回族人民逐步养成坚忍、刚强、廉洁的美德。

当人们封了一天斋，快到开斋时，斋戒的男子大多数都要到清真寺等候，听见清真寺里开斋的梆子声后，就在寺里吃“开斋饭”了。开斋时，若是夏天，有条件的先吃水果，没有条件的喝一碗清水或盖碗茶，尔后再吃饭。这主要是因为斋戒的回民在夏天首先感到的是干渴，而不是饥饿。若在冬天，有的人讲究吃几个枣子后再吃饭。相传穆罕默德开斋时爱吃红枣，所以回民也有这种习惯。斋戒期满，就是回族一年一度最隆重的节日——开斋节。

开斋节要过三天，节日中，家家户户炸馓子、油香等富有民族风味的传统食品。同时，还宰鸡、羊，做凉粉、烩菜等，互送亲友邻居，互相拜节问候。

新疆地区的回民，节前要扫尘，粉刷房屋。男人要理发，男女都要沐浴、换新衣。全家吃“粉汤”。这种习俗，在全国各地都大体相同。有许多回族青年在开斋节举行婚礼，使节日更加热闹。

“古尔邦”，阿拉伯语音译“尔德·古尔邦”，意为“牺牲”、“献身”，故亦称“宰牲节”、“忠孝节”。

古尔邦节，还要举行一个隆重的宰牲典礼，这就是节日里，除了炸油香、馓子、会礼外，还要宰牛、羊、骆驼。一般经济条件较好的，每人要宰一只羊，七人合宰一头牛或一峰骆驼。宰牲时还有许多讲究，不允许宰不满两岁的小羊羔和不满三岁的小牛犊、骆驼，不宰眼瞎、腿瘸、缺耳、少尾的牲畜，要挑选体壮健美的宰。所宰的肉要分成三份：一份自食，一份送亲友邻居，一份济贫施舍。

宰牲典礼举行后，家家户户又开始热闹起来，老人们一边煮肉，一边给孩子吩咐：吃完肉，骨头不能扔给狗嚼，要用黄土覆盖。这在古尔邦节是一种讲究。肉煮熟后，要削成片子，搭成份子；羊下水要烩成菜，然后访亲问友，馈赠油香、菜，相互登门贺节。有的还要请阿訇到家念经，吃油香，同时，还要去游坟，缅怀先人。这种庆贺节日的形式多种多样，各地互有异同。

圣纪节这天首先到清真寺诵经、赞圣、讲述穆罕默德的生平事迹，之后穆斯林自愿捐赠粮、油、肉和钱物，并邀约若干人具体负责磨面、采购东西、炸油香、煮肉、做菜等，勤杂活都是回族群众自愿来干的。仪式结束后，开始会餐。有的地方经济条件较好，地方也宽敞，摆上十几桌乃至几十桌饭菜，大家欢欢喜喜，一起进餐；有的地方是吃份儿饭，回族群众叫“份碗子”，即每人一份。

茶是回族人民饮食生活中的重要组成部分。到回族家做客，热情的主人都会首先端上一碗热腾腾的酽茶。回族很讲究茶具，不少回族家庭都备有成套的各式各样的茶具。过去煮茶或沏茶所用的壶，一般都是银和铜制作的，形式多样，别具一格，有长嘴铜茶壶、银鸭壶、铜火壶等。每到炎热的夏季，盖碗茶便成为回族最佳的消渴饮料；到了严寒的冬天，农闲的回族人早晨起来，围坐在火炉旁，或烤上几片馍馍，或吃点馓子，总忘不了饮茶。

回族人的禁忌与伊斯兰教的饮食思想有关。饮食禁忌参见宗教信仰食俗。

九、维吾尔族饮食风俗

维吾尔族是我国信仰伊斯兰教民族中人口仅次于回族的民族。“维吾尔”是“团结”、“联合”的意思。维吾尔族主要分布在新疆，大部分聚居在天山以南的各个绿洲，极少数分布在湖南桃源、常德等县。维吾尔族是新疆从游牧民族较早转为定居农业的民族之一，但其饮食文化中，至今仍保留着许多游牧民族特有的风俗。在一般情况下，大多数维吾尔族群众以面食为日常生活的主要食物，喜食肉类、乳类，蔬菜吃的较少，夏季多半食瓜果。

维吾尔族的日常饮食以面食和牛羊肉小吃为常餐，喜爱水果、蔬菜、奶制品与茶点心，爱喝熬煮的奶茶、茯砖茶和红茶。待客、节日和喜庆的日子，一般都吃抓饭。维吾尔族的风味饮食花样繁多，十分丰富，主要有以下品种。

馕，是用面粉制成的大小厚薄不等的各种烤饼，有的还加入白糖、鸡蛋、奶油或肉，美味可口。其种类有大馕、薄馕、油馕、肉馕等。

抓饭，用羊肉、羊油、胡萝卜、葡萄干、洋葱、大米做成的风味食品，也是节日和待客不可缺少的食品。维吾尔族人将“抓饭”称为“帕罗”，意为用蔬菜、水果和肉类做成的甜味饭。

烤包子，维吾尔语称“沙木沙”。用羊肉、羊尾油、洋葱（皮牙子）等做成馅心。再用面皮包成方形，放入馕坑烤熟即成。

还有帕尔木丁（类似烤包子）、皮特尔曼吐（薄皮包子）、曲曲（馄饨）、炮仗子（辣椒面炒面节）、胡修（羊肉丁核桃仁葡萄干煮大米粥）、塔儿糖（高达尺余的白糖柬馍）、玉古勒（鸡蛋盐水擀制的银丝面）、哈勒瓦（羊油面粉甜搅团）、曲连（杏干面粉糊）、黄面（面粉与蓬灰水制的抻面）、米肠（羊大肠中填实面粉和羊肝等煮成）、面肺子（羊肺中挤入调好味的淀粉浆煮成）、托克逊炒面、凉拌面、汤面、玉米糊等。他们吃菜必须见肉，多为牛、羊、鸡肉，烹调方法常用烤、煮、蒸、焖，习惯用胡椒、辣椒面、孜然、洋葱等调料，还喜欢用黄油、蜂蜜、果酱、果汁、酸奶、马奶等提味增香，常辅以胡萝卜配制。主要名菜有烤全羊、卡瓦甫（烤肉，包括整烤、串烤、锅烤、馅饼烤）、烤疙瘩羊肉、羊肉丸子、羊肉羹、羊肉桃仁、手抓羊肉、手抓桃仁、烤南瓜等。

维吾尔族日食三餐，早晨吃馕和各种果酱、甜酱，喝奶茶、油茶等；午饭多吃米、面食品；晚餐一般吃馕、汤面之类。每餐饭量不求多，但求精细，口味与蒙古族近似，特别重视饮食卫生。

维吾尔族有常年食用瓜果的习惯，果园成为生活在塔里木盆地周围绿洲上的维吾尔族人的天然维生素宝库。从5月份成熟的桑葚、6月份成熟的杏子开始，各种水果接连不断，一年中有近七个月的时间都能吃到新鲜水果。维吾尔族夏天常以瓜果代茶饭，以瓜果就馕吃，冬季常以核桃、杏仁、葡萄干等就馕吃，还喜欢用葡萄干、杏干等做抓饭，用葡萄、桑葚、苹果、海棠果、杏、梨、草莓、无花果、樱桃等做果酱。

另外，维吾尔族传统的调味品主要有孜然、胡椒、辣面子、藿香（平耐）、芫荽（香菜）、黑芝麻（斯亚旦）、醋（斯日开）等。

维吾尔族传统的饮料主要有茶、酸奶、各种干果泡制的果汁、果子露、多嘎甫（冰酸奶，酸奶加冰块调匀制成）、葡萄水（从断裂的葡萄藤中流出来的水，味酸）、穆沙来斯等。维吾尔族在日常生活中尤其喜欢喝茶，一日三餐都离不开茶。茶水也是维吾尔族用来待客的主要饮料，无论何时去维吾尔人家里做客，主人总是先要给客人敬上一碗热气腾腾的茶水，端上一盘香酥可口的馕，即使在瓜果飘香的季节里，也要先给客人敬茶。

维吾尔族的主要节日有肉孜节、古尔邦节、巴拉提节、冒德路节、努吾若孜节和都瓦节等。这些节日大都来源于伊斯兰教，是按伊斯兰教历计算的，每年都在移动，因此有时是在冬季，有时则是在夏天或其他季节。

维吾尔族除严格遵守伊斯兰教饮食禁忌外，还有一些逐渐形成的食规：不可在碗中留下剩食，不可将已取的食物再放回盘中，不可随地吐痰、擤鼻涕，不可随便到锅灶前去，不可随便拨弄盘中的食品等。他们还不吃鸽肉、马肉、骆驼肉；忌讳用鼻子嗅食物；多数人不吃酱油；馕只准正放（即正面向上或向前），饭前饭后都要洗手，喝水有专用杯，尤为重视饮用水的卫生。

十、哈萨克族饮食风俗

我国的哈萨克族主要分布在新疆北部伊犁哈萨克自治州和木垒、巴里坤两个哈萨克自治县，少数居住在青海海西蒙古族哈萨克族自治州和甘肃阿克塞哈萨克族自治县。他们大部分从事畜牧业，除了少数农业经营者已经定居外，绝大多数都是按季节转移牧场，过着逐水草而居的游牧生活。

哈萨克族的饮食有着浓厚的游牧生活的特点，主要食物都取自牲畜。奶类和肉类是日常生活的主要食物，面食是次要的食物，很少吃蔬菜。肉食主要有绵羊肉、山羊肉、牛肉、马肉、骆驼肉。野兽肉和野禽肉也是人们补充的肉食。烹制方法主要有煮、熏、烤三种。

奶茶是哈萨克牧民的必需品，一般吃饭被称为“卡依依苏”，就是喝茶的意思。哈萨克族的传统饮食习惯是一日三餐，白天的两餐，主要是喝茶，伴之以馕或炒面、炒小麦进食，只在晚上吃一顿带有肉、面、馕等的食品。喝奶茶时，先将鲜牛奶煮开后放进碗里，再倒上浓茶。奶茶里既有茶又有奶，有的还有酥油、羊油，既解渴又充饥，是一种可口而又富于营养的饮料。

在牧区，哈萨克族的奶制品种类很多，有奶疙瘩、奶皮子、奶酪、酥油等。酥油大多用牛奶或者羊奶制成，做好后储藏在宰后洗净的羊胃里。哈萨克族牧民平时多吃羊肉，通常的吃法是做手抓羊肉，其作法是将带骨的羊肉切成大块，连同羊头、肚、心、肝、肺等一块放进锅里用白水煮熟，然后用手抓着吃，各人根据自己的口味随时添加盐末。

烤肉主要在招待客人和外出狩猎时食用。客人光临后，哈萨克人就宰杀肥羊，取出其内脏，用火烤全羊。猎手们在野外打猎，常把猎肉放在火堆上烤熟后食用；牧民们在野外放牧，砍几根木棍，上端削尖，串上切成薄片的野生动物肉，放在火上烤熟吃，别有一番风味。

熏肉是为了长时期保存而制作的一种肉制品。“熏”作为一种烹调方法，是指将已经熟处理的肉类主料，再用烟熏制，使主料色泽加重、油亮，并带有烟的特有芳香，便于携带和储存。熏肉时，放一些盐，有的还放野葱。加放野葱熏干的肉，味道更为鲜美。每到深秋季节，羊肥马壮，牧民们都要宰杀羊、马、牛，把大部分肉熏制后存放到冬季食用。还用马肉灌成腊肠，能够存放很长一段时期。除了吃肉以外，牧民们也吃米、面调制的食物，如烤饼、抓饭、“包尔沙克”（羊油炸面团）、“库卡代”（羊肉面片）等。他们很少吃蔬菜，偶尔吃些沙葱或者野菜。

《清稗类钞·哈萨克人之宴会》载：“哈萨克人朴诚简易，待宾客有加礼。戚友远别相会，必抱持交首大哭，侪辈握手搂腰，尊长见幼辈，则以吻接唇，唼喋有声。既坐，藉新布于客前，设茶食、醺酪。贵客至，则系羊马于户外，请客觇之，始屠以飨客。杀牲，先诵经（马以菊花青白线脸者为上，羊以黄首白身者为上）。血净，始烹食。然非其种人宰割，亦不食也。客至门，无识与不识，皆留宿食。所食之肉，如非新割者，必告之故。否则客诉于头人，谓某寡情，失主客礼，以宿肉病我，立拘其人，责而罚之。故宾客之间，无敢不敬也。”“每食，净水盥手，头必冠，傥事急遗忘，则以草一茎插头上，方就食，否则为不敬。食掇以手，谓之抓饭。其饭，米肉相瀹，杂以葡萄、杏脯诸物，纳之盆盂，列于布毯。主客席地围坐相酬酢。割肉以刀，不用箸。禁烟酒，忌食豕肉，呼豕为乔什罕，见即避之。尤嗜茶，以其能消化肉食也。”此外，他们很重视“羊头敬客”。客人用刀先割一片羊脸颊肉献给长者，再割一块羊耳朵给主人的小孩或妇女，最后割一块自己吃。割毕将羊头奉还主人，宾主就可以自由吃喝了。该族认为，筵宴重在一个“礼”字，待客贵在一个“诚”字，“如果太阳落山的时候放走客人，那就是跳进大河也洗不清的耻辱。”

哈萨克族烧制奶茶是将茶水和开水分别烧好，喝奶茶时，将鲜奶和奶皮子放入碗内，倒入浓茶，再冲以开水，每碗都采取这三个步骤，每次只盛半碗多，这样喝起来浓香可口且凉得快。冬季喝奶茶时，加入适量的白胡椒面，奶茶略带辣味，主要为增加热量，提高抗寒力。奶茶一般现烧现喝，从来不会有哪个民族用剩奶茶或凉奶茶待客：喝奶茶也颇重礼节，哈萨克族大都用小瓷碗，且先送给坐在首席的客人，客人喝完第一碗后，如果还想喝就把碗放在自己面前或餐布前，主人会立即再斟上，如果喝足，不想喝了，就用双手把碗口捂一下，如果主人继续劝，则再捂一下，并说“谢谢”，这样，主人就不为你斟奶茶了，这是喝茶时的规矩。在饮食忌讳方面，哈萨克族基本上同于回族和维吾尔族。

十一、撒拉族饮食风俗

撒拉族主要居住在青海、甘肃等省，主要从事农业，种植小麦、青稞、荞麦、土豆、蚕豆、豌豆、蔬菜、瓜果等，饲养马、牛、羊、驴、骡、鸡、鸭、兔等。习惯上日食三餐，主食多为面点，如花卷、馒头、烙饼、面片、拉面、擀面、搅团等。所制散饭颇有地方特色，制法是将面粉或豆面徐徐撒入开水里，搅成糊状的面粥。搅团的制法与散饭相同，只是比散饭要稠一些。食用时配以酸菜和蒜泥、辣椒等辛辣作料。撒拉族多由年轻妇女和姑娘专司做饭、端盘子，不与老人、长辈同桌。他们一般喜饮茶（主要是奶茶和麦茶），不饮酒。为亡人祈祷时要煮麦仁饭。麦仁饭是小麦去皮后与羊（或牛）杂碎及少许豌豆、蚕豆放入大锅里熬煮，成熟后再加一些面粉、盐、花椒粉等，制成的像粥似的饭。在食用前，要请全村男女老少自带碗筷来吃，先男人，后妇女，席地而坐，随来随吃，因故不能来的也可让别人带回去。亲友之间往来，一般要互赠锅馍、酥盘（一种类似大馒头的蒸馍）、“比利买海”（用植物油、面粉制成的油搅团）等，节日通常炸油香。

十二、塔吉克族饮食风俗

塔吉克族主要居住在新疆，主要从事畜牧业，饲养牛、羊，兼事农业，在山谷里种植青稞、豌豆、小麦等作物，过着半定居、半游牧的生活。日食三餐，主要食品有肉、面、奶，农区以面食为主，牧区以肉食为主。喜将面和奶或米和奶一起制成主食，许多日常食品与维吾尔族相似。塔吉克族的日常饮食，一般注重主食，不大讲究副食，很少吃蔬菜。早餐是奶茶和馕，午餐是面条和奶面糊，晚餐大都吃面条、肉汤加酥油制品。食肉时，喜欢用清水将较大的肉块煮熟，再蘸食盐吃。习惯于饮用奶茶。饮食均由家庭主妇操持。敬客宰羊时，要把欲宰的羊牵到客人面前，请客人过目后再宰杀。进餐时，主人要先给客人呈上羊头，客人要割下一块肉，再把羊头双手奉还给主人。随后，主人再将一块夹羊尾巴油的羊肝送给客人。接着主人要拿起一把割肉的刀子，刀柄向外送给客人，请一位客人分肉。在主客相互谦让后，一般由有经验的客人分肉，肉分的很均匀，一人一份。进餐的客人中如有男有女，一般要分席就餐。

十三、东乡族饮食风俗

东乡族主要居住在甘肃省。主要从事农业，作物有小麦、青稞、豆子、谷子、荞麦、土豆、大麻、胡麻、油菜等，牧畜有羊、马、牛等。

东乡族日食三餐，每餐不离土豆。土豆既可当菜，又可当饭，煮、烧、烤、炒均可。冬春之际，早餐多吃烧土豆，入冬以后，东乡族的家庭主妇，每天早上第一件事，就是把土豆焐在炕洞的烫灰里。焐熟之后，全家围着炕桌吃。也有的将土豆切块入锅，煮至将熟时加青稞面，并把土豆捣碎，再加酸菜、油蒜泥，作为早点。他们喜欢把青稞面、大麦面制成“锅塌”或“琼锅馍”作为主食。夏季，很多东乡族人喜欢将快熟的青麦穗或青稞穗煮熟，搓干净，再用石磨磨成长“索索”，拌上油辣子、蒜泥和各种炒菜合食。用酸浆水与和田面（青稞、豆子磨成）和匀，做成面疙瘩，是最普通的晚餐。还有的用玉米面、小麦面、豆面等制成散饭。搅团、米面窝窝、荞麦煎饼、羊肉泡馍等。总之，饭菜合一是东乡族饮食的一大特色。

他们制作的“栈羊”肉，别具风味，一般是清水下全羊，锅上蒸“发子”，即

把羊心、肝、肺切碎，盛入碗内，调以姜米、花椒粉、味精及葱花，放在笼屉上蒸熟。屠宰栈羊吃发子是东乡族改善生活的一种形式。

东乡族人一般每餐离不开茶。一日三餐均在炕上，炕上放一炕桌，全家人都围着炕桌盘膝而坐。媳妇在厨房内吃饭。每一餐必须在长辈动筷后，全家才能进餐。

在东乡族男人中间，有“吃平伙”的习惯。农闲时一些人凑在一起，选一只肥羊，在羊主人或茶饭做得好的人家宰羊，整羊下锅，杂碎拌上调料上锅蒸。吃平伙的人先喝茶、吃油饼，待“发子”熟了，一人一碗，而后又在肉汤里揪面片吃，再将煮熟的羊肉分成若干份，每人一份。最后大家摊钱给主人，也可以用东西和粮食折价顶替。

东乡族热情好客，待客最隆重的是端全羊，喜欢用鸡待客，一般将鸡分成13块，以鸡尖（鸡尾）为贵，通常要将鸡尖给客人。

十四、柯尔克孜族饮食风俗

柯尔克孜族主要居住在新疆南部，牧民的饮食主要为畜产品，并受宗教信仰和生活方式的影响。肉食有手抓羊肉、烤肉（卡瓦普）、灌肺（库衣安吾普阔）、灌肠（卡仁）、炒肉（库尔达克）、肉菜（加尔阔普）、肉肠（骚尔泡）等，其中以手抓羊肉最为常见。农业区的柯尔克孜族人的食物有馕、锅贴、烤酥、汤面条、奶皮面片、“乌麻什”（用麦面或青稞面做成的稀粥）、“库依玛克”（油饼）、“包尔骚”（油馃）、“巧巴拉”（馄饨）、“西仁古鲁西”（奶油甜米饭）等，用羊肉片、土豆、洋葱、胡萝卜拌以面条，用手抓食的“纳仁”，是柯尔克孜族用来招待客人的佳肴。乳品有马奶、牛奶、奶皮、奶油、酸奶、浓酸奶、稀酸奶、稀奶油、奶酪等。同新疆其他少数民族一样，奶茶是柯尔克孜族人民日常生活中不可或缺的饮料。用小麦、青稞、包谷等酿制而成的“包扎”酒，酸甜可口，更兼具去寒补血、开胃消食之功用；其民族风味饮料还有“牙尔玛”，用麦子或糜子制成。

十五、乌孜别克族饮食风俗

乌孜别克族主要分布在新疆的天山南北。他们的宗教信仰、风俗习惯、衣食起居等，和维吾尔族基本相似。乌孜别克族与新疆其他信仰伊斯兰教的民族一样，禁食猪、狗、驴、骡肉等，多吃牛、羊、马肉和乳制品。

乌孜别克族以牛、羊、马肉及乳制品为主，一日三餐离不开馕和奶茶，以胡椒、酸奶子和肉汤做成的“纳仁”最具有特色，手抓食是乌孜别克族待客的佳品。乌孜别克族禁酒，忌食猪、狗、驴、骡肉。

乌孜别克族的食物结构中，肉食和奶制品占有很大的比重，不常吃蔬菜，多吃羊、牛、马肉。馕是主食，也是新疆信奉伊斯兰教各民族中最常见的面食，还专有乌孜别克式的馕。其他主食有汤面、抻面、爆炒面、揪面片、油饼、馃子、薄饼、煎饼、肉焖饼、蒸包子、烤包子、馓子、花卷、饺子、馄饨、馒头、甜搅团等。其中，馕的制法很多，有配加植物油或羊油、酥油的油馕；配加羊肉丁，孜然粉、胡椒粉、洋葱末的肉馕，以及薄片馕、窝窝馕；小圆馕、葱馕、平玉米面馕种种。他们也爱吃大米，除去米饭、黏饭和米粥，还精于烹制有“十全大补”之誉的“朴劳”（抓饭）。如菜朴劳（粉条白菜、番茄、辣椒抓饭）、肉朴劳（羊肉丁、胡萝卜丁抓饭）、蛋朴劳（葡萄干、杏干抓饭）、克德克朴劳（酸牛奶抓饭）、阿西曼吐（包子抓饭）。

乌孜别克人十分讲究饮食卫生，饭前饭后都要用流动的水洗手。农牧区的人仍以手抓进餐为主，居住在城市的人已开始使用筷子和勺子。他们习惯于一日三餐，早晚饭多以馕、奶茶为主，配以糖浆与蜂蜜；午饭吃各种主食，辅以肉品和水果。用餐时，长者坐上座，幼者在下座。人口多的家庭或有客人时还要分席用餐，一般是客人和男人一席，妇女和孩子一席。每逢节日或来客，乌孜别克人就要做一顿有民族特色的佳肴，或抓肉、或烤全羊、或纳仁、米肠子、库尔达克、苗喀瓦波等，再摆上西瓜、苹果、葡萄、香梨、石榴、无花果等特产果品，相当丰盛。

饮料有奶茶、红茶、茯茶、牛奶、羊奶、马奶、酸奶子及各种汽水、果汁。其中奶茶也是自成一格，系用铜壶或铝壶先将茶水煮沸，再加牛奶熬融，兑加少许食盐，然后在碗中放入羊油、酥油与胡椒，再冲入稠浓茶汤饮用，香辣、鲜咸、油润、醇美，还有御寒保暖的功效。

十六、保安族饮食风俗

保安族的日常饮食有小麦、大麦、豆类、玉米、土豆、荞麦、胡麦、青稞、牛羊肉奶、禽蛋和鱼类等；蔬菜甚少，仅吃胡麻、韭菜等几种。嗜爱酸辣，每餐不离老醋（或浆水）及油泼辣子。

保安人的主食偏重于面制品，经常食用馒头、花卷、煎饼、包子、汤面条、臊子面、馓子、凉面、浆水面、炒肉面、捏面筋、搅团等。

保安人的肉食品以牛、羊肉为主，忌食猪、马、驴、骡和其他凶猛禽兽之肉，忌食一切自死动物的肉和血。偏重于纯肉制品，如手抓羊肉、碗菜（熟牛羊肉切块，加胡萝卜、土豆、粉条，用牛羊肉汤烩成）、麦仁杂碎汤（麦粒乐羊头蹄肉及内脏混煮）、大块清水鸡、爆炒鸡块、清煮全鸭等。尤以全羊席最为知名，这是选用2龄左右的肥羊，洗净后整只煮熟，然后捞起，按肋条、脊背、前后腿、髋、脖子、尾巴分档切割，接着带骨剁成一指厚、手掌大的肉块，各装一盘顺序上席，另配作料调味蘸食。

十七、塔塔尔族饮食风俗

塔塔尔族习惯于日食三餐，中午为正餐，早晚为茶点，日常饮食离不开面、肉和奶，间或也食用一些大米，但均制作成特殊食品。进餐时，每个人面前都放一块小手巾，用以擦拭嘴、手并防止食物溅在衣服上。全家人围坐一圈，中间餐桌上放一块餐布，吃饭时习惯用勺子、刀子、叉子。上茶、上饭，要先送给长者，然后再按年龄大小先后递送。饭毕要做“巴塔”（祈祷）才算就餐结束。

塔塔尔族妇女素以烹调技艺高超著称，善于制作各种糕点，如用面粉、大米加奶酪、鸡蛋、奶油、葡萄干、杏干烤制的“古拜底埃”，其外部酥脆，内层松软，风味驰名新疆；也有将肉和大米混合烤成名为“伊特白里西”的点心，还擅长用鸡蛋、奶油、砂糖、鲜奶、可可粉、苏打和面粉制成精美可口的馕。

日常主食除肉、卡特力特（用牛肉、土豆、大米、鸡蛋、盐、胡椒粉作原料制成，类似于抓饭）、馕和拌面之外，还有帕拉马西（馅饼）、饺子、油煎饼（带土豆）等。

塔塔尔族喜欢的风味饮料有：类似于啤酒的“克儿西麻”，是用蜂蜜发酵制成的，还有用野葡萄、砂糖和淀粉制成的“克赛勒”等。

十八、土族饮食风俗

土族主要聚居在中国西北部青海省，他们以农业为主，兼营畜牧业，尤其精于养羊。因此形成了别具风格的饮食文化。

土族饮食同生产有直接关系。牧区以肉类、乳品为主食，农业区以青稞、荞麦、薯类为主，喜欢吃酥油炒面、油炸馍、手抓大肉、手抓羊肉、沓呼日、海流、哈力海、烧卖等。爱喝奶茶，饮自家酿制的青稞酒，土语称“酩馏酒”。土族人饮食最为讲究的是婚宴五道饭，第一道是酥油奶茶、馄锅馍及花卷；第二道为果子、油炸馓子、牛肋巴、炒油茶；第三道是油包子、糖包子、油面包子；第四道是手把肉；第五道是擀长面，颇有特色。

热情好客是土族自古以来的风尚，迎送客人三杯酒就是这种风尚最突出的表现。主人在客人到来之前就拿着酒壶、酒杯在大门口等待，待客人下马或下车，先敬“下马三杯酒”；客人进门时又敬“进门三杯酒”；待客人脱鞋上炕、盘腿坐下时再敬“吉祥如意三杯酒”；当客人离去时还要喝“出门三杯酒”和“上马三杯酒”。对每次敬酒总是三杯的缘由有不同的说法，但总而言之土族人认为三是个吉祥的数字，“三”代表佛、法、僧三宝，日、月、星三光，天、地、人三才。而敬三杯酒的含义是祝福客人吉祥如意。不会喝酒的人也不用害怕，只要客人用中指蘸上酒，对着空中弹三下就可以不喝了，可见土族人是非常尊重客人意愿的。

日常饮料与当地藏族一样，喜饮茯茶、酥油茶，还特别喜欢饮用青稞酿成的酩馏酒，酩馏酒度数较低（约30度左右），清醇绵软，馨香可口，家家皆能自酿，在酿制时都习惯加一种名为羌活的中药，饮时味稍带涩，有散表寒，祛风湿的功效。除酩馏酒之外，还有互助白酒，如互助头曲、互助特曲、互助大曲、青稞液等多种。

十九、锡伯族饮食风俗

锡伯族居住在新疆、辽宁、吉林等省，传统主食有“鞑子饭”，粳米加牛、羊、猪肉煮粥，再加盐与作料，做出的粥香肉鲜可口；高粱米小豆干饭为家常主食，配副食炖豆腐、鱼汤；酸汤子，先用玉米或玉米渣加水泡涨，磨成糊状，俗称“汤子面”。然后，再将汤子面通过薄铁做的漏斗形小细筒挤出粗面条落入锅内沸水中，煮熟即可食用。其味微酸甜，吃起来爽口开胃。也可以在沸水中先加入少量嫩菜、辣椒、调料，煮成鲜辣汤，再挤入汤子面条，酸甜鲜辣，增加食欲；炒面，可作为间食品。其做法是用玉米面或高粱米面入锅干炒，炒熟即食。亦可冲入沸水，加糖更佳。炒面便于旅途冲饥，可治腹泻。

锡伯族忌食狗肉，食者必受家族的责罚。吃饭时不得坐门槛或站立行走，严禁拍桌打碗，翁媳同桌。

二十、俄罗斯族饮食风俗

俄罗斯族主要居住在新疆北部，其饮食既有自己的特色，又深受汉族和其他民族的影响。俄罗斯族人的饮食不仅继承了传统的煎、烤、炖、炸、煮等烹饪习惯，又吸收了汉族以及其他民族饮食文化的长处和经验，具有浓郁的民族特色和醇厚的乡土气息。

俄罗斯族的主食主要是自己烤制的一种较硬的面包（赫列巴）和煎饼。进餐时，将面包切成片状，涂抹果酱或奶油，以咖啡或牛奶佐餐。他们也吃抓饭、牛奶米饭、牛奶面条、馕、包子、饺子等。他们喜欢吃俄式夹馅面包、无馅面包及各种糕点。

俄罗斯族副食有蔬菜、鸡蛋、灌肠、牛奶、黄油等和肉类。他们爱吃的蔬菜有土豆、西红柿、黄瓜、洋葱、卷心菜等；肉食有牛肉、马肉、羊肉、鸡肉、鸭肉、鱼肉、鹅肉及禽蛋等，熏马肠、猪肉香肠、各种肉松及土豆烧牛肉、烤鸡、烤鸭、烤牛肉片、牛肉煮土豆、鸡蛋腌猪肉片等具有俄罗斯风味的食品。爱喝加有牛肉和土豆的各种菜汤、白酒（伏特加）和自己酿制的醇香甜美的啤酒。他们的日常饭菜主要有俄罗斯风味的合列布、布拉其尕、鲁列特、古力其、比罗哥、苏波、尕德列得、土豆烧牛肉、比拉什给、布里内、阿拉叽等。

俄罗斯妇女还非常善做各种糕点，俄语称“比切尼”，味道十分可口。点心是他们早餐中不可缺少的食品，同时也是招待客人的美食。他们制作点心的品种丰富，有饼干、奶油饼干、夹心饼干、奶油蛋糕、小面包、夹心面包等。每逢节日，他们常做一种巨形塔式蛋糕，摆在桌子中央。顶端还用彩色奶油雕塑成各种花纹和图案。

俄罗斯族还喜欢用西红柿、胡萝卜、黄瓜、包心菜腌制酸菜。男子爱饮伏特加酒（白酒）和自己酿造的啤酒。俄罗斯族人一日三餐，早晚两顿的饮食比较简单，以茶点或喝奶茶、吃糕点、赫列巴为主。中午饭比较讲究，花样繁多。

二十一、裕固族饮食风俗

裕固族居住在甘肃河西走廊一带，牧业是其主要的生产方式，饮食习俗一般是三茶一饭或两茶一饭。早晨起床后，牧人们将熬好的茶水（或清水）舀一勺，撒在帐篷周围，然后开始喝茶；吃过早茶，就出去放牧；中午吃炒面或烫面烙饼，喝午茶；下午再喝一次酥油茶；晚上，一切活都干完后，一家人才在一起做米饭或面条吃。主食是米、面和杂粮，副食是奶、肉。他们还喜欢饮烧酒，抽旱烟。裕固人忌食“尖嘴圆蹄”的动物，“尖嘴”主要指飞禽和鱼类，“圆蹄”则指驴、骡、马这三种动物。另外，不在“尖嘴圆蹄”之内的狗肉，也在严格禁食之列。

裕固族待客真诚，讨厌虚情假意，并根据客人的身份、社会地位及与主人家的关系，将肉分成头等、二等，宰一只羊共分十二等。民间传统有先敬茶后敬酒的习惯。

喝奶茶是裕固族人的重要习惯。有客人时，裕固族人总是先请喝酥油炒面茶，然后才用手抓羊肉和青稞酒款待。客人在喝奶茶时，一定要吃干净沉在碗底的“曲核”（一种呈块状的奶制品），这表示已经吃够了。要不然的话，主人会一个劲地给你添加。

以酒待客也是裕固族的传统习俗之一。他们有个老规矩，就是用各种名目向客人敬酒，千方百计地把客人灌醉，似乎只有这样才尽到了主人之谊。裕固族人敬酒都是敬双杯。无论在场有多少个人、只有两只小酒杯。在场的人要轮番给客人敬双杯。饮用的酒除白酒、各种葡萄酒外，更多的是独具特色的青稞酒。

裕固族特有的节日习俗有剪马鬃等。剪马鬃节在每年农历四月中旬择日，为期一两天。届时主人要准备酥油、奶茶、青稞酒、手扒肉等食品及剪马鬃用的盘子，盘子里用炒面疙瘩垒成 7 ~ 8 层的小塔，塔上浇有酥油，凝固的酥油可使塔固定在盘里。塔表示中心与四面八方；食品做塔的材料可象征富足。同时还要准备一把锋利的剪刀，剪刀把上系条吉祥的白色哈达。剪鬃仪式开始，家人牵来马驹，主人邀请客人中有经验的牧人执剪，客人互相推荐，自己再三谦让。最后由一位公认的既

善剪鬃又会歌舞的人开剪。他（她）一边剪马鬃，一边唱剪鬃歌。剪下的头一绺鬃毛，由他（她）亲自送进帐篷，敬献给“毛神”，祈求“毛神”保佑，献毕出帐继续剪，但得留一部分让其他客人剪。给主人家所有满周岁的马驹剪完后，大家进帐篷入席宴饮。主人尽量使客人多吃多喝；客人热情赞扬主人治家有方，牲畜兴旺。饭后，主人骑上刚剪过鬃的小马驹，奔驰而去，每过一家，都会受到别人的祝贺。剪马鬃，像给少年行成人礼一样受到普遍重视。

裕固族平时喜食牛羊肉，通常把牛羊肉做成手抓肉、全羊、牛背子、羊背子（即把完整的牛、羊臀尖带骨煮熟上桌）、焖羊肉条、风干羊肉干、杂碎汤等。除牛羊肉外，也食猪肉、骆驼肉、鸡肉或炒菜。食用牛羊肉时常佐以大蒜、酱油、香醋等。

二十二、藏族饮食风俗

藏族主要聚居在西藏自治区，还分散居住在青海、甘肃、四川、云南等省，藏族大部分从事畜牧业，少数从事农业。牲畜主要有藏系绵羊、山羊、牦牛和犏牛。农作物有青稞、豌豆、荞麦、蚕豆、小麦等。

大部分藏族人日食三餐，但在农忙或劳动强度较大时有日食四餐、五餐、六餐的习惯。藏族一般以糌粑为主食，食用时，要拌上浓茶，若再加上奶茶、酥油、“曲拉”（即奶渣，是打出酥油后的奶子经熬好后晾干而成，若用酸奶或甜奶熬制则更香美）、糖等一起食用则更香甜可口，糌粑被称为藏族的“方便面”。四川一些地区的藏族还常食“足玛”（即藤麻，俗称人参果）、“炸馃子”以及用小麦、青稞去麸和牛肉、牛骨入锅熬成的粥。青海、甘肃的藏族主食烙薄饼和用沸水加面搅成的“搅团”，还喜食用酥油、红糖和奶渣做成的“推”。藏族过去很少食用蔬菜，副食以牛羊肉为主，猪肉次之，食用牛羊肉讲究新鲜。民间吃肉时不用筷子，而是用刀子割食。藏族喜饮奶、酥油茶及青稞酒。藏族人吃饭讲究食不满口，嚼不出声，喝不作响，拣食不越盘。

藏族民众普遍信奉藏传佛教，藏历年“洛萨节”（汉族新年）是最大的节日，届时，家家都要用酥油炸馃子，酿青稞酒。初一，年迈长者先起床从外边打回第一桶“吉祥水”；全家人按长幼排座，边吃食品边相互祝福；长辈先逐次祝大家“扎西德勒”（吉祥如意），晚辈回敬“扎西德勒彭松错”（吉祥如意，功德圆满）；之

后，吃酥油熟人参果，并互敬青稞酒。云南的藏族，除夕家家吃一种类似饺子的面团。在面团里分别包入石子、辣椒、木炭、羊毛，各有说法，比如吃到包石子的面团，说明在新的一年里他心肠硬；而吃到包羊毛的面团，则表示他心肠软。

此外，藏族还要过“雪顿节”，意为向僧人奉献酸奶的节日，藏语酸奶称为“雪”，“顿”为宴意，节在藏历七月一日，持续3~4天；“望果节”，目的是娱神酬神，祈愿丰收，向巫师敬酒，每个人都从自己田里采集三穗青稞供在家中神龛上；“沐浴节”，时在藏历七月上旬，持续一周，届时整个西藏高原的藏族男女老少都到水域嬉戏、游泳、洗刷衣物，并备以酒、茶及各种食物，中午野餐。

二十三、苗族饮食风俗

苗族主要聚居于贵州省东南部、广西大苗山、海南岛及贵州、湖南、湖北、四川、云南、广西等省区的交界地带。苗族居住在高山地带，以农业为主，狩猎为辅。苗族的饮食，以大米、包谷、豆类、薯类为主食，其中又以大米、包谷为主。最具有特色的是腌酸鱼肉。

苗族人民忠厚好客，虽然生活较为艰苦，但对客人一秉至诚。如有客人来家，不论常来还是初到，一定千方百计以酒肉相待，认为没有鱼肉列到桌上，便觉得是主人不贤惠，对客人不敬。由于苗乡平时买肉不太方便，所以一般人家，都在事前做好准备，以免客人到后临时张罗不周。而要保存备用鱼肉，最好的方法莫如腌坛。杀猪捉鱼后，往往切成小块，和以米粉香料，加盐腌之，装入坛中，密封坛口，倒覆于浅水盘内，使之不透空气。经两周后，鱼肉米粉略变酸味，便可取出炒食，味美异常。

苗族十分注重礼仪。客人来访，必杀鸡宰鸭盛情款待，若是远道来的贵客，苗族人习惯先请客人饮牛角酒。吃鸡时，鸡头要敬给客人中的长者，鸡腿要赐给年纪最小的客人。有的地方还有分鸡心的习俗，即由家里年纪最大的主人用筷子把鸡心或鸭心拈给客人，但客人不能自己吃掉，必须把鸡心平分给在座的老人。如客人酒量小，不喜欢吃肥肉，可以说明情况，主人不勉强，但不吃饱喝足，则被视为看不起主人。

在青年男女婚恋过程中必不可少的食品是糯米饭。湖南城步的苗族把画有鸳鸯的糯米粑作为信物互相馈赠；举行婚礼时，新郎新娘要喝交杯酒，主婚人还要请新郎、新娘吃画有龙凤和娃娃图案的糯米粑。

大部分地区的苗族一日三餐，均以大米为主食。油炸食品以油炸粑粑最为常见。如再加一些鲜肉和酸菜做馅，味道更为鲜美。

肉食多来自家畜、家禽饲养，四川、云南等地的苗族喜吃狗肉，有“苗族的狗，彝族的酒”之说。苗家的食用油除动物油外，多是茶油和菜油。

苗家以辣椒为主要调味品，有的地区甚至有“无辣不成菜”之说。苗族的菜肴种类繁多，常见的蔬菜有豆类、瓜类和青菜、萝卜，大部分苗族都善作豆制品。各地苗族普遍喜食酸味菜肴，酸汤家家必备。酸汤是用米汤或豆腐水，放入瓦罐中3~5天发酵后，即可用来煮肉、煮鱼、煮菜。

苗族的食物保存，普遍采用腌制法，蔬菜、鸡、鸭、鱼、肉都喜欢腌成酸味的。苗族几乎家家都有腌制食品的坛子，统称酸坛。苗家将腌鱼、腌肉、腌菜的坛子均置于堂上或地搂之墙，富裕家庭腌鱼、腌肉、腌菜的坛子为数甚多。生人入门，观坛多寡，家之有无，可不问而知。

苗族酿酒历史悠久，从制曲、发酵、蒸馏到勾兑、窖藏都有一套完整的工艺。日常饮料以油茶最为普遍。湘西苗族还有一种特制的万花茶。

在苗族人家做客，切记不能去夹鸡头吃。客人一般也不能夹鸡肝、鸡杂和鸡腿，鸡肝、鸡杂要敬老年妇女，鸡腿则是留给小孩的。有些苗族地区，忌随时洗刷饮甑、饭包、饭盆，只能在吃新米时洗，以示去旧米迎新米。随时洗刷会洗去家财，饭不够吃。在山上饮生水忌直接饮用，须先打草标，以示杀死病鬼。

二十四、彝族饮食风俗

彝族在不同地区称“诺苏”、“米撒泼”、“撒尼”、“阿西”等，居住于四川省凉山彝族自治州及滇、黔、桂等地。彝族居家饮食习俗餐制为一日两餐，沿袭已久至今亦然。一般彝村，人们天明即出早工，九时左右歇工吃第一餐，十时左右食毕。休息一会又出午工，天暗才吃第二餐。农忙活重时节，正餐之间要有间餐，即随身带粑粑、馍馍、洋芋等食物到田地，随时加餐。如请有帮工，加餐也稍有讲究，备以酒肉，以慰帮工。进餐方式在凉山彝区是席地而坐，饭菜盛于中直接搁置于地上或低矮的餐桌上，享餐者围坐就餐。

彝族在过年过节时都要椎牛打羊，宰猪宰鸡，而平时一般很少动牲，除非款待客人。过年节时还要吃砣砣肉、糍粑，喝坛坛酒、泡水酒、酒茶。广西彝族在九月初一过打粑节时有“尝新”习俗，即吃新稻谷。这些都是节日喜庆的食俗。

彝家礼仪食俗好客，凡家中来客皆要以酒相待。宴客规格或大或小，以椎牛为大礼，打羊、杀猪、宰鸡渐次之。打牲时，要将牲口牵至客前以示尊敬。以牛、羊待客皆不用刀，用手捏死或捶死，故称打牲，其手法极其敏捷，往往牲未死透而皮已剥。宴客时的座次顺序有一定的惯制，一般围锅庄席地而食，客人一般让坐于锅庄之上首；帮忙者、妇女和亲友则坐于锅庄下首。客人多时，顺延至右侧。行酒的次序依据彝谚“耕地由下而上，端酒以上而下”。先上座而后下座，“酒是老年人的，肉是年轻人的”，端酒给贵宾后，要先给老年人或长辈，次给年轻人，人人有份。

彝族口味喜酸、辣，嗜酒，有以酒待客之礼节。彝族民间或家庭中用玉米、高粱、糯米等配制的“杆杆酒”在西南地区是有名的。民族酒具如酒杯除全部木制外，还有用鹰爪作杯脚者，也有用羊角、牛角制成者。其他民族餐具或生活用品如碗、盘、勺、匙、杯、罐、钵、壶、烟斗等，也是用木制的，内外多涂彩漆，一般以黑色为底，再彩绘红、黄两色。

彝族人民酷爱饮酒，无论是男是女，几乎人皆饮酒。他们有句谚语：“汉人贵茶，彝人贵酒。”他们饮酒，常常是“有酒便是宴”，故有“饮酒不用菜”的习惯。喝转转酒是彝族的普遍形式。喝转转酒不论是在锅庄旁、或在路野、草坡、河边，彝族人三五成群席地而坐，一碗碗酒从右至左依次轮转着喝，一人喝后都要以左手横擦碗沿为礼，再递给身边的人。一直喝酒，不食肉菜，是彝族社会以酒交往的社会交际式。要是中途来人，不分男女老幼，也不分生人熟人，互相挤出一个空位，让来人加入畅饮。

他们还用饮酒来盟誓。在人们商谈研究某件大事时，都要将一只大公鸡杀死，把鸡血滴入酒里，双方或几方当事人端起酒杯发过誓后一饮而尽，以示决不反悔。酒的种类有烧酒、米酒、荞面疙瘩酒等。一般是自酿自饮，多在秋收后酿制，年节或客至，随饮随取。

饮茶之习在彝族老年人中比较普遍，以烤茶为主，一般都在天一亮时便坐在火塘边泡饮烤茶。饮时，把绿茶放入已在火炭上烤热的小砂罐中焙烤，边烤边摇动，当烤至酥脆，略呈黄色发香时，冲入少许沸水，顿时茶水翻腾，芳香四溢，稍后，

再将水冲满，稍煨片刻即成。每次只斟浅浅半杯，呈琥珀色，清香扑鼻，味极浓，易解渴。饮烤茶也和饮转转酒一样，在场者依次轮饮。有时，则谁烤谁独饮，互不同饮一罐烤茶。客人到来时，每人发一小砂罐，一个茶杯，人均一罐，互不占用，意思是饮别人饮过的茶不过瘾，同时也是表示对客人的尊敬。

二十五、壮族饮食风俗

壮族大多居住在广西壮族自治区，少部分居住在云南、广东等省。在千百年的演进过程中，壮族许多饮食习惯及食品烹调方法与周围汉族日趋相同，但在某些方面仍保持着本民族的特色。

壮族多数习惯于日食三餐，有少数也吃四餐，即在中、晚餐之间加一小餐。早、中餐比较简单，一般吃稀饭，晚餐为正餐，多吃干饭，菜肴也较为丰富。大米、玉米、红薯、芋头是壮族地区盛产的粮食，自然成为他们的主食。

日常蔬菜有青菜、瓜苗、瓜叶、京白菜（大白菜）、小白菜、油菜、芥菜、生菜、芹菜、菠菜、芥蓝、萝卜、苦麻菜，甚至豆叶、红薯叶、南瓜苗、南瓜花、豌豆苗也可以为菜。以水煮最为常见，也有腌菜的习惯，腌成酸菜、酸笋、咸萝卜、大头菜等。快出锅时加入猪油、食盐、葱花。

壮族对任何禽畜肉都不禁吃，如猪肉、牛肉、羊肉、鸡、鸭、鹅等，有些地方还酷爱吃狗肉。猪肉也是整块先煮，后切成一手见方肉块，回锅加调料即成。壮族人习惯将新鲜的鸡、鸭、鱼和蔬菜制成七八成熟，菜在热锅中稍煸炒后即出锅，可以保持菜的鲜味。

壮族主食大米，善于制作糯米食品，五色糯米饭、米花糖、烤方（大粽子）是节日佳点。花米饭是用各种颜色植物的汁液染成，蒸熟后便成。壮粽的种类多，个头大。一般每个两斤左右，形似枕头。广西宁明县春节时做的粽子有八仙桌大，用芭蕉叶包制，内放猪肉，用水缸盛着，连煮7天才能熟。

壮族的年节食礼甚为讲究，菜点与吃法各有章程。如“过年不吃团结圆（肉馅豆腐丸），喝酒嚼肉也不甜”，团结圆是用猪肉泥加上豆腐、鱼、虾等及调味品搅成馅料，做成丸子，油炸而成。元宵夜“偷瓜”（偷偷地去他人田中摘瓜菜煮食），主人不恼反而高兴。中秋节品芋头，舂扁米，邻里互赠尝新。

“十情节”办喜事，打鱼、杀鸡、蒸馍、备酒、遍享亲朋。每年稻谷成熟时要过尝新节，各地时间不一，饭前要将每样饭菜盛一些让狗先吃。桂西山区过去缺盐少碘，正月三十过“送大脖子节”，捕鱼捞虾，吃黄糯米饭，并把饭菜装入空蛋壳内扔进河里，算是送走了大脖子。五色蛋也是节日食品，将煮熟的鸡、鸭、鹅蛋染上四种颜色，再加一个本色蛋则成。常与五彩米饭一起吃。孩子们把彩蛋穿成串做碰蛋游戏。

壮族有许多著名的菜肴和小吃，主要有：马脚杆、鱼生、烤乳猪、花糯米饭、宁明壮粽、状元柴粑、白切狗肉、壮家酥鸡、清炖破脸狗、龙泵三夹、辣血旺、火把肉、壮家烧鸭、盐风肝、脆熘蜂儿、五香豆虫、油炸沙虫、皮肝糁、子姜野兔肉、白炒三七花田鸡、邕夯鸡等。

烤乳猪

五色糯米饭又叫花米饭或青精饭，是壮族人民喜爱的食品之一。它是用糯米泡在枫叶汁、紫蓝草汁（壮语叫“棵斩”）、红草汁（壮语叫“棵些”）、黄花汁（壮语叫“花迈”）里分别染成黑色、紫色、红色、黄色，加上本色（即白色）蒸制而成。五色糯米饭，色香味俱全。蒸熟后的糯米饭，几种颜色混在一起，斑驳陆离，非常好看。其香乃天然清香，香气袭人，其味鲜美，醇正平和，且有微甘，甚是好吃。五色糯米饭在气温不太高的情况下，可放多日而色香味不变。有的人家一蒸就是一二十斤，一时吃不完，把它晾干存放起来，到吃时，回锅炒或焖，加上一些作料，其味道更加鲜美。五色糯米饭象征着吉祥如意。除了农历三月初三外，社日、中元节，甚至过年等，也有人做五色糯米饭吃。

驼背粽每到春节和端午节，家家户户都要包“驼背粽”。其做法是将上等糯米浸泡后用粽叶包裹，包时在糯米中间放绿豆沙或一条拌好作料的肉条，包成两头扁平、背面中间隆起的形状。“驼背粽”大的能到二三斤，小的也有一斤，很长时间才能煮熟，是节日馈赠的佳品。

壮族自家还酿制米酒、红薯酒和木薯酒，度数都不太高，其中米酒是过节和待客的主要饮料，有的在米酒中配以鸡胆称为鸡胆酒，配以鸡杂称为鸡杂酒，配以猪

肝称为猪肝酒。饮鸡杂酒和猪肝酒时要一饮而尽，留在嘴里的鸡杂、猪肝则慢慢咀嚼，既可解酒，又可当菜。鸡胆酒将新鲜的鸡胆汁冲进水酒即成。一只新鲜的鸡胆可冲二两左右的酒，如酒多则太淡，酒少则苦。鸡胆酒苦中带甘，喝起来余香在口，回味无穷。鸡杂酒把煮熟的鸡肠、鸡肝、鸡心剪碎，分放在酒杯里，斟上酒即成。猪肝酒将新鲜的猪肝切成薄片，放进酒杯里约七八分钟，等猪肝变白，说明酒已渗透其中，细菌荡然无存，便可拿来吃。猪肝鲜脆可口，酒味醇香。

嚼槟榔在广西龙州、防城、上思和宁明等地的壮族村庄里，盛行着“客至不设茶，唯以槟榔为礼”的习俗。嚼槟榔像喝茶抽烟一样，不限次数。方法是用小尖刀将槟榔削下少许，用火柴头大的面灰掺和着，加上一片指甲盖大的烟叶揉在一起，再用蒌叶包起来，放进嘴里咀嚼，跟着吐口水，而后在嘴里品味慢慢吞下。不用多久，唇红齿黑脸发胀，大有“醉槟榔”之感。嚼槟榔一是为了辟瘴、下气、消食、增口味，二是为了保护牙齿——嚼槟榔后牙齿乌亮美观，可防虫蛀。

壮族饮食禁忌多样，忌食青蛙；忌吃死于笼中的鸡；忌食牛肉，认为牛为耕作之帮手，故不忍食之；禁吃狗肉，据传壮族先民中，有人生而丧母，又被后母遗弃野外，家中母犬乳之，才得以成人，故为报狗恩而禁食狗肉（但有些地区壮族视狗肉为补养珍品，每年农历二月十二和五月初五杀狗，并称为“狗肉节”）。吃饭时，忌将筷子插入碗中，因祭死者才如此；忌筷子跌落在地上；饭热忌用嘴吹，恐将饭粒吹走日后无饭可吃。

二十六、布依族饮食风俗

布依族长期与西南其他民族杂居，饮食习惯和许多节日与汉族既有趋同的一面，又有一些本民族自己的特色，如嗜好酸辣食品，过年要吃鸡肉稀饭，鸡头、鸡肝、鸡肠用于敬佳宾，部分地区有捕食松鼠、竹鼠和竹虫的习惯等。

“三天不吃酸，走路打孬蹿”是流传于贵州的古老民谚，生动地反映了布依族、苗族、侗族人民对酸味食品的喜爱和依赖。布依族几乎每餐必备酸菜和酸汤，其中以独山盐酸菜最负盛名。

独山盐酸菜初期为家家户户自做自食，后来当地汉族也学会腌制，有时还用做馈赠礼品。盐酸菜的制法是先把青菜（十字花科）晒半干后洗净切成寸段，与按比例配成的糯米酒、酒糟、辣椒、大蒜、烧酒、冰糖、盐等配成的辅料拌匀，加适量

的灰碱，轻轻揉搓，菜入味后盛入坛中，腌制一段时间后即可开坛食用。

独山盐酸菜气味清香，口感脆甜，入口酸中有辣，辣中有甜，甜中有咸，咸中有香；具有甜、酸、辣、咸、鲜、香、脆的特殊风味。其中又有素食、荤食之分。素食最宜佐粥，清凉爽口，帮助消化，增进食欲；荤食用作烹鲜鱼、烧鳝片、蒸扣肉、炒肉末等，十分甜酸爽口。

地处贵州南部的安龙县，腌骨头是布依族招待上等宾客的美味佳肴。据传说客人食用这种腌骨头后，能长期记住主人的情谊，是布依族的“友情菜”。

腌骨头的制法是在逢年过节杀猪时，把猪的排骨、脚骨剔下来，骨头上带有三分之一的肥瘦肉。先把骨头砍碎，然后放在石臼里舂成粉末，取出后配上适当的精盐、碎姜粉、花椒粉、八角、山柰、茴香、干辣椒粉等作料，混合拌匀，装入罐内，密闭封紧，经过二十余天的发酵，即可取出食用。食用时，冷锅下料，加火炒热后，掺入适当的糟辣椒，加水稍焖即成。这种腌骨头带有豆腐乳的风味，酸辣适度，回味悠长。

布依族每逢农历三月三、六月六，都要杀鸡宰狗庆贺。尤其是六月六，册亨、望漠、贞丰、镇宁等地的布依族人家普遍吃狗肉和狗灌肠，已成为世代相传的民族风俗。

布依族杀鸡待客的习俗别有风趣。为款待客人宰杀的鸡，鸡肠必须完整，剖开洗净，不得切细。切下的鸡块数应与来客数相等。切鸡块颇有讲究，应先切鸡头，而后切双腿，再切鸡身。待客时，主人先将缠有鸡肠的鸡头、鸡脖子和一些鸡血、鸡肝敬给来客中年龄最大的人，表示肝胆相照，血肉相连，常（肠）来常往。鸡腿给小孩吃，以示对下一代的关心。等客人吃了鸡头，大家才动手吃肉。

二十七、侗族饮食风俗

侗族分布于贵州、湖南、广西三省毗邻地区，其中以贵州省人口最多。他们主要从事山坝农业，兼营林业和渔猎，手工业发达。出产“香禾糯”（有“糯中之王”之称）、“稻花鲤”、油茶、杉树，善于编织侗锦，“鼓楼”和“风雨桥”是其特有的精湛建筑艺术，是侗寨的标志性建筑。

侗族的饮食文化自成一体，大致可用“杂”（膳食结构）、“酸”（口味嗜好）、“欢”（筵宴氛围）三个字来概括。其丰富多彩的饮食文化中包含了许多神奇的内容。

侗族地区大多日食四餐，两饭两茶。饭以米饭为主体。平坝多吃粳米，山区多吃糯米，糯米种类很多，有红糯、黑糯、白糯、秃壳糯、旱地糯等，其中香禾糯最有名。他们将各种米制成白米饭、花米饭、光粥、花粥、粽子、糍粑等，吃时不用筷子，用手将饭捏成团食用，称为“吃抟饭”。

侗族一般习惯于清晨做好一天的饭菜，带上山去食用。其中香禾稻做成的“抟饭”尤为甘美，有“一家蒸饭，全寨飘香”之说。侗族人喝的茶专指油茶，它是用茶叶、米花、炒花生、酥黄豆、糯米饭、肉、猪下水、盐、葱花、茶油等混合制成的稠浓汤羹，既能解渴，又可充饥。与饭、茶配套的，还有蔬菜、鱼鲜、肉品、瓜果、野味、菌耳和饮料，食源广博而异杂。

蔬菜大多制成酸菜。鱼鲜包括鲤鱼、鲫鱼、草鱼、鳝鱼、泥鳅、小虾、螃蟹、蚌之类，可制成火烤稻花鲤、草鱼羹、鲜炒鲫鱼、吮棱螺、酸小虾、酸螃蟹等风味名肴。肉品主要是猪、牛、鸡、鸭肉，吃法与汉族差别不大。瓜果有刺梅、猕猴桃、乌柿、野杨梅、野梨、藤梨、饱饭果、刺栗、大王泡，以及松树嫩皮、桑树嫩皮、香草根等。其中，栎木的果实可做成豆腐，“香树”的皮可洁白牙齿，油茶树上长的“茶泡”是天然的酸甜汁。野味包括鼠、蛇、蝌蚪、四脚蛇、幼蝉、幼蝗、土蜂蛹、石蛙、穿山甲、囡囡鱼、麋鹿、梅花鹿、麂子，以及吃松果长大的松香鸡和松香猪，侗族均能巧加利用。菌耳方面有松菌和鲜美的鸡丝冻菌，还有可制粑粑与粉丝的藤根、葛根，水田生长的细微苔丝，随处可见的竹笋。饮料主要是家酿的米酒和“苦酒”，以及茶叶、果汁。据粗略估计，侗族的常见食料不少于五百种，天上飞的，水里游的，地上长的，草中爬的，只要能吃，无不取食。这显示出他们的聪明才智和很强的生存适应能力。

侗族嗜好酸味，自古便有“侗不离酸”的说法，在侗家菜中，带酸味的占半数以上，有“无菜不腌、无菜不酸”的说法。这些酸味菜具有以下特色。

（1）用料范围广。猪、牛、鸡、鸭、鱼虾、螺蚌、龙虱、白菜、黄瓜、竹笋、萝卜、蒜苗、木姜、葱头、芋头……皆可入坛腌酯。

（2）腌制方法巧。先制浆水，加盐煮沸，下原料续煮，装泡菜坛，拌上酒精和芝麻、黄豆粉，密封深埋。

（3）保存时间长。腌菜可放 2 年，腌鸡鸭可放 3 ~ 5 年，腌肉可放 5 ~ 10 年，腌鱼可放20～30年，非有大庆大典不开坛。侗家盛宴，碗碗见酸，而十道大菜组成的“侗寨酸鱼全席”，世所罕见。

在侗家人的心目中：糯米饭最香，甜米酒最醇，腌酸菜最可口，叶子烟最提神，酒歌最好听，筵席上最欢腾。

最有特色的要数客人进寨时特殊的迎宾仪式——“拦路酒”。侗家人在进入寨子的门楼边设置“路障”，挡住客人，饮酒对歌，你唱我答，其歌词诙谐逗趣，令人捧腹，唱好了喝好了，再撤除障碍物，恭迎客人进门。入座后又是换酒“交杯”，邻居或自动前来陪客，或将客人请到自己家中，或“凑份子”在鼓楼中共同宴请，不分彼此。酒席上还有“鸡头献客”、“油茶待客”、“酸菜苦酒待客”、“吃合拢饭”、“喝转转酒”等规矩，欢中有礼，文质彬彬。清人诗云：“吹彻芦笙岁又终，鼓楼围坐话年丰。酸鱼糯饭常留客，染齿无劳借箸功。”这正是侗寨欢宴宾客生动情景的写照。

侗族人敬重厨师，在许多宴席上客人都要与厨师对唱，互相致谢。如一首《谢厨歌》就是这样唱道：“厨师师傅常操心，睡半夜来起五更，坐了几多冷板凳，烧手烫脚费精神。扣肉堆成鲤鱼背，萝卜切成绣花针，内杂小炒加木耳，猪脚清炖拌香葱，蛋调面粉做酥肉，蜂糖小米做粉蒸。巧手办出十样锦，艺高算得第一名，吃在口里生百味，多谢厨师一片心。”

侗族的饮食禁忌主要是：不可坐在门槛上吃饭，忌讳看别人吃东西；正月初一不生火；祭祀期间不许外人入寨；丧期孝子忌荤吃素，但鱼虾不限。

在湖南通道和广西三江、龙胜一带，凡大型的饮宴均喜欢摆长席，即用板子连接摆开，两边坐人，菜肴按人分串，另设若干碗，公共菜肴、菜汤以佐酒。男子于席间饮酒，自食串肉；妇女则吃公肴，分给的串肉则自带回家。这是当地侗族特有的一种风俗。客人把主人分的串肉带回家去分给家里的人吃，意思是他们家人人都吃上了主人家的喜酒喜肉，表示同贺。若是白喜，则表示虽然没有来参加悼念，但吃了丧家的串肉，也是对死者的一种怀念和哀悼。

侗族非常重视婴儿的诞生，并要为其举行隆重的“三朝礼”仪式。在侗乡，“三朝礼”被称为“三朝酒”，以大宴宾客为特色，一般选在婴儿出生后的第3天或10天以内的某个单日举行。

二十八、瑶族饮食风俗

瑶族主要分布在广西、湖南、云南、广东、江西、海南等省区的山区，由于长期不断的迁徙，瑶族分布很广，有“南岭无山不有瑶”之说。是中国南方一个比较典型的山地民族。

瑶族对祖先很尊敬，习惯在进餐之前先念祖先几辈姓名，表示祖先先尝后子孙才能受用。尤其对丰盛的餐食更是如此。每逢节日必备猪肉、鸡、鸭和酒等祭拜祖先，吃饭座次也有讲究：老人和尊贵的客人须坐上座。遇有客人，要以酒肉热情款待，有些地方要把鸡冠献给客人。瑶族在向客人敬酒时，一般都由少女举杯齐眉，以表示对客人的尊敬；也有的以德高望重的老人为客人敬酒，被视为大礼。

瑶族喜吃油茶，也喜用油茶敬客。遇有客至，都习惯敬油茶三大碗，名为“一碗疏、二碗亲、三碗见真心”。瑶族老人也喜欢饮茶，故茶水也是待客饮料。款待客人时，鸡、肉、盐一排排地放在碗里，无论主客，必须依次夹吃，不得紊乱。客人和老人每吃完一碗饭都由妇女代为装饭。

盐在瑶族食俗中有特殊的地位，瑶区不产盐，但又不能缺少盐。盐在瑶族中是请道公、至亲的大礼，俗叫“盐信”。凡接到“盐信”者，无论有多重要的事都得丢开，按时赴约。

崇拜盘王的瑶族过去普遍禁食狗肉；崇拜“密洛沱”的瑶族过去则禁食母猪肉和老鹰肉。湘西南辰溪县农历七月五日前禁食黄瓜。绝大部分瑶族禁食猫肉和蛇肉。有的地方产妇生产后头几天禁食猪油。

瑶族一日三餐，一般为两饭一粥或两粥一饭，农忙季节可三餐干饭。过去，瑶族常在米粥或米饭里加玉米、小米、红薯、木薯、芋头、豆角等。有时也用“煨”或“烤”的方法来加工食品，如煨红薯等各种薯类，煨苦竹笋、烤嫩玉米、烤粑粑等。居住在山区的瑶族，有冷食习惯，食品的制作，都考虑便于携带和储存，故主食、副食兼备的粽粑、竹筒饭都是他们喜爱制作的食品。劳动时瑶族均就地野餐，大家凑在一块，拿出带来的菜肴共同食用，而主食却各自食用自己所携带的食品。

瑶民常将肉、鱼、鸡、鸭等制成鲊。一般每年入冬后至次年立春前是制鲊的最好时间。猪鲊的制法是将刮洗干净的猪肉切成块，放入缸中加盐、白酒、茶油、八角末拌匀，每两小时搅拌一次，5~10 小时后取出放入干净晾干的坛中，需装满筑实，密封坛口，三十天后即成。鸡、鸭、鱼鲊的制法与猪肉相同，但不切块，配料不加姜末，白酒、茶油用量较鲜猪肉略多。鲊鱼还需加炒香磨碎的米粉末。居住在山里的瑶民，擅长捕鸟，还制作了别具风味的鸟鲊，小鸟可带骨剁成肉糁，加葱、姜、辣椒，炒的骨酥肉脆后食用。

常吃的蔬菜有各种瓜类、豆类、青菜、萝卜、辣椒，还有竹笋、香菇、木耳、蕨菜、香椿、黄花等。瑶族地区还盛产各种水果。蔬菜常要制成干菜或腌菜。云南的一些瑶族喜欢将蔬菜做得十分清淡，基本上是加盐的白水煮食。有的直接用白水煮过之后，蘸用盐和辣椒配制的蘸水，以保持各种不同蔬菜的原味；肉类也常要加工成腊肉。广西的瑶族烹调肉类一般用干炒、水煮，放盐调味，用作料的较少；而肉类则要做成味道十分浓郁的菜肴，鲜肉或腊肉，先炸烤焦黄，然后再煮。瑶族人喜欢吃虫蛹，常吃的有松树蛹、葛藤蛹、野蜂蛹、蜜蜂蛹等。瑶族人还喜欢利用山区特色自己加工制作蔗糖、红薯糖、蜂糖等。

瑶族人大都喜欢喝酒，一般家中用大米、玉米、红薯等自酿，每天常喝二三次。云南瑶族喜用醪糟泡制水酒饮用，外出时，常用竹筒盛放，饮时兑水。

蜜蜂蛹

广西地区的瑶族还喜用桂皮、山姜等煎茶，认为这种茶有提神、清除疲劳的作用。很多地区的瑶族喜欢打油茶，不仅自己天天饮食，而且用油茶招待宾客。

瑶族除过春节、清明节、端午节、中秋节等外，还有许多自己特有的传统节日，如盘王节、祭春节、达努节、耍歌堂、啪嗄节等。节日里因为人多，饭一般不用铁鼎锅煮，而用木甑蒸，这种饭香气更浓。每逢节日，瑶族人家还要做粑粑。节日菜肴主要是鸡、鸭、鱼、猪肉、豆腐、粉丝以及各种蔬菜。有的地方瑶族四月八还要煮乌米饭。在湖南江水县的瑶族姑娘，每年农历四月初八过“野餐节”时要吃花蛋，制作花粑粑，吃花糖。姑娘们在吃花蛋、花糖和花粑粑时，小伙子不许偷看，违者还要受罚。

耍歌堂是连南排瑶祭祀祖先、庆祝丰收的大型娱乐活动，多在农历十月十六日以后进行，时间的长短不一，为3～9天。届时家家备有水酒、糯米粑粑招待客人，

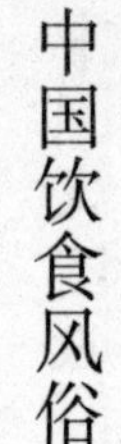

瑶族祭神，一般用猪、鸡、鸭、蛋、鱼等食品，忌用狗、蛇、猫和蛙肉。瑶族办丧事，必须砍牛祭祀。砍牛的头数视家庭情况而定，有的杀七八头之多。办丧事酒席，有些地方以猪肉、豆腐为主。

瑶族人民的热情好客，与汉族地区比较，有过之而无不及。凡是进入瑶家的客人，都会受到尊重和热情款待。饶有风趣的“挂袋子”与“瓜箪酒”，是瑶家待客的典型礼节。

客人到了瑶家，只要把随身携带的袋子往堂屋正柱上的挂钩上一挂，就表示要在这家用餐。不用事先说明，主人自然会留客人在家里就餐。如果不懂这个规矩，老把袋子等物放在身边，主人就认为你还要到别处去，吃饭的事往往落空。

瑶家待客慷慨大方，彬彬有礼。腊肉、山珍野味和土特产，是瑶家待客最常见的菜式。客席上，金黄厚实的腊肉被奉为上品，主人会热情地把大块腊肉夹给客人。客人不管是否喜欢都应当接受，这样主人才会高兴。

瓜箪酒是瑶家招待客人的特制酒。这种酒用糯米制成。它酿成糊酒后，掺上清泉水或凉开水，饮用时用瓜瓢舀出倒在碗里，连液带渣一起喝下。酒度不高，香甜可口。用餐时，由家里最年轻的姑娘斟酒盛饭，主人则频频向客人夹菜敬酒。此时，客人不必拘束过谦，应大大方方开怀畅饮。这样，主人认为客人看得起瑶家，就会越发高兴，倍加亲热。如果拘谨见外，反而不受欢迎。

火塘是瑶族家庭的核心，火塘上的三脚架以及灶膛，不能用脚踩，火塘内的柴火忌讳倒着烧。有些地方的瑶族忌吃狗肉，所以到了瑶族地区，不要打主人家的狗，不要吃狗肉。还有些地方的瑶族忌吃乌龟、蛇和鳝鱼，客人应入乡随俗，尊重瑶族的风俗。

二十九、白族饮食风俗

云南的大理是白族聚居的地区，白族大多从事农业，种水稻。那里的特产有邓川牛、大理马、鹤庆火腿、弥渡卷蹄、大理弓鱼、下关沱茶、大理雪梨、宾川柑橘和大理石、大理刀等。

白族饮食一般为一日三餐，农忙或节庆时则增加一次早点或午点，平坝地区多以大米、小麦为主食，山区常吃玉米、洋芋和荞麦，主食一般是蒸干饭，便于下地时携带。此外也喜爱吃粑粑、饵块、汤圆、米线、稀粥、糖饭（糯米与干麦芽粉制成）等。三餐都配新鲜蔬菜，也制成咸菜、腌菜、豆瓣酱。肉食以猪为主，兼有牛、羊、鸡、鸭、飞禽和鱼鲜，善于腌制火腿、腊肉、香肠、弓鱼、油鸡棕、吹肝和饭肠等食品，腌年猪和乳扇（羊乳点酸水而成）是当地“一绝”。烹调方法多样，口味偏好酸辣，大理白族创造出大理砂锅鱼、柳蒸猪头、乳扇凉鸡、油炸仙人花（仙人掌花）、盐炖罐子肉、鱼茸乳扇卷、生皮、汽锅饭、大理洱丝等一批名食。

烤茶是白族的传统茶俗，白族人家的堂屋一般设有木架的烤盆，上有三脚架，每逢有客人，主人便用砂罐烤茶待客，这就是“三道茶”。

鱼茸乳扇卷

白族注重节庆，几乎每节都有一至数种应景食品，如春节吃叮叮糖、泡米花茶和素斋饭，三月街吃蒸糕和凉粉；清明节吃凉拌什锦和“斋筵香”（炸酥肉）；端午节吃粽子和雄黄酒，尝新节吃新豆、嫩瓜和陈谷掺米饭，火把节吃甜食和各种糖果；中元节吃羊菌和烩鱼包肉馅；中秋节吃白饼和酥饼；重阳节吃肥羊，冬至节吃炒荞粒和羊肉汤。

三十、土家族饮食风俗

土家族居住在湘、鄂、川、渝、黔交界之处。艰苦的生存环境，历史上的饱经患难，砥砺出土家人豪爽、坚忍、纯朴的民族气质，养成了土家人崇祖、怀旧、齐心、尚武的民族精神，也造就了土家人甘于日常粗茶淡饭，饮食简朴，却乐于以美味佳肴热情款客、祭先祀神的风俗习惯。

土家族的饮食风俗受地理环境的影响很大。土家族居民所居之地气候潮湿，地处高寒，故为祛寒散湿，有喜食辣椒的习惯。又因山路崎岖，交通不便，购物较难，为解决日常饮食之需，民间都采用腌渍储存的方法。每家每户都有一些酸坛子，因腌制的食物含有酸味，又能刺激人的食欲，所以形成了以酸辣为明显特征的饮食风味。

居民日常所食，多为素食，几乎餐餐不离酸菜和辣椒。酸菜是将青菜、萝卜、辣椒等用盐水腌泡而成，成品酸脆爽口。土家族常将辣椒作主料食用，而不是做调配料。他们习惯用鲜红辣椒为原料，切开半边去籽，配以糯米粉或包谷粉，拌以食盐，入坛封存，一段时间后即可随时食用。因配料不同称为“糯米酸辣子”或“包谷酸辣子”，烹调时用油炸制，光滑红亮，酸辣可口，刺激食欲，为民间常备菜。

土家族的酸肉、酸鱼、腊肉别具风味。酸肉是以肥膘为原料，切成重约二两的块，配以食盐、五香、花椒粉腌渍数小时，再拌和玉米粉，入罐存放半月即成。食时配以其他作料焖制，其味微酸有黏性，油而不腻。酸鱼的制法是：把半斤以上的鱼去内脏洗净，肚内填以玉米粉或小米、燕麦粉、面粉均可，拌以食盐，置坛中密封，存放一两年之久而不变质，生熟可食。一般用油炸制，色泽金黄，具有焦、香、酸、脆特点，不加作料，民间常备，以待宾客。

每年春节前夕，土家族家家户户纷纷用猪肉熏制腊肉，为新的一年开始作储备，或作为礼物馈赠亲友。当地称为“土腊肉”的制作方法，世代相传。制法是将猪肉切成大条块，用食盐、花椒、山胡椒腌渍一星期，再烟熏两三天，抹灰除尘，将植物油烧沸，浇淋在肉的整个表层，放在阴凉处吹干，存放在稻谷堆内埋藏，也可放在植物油内浸泡，两三年内不变质。食用方法多样，一般以蒸、炒为主。民间流传有“三年腊肉好待客”的说法。

逢年过节或来了至亲好友、土家人的餐桌上往往会摆上一碗血豆腐。血豆腐是土家族的传统菜，用新鲜的豆腐加上干净的猪血，拌以食盐、辣椒、花椒、橘皮、肥肉末，用手捏成块状，放在柴草烟上熏烤，以表面稍黑，内质稍硬为度。食用时可以切成薄片，加以猪肉爆炒，也可以切成细丝，加上辣椒、香葱炒制。入口时令人觉得清香酥软，大开胃口，是一道下酒佐食的佳肴。

糯米粑粑是土家族民间最受欢迎的食品之一。重阳节打粑粑，女儿“坐月”送粑粑，修房上梁抛粑粑。节日里馈赠亲友，一般也都是互送粑粑。过节时，人们总是带上几十个小粑粑和一两对大粑粑走亲访友。一般每 20 个小的佩一对大的。大粑粑上面带有“喜”、“寿”红字，用以奉敬长辈，小的送给同辈和孩子们。新婚之夜，男方一定要送粑粑给伴娘作礼物。婚后，新婚夫妇回门，娘家也要送糯米粑粑作为礼品。

土家人平时粗茶淡饭，生活俭朴，不讲排场，但十分好客。请客吃酒席或有客临门，均要用美酒佳肴，尽其所能地款待。客至，夏天先请客人喝一碗糯米甜酒，冬天则请客人吃一碗开水泡团散，再待以酒菜。湘西土家人待客喜用盖碗肉，即以一片特大的肥膘肉盖住碗口，下面装有精肉和排骨。为表示对客人尊敬和真诚，待客的肉要切成大片，酒要用大碗装。无论婚丧嫁娶、修房造屋等红白喜事，均要置办酒席，一般习惯于每桌七碗菜、九碗菜或十一碗菜，但不设八碗菜或十碗菜酒席。由于八碗菜酒席被称为叫花子席，“十”与“石”同音，八碗与十碗被视为对客人不尊。

“社饭”是土家人每年二月“社日”必食的“佳节饭”。其作法是先于节日前上山扯来野葱、社菜，洗净剁碎，放于锅中焙干。煮饭时，先将肥腊肉炒香，铲出待用。煮饭时以三分糯米和一分黏米混煮，黏米半熟后放下糯米，然后将米汤滤净，放进社菜、胡葱和腊肉，搅拌均匀，阴火焖熟。揭开锅盖，香气盈室，其味妙不可言。

三十一、哈尼族饮食风俗

哈尼族主要聚居在红河和澜沧江的中间地带，少数分布在思茅地区、玉溪市、西双版纳傣族自治州等。哈尼族主要从事农业，还善于种茶。哈尼族种植茶叶的历史久远，哈尼族地区的茶叶产量占云南全省产量的三分之一。哈尼族以大米为主食，玉米、荞麦、高粱等用作缺粮季节的补充，玉米的食用量仅次于稻谷。食肉量较大，妇女一般禁食鳅、鳝、螺、鹅、马、水牛和狗肉。哈尼族成年男子喜食用猪、羊血制作的“剁生”，俗称“白旺”，是杀猪宰羊期间不可缺少的名菜。由于哈尼族世居亚热带山区和半山区，普遍喜食酸味食品，善腌咸菜，如酸酢肉、烟熏腊肉、酸酢鱼、酸酢螺蛳、豆豉等，其中腌制的豆豉几乎每餐必食，被誉为“哈尼味精”。哈尼族平时一日三餐，每餐必备一碗薄荷、香椿、葱花、香草、芫荽、姜、蒜配制的蘸水，将菜肴浸入后取食，称为“打蘸水”。吃饭时，媳妇与公公不得同桌，不论男女，有了孙儿孙女后其饮食备受优待。哈尼族男子普遍嗜烟、酒、茶。每家都有土法酿酒设备，自酿白酒。西双版纳一带的哈尼族女子喜嚼槟榔。

哈尼族盛大的传统节日有“苦扎扎节”、“火把节”、“十月年”，还有“喝新谷酒”的习俗。届时唱歌跳舞、打摔跤、磨秋、射弩，热闹异常。每逢新春佳节，家家户户都把宴席摆到街心，饭桌相连成长龙，进行长街宴，同喝“街心酒”，共庆新春佳节。表现了哈尼族相亲相爱，团结互助的精神。

三十二、傣族饮食风俗

傣族主要居住在云南省，以大米为主食。尤其喜欢吃糯米，有不少家庭均以糯米为主食，副食大多爱吃酸味和水产。傣族还喜欢饮酒，甜米酒更是男女老幼都喜爱的饮料。米酒一般都是自己酿制。

傣族还喜欢吃竹筒饭。竹筒饭的做法是：用一节午竹或甜竹，把一端挖通待装米。做竹筒饭的米，大多用陆稻香米或紫米。米洗干净泡水后，直接装入竹筒再用槛叶将竹筒口塞紧，也可用叶把洗干净的米包起来再装入竹筒。装好以后，放在温火上烧烤，待竹筒表面层烧焦后饭也熟了，剖开后就是香喷喷的竹筒饭。这种竹筒饭，有着特殊的清香味，素称傣家的风味佳肴。是过节或待客的上等主食。另外，傣族还喜欢吃米线、酸笋、酸菜、鱼类、青苔、蛙类、竹蛆、沙蛆、蜂蛹、酸蚂蚁等。饭后，傣族喜欢嚼槟榔。许多老年人因长期嚼槟榔，嘴唇、牙齿尽染成殷红色。史书上说的“赤口濮”，一般就是指此而言。槟榔是一种有消健胃功能的中药，是傣家的常用食品。也是待客不可缺少的礼物。

三十三、黎族饮食风俗

黎族大多居住在海南省中南部。黎族饮食风俗的显著特点是利用自然条件，因地制宜，就地取材，体现了人与自然密不可分的山风野味。

黎族多居山林，山上的山鼠，田里的田鼠，树上的松鼠，是黎家最喜爱的美食。在野外捕获鼠以后，立即以篝火烧毛刮净，带回除去内脏，或烤或煮，并用少许盐巴和辣椒调味。

“雷公根”是黎族同胞经常食用的野菜，与河里的小鱼虾或肉骨同煮，是极为可口的佳肴。“雷公根”也可药用，能消炎解毒。

黎族腌泡酸菜，先将野菜洗净加上畜骨或兽骨，拌入适量生盐，密封于坛中发酵。这种酸菜黎语叫“南沙”，酸味浓烈，消暑开胃，是黎族人民一年四季不可缺少的菜肴。

“祥”也是黎族的风味菜，“祥”有两种，一是“鱼茶”，二是“肉茶”，一般只有逢年过节或家中有贵客时才食用。黎族酒有番薯酒、木薯酒、山兰玉液。

黎族也有竹筒饭。烧制竹筒饭，先砍一节较粗的嫩竹，装入当地特产的香糯米和适量的水，或者再拌入猎物的瘦肉块及盐，架于火堆上熏烤。水沸后，以树叶或木塞封顶口，随时转动竹筒，使其受热均匀，待饭香溢出，取下稍候，以刀剖筒，便可食用。竹筒烧成的香糯饭，异香扑鼻，是招待宾客的珍美食品。香糯米是黎族地区的特产，用香糯米焖饭有“一家香饭熟，百家闻香味”的赞誉。

黎族妇女自古就有嚼食槟榔的爱好。她们把槟榔切成片，连核一起生嚼。干吃槟榔是将槟榔煮熟晾干，吃时切成小片，加上蚌灰与石灰拌的浆，包在“扶留叶”（俗称“蒌”）里慢慢咀嚼，细啖其余汁，愈嚼愈香，津津有味，直至脸颊潮红。嚼食槟榔因有解闷，下水肿，除瘴气的功效，所以槟榔果被黎族视为吉祥物和男女青年定情的信物。

三十四、傈僳族饮食风俗

傈僳族主要居住在云南省西北部，四川省也有一小部分。傈僳族的主食以玉米、荞麦、大麦为主。制作食物的方法以煮和烧烤为主。华坪、永胜一带的傈僳人喜食油茶和灰粑，即用玉米、荞面揉成面团，包上芭蕉叶或瓜叶烧烤，熟后取出拍净火灰佐以油茶食用，别具风味，称之为“火烧粑粑下油茶”。

傈僳族人待客热情，仪礼也十分特别，其中火烧肉块是最大的礼节之一。每逢贵客临门或遇家里屠宰肥畜，客人一到，很快便割下最嫩、最纯的一大块肉，端到客人到座的火塘边，笑邀烧烤下酒。此外，苦荞粑粑蘸蜂蜜，是傈僳族待客的又一盛礼。苦荞粑粑的香苦和蜂蜜的甘甜并致，堪称食谱一绝。其他著名菜肴还有清水煮乳猪，黄焖麂子肉，甜木瓜炒乌鸡丁，焖乳猪，排骨鲜，贡山焖鸡。

傈僳族的“喝同心酒、吃手抓饭”是傈僳族待客的最高礼节，“手抓饭”又叫“簸箕饭”。一个圆圆的大簸箕内盛满雪白的大米饭，饭上堆着大块的烤乳猪，大片腊肉和圆溜溜的洋芋。一个簸箕类似于一张圆桌，五六个人一围拢就可开饭。蘸水摆好了，水酒斟上来了，一次丰盛的傈僳族宴席就要开始了。可奇怪的是不见送碗和筷子来，没享用过“土风”的外来客们，虽然早就对着那香喷喷的美食馋涎欲滴，盼着要大干一场了，可手中没“武器”，竟不知该如何是好，只能发愣干等。直到主人来教，才明白要先用左手把米饭放进右手揉成团，再拿上一片喷香的肉一同送入嘴里。左手代筷，右手当碗，这就是手抓饭的规矩。那喷香诱人的味道、返朴归真的感觉好极了。

吃手抓饭的时候，热情的傈僳族姑娘还会与每一位客人共饮一杯“同心酒”。傈僳语中，“同心酒”叫“伴朵”，也叫“虾偏打”。即两个人手捧一竹筒水酒，相互搂着肩，脸贴脸、嘴挨嘴一起将酒饮尽。按风俗这种饮法除夫妻俩不能“伴朵”外，其余任何人不分男女老少都可以“伴朵”。按顺序轮着来，一圈又一圈，谁也不能躲脱。谁若轮到不喝，姑娘们就举杯围着他唱歌，直到唱得他不好意思，喝下两杯酒，方肯罢休。“喝了‘同心酒’，走遍天涯海角都是情。”这句流行的傈僳族谚语极好的表达了傈僳人热情好客、情深义重的民族特点。

傈僳人喜制果醋，每年桃、梨果子成熟季节，将采摘的果子洗净，放入大土缸里，用无油渍的泉水浸泡。这种果醋夏天取出切开拌花椒食用，味美无比。存放了几年的果醋还是治痢疾的良药。

傈僳族好酒善饮，每至秋后，家家煮酒，寨寨飘香。有一种水酒，其制作办法是把青稞、小麦、玉米等粮食炒黄，煮熟后拌上自制苦釉，在竹箩中发酵，装进陶罐，放入清冽山泉中密封一天，用空心藤吸出饮用。水酒苦香醇正，性淡味浓，喝后既可提神解渴，又能增进食欲，是傈僳群众不可缺少的饮料。

三十五、佤族饮食风俗

佤族居住在云南省的西部地区，以大米为主食。西盟地区的佤族都喜把菜、盐、米一锅煮成较稠的烂饭。其他地区的佤族则多吃干饭。农忙时日食三餐，平时吃两餐。鸡肉粥和茶花稀饭是家常食品中的上品。旱稻多现吃现舂，男女老幼皆食辣椒，民间有“无辣子吃不饱”之说。

佤族的肉食主要来源于家庭饲养，有猪、牛、鸡。此外也有捕食鼠和昆虫的习惯。一些地区的佤族食用竹蛹、寄生于草本植物的红毛虫、扫把虫和寄生于冬瓜树的冬瓜虫等十余种。一般都把可食的昆虫与米一起煮成粥，加菜、盐、拌辣椒，香辣可口。

佤族养蜂比较普遍，但养蜂方法十分特别，先用一段掏空的圆木，两头封口，留出数个小孔，供野蜂进出，放在森林或屋椽下，使其繁殖酿蜜，每年割二三次，与其中蜂蛹一起食用。

佤族普遍喜饮酒，喝苦茶。所饮用的酒都是自家酿制的“泡水酒”，常饮泡水酒有益健康。佤族更爱喝苦茶。有的苦茶熬得很浓，几乎成了茶膏。苦茶虽然味苦，但喝后有清凉之感，对生活在气候炎热地区的佤族，具有神奇的解渴作用。

嚼槟榔是佤族男女老少普遍的嗜好，平时劳动休息或闲谈时，口中都嚼一块槟榔。

三十六、拉祜族饮食风俗

拉祜族主要居住在云南省西南部。拉祜族的主要粮食是大米，其他的谷、荞、麦、豆类都属于杂粮。他们做的米饭既松软，又香甜。煮饭的炊具多数是用土锅（一种比较粗糙的陶锅），虽然家家户户都有铝锅，但煮饭做菜仍多用土锅。

拉祜族现在还有烤吃肉类的传统习惯，烤吃肉类的方法是用两根竹棍子，把涂有食盐、香料之类的肉夹在中间，放在火塘边用火慢慢烘烤，肉不能烤焦，只能烤黄、烤香，直至烤到肉黄骨酥。用这种方法烤的肉类，吃起来别有风味。

拉祜族自已种的菜很少，多数是采摘山中的野菜，因为山里的野菜一年四季都有可供采食的。他们吃饭离不了辣子，每餐必不可少。俗语说：“拉祜人的辣子，汉人的油。”

拉祜族人民喜欢饮烤茶与酒。他们遇酒必痛饮，饮酒又必唱歌。尊敬的客人来到家里，即使没有什么菜，也要招待客人饮酒。

三十七、水族饮食风俗

水族主要居住在贵州省，广西壮族自治区也有分布。水族从事农业，以种植水稻为主。水族人主要以大米为主食，另外还有包谷、小麦、大麦、玉米、高粱、小米、红薯、豆类等。蔬菜主要有青菜、白菜、萝卜、韭菜、香菇、蕨菜、木耳等。水族人喜欢吃酸食，喝酒。酸汤是水族人夏天家中的必备食品。水族妇女还善于做各种腌制食物，主要有腌鱼、腌肉、腌菜。

水族一年中过端节最为隆重。端节之前，家家洒扫庭院，居室内外收拾得干干净净。节日的前一天，村寨敲响铜鼓，辞旧迎新。节日里杀鸡宰鸭吃新谷，并要以鲜鱼炖汤，准备好新米鲜汤招待亲朋。除夕（戌日晚）和初一（亥日）晨祭祖，

忌食荤，供品中不能有鱼以外的其他肉类，忌荤但不忌鱼。祭祖的主品是鱼包韭菜，原因是传说先人们曾以九种菜和鱼虾做成的药祛除过百病。它的做法是将韭菜、糟辣及葱、姜、蒜等调味品填进清洗好的鱼腹，捆扎好后清炖或清蒸而成。

水族农民不善种菜，因而蔬菜品种比较单调。水族比较重视养殖业和渔业。因此，各种牲畜禽及水产品为水族生活提供了必需的肉类食物。

水族酸汤极有特色，有辣酸（辣椒制成）、毛辣酸（西红柿制成）、鱼酸（鱼虾制成）、臭酸（猪、牛骨熬制而成）等多种。其中以辣酸为最常用。辣酸用新鲜红辣椒加工制成。其制作方法是：将新鲜红辣椒淘洗干净，加水用磨子磨成浆，加入大量甜酒（或糯米稀饭），放入泡菜坛中密封，经发酵，即成美味酸汤。食用时，把白菜、青菜、嫩竹笋、大叶韭菜、广菜等各种蔬菜煮熟，舀适当酸汤放入，煮开即可。以糊辣椒面、盐巴并舀一点菜汤调成蘸水，吃菜时要就着蘸水吃，其味鲜美，极为开胃。极少有炒菜，一年四季都吃“火锅”，一大锅酸汤加蘸水几乎就是每日不变的菜肴。即使偶有豆腐、肉或鱼，也习惯加入菜中，煮成一锅蘸蘸水吃。

水族喜爱喝酒，家家都会烤制米酒。逢年节、庆典或亲朋来访，都离不开以酒待客。水族好客有着悠久传统，轮流过端就是热情好客的文化表露。

三十八、纳西族饮食风俗

纳西族居住在金沙江上游的滇、川、藏交界地区。这里山珍水味、物产丰饶，创造了独具民族特色和地方特色的饮食文化。

纳西族习惯一日三餐，主食以小麦、玉米和大米为主，将其加工制作成窝头、馒头、粑粑、米饭等花样，山区杂以洋芋、荞麦和青稞，喜喝酥油茶，常吃杂锅烩菜、火锅和大块肉。城镇、坝区的烹调技术较高，待客时，饭前多设海棠、瓜果、蜜饯等自制茶点，而“八大碗”、“六碗六盘”等花色品种很有特色。宴请贵客多用“三叠水”，一般用三种大小不同的碗具盛菜，形成高矮三个层次。菜类除了通常使用的蔬菜外，特意加上一些山珍海味，再配搭诸如八宝饭、高丽肉、松子炒鸡，以及按季节制作的蒸梨、蒸苹果等甜食，形成蒸、煮、炒、卤、炸、烩、酥、炖多样齐备，色、香、味俱佳，别具特色的宴席。

丽江粑粑、鸡豆凉粉和丽江窨酒，是纳西人传统的著名食品。永宁等地的猪膘（又称琵琶肉），系将整头猪去内脏、骨头后风腌而成琵琶状，久放而不变质，肉味清香，为待客和馈赠亲友的佳品。边远山区虽然物质生活条件较差，但也非常好客，民风淳朴，仍然可以品尝到浓茶配炒面、荞饼蘸蜂蜜、核桃油煎面饼等风味食品。

“丽江粑粑鹤庆酒，永胜油茶家家有”。丽江粑粑在过去地处南方丝绸之路、滇藏茶马古道的丽江的马帮队伍中备受欢迎，因其久置不会变质变味、味美如初而得其“丽江粑粑摆不坏”的美名。

三十九、景颇族饮食风俗

景颇族绝大部分居住在云南省德宏傣族景颇族自治州。景颇族的菜肴丰富奇谲，尤其擅长煮、烤、舂的技法，酸辣够味儿，酥脆可口。其料理除瓜、豆、青菜、洋芋等不需精耕细作的大路菜外，还有竹笋、野生的香芹、水芹、野蒜等山茅野菜。

煮菜多为一锅煮，打蘸水吃，如“酸粑菜”，用绿菜与酸笋白煮，蘸着用豆豉、辣子、盐调制的蘸水，不见星点油渍，纯粹素食，山野风味极浓。

舂菜名目繁多，或煮熟后舂，或生舂，蔬菜多采野生的，舂时都加上盐和豆豉等调料，细茸鲜嫩。汁滋液润，盐味入里，酸辣可口。如舂折耳根，轧成上桌名曰“鱼腥菜”，有杏仁香味儿，是清热解毒消炎的药膳蔬菜。肥厚且极少苦涩味的马蹄菜从田埂、河沟边采来洗净，拌上辣子、酸茄、豆豉、盐巴等作料用竹筒轧揉，即可取食，是景颇人最喜爱的一道菜。若在舂菜时，再加以几茎清香奇特的野芫荽，就好像放进了一种老牌名优作料，舂出的菜更香更浓。烤菜也离不开舂法。

除猪肉外，景颇人还捕获山羊、野猪、野牛、野鸡、雀鸟和鱼、蟹、田螺等来烤吃。一种吃法是放在明火上烤至香脆后与野菜一同轧成泥而食；另一种是烤熟后蘸盐巴、辣椒吃。最够味儿的是“舂干巴”，把牛干巴或麂子干巴埋入火中焐熟，用刀舂捶松后撕着吃，撕不动，咬不下时，再去火上烤烤，然后舂捶舂捶，直至咀嚼干净。结婚、走亲戚、新媳妇回娘家送的礼品中，也一定要有烤熟的竹筒鱼，以示尊敬和美好的祝愿。还有一肴——“景颇蒸肉”，把猪肉或牛肉剁成肉泥，拌上腌菜、盐、辣椒等作料搓成团用芭蕉叶包得严严实实放到蒸笼里去蒸，或者埋进浅土里，上面烧上一堆火“蒸”熟，这样的蒸肉，野味十足，特别香鲜。

景颇山的野味也出奇制胜，有以昆虫为食的习俗。从蚁穴中取出黄蚂蚁蛋，用清水淘洗干净后晾干，与鸡蛋混合炒吃，味美无比。去掉翅、足的鸣蝉放火锅中焙烤后，再用油炒食，其味香脆，是下酒佳肴。在竹林中寻觅到被竹虫钻挖的洞，顺着往上一节剖开，竹蛹就抖搂出来一小碗、半小碗。将竹蛹剁细加上炒米粉和作料，用生菜蘸食，或用水稍煮一会，捞起用油煎食，或与鸡蛋一起炒吃，或焙干作下酒菜，都以富含蛋白的本质，特异的风味成为待客的上品。最诡谲的是吃花蜘蛛。这种蜘蛛有拇指一样大，结黄网，身上有黄黑相间的花斑，捉到后，放在火上烤去破脚，蜕去皮甲，夹在米饭中当菜吃，其美味不亚于鲜香四溢的烤猪肉。还有一种景颇语称作“起柯”的“牛屎虫”蛹，有两三个拇指那样粗，颜色纯白，从地穴里挖出来洗净后放在锅里稍煮片刻，捞起来配上作料与鸡蛋一起煎食，不但味殊，而且蛋白质含量非常丰富。

四十、仫佬族饮食风俗

仫佬族居住在广西壮族自治区。仫佬族以稻米为主食，麦类、薯类、玉米、豆类辅之。稻米有籼米和糯米，黏米作为日常的正餐，糯米作为节日的食品原料。

仫佬人家大都养猪，杀猪时，只卖一部分，其余部分留下自己食用，夏天做“粉腌肉”，冬天做腊肉，同时，在每月的祭神节日里，家家户户凑钱买猪祭神，进行集体拜神活动，饮宴吃肉。

仫佬族冬季以青菜和萝卜为主，夏季以豆角为主，辅以南瓜、匏瓜、八棱爪等瓜类，青菜、萝卜、豆角等蔬菜，除鲜食外，还做成腌菜留存慢慢食用。仫佬族地区盛产黄豆，因而黄豆也是常菜，有炒黄豆，煮黄豆，制作豆腐、豆酱。

仫佬族麦类的煮食方法是：将麦类磨制成粉，烤炸烙饼或作团子吃；有时把红薯煮熟，除去外皮捣成糊状，与麦粉混合煮食，香甜可口。

白馍是糯米制品，其做法是：先把糯米蒸成熟饭，放在石臼里捣烂，然后捏成拳头大的团子，吃时可用火烤，香甜爽口，也可用糖水煮食。

白焖肉是仫佬山乡的一种风味食品。其做法是：将整块的猪肉或整个的鸡鸭（去毛和内脏）放入水中白煮，肉熟后取出切成小块，然后配以调味汁食用。做法讲究火候，只要八成熟。

“狗舌糍粑”扁长柔软，形似狗舌，其名由此得来。它松软可口，味道甜美，再撒上香香的芝麻糖粉，更令人回味无穷，它是仫佬族男女青年“走坡”时节唱罢山歌后互相交换的食品。

“斗糍粑”是仫佬山乡在春节期间用糯米饭舂制的，每逢大年三十晚上，家家户户的青壮年男子便摆开架式，高举“丁”字形榔锤，一上一下把糯米舂溶。糯米饭舂溶后，青壮年妇女便取出来做成馍饼，先放在用鸡蛋黄或茶油抹过的大簸箩里，然后移到芭蕉叶上晾干，印盖花纹图案。“斗糍粑”在仫佬山乡还是送礼的佳品呢！

重阳酒是仫佬山乡农家最喜欢的传统饮料。每年农历九月初九重阳节，仫佬山乡家家户户选出一部分上好的糯米熬酒享用。

四十一、羌族饮食风俗

羌族居住在四川，主要食物有玉米、小麦、青稞、胡豆、黄豆、豌豆、荞麦等；还有从川西平原运来的大米、面粉等。蔬菜有圆根萝卜、白菜、辣椒、莲花白等，常吃自己泡制的酸菜，每日以三餐为习。

羌族人制作饮食、烹调较简，常见方法是玉米粥内加蔬菜，叫“麦拉子”；还有玉米面或麦面做的馍馍或玉米蒸蒸，称作“面蒸蒸”；用大米煮到半生拌玉米面蒸熟，此饭如以玉米面为主叫“金裹银”，以大米为主叫“银裹金”；有把青稞或小麦做炒面用以放牧或外出时食用。羌族普遍吸食自产的兰花烟。羌区盛产花椒、核桃等经济作物，目前已远销海内外。过去吸兰花烟，现多吸香烟。在靠近藏族村寨或杂居的村寨，一般年老男女还吸鼻烟。

羌族人不喜欢吃鲜猪肉。杀猪的时候，喜欢将猪肉连皮带毛切成小块，挂在梁上熏干，做成“猪膘”，存放越久远，颜色越黄越是珍品。陈年的猪膘，肉色嫩黄、晶莹剔透，吃起来油而不腻、十分可口。猪膘可以用作日常炒菜的调料，也是赠送客人的上等礼品。

咂酒是用青稞、大麦煮熟后拌酒曲放入坛内以草覆盖酿成。饮用时向坛子中注入点水，用细竹管吸饮，男女老少轮流吸，吸完再添水至味淡后食渣，俗称此为“连渣带水，一醉二饱”。此外他们也饮白酒。

四十二、布朗族饮食风俗

布朗族居住在云南省，以大米为主食，辅以玉米、小麦、黄豆、豌豆等杂粮。喜用锅把稻米焖成米饭。尤擅煮竹筒饭，煮时选一段鲜竹，装好米和适量的水，用火烧熟，剖开竹筒一人端一半以竹筒当碗用。米饭沾有竹瓤，食之有新竹清香和经炭火烘烤的香味，很可口。肉类以牛、羊、猪、鸡肉最为常见，也常捕食野味和昆虫。菜肴的烹制技法以清煮、凉拌居多。对许多野味、鱼、虾、蟹、蝉、虫等食物一般还用春、炸、蒸等方法烹制。如：春螃蟹、油炸花蜘蛛、蝉酱等。还常腌制酸味食品，如酸笋、酸肉、酸鱼等，制作方法同当地其他民族大体相同，但布朗族腌酸菜时常在最上面放一层米饭。

布朗人喜欢饮酒，且大都自家酿制。其中以翡翠酒最为著名。这种酒在出酒时用一种叫“悬钩子”的植物的叶子过滤后呈绿色，很像翡翠的颜色，因此而得名，布朗族人性格豪爽，朋友间有“有酒必饮，饮酒必醉”之习俗。

喝茶是布朗族的另一个嗜好，并且善作茶。竹筒茶和酸茶是布朗族所特有的。民间还常把酸茶作为馈赠亲友的礼品。居住在西双版纳布朗山的布朗族妇女，尤其是怀孕妇女嗜食当地红土，据说此红土有止吐、除腥、提神之效。布朗人品茶也相当讲究，有烤茶和泡茶两种方式。烤茶是将茶叶撒入特制的茶罐中，一同放在火塘上边烤烘，当茶叶冒出扑鼻的香气时立刻注入滚烫的开水。烤茶浓郁香醇，为布朗人的待客上品。布朗人从老到小皆有嚼食酸茶的习惯，据说这样能生津止渴而且有助于肠胃的消化。

布朗人还有嚼烟的嗜好。嚼烟的方法是将槟榔叶包上少许的草烟丝，再加入沙基、芦子、槟榔果、红石灰等一块放进口中慢嚼，每次可嚼 20 多分钟，吐出的烟渣呈紫红色，布朗人嚼烟日久，连牙齿都被染成黑色。布朗人抽烟、嚼烟不分男女老少，男人喜欢强烈、辛辣的刺激烟味，妇女则常叼一根长杆烟锅，抽吸味软清淡的烟丝。

布朗人爱吃生食和酸食。将生牛肉，生鱼肉或生马鹿肉剁成肉酱，佐之以香菜，大蒜和精盐，来招待远方贵宾。酸笋、酸鱼、酸猪肉清香可口，亦是布朗人常吃的食品。外出渔猎时，布朗兄弟会烹调一“锅”别具一格的卵石鲜鱼汤。他们在沙滩上挖一个坑，铺上几层芭蕉叶子，先倒进清水与活鱼，接着投入一颗颗烤热、烧红的石子，水沸腾将鱼煮熟，最后撒上盐巴。这种鱼汤味美甘甜，散发着烧石子的干香和芭蕉叶的清香。

四十三、毛南族饮食风俗

毛南族主要分布在广西壮族自治区的西北部，饮食简朴，但有特殊的习惯，在小平原、小平坝上，人们以大米为主食，玉米、小麦为辅，平时做大米饭或稀粥，过节过年做米粉、米糕、五色糯饭、糯米糍粑等。在山区峒场，人们以玉米为主，小麦、高粱、红薯、豆类为辅，生活较苦，他们喜欢吃猪、牛、羊、鸡、鸭等肉类，有吃酸食的传统习惯。此外，毛南人把生羊血视为滋补品，在杀羊时把羊血盛在清洁瓷盆中，凝固后用刀把羊血割成小块，用烈酒浸泡后即食用。他们说：生羊血经酒消毒后无腥味，不伤肠胃，还有吸尘和滋养身体之功效。

“毛南饭”的原料有玉米粉、鲜嫩豆芽、嫩南瓜（南瓜苗、南瓜花），姜丝、辣和油盐等。做法是先用冷水将嫩竹笋煮（不能用热水煮，以免出苦味），加入玉米粉煮成糊状，然后加入豆夹或切碎的南瓜，最后再加入南瓜苗（或南瓜花），拌些油、盐，即成“毛南饭”，辣椒只作调料。这种饭吃起来很可口，有一种特别清新的香味。

酸食是毛南族传统的饮食习惯。在他们的族谱中，曾有“百味用酸”的记载。秋收后，有的人家杀猪、杀牛，开始腌制酸肉，腌制的方法是先把猪肉（或牛肉）切成半斤至一斤重的块，用米粉和食盐搓匀后放坛内，加盖密封，经酸液长时间的侵蚀，肉块已酸化变熟，吃时不必煮，酸味不腻人。远客到来，主人常以积年酸肉招待以示盛情。他们腌制的“螺蛳酸”，风味更为独特。在腌制前，先把活螺蛳放在清水盆里浸泡几天，让它吐尽秽物和沉水，然后洗净烫熟（不需去壳）用清洁的布把它包好放入坛中，同时在坛内加入清水，再把炒熟的糯米和用火烤过的猪骨头放入坛内，与螺蛳一起混合腌制。这和酸肉一样，腌制的时间越长越好，螺蛳肉就会全部溶化于酸液之中。夏季天气炎热，劳动归来吃些螺蛳酸，不仅清新爽口，而且还会防治肠胃消化不良和腹泻等疾病。此外，他们还腌制酸菜叶、酸竹笋、酸豆腐、酸芋茎、酸辣椒、酸姜等，品种很多，户户皆有。

毛南族有一种吃菜牛肉的办法叫“打边炉”，吃法是先将新鲜的生牛肉切成薄片，以汤、姜、蒜、西红柿为作料，另将辣椒、盐巴、加水调成“盐碟”。进餐时，将牛肉片摆在炉子周围，锅上摆着盐碟等，锅中汤水鼎沸时，先放姜丝、大蒜和西红柿，等再沸时把牛肉投入，拌几下，牛肉呈灰白色，及时捞出，蘸过盐入口，肉片投放的时间不能过长，这种食用方法牛肉脆嫩清香，不膻不腻，不损肠胃。还可在锅中烧汤少许，待锅边灼红时，把牛肉贴到锅边上，当牛肉卷曲如木耳状时再拿出蘸盐食用，味道亦佳，行令敬杯，更是情意浓浓，为毛南族待客之佳肴。

毛南族人喜欢做“鸭酱”，做法是舀上一碗最好的酸水，把鲜鸭血倒入酸水中拌匀，过些时间后，鸭血即变成灰白色，带着浓馥的酸味，吃时加入盐、姜丝、辣椒、蒜泥拌匀即成鸭酱，用鸭肉蘸着鸭酱吃，味道奇鲜无比。

毛南族人好饮酒，也自酿酒。酿酒的原料甚多，糯米、黏米、玉米、小米、高粱、地瓜、南瓜都可以酿出美酒来。所酿之酒度数不高，一般为20—35度。

四十四、仡佬族饮食风俗

仡佬族大部分居住在贵州，少数散居在广西、云南。仡佬族的饮食文化以酸辣为特色，仡佬族以大米、玉米为主食，兼食面食及杂粮、薯类。喜吃糯米糍粑，一般农家饮用泉水，待客用茶。

仡佬族以玉米、大米为主食，兼食小麦、红薯、洋芋、土豆、豌豆、蚕豆等，喜食酸、辣味。讲究宴席饮食，习惯要求是“二幺台”或“三幺台”。第一台是“茶席”，以糖食果饼、核桃、板栗、花生、白果、葵花籽等配饮清茶；第二台是酒席，用盘盛香肠、盐蛋、咸菜、凉拌菜等下酒。第三台是正席，有大菜（即扣肉烧白）、各种炒茶、苡仁、粉条、滑肉（酥肉）、豆腐丝等。

仡佬族大都喜欢把鲜菜做成酸菜和腌菜再吃，如用青菜、辣椒、大蒜、生姜混合腌制的酸辣菜，用香椿芽腌制的腌香椿，不仅可以凉拌，单独做菜，而且还可用来做成大菜（即扣肉底菜）。

肉类主要有猪肉、羊肉和牛肉、马肉，其中较有代表性的风味菜肴是用猪骨头、鸡肉加大量的辣椒粉舂碎，加各种作料做成的辣椒骨，食用时既可单独做汤，又可与其他菜相配，制成各种风味菜肴。

仡佬族很喜欢吃辣食，吃法很多，如：将嫩辣椒放在干锅内爆成半熟，然后用油炒煳；或将嫩辣椒煮成半熟，晒干，吃时再用油炸，直接用来下酒。

仡佬族善酿酒，以“爬坡酒”最富特色，酒用玉米、高粱、毛稗、稻谷等酿制而成，常用作礼品赠送亲友。酒酿成后，盛于缸内，用紫灰拌黄泥密封缸口。密封时，将两根一弯一直的空心细竹竿插入缸内，外露一关。有的还将此酒窖在地下，两三年后作嫁女酒宴之用，又称“嫁女酒”。饮用时，打开空心竹竿塞，客人们轮流咂饮。

四十五、阿昌族饮食风俗

阿昌族主要居住在云南省，食物以大米为主，还有薯类、蔬菜、肉类等，但嗜好酸性食品。

阿昌族婚礼酒宴上，新娘舅舅所坐的酒桌上，必须摆一盘用猪脑做成的凉菜，否则，他们就不吃饭。酒宴结束，舅舅要送一份“外家肉”。“外家肉”十分考究，一条后腿，必须带着猪尾巴，重量恰好四斤半。送“外家肉”是为了让新娘不要忘记娘家的养育之恩。

阿昌族有名的风味食品——火烧生猪肉米线，也称“过手”米线。男女老少熙熙攘攘争相赶集，不少人赶集是为了品尝一碗火烧生猪肉米线。这种美味小吃，各摊档的调料不尽相同，但大家选料都很注意，一般是新鲜火烧猪肉，经过剁细斩蓉，然后用酸醋拌熟，再加上碎花生米、猪肝、猪脑、粉肠以及各种调料如芝麻、大蒜、辣椒、芫荽、豆粉、酸水，最后拌和上柔软滑润的米线。这种小吃酸辣可口，味道鲜美，别具风味。阿昌族还编出山歌唱道：“户撒好，户撒好，户撒‘过手’忘不了，吃了‘过手’想‘过手’，‘过手’味道实在好。”

四十六、普米族饮食风俗

普米族主要居住在云南省的兰坪县和宁蒗县。普米族以玉米为主食，间食大米、小麦、青稞、荞子、洋芋等。如逢喜庆佳日或客人来临，则多食大米，以示心中的喜悦。肉类喜食牛、羊和猪膘肉（琵琶肉），仍保留着分饭吃的传统习惯，喜欢喝酥油茶和盐茶。好客是其传统美德，客人到来邀为上座，先送上酥油茶和炒面，接着上甜酒或清酒，再上猪膘肉、猪灌肠、猪骨头、清炖鸡、炒鸡蛋、煮香菌，主人陪伴，等客人吃完后，家人才用餐。

普米族人特别尊敬老人，对老人照顾得十分周到。在云南兰坪县的普米山寨，年过七旬的老人，床头边一般都有一个安放饮食的木柜，里面装了各种食品，逢年过节，寨子里的家家户户都得给本寨年老的人送一份礼；出嫁的女儿每年农历正月初二回拜父母，要献上佳肴美酒；家中有人外出做客，要给老人捎回一份酒席上的吃食；家里的黄酒打开，得给老人盛一坛放着；杀年猪要把脊肉割下给老人；做燕麦炒面先给老人装上一袋。孙儿孙女去赶集串亲外出归来，要给老人捎些糖果、草烟。

普米族喜欢味厚的酸辣食品。“醉鸡”是普米族的佳肴。普米族以包谷为主食较为普遍。其制作方法是：先将包谷磨成粉，调和温水，捏成饼子，然后放入火塘内烤熟，佐菜而食。富裕人家还要拌食蜂蜜，喝酥油茶。青稞、燕麦多做成炒面或用来酿酒。普米族普遍种植蔬菜，南瓜、茄子、辣椒、萝卜、韭菜、青菜、蔓青、西红柿等为食用菜蔬，也爱吃木耳、香菌、花椒等野生植物。特别有名的是“猪膘肉”，其制作方法是：将宰后的生猪掏去内脏，抽去所有的骨头，将盐巴和花椒撒在猪腹内，然后把猪腹缝合，风腌起来，就成了一头完整的腊猪，它的外形很像琵琶，因此也叫“琵琶肉”，这是招待客人的上品。普米族过去以狩猎生存时，经常能吃到黑熊、野猪、獐子、鹿子、岩羊、雉鸡等野味，肉食多好煮吃和烤吃，不习惯炒吃。吃饭时全家围坐在火塘边，由家庭主妇分给饭菜，每人一份。

普米族喜欢喝茶、吸烟和饮酒。茶的种类很多，主要有酥油茶、化油茶、盐茶、核桃仁茶等。烟有旱烟、鼻烟、卷烟等。酒分甜酒、黄酒、白酒三种。过去十三岁以上的男人都吸烟、喝茶，每人都有一个茶罐和烟杆，不论走亲访友，耕种放牧，只要一休息就取出烟杆吸烟，拿出茶罐煮茶。尤其喜好喝酒，习惯于用牛角盛酒，再倒入大碗喝，或者用竹管去吸。普米族热情好客，每当亲友来访，总是导上座，奉上酥油茶和炒面，接着就端上热气腾腾的牛羊肉和猪膘肉，另加上一碗拌有葱、蒜、辣椒及花椒、香椿的酸辣汤，主人在旁殷勤陪侍，等到客人吃饱以后，家人才开始用饭。

四十七、怒族饮食风俗

怒族主要居住在云南省，主食包谷、荞麦和小米，贡山怒族还种植青稞面。少数信奉喇嘛教的怒族也吃酥油糌粑。蔬菜有青菜、白菜、萝卜和辣椒等数种。每到五六月春荒期间，常到野外采集野姜、野蒜等野菜佐食。怒江两岸山林中还出产一种肥大的山鼠，这是怒族群众喜食的野味。此外，山间林际还有各种块根类植物，过去怒族群众也常常采集加工，充作粮食。由于怒江地区山高路险，农作物种植极其困难，因而，过去怒族耕种的谷物主要是包谷、青稞、麦子、小米、高粱、稗子等山地品种。在落后的自然经济条件下，渔猎仍然补充一部分生活来源，尽管捕鱼不多，在怒江平缓地带，仍有人抽空捕鱼，或用竹竿钓鱼。在现代生活中，野兽日渐减少，狩猎不占主要地位，但农闲时期，仍有人三五成群，上山打猎。以民族或村寨为单位的集体狩猎，则限于猎取熊、虎、野牛之类的大野兽。按照传统习惯，猎获大野兽时，见者有份，兽肉在全民族或家族内平均分食，并向头人奉献兽腿。怒族“以射猎为生涯”的情况，近数十年已有显著改变，但“猎禽兽以佐食”、“好食虫鼠”的习惯仍无改变。历史上长期缺盐的情况，新中国成立后则有了根本的改变。怒族群众特别喜欢饮酒，男女都有酒量，饮必醉，醉必歌，往往一饮数日。

四十八、德昂族饮食风俗

德昂族主要居住在云南省潞西县与镇康县，少数散居于盈江、瑞丽、陇川、保山、梁河、耿马等地，与傣族、景颇族、佤族等民族杂居在一起。德昂族旧称“崩龙族”，1985 年改为德昂族。

德昂族人以农业生产为主，饮食以大米为主，玉米、小麦、豆类次之。德昂族人好饮茶，也善于种茶，素有“古老茶农”的美称。茶叶是德昂族重要的经济来源。德昂族还擅长编织竹器，文化上多受傣族影响。与云南许多民族一样，德昂族喜欢干栏式竹楼。

由于德昂族信仰佛教，人们的日常生活与佛教有密切关系。一般男孩儿到 10 岁便要入寺为僧，学习佛经，除少数人升为佛爷外，大多数人几年后便可还俗。

德昂族人的传统节日也多与佛教有关，最隆重的节日当数泼水节，届时人们要用“水龙”为佛像洗尘，排成长队，祝福吉祥，互相泼水共贺新年。

四十九、京族饮食风俗

京族主要聚居在素有“京族三岛”之称的广西壮族自治区防城各族自治县江平

乡的万尾、巫头、山心三个小岛上。

京族过去被称为越族，1958 年正式改名为京族。京族主要从事沿海渔业。近年来，京族三岛又发展了农业、鱼类加工业和人工珍珠养殖场。京族崇拜祖先，信仰多神。京族过去一般多信奉佛教、道教，少数人信奉天主教。

京族逢年过节都要进行祭神活动，届时要备猪、鸡、鱼拜祖。煮猪肉拜祖还是京族女子出嫁时的一种礼习。每年哈节，凡年满 16 岁的男子都要置备鸡、酒、糯米饭、槟榔等祭品到哈亭祭祀，经过祭拜的男子才算“入众”（即进入成年），才能被允许参加唱哈节的入席活动，从此便可参加捕鱼生产。

在渔家做客，千万别说饭烧焦了，因为“焦”与“礁”同音，怕触礁。在船上不要说“油”，把油称为“滑水”，因为“滑”有“顺当”、“顺溜”、“顺利”之意，而“油”与“游”同音，船破后人落水才要游呢。移动器物要拿起来，不能拖着或推着移动，因为有“搁浅”之嫌。当然，一般来说，不懂规矩的客人是不会被责怪的。

京族的大部分地区习惯日食三餐，居住在万尾的京族一般习惯日食两餐，早餐多选在上午十一点左右，直到入夜后才吃晚餐。过去京族常以玉米、红薯、芋头混着少量的大米煮粥作为主食，只有出海捕鱼或秋收，劳动量大时才吃干饭。如今稻米已成为京族最为常见的主食了。日常菜肴以鱼虾为主，常用鱼虾做成鱼汁，作为每餐不离的调味品。家庭饲养的猪和鸡，也是日常主要肉类来源。

五十、独龙族饮食风俗

独龙族主要居住在云南省，日常菜肴有种植的洋芋、豆荚、瓜类，也有采集的竹笋、竹叶菜及各种菌类，食用时通常都是配上辣椒、野蒜、食盐后一锅煮熟而食。独龙人的典型食品有：河麻煮芋头、烧酒焖鸡、吉咪等。

冬季是独龙族地区狩猎的旺季，猎获的野牛肉是冬季主要肉食。食用野牛肉时，先把牛肉风干，然后微火烘烤，再捣成丝状，做成肉松或切成小块，密封在竹筒内保存或随身携带。

独龙江还盛产各种鱼类，以鳞细皮厚的鱼居多。独龙族食用鱼时喜用明烤制或煎焙后蘸调料吃，并常把烤制的鱼作为下酒的小菜。蜂蛹是独龙族民间最讲究的菜肴之一，有说独龙族百岁老人较多，与常食蜂蛹有关。

无论饮酒、吃饭和吃肉，独龙族家庭内部都由主妇分食。客人来临也平均分给一份。一般每个家庭都有数个火塘，每个子女结婚后便增加一个火塘，做饭由各个火塘轮流承担。

独龙族民间互相邀请的方式十分独特，通常都是用一块木片作为邀请对方的请柬，届时要把木片送到要邀请的客人家，在木片上刻有几道缺口就表示几天后举行宴请仪式。被邀请的客人要携带各种食品以表示答谢。客人进入寨门后，要先与主人共饮一筒酒，然后落座聚餐，并观赏歌舞助兴。入夜后男子在火塘边喝酒念祝词，然后将酒碗抛在火塘上的竹架上，以碗口朝天为吉兆。

独龙族非常好客，如遇猎获野兽或某家杀猪宰牛，便形成一种远亲近邻共聚盛餐的宴会。此外，独龙族还有招待素不相识过路人的习俗，对过路和投宿的客人，只要来到家中都热情款待。认为有饭不给客人吃，天黑不留客人住，是一种见不得人的事。

独龙族有日食两餐的习惯。早餐一般都是青稞炒面或烧烤洋芋；晚餐则以玉米、稻米或小米做成的饭为主，也将各种野生植物的块根磨成淀粉做成糕饼或粥食用。独龙族民间，仍然保留着许多古朴的烹调方法，其中最常见的是用一种特制石板锅烙熟的石板粑粑。烙制石板粑粑时，多选用阿吞或董棕树淀粉，用鸟蛋和成糊状，然后倒在烧热的石板锅上，随烙随食，别具风味。

五十一、门巴族饮食风俗

门巴族主要分布在西藏自治区东南部的门隅地区以及墨脱、措那、隆子等县。门巴，原是藏族人对居住在喜马拉雅山南麓门隅一带人的称呼，意为“住在门隅的人”，后成为门巴族的自称。

门巴族人主要信仰藏传佛教，也有部分人信仰原始宗教。门巴族人主要从事农业，种植水稻，也兼营畜牧业和狩猎，擅长竹藤器的编织和各种木碗的制作。门巴族人民与藏族人民长期生活在一起。互相通婚，在政治、经济、文化生活习俗等方面都有十分密切的渊源关系。

门巴族的饮食结构因地而异，既有吃玉米、稻米、鸡爪谷的，也有吃荞麦、小麦和青稞的。他们喜欢以辣椒佐餐。炊具喜用石锅，门巴语译为“可”，石锅煮出来的饭菜味道更佳。

五十二、珞巴族饮食风俗

珞巴族主要分布在西藏自治区东南部的洛渝地区，少数聚居于米林、墨脱、察隅、隆子、朗县一带。珞巴，是藏族对他们的称呼，意为南方人。珞巴族多信巫教。主要从事农业，兼营狩猎，擅长射箭。

热情好客，在客人吃饭前主人要先喝一杯酒，先吃一口饭，以表示食物无毒和对客人的真诚。如果客人是从远方而来，珞巴族还要拿出自己最喜欢吃的干肉、烤肉、奶渣、玉米酒、荞麦饼和辣椒等款待。

珞巴族狩猎一般都习惯于用野生植物配制毒药，涂在箭头上射杀野兽。狩猎活动大都是集体进行，猎获的野物一律平分。

珞巴族生活习俗受藏族影响较深，日常饮食及食品制作方法，基本上与藏族农区相同。喜食烤肉、干肉、奶渣、荞麦饼，尤喜食用粟米搅煮的饭坨，并喜以辣椒佐餐。

在年节前夕，家家都要舂米酿酒、杀猪宰羊，富裕人家还要宰牛。希蒙的珞巴族称年节为“调更谷乳术”节，届时要把宰杀的猪、牛、羊肉连皮切成块，分送给同族的人。不少地方还保留有“氏族集合”的古老习惯，过节时，村落的住户要自带酒肉欢聚，全村男女老少席地围坐，或饮酒，或吃肉，歌声笑语不断，进行各种娱乐活动。

五十三、基诺族饮食风俗

基诺族居住在云南省，世世代代生活在古木参天的亚热带原始森林里。基诺族主食为大米、玉米各半。糯米主要用于招待客人、给孩子吃或下种时吃。每日三餐，早、晚饭在家里吃，午饭做成饭团带到地里，劳动休息时吃。吃午饭前在地里找些野菜或小瓜尖煮熟后蘸盐巴、辣子佐饭团吃。副食除了家里种养的蔬菜、家禽外，广阔的森林还为他们提供了获取山珍野味的良好条件。妇女劳动之余都兼及采集，可食之野菜野果达四五十种。男人劳动时都随身带着弩箭或火药枪，随时都可以猎获一些野兽和飞鸟。

基诺族民间有句俗话叫做“汉炒，傣蘸，基诺舂”，就是说汉族的菜喜欢炒着

吃，傣族的菜喜欢蘸着蘸水吃，基诺族的菜则以臼舂为主。每家至少有两个木臼，一个舂盐巴、辣子；一个舂菜。常用的作料有香茅草、荆芥、姜叶、野八角、大薄荷、姜、香椿等。

逢年过节和喜庆宴会时还要吃“剁生”，即用生肉末拌上盐巴、辣子、姜末、薄荷、韭菜等作料，用手搅拌、捏匀，直到把肉捏成白色像熟的一样才进食。

基诺族最喜欢吃的菜有酸醃鱼。做法是将鲜鱼去鳞洗净，拌上辣子、盐巴与热的米饭，装进竹筒里，用芭蕉叶蒙在筒口，扎紧，待腌熟后即食，这种菜有特殊的酸味，味美可口，是佐饭佳肴。

基诺族地区多蚂蚁，但这里的蚂蚁与众不同。它们不是生活在地下，而是栖息在树上。蚁蛋也非常大，如同绿豆粒般。蚂蚁产蛋后，即将蛋装进一个悬挂在树上的口袋似的囊包里，这种囊包很大，有的竟达 5 千克。每年农历三、四、五月间，是蚂蚁产蛋的季节。每到这个时候，基诺人便要外出寻找这种囊包。找到后，用刀砍开，将一粒粒洁白如玉、晶莹透亮的蚂蚁蛋取出，用带有酸味的作料调拌即可食用。蚂蚁蛋一般有筷子头那样大小，似蜂儿的样子，营养丰富，可以煮吃，蒸吃，放在火塘里烧吃，或放上盐巴、辣子舂细加水做成汤喝。不仅营养丰富、味道鲜美，而且将其放入口中用牙一咬，还会发出“啪啪”的声音，别有一番情趣。

“蝌蚪拌臭菜”是基诺人的特色食品之一，其作法是将幼小的蝌蚪捞起，洗干净，用开水烫一下，拌上调料后食用。其味闻起来类似北京的臭豆腐，吃起来却细嫩软滑、清凉爽口，余味无穷。

基诺人习惯于将猎获的松鼠肉挂在火塘边上的竹篓里，用烟火熏烤成肉干，使之常年不坏，食用时切片烹汤，其味鲜而不腻。

基诺族普遍喜好饮酒，民间有不可一日无酒的说法。所饮用的酒大都是自家用大米或玉米酿制的，在酿制过程中，通常要加一些锁梅叶等植物，酒呈浅绿色，并带有一种植物的自然香味，据说有健脾强身的功效。

基诺山为产普洱茶的六大茶山之一，驰名中外的普洱茶是当地的特产。基诺族喜爱吃凉拌茶，其实是中国古代食茶法的延续。凉拌茶主要是基诺族人食米饭时的佐餐，是一道茶菜。

民间多喜喝老叶茶，喝茶时一般都将老叶揉炒后放入茶罐加水煮至汤浓方饮。

五十四、畲族饮食风俗

畲族主要聚居在浙江省，分散居住在福建、江西、广东、安徽等省。畲族以山地农耕为主，其食物来源多为旱地农作物，或者靠山吃山，直接来自山林果品菜蔬，飞禽走兽。

20世纪80年代之前，番薯是山区畲民的传统主粮，自明代开始漳潮地区，闽东闽北，浙南浙西畲民广为种植。50年代之前，畲民还食用自家耕种的旱稻，这种“种于山，不水而熟”的旱稻称为“畲禾”。畲民长年以自种菜蔬，瓜豆和竹笋佐餐，还上山狩猎寻觅野味。

畲族传统的节日食品还有农历三月三的“乌米饭”，端午“菅粽”和年节“糍粑”。畲族人都爱喝绿茶，乌龙茶，闽东畲族以茶待客时，有时行“宝塔茶”习俗。

五十五、高山族饮食风俗

高山族主要居住在台湾省，也有一部分居住在福建。高山族包括当地原住民的诸族，有七族、九族、十族几种观点。十族分别是：太鲁阁、赛夏、布农、邹、鲁凯、排湾、卑南、阿美、雅美、邵等。

饮食以谷类和根茎类为主，一般以粟、稻、薯、芋为常吃食物，配以杂粮、野菜、猎物。山区以粟、旱稻为主粮，平原以水稻为主粮。平埔人还特产香米、喜食“百草膏”（鹿肠内草浆拌上盐即是）。昔日饮食皆蹲踞生食，现在饮食、烹饪、享用十分考究。高山族嗜烟酒、喜嚼槟榔。

在主食的制作方法上，大部分高山族都喜把稻米煮成饭，或将糯米、玉米面蒸成糕与糍粑。布农人在制作主食时，将锅内小米饭打烂成糊食用；排湾人喜用香蕉叶子卷黏小米，掺花生和兽肉，蒸熟作为节日佳肴，外出狩猎时也可带去。但作为狩猎时带去的点心，馅里一般不加盐巴等咸味调料。泰雅人上山打猎时，喜用香蕉做馅裹上糯米，再用香蕉叶子包好，蒸熟后带去。排湾人喜欢将地瓜、芋头茎等掺和在一块，煮熟后当饭吃。雅美人喜欢将饭或粥与芋头、红薯掺在一起煮熟作为主食。外出劳动或旅行，还常以干芋或煮熟的红薯及类似粽子的糯米制品为干粮。排湾等族狩猎时，不带锅，只带火柴，先将石块垒起，用干柴火烧热，再在石块底下放芋头、地瓜等，取沙土盖于石块上，熟后食用。

高山族蔬菜来源比较广泛，大部分靠种植，少量依靠采集。常见的有南瓜、韭菜、萝卜、白菜、土豆、豆类、辣椒、姜和各种山笋野菜。雅美人食用芥菜时先将正在生长中的叶掰下来，用盐揉好，放两三天后才吃，留在地里的芥菜根继续生长。高山族普遍爱食用姜，有的直接用姜蘸盐当菜；有的用盐加辣椒腌制。

高山族肉类的来源主要靠饲养的猪、牛、鸡，在很多地区捕鱼和狩猎也是日常肉食的一种补充，特别是居住在山林里的高山族，捕获的猎物几乎是日常肉类的主要来源。排湾人不吃狗、蛇、猫肉等，吃鱼的方法也很独特，一般都是在捞到鱼后，就地取一块石板烧热，把鱼放在石板上烤成八成熟，撒上盐即可食用。排湾人小孩不许吃鳗鱼，甚至其他鱼的鱼头也不让吃，认为吃了鱼头不吉利。阿美人在做肉菜时，喜把肉切成块，插上竹签，煮好后放在一个大盆里，全家人围在盆边，每个人用藤编小篮盛饭，共用一勺舀菜，一手抓饭，一手取肉吃。在插秧季节，他们喜到水田里捉小青蛙，带回家中用清水洗净，煮熟即吃。阿美、泰雅等族人有的也吃捕来的生鱼。他们还喜欢将打来的猎杀好去皮，加盐和煮得半熟的小米一起腌存，供几个月食用。保存食品常用腌、晒干和烤干等几种方法，以腌制一两年的猪、鱼肉为上肴。

高山族过去一般不喝开水，亦无饮茶的习惯。泰雅人喜用生姜或辣椒泡的凉水作为饮料。据说此种饮料有治腹痛的功能。过去在上山狩猎时，还有饮兽血之习。不论男女，都嗜酒，一般都是饮用自家酿制的米酒，如粟酒、米酒和薯酒。

高山族性格豪放，热情好客。喜在节日或喜庆的日子里宴请和举行歌舞集会。每逢节日，都要杀猪、宰老牛，置酒摆宴。布农人在年终时，用一种叫“希诺”的植物叶子，包上糯米蒸熟，供本家同宗人享用，以表示庆贺。高山族节日宴客最富有代表性的食品是用各种糯米制作的糕和糍粑。不仅可作节日期间的点心，还可作为祭祀的供品。也将糯米做成饭招待客人。

高山族各族的祭祀活动很多，诸如：祖灵祭、谷神祭、山神祭、猎神祭、结婚祭、丰收祭等种种，以排湾人的五年祭最为隆重。届时除摆酒席供品外，还伴有各种文体活动。婚礼及宴请的场面十分丰盛和壮观，尤其要准备大量的酒，届时参加者都要豪饮，并有不醉不散的习俗。“丰收祭”这天，族人自带一缸酒到场，围着篝火，边跳舞、边吃边饮酒，庆贺一年的劳动收获，每年举办一次。

排湾人在欢庆的日子里常用一种木质的、雕刻精美的连杯，两人抱肩共饮，以表示亲密无间，如有客至，必定要杀鸡相待。布农人在宴客时先把鸡腿留下来，待客人离去时带在路上吃，意为吃了鸡大腿，走路更有气力。鲁凯人善以垒石为灶烤芋头，经烘烤的芋头外脆里软，便于携带，也常带给客人路上食用。排湾人婚庆时，将小米磨成粉，加水搅糊，包入鱼虾（虾露出尾巴），捏成鸡蛋大小的团，置于沸水锅中煮，熟后捞出食用。

第六节　宗教信仰食俗

人类饮食的本能和习惯，被原始先民理解为万物共有的本能和习惯。所以远古时代便以“牺牲”供奉各种神灵或祖先。早期的宗教信仰仪式主要是祭祀，祭祀总是同人类的某种祈求心理分不开的，而这种祈求又是以奉献饮食的形式反映出来的。《诗经·楚茨》说：“苾芬教祀，神嗜饮食。卜尔百福，如几如式。”我国古代祭祀，无论是大祭或薄祭，都是以最好的食物侍之。

饮食曾对宗教信仰的产生有过促进，反过来，宗教信仰对人类的饮食活动又产生了很大的影响。宗教信仰作为一种极复杂的社会文化现象，和人们的社会生活、思想心理联系非常密切。无论是原始宗教还是人为的现代宗教，都渗入了人类日常生活的方方面面。饮食作为人们一天也离不开的活动，自然是处于宗教信仰的氛围之中，留下了各种宗教信仰的印迹。

一、原始宗教的饮食习俗

人类社会最初出现的宗教，在民俗学和其他人文科学领域称之为“原始宗教”。原始宗教是原始人类的普遍信仰。当时生产力和人们的认识能力十分低下，他们一方面要依靠经验去战胜自然力，以求得生存；另一方面在强大的自然力面前，显得软弱无力。他们对自然界所发生的许多现象，诸如风雨、雷电、日月、星辰、死亡、生育等自然现象不理解，总以为有一种超自然的力量存在着，人们对此不可抗拒。于是“万物有灵”的自然崇拜便产生了。在自然崇拜中，首先萌发的是对动物的崇拜，看到有力的动物就崇拜其力，看到能跑的动物就崇拜其跑，看到能飞的动物就崇拜其飞，看到能游的动物就崇拜其游……总希望自己能有这些本领。这就是远古时期每个氏族部落都要有一种动物作为本部落图腾的原因。图腾一般认为是与氏族有亲族和血缘关系的某种动植物和无生物。原始人相信每个氏族都与某种动物、植物或者无生物有着亲属和其他关系，这种动植物或无生物就被认为是这个氏族的图腾，成为氏族的象征和保护者。氏族成员都把本氏族的图腾看得很神圣，往往为全族的忌物，禁止食用。

以槃瓠犬为图腾，是整个瑶族的基本特点。瑶族人崇奉犬的习俗早已有之，晋代干宝《搜神记》说：“用掺杂鱼肉，叩槽而号，以祭槃瓠。”甚至各地每隔数年或十数年，举行还盘王愿的宗教仪式，立下盘王庙，置上盘王神像，每年时节祀之，有宗祭、族祭、大祭、小祭，十分隆重。瑶族民间广为流传的文献资料《盘王牒》、《千家洞史记》、《千家洞流水记》、《狗皇的故事》、《盘王出世歌》、《瑶人祀典》等等，都记录了“槃瓠”、“盘古王”的神话。至今，整个瑶族系的人，不论国内和国外，都流行禁食狗肉的风俗。

据《北齐书·魏收传》及《荆楚岁时记》记载，传统习俗认为正月初一到初八，每天都归属一样东西。其顺序为：一鸡、二狗、三猪、四羊、五牛、六马、七人、八谷。为此，“正月一日不杀鸡、二日不杀狗，三日不杀猪、四日不杀羊、五日不杀牛、六日不杀马、七日不用刑。”动物生日这天食用了该种动物就会遭遇天灾人祸。鄂西土家族相传正月初五日为五谷菩萨生日，忌打米生火。否则，以为会得罪菩萨，令五谷不生。汉族北方广大地区，还忌讳正月初五以内用火烤食物，如饼、馍之类。河南一带，俗以为初五以内如吃烤馍会烧断麦根，主来年麦季无收。湖北崇阳一带，正月初五为牛日，以饭饲牛，禁忌鞭牛、骂牛，食牛更为滔天大罪。此外，在除夕那天黄昏，有的地方小孩拿熟鸡蛋，提着灯笼到街上绕圈，小孩边走边破开鸡蛋吃，还诵道：“卖懒去，买勤来，鸡蛋除壳随皮去，荣华富贵跟回来。”这叫“卖懒”，据说这样做以后，明年小孩读书就会用功了。所有这些，都是人们幻想依靠特定主观的饮食行为影响或支配客观事物及自身的命运，明显地表现出原始宗教的残留。

饮食与宗教信仰原本就有直接的关联性，原始宗教的产生离不开饮食。从饮食

文化初始状态的“烹”之释义，便可说明这一点。“烹”和“亨”本为一字，还有享受的“享”，也与“烹”字属于同一字源。“烹”、“亨”、“享”在古文字中同为一形，后来才逐渐分化成三个意义密切相关的字。煮食物的意义专用“烹”字；食物煮熟后供奉给祖先神灵，诚意通达于神灵，这样便有了亨通的“亨”字；神灵闻到祭品的馨香，便欣然享用，这样便有了“享”字。通过“烹”、“亨”、“享”三个字之间的渊源关系，我们可以了解古代烹饪的一个重要特点，就是原始宗教的祭祀活动是通过饮食来完成的。（王立军、王瑾，《汉字与古代饮食文化》）而且，这一祭祀方式一直延续到现在。

二、古代饮食活动中的生殖崇拜

人类对生殖崇拜起源很早，在母系氏族社会，由于对于生殖知识的无知，不了解生命乃男女交媾所致，便把人的另一本能——饮食视为生殖之源。于是，食便被认为具有与“性”同样的功能。在原始人的眼里，两者为一回事。在“性”的功能没有得到真正认识之前，饮食的作用就会得到一目了然的凸现。这样，饮食便掩盖了“性”，成为生命的唯一源泉。人们以为饮食不仅延续了生命，也繁殖了生命。后来尽管饮食与“性”发生了分离，但饮食能够催化生殖、激发生殖的观念和习俗一直没有中断。

《礼记·月令》载录了一则著名神话：简逖姐妹“三人行浴，见玄鸟（燕子）堕其卵，简逖取吞之，因孕生契”。食卵，只有食卵，才是简逖受孕最直接的原因。在这里，饮食成为生殖之源。远古人类将食与生殖联系起来的认识，来自于饮食与生命联系起来的经验。内蒙古西水泉出土的红山文化半身裸女像主要表现女性乳房，欧洲史前的一些神像甚至只表现女性乳房，即反映了初民对食决定生命的认识。吃食物可以生出乳汁，吃食物当然也可以生出孩子。这是初民的逻辑。半坡母系氏族公社有一种祭祀生殖神禖的礼仪——鱼祭，女性们举行仪式之后的实践活动，不是与男性结合，而是吃鱼。她们以为，吃鱼下肚，鱼的生殖能力便会“长在”自己的身上，可以获得鱼一样的旺盛的繁衍能力。半坡彩陶上人面鱼纹口边衔鱼，便是半坡先民鱼祭时要吃鱼的一个写照。当然，这种以“食”代“性”的生殖观念是建立在原始先民尚不知晓性与生殖的关系的基础上的。

一旦原始先民知道生儿育女是男女交媾的结果，人们便产生了对性行为的崇

拜。《周礼·禖氏》："以仲春之月，令会男女，于是时也，奔者不禁。"这就是以男女交媾为主要实践内容的祭祀高禖的活动，然而，"食"与"性"的关系并没有因此被截断，中国传统文化中，"食"与"性"这人之两大本能始终被牢固地拴在一起。《老子·二十九章》讲："圣人去甚。"何为"甚"？从某从匹。《说文通训定声》解："甘者饮食，匹者男女，人之大欲存焉，故训安乐之尤。"集人生大欲于一字，足见"食"、"色"关系之密切。在古人看来，肉体的合一必有饮食的合一相衬，两者彼此感应，相互作用。远古的共牢之俗就是最好的明证，《礼记·昏义》云："共牢而食，合卺而酳。"所谓共牢之俗，便是指新婚夫妇在交合之前同食一牲、共饮一杯以示成婚的习俗。今天新婚夫妻喝交杯酒的仪式，应是这一原始古风的延续。在与中国同源共祖的日本人那里也有结婚喝交杯酒的习俗。据说，这种酒盅是用锡特制的，上刻有鹡鸰交尾图。在日本神话中，大洪水过后，仅留下兄妹二人，他们婚后不知做爱，后在鹡鸰的启发下才繁衍了人类。(《日本书纪》）离开了饮食这一"催化剂"，"性"便处于"冬眠"状态，伊甸园的夏娃与亚当不正是因为吃了"禁果"，才有了"性"的觉醒吗？酒杯上的鹡鸰交尾图无疑暗示了婚前饮食的民俗学意义。

这种将食与生殖紧密相连的观念，影响极为久远和广泛，还影响到古代的语言。在古人心目中，性交即意味着生殖，吃也意味着生殖。所以，古人犹称性交为"食"。这样一来，性欲便被称为"饥"，实现了性结合，便又称为"疗饥"和"饱"。这一点在民间情歌中表现尤为明显。如《郑风·狡童》："彼狡童兮，不与我食兮。""不与我食兮"当指求欢不成。《陈风·衡门》："泌之洋洋，可以乐饥……岂其食鱼，必河之鲂？岂其娶妻，必齐之姜？"以"食鱼"与"娶妻"相对，更见出"乐饥"即是满足性欲的本意。此外《曹风·侯人》中的"婉兮娈兮，季女斯饥"，讲的也并非是娇小可爱的小姑娘忍饥挨饿，而是讲她正蒙受着相思之苦。以"食"喻"色"的表现手法在民间文化中屡见不鲜，不胜枚举。闻一多先生在《高唐神女传说之分析》一文中，对"食"和"饥"这两个字的上古语义的解释十分精到，他说：《诗经》中的"食"和"饥"皆指情欲，是无疑的。他虽然没有能够指明字义的来源，其见解仍然给了我们深刻的启迪。

人类进入了文明时代，已不再相信饮食为生命产生的直接原因，但仍然以为饮食能够促进生育，这一观念衍化的习俗历代都有传袭。在晋代，潘尼《三日洛水作诗》有“羽觞乘波进，素卵随流归”的描写，张协《洛褉赋》有“浮素卵以蔽水，洒玄醑于中河”的表述。这显然是远古食卵怀孕的直接延续。这一风俗至宋代又演化为妇人在水盆中争食枣子，以求生男的祈子活动，吴自牧在《梦粱录》中多有介绍。在中原，食卵宜子的观念迄今不绝。比方说，谁家生了男孩，不孕妇女就会踏破门坎吃谁家的红皮鸡蛋，据说在南方还要特意坐马桶上吃。吃完同产妇更换裤带，因裤带又称“带子”，要裤带是借谐音讨生子之意图。显然这一风俗源远流长，与远古吞卵祈求的风俗有关。河南汉族的民谚说，“三月三，吃鸡蛋”，“三月三，砍枣尖”。当地群众每到三月三必吃鸡蛋，还拿着刀斧到园地里去乱砍枣树梢，认为这样才能结大枣，人丁兴旺。

原始的以“食”（吃）替代“性”（色）的观念及习俗，对儒家思想乃至整个中国传统文化都产生了深刻的影响。在中国，性文化一直为食文化所淹没，从未得到过充分展示，致使性文化被曲扭，萎缩为“色情”、“下流”而使国人谈“性”色变。

不仅如此，如果说在原始时期，“食”（吃）包蕴的仅仅为生殖崇拜的意义的话，那么，到了近现代，“食”（吃）更是超越了饮食文化本身，而成为一个更为普及的文化符号。而这些，实际是建立在原始的以“食”（吃）代“性”文化现象的基础上的，是这一文化现象的扩展。如果没有原始社会以“食”（吃）文化排斥“性”文化民俗现象及观念，也就不可能有这一观念的长期积淀，食文化的内涵及外延也就不可能如此丰富。

三、佛教的饮食习俗

佛教初创阶段，由于佛教主张苦修，所以食物来源主要依靠施主施舍和僧人化缘，别人给什么接受什么，不能有所取舍，这种食物来源渠道限制了他们不可能对饮食内容作出特别的要求。据《寄归传》记述，早期僧人的主食主要有五种：干饭、麦豆饭（以米麦等炒熟后磨成粉的干粮）、肉、饼；副食有植物的枝、叶、花、果以及乳、酪、酥油、生酥、蜜、石蜜等。这些食物几乎包括了世俗社会中的各类食物，说明早期僧人在饮食内容上并没有特别限制。（王景琳，《中国古代寺院生活》）形成于一世纪前后的大乘佛教认为出家人当以慈悲为怀，各种肉食虽不为我所杀生而得，但亦为他人杀生所得，仍与慈悲精神相悖。所以大乘佛教反对杀生，

提倡素食。我国主要接受的是大乘佛教的教义，所以佛教自从传入我国就一直奉行素食。

据史籍记载，在东汉帝永平十年（公元67年）蔡愔偕西域僧以白马驮载佛经佛像归洛阳，自此，印度佛教开始传入中国。1000多年来，佛教对中国各民族饮食活动产生了很大影响。其主要体现在以下几个方面。

（1）佛教宣传因果报应，生死轮回，力戒杀生。由于教规的缘故，形成了佛教徒们独具特色的饮食习俗。在中国，除藏、蒙古及傣族的佛教徒不茹素外，其他民族的佛教徒都是坚持素食的。素食，民间俗称“吃斋”，“素”是洁白、粗略之义，素食就是不杂鱼肉滋味的食物。内地佛教徒为什么要坚持素食呢？这是因为我国汉族僧人信奉的是大乘佛教，他们受“菩萨戒”。许多经文中反对饮酒，反对吃肉、反对吃五辛（葱、蒜、韭等）的条文。佛教认为“酒为放逸之门”，“肉是断大慈之种”，饮酒吃肉将带来种种罪过（有所谓“饮酒十过”、“饮酒三十五过”，“饮酒三十六失”之说）。吃肉必杀生，背逆佛家“五戒”，佛教认为，若食酒肉，“即同畜生豺狼禽兽，亦即具杀一切眷属、饮啖诸亲”，罪过可谓大矣。

从历史上看，汉族佛教徒吃素的风习，是由南朝的梁武帝萧衍于公元205年登基后，在南京建初寺志公和尚的影响下，才提倡吃素的。梁武帝提倡吃素，是因为佛经提倡的“不结恶果，先种善因”、“戒杀放生”等思想，恰好与中国儒家的“仁心仁闻”的观点相契合之故。这里需要补充说明的是，吃素在我国汉族地区是很早就有的一种饮食风尚，据《礼记》等古代文献记载，远在佛教传入中国之前，中国已有“素食”之说。《仪礼·丧服》载：“既练……饭素食。”说是祭祀先人时要食素。《礼记·坊记》说：“七日戒三日斋。”《孟子·离娄下》：“虽有恶人，斋戒沐浴，可以祀上帝。”这里说是“斋戒”，即是古人在祭礼或遇重大事件时，事先数日要沐浴、更衣、独居、素食和戒酒等，使心地纯一诚敬，称“斋戒”，素食即是其中之一。又古代风俗，居丧期间也要素食。《后汉书·申屠蟠传》说申屠蟠9岁丧父，满孝以后，还“不进酒肉十余年”，为时人称颂。有些人则因为清廉（如西汉时谏议大夫王吉、东汉诸儒誉为“关西孔子”的杨震），自己和家人都习惯于素食，见载于史。佛教传到中国以后，同中国固有的风俗习惯相结合，就形成吃素的戒律，从而使吃素的风气大开，人数大增，素菜的质量也有相应的提高。

在寺庙之外，还有许多民间的善男信女，有因信佛而长期吃斋的，有因求佛许愿后短期吃斋的，还有的人是在拜佛或庆庙的活动中临时吃斋。这种茹素饮食风俗的普及和流行，大大推动了蔬菜瓜果类植物的栽培，推动了烹调技术以及糖类、豆类制品和面筋制品技术的发展，开创了中国饮食中具有独特风味的一个菜系——素菜。自北魏贾思勰《齐民要术》之后，散见于我国古籍中的素食的记载不少，但专门记载素食的，恐怕莫过于宋人陈达叟的《本心斋食谱》的素食了。书中载有蔬食20种，每一条中既有原料及制法，又有对每一品种的“十六字”赞，如“玉延，山药也，炊熟片切，渍以生蜜”。对此品的赞美是“山有灵药，录于仙方，削数片玉，渍百花香”。20种蔬食均给人以山林风味之感。在这里，素菜的“色、香、味、形”得以鲜明地体现。这说明到了宋代，我国素菜已发展到创制“象形菜”的崭新阶段。

到了公元17世纪清代时，素菜较之以前有了更大的发展，出现了寺院素食、宫廷素食和民间素食的分野。寺院素食又称“释菜”，僧厨则称“香积厨”，取“香积佛及香饭”之义，一般烹调简单，品种不繁，且有就地取材的特点。据《清稗类钞》载，当时“寺庙阉观素馔之著称于时者，京师为法源寺，镇江为定慧寺，上海为白云观，杭州为烟霞洞。”寺院素菜中最著名者为“罗汉斋”，又名“罗汉菜”，是以金针、木耳、笋等十几样干鲜菜类为原料制成，菜品典自释迦牟尼的弟子十八罗汉之意。乾隆皇帝游江南时，到很多寺院去吃素菜，在常州天宁寺品尝以后说“胜鹿脯、熊掌万万矣”（《清稗类钞》），在民间传为佳话。这也说明，寺院庵观的僧尼们在烹调素菜方面作出了贡献。清朝皇帝，在吃腻了山珍海味、鸡鸭鱼肉之余，也想吃吃素食。尤其是在斋戒日更需避荤。为此，清官御膳房专设有素局，据史料载，仅光绪朝，御膳房素局就有御厨27人之多。民间素食是指社会上的素菜馆。在清道光年间，北京民间就出现素菜馆，为了满足各类人的口味的需求，招徕生意，民间素馆的厨师们发明了“以素托荤”的烹调术，即以真素之原料，仿荤菜之做法，力求名同、形似、味似，因而民间素菜馆的素菜品种较宫廷与寺院素食更为丰富多彩。

（2）佛教自汉代传入我国，至隋、唐大兴。寺院的发展对茶的传播和饮茶习俗的普及起了很大作用。“天下名山僧占多”，寺院一般在名山大川、环境幽静、竹环翠绕之地。这些地方的气候、水土等自然条件往往宜于茶的生长。

饮茶有利于佛教徒坐禅提神，清心明目，净化思想，而僧尼又最讲究静修，所以僧人爱种茶、饮茶。于是，在许多寺院旁出现了茶园。例如始于唐代，盛于南宋，传至今日已有1000多年历史的灵隐佛茶，就是江南的佛门名茶，由僧尼在寺院茶园里亲自培育管理、采摘、炒制。这种佛茶专用于庵堂寺院做佛事，供奉菩萨和僧尼做功德，还可以自己饮用，是僧尼平日健身的饮料。旧时，天竺，灵隐僧尼嗜茶如命，每日必饮，故有“宁可三日无粮，不可一日无茶”之说。唐代陆羽《茶经》把中国茶道推向一个历史的高峰，他之所以从事撰写《茶经》一书，与他从小在寺院中采茶、做茶、煮茶有密切关系。唐代封演撰的《封氏闻见记》云：“开元中，泰山灵严寺有降魔师，大兴禅教，学禅务于不床，又不飧，皆许其饮茶，人自怀挟，到处煮饮，从此转相仿效，遂成风俗。”可以说，没有佛教，饮茶之风便无从兴起，也就不可能有灿烂的中国茶文化。

（3）汉族地区广泛流传的吃“腊八粥”的饮食习俗，也来源于佛教。相传佛祖释迦牟尼出家修道，经过6年苦修，到了印度摩揭国尼连河附近。这里人烟稀少，气候炎热，多日化缘不得任何食物，又累又饿，晕倒在地。恰逢一位女牧民放牧至此，她把身边的午饭拿出来，又取来泉水，加上野果，熬成乳糜状粥，给释迦牟尼吃。释迦牟尼吃完后，顿时苏醒过来，精神焕发，他又到河里洗了个澡，然后静坐在菩提树下沉思。腊月八日终于成佛。所以每到腊月八日，寺庙和尚集会，讲经效法，熬粥供佛，以示纪念。

唐代已有吃“腊八粥”的风俗，唐宋以后，不仅寺院在“腊日”要做腊八粥，民间也相效法，广为流传。宋祝穆《事文类聚》说：“皇朝东京十二月初八日，都城诸大寺作浴佛会，并造七宝五味粥，谓之‘腊八粥’。”“腊八粥”，又名“佛粥”，以米果杂成，多用胡桃、松子、栗子、榛子等成之，所谓“七宝”，本指金、银、琉璃、玛瑙、珍珠等物，“七宝五味粥”乃借用七宝名目以美称之而已。古人认为吃腊八粥具有消灾长寿、向往幸福的含义，也有驱除疾病的象征。直到目前，我国民间仍有吃腊八粥的习俗。不过有些地方还在粥里加入适量的猪、羊肉等，应该说是已由敬佛的素粥变为祀祖的荤粥了。

如今，腊八粥一般由大米、小米、绿豆、红豆、麦仁、花生、红枣、玉米等8种原料配合煮成，煮熟后再加一些红糖、核桃仁等调料，粥稠味香，寓意来年五谷丰登。也有的家庭用的材料与上述的不一样，但不管怎样，是必须要准备好8种原料才能下锅煮的，寓意都是希望来年五谷丰登。

腊八粥的做法也是比较简单的。先将玉米、红枣、红豆、绿豆、花生洗净，煮成半熟，然后放进大米、小米、麦仁，再用文火熬，粥的稀稠适中，吃时依据个人爱好可以加一些红糖或核桃仁，这样，味道会更加香甜可口。

四、道教的饮食习俗

道教是中国土生土长的宗教，汉族民间最为流行。它渊源于古代巫术和道家的学说，以春秋时代道家学说的创始人老子为教祖，人们把他描绘成一个至高无上、变化无常的神，把《道德经》（传说为老子所著）奉为道教的经典。道教的道派不同，清规也不尽相同。如全真道教是不茹荤腥并禁止结婚的，而正一道派就允许结婚和吃荤。

道教注重养生，早期道书《太平经》就明确指出："要当重生，生为第一。"如何重生？道教认为饮食是关键，《混俗颐生录》云："食为性命之基。"为此，道教提出了"饮食以养其体"的养生思想和"饮食以时调之"的养生之道以及节食、淡味、服饵等养生之法。久而久之，形成了道教独特的饮食习俗，其主要特征表现概述如下：

（1）道教要求人们保持身体内的清新洁静。道教徒们有一种理论，认为人禀天地之气而生，气布人存，而谷物、荤腥等都会破坏"气"的清新洁净，所以《太清中黄真经》说要"先除欲以养精，后禁食以存命"，《太平经》卷四十二也说"先不食有形而食气"。这就叫"辟谷"或"绝粒"。其中，食物也有三六九等，最能败坏清净之气的是荤腥及"五辛"，所以忌食鱼肉荤腥与葱、韭、蒜等辛辣刺激的食物。《胎息秘要歌诀·饮鱼杂忌》就说："禽兽爪支，此等血肉食，皆能致命危，劳茹既败气，饥饱也如斯，生硬冷须慎，酸咸辛不宜。"而多吃水果，则可成仙，所谓"日啖百果能成仙"。

道教徒这种饮食摄生的守则，早在两汉初年已经形成。随着道教在民间的普及和发展，在两晋南北朝时期，道教的饮食规范逐渐成为我国民间的一种饮食风尚。在不同的朝代，道教饮食规范有所不同。如南朝道教理论家陶弘景只提倡"少食荤腥多食气"（《养性延命录》），传说中的吕洞宾则告诫学道求仙之人"酒色财气四字一毫不沾，方可成道"（《云巢语录》）。到金代，咸阳人王重阳所创的全真派，提倡"全神锻气，出家修行"，制定出一整套道士出家的制度，有"大五荤"、"小五荤”的说法。大五荤为：牛、羊、鸡、鸭、鱼等一切肉食；小五荤为：葱、韭、芥、蒜等一切有刺激性气味的蔬菜。这些都是斋戒时禁食的食物食品。

道教讲究养生之术，提倡节食、素食，反对暴食、荤食。《胎息秘要歌诀》中就说到，饮食所宜是“淡粥朝夕渴自消，油麻润喉是津液，就是粳米饭偏宜，淡面博饪也相益”。道教的饮食规范对当时的士大夫产生了深刻影响。他们也极为注意养生，唐代张皋说：“神虑淡则血气和，嗜欲盛则疾疹作。”（《清波杂志》卷六）宋代黄庭坚说：“治心养心，先防之过，养则贪食，恶食则嗔，日食而不知食之所以来则痴。君子食无求饱。”（《士大夫食时五观》）郭印说：“夜气若要长存，晚食尤宜减些。”（《云溪集》）苏轼说：“自今日以往，早晚饮食不过一爵肉，有尊客盛撰则三之，可损而不可益……一日安分以养福，二日宽胃以养神，三日省费以养财。…‘宽胃以养神”即“节食”。这些士大夫们饮食方面的养生之术，显然是受到了道教饮食观念的影响。

（2）道教的饮之戒，许多是从佛教那儿搬来的，是三教合一的产物。道士“茹荤饮酒，不顾道体者”，便要受到“逐出”的处分，所以道教的吃素节食与佛教的教义基本相同。然而，道教有一种独特的饮食活动是其他教派不具有的，这就是食丹之术。道士们认为丹砂、黄金等金石类药物能使人长生不老、飞升成仙。其理论基础是建立在一种并不科学的思维方式上。葛洪《抱朴子》内篇卷四《金丹》说：“金丹之为物，炼之愈妙。黄金入火，百炼不消，埋之毕天不朽，服此二药，炼人身体，故能令人不老不死，此盖假求于外物以自坚固。”黄金在当时人们所知道的金属中，是化学性质最稳定的一种。它耐酸碱、抗腐蚀，但是，这种化学性质是否能由于人服食了它而转移到人身上来，使人也“百炼不消”、“毕天不朽”呢？丹砂即汞矿石炼后成水银，它也是化学性质稳定的金属之一，当然比草木耐久，但人服食了它是不是也能“令人长生”呢？当然都不能。可是，当时人们都深信不疑。“假求于外物以自坚固”，就像现在还有不少人相信吃脑补脑、吃肝补肝、吃肺补肺一样，人们从“感觉经验上的相似”出发，认为服食了这些东西，这些东西的固有性质就能“挪移”到服食者身上来，所以认为食金可长生，如只吃五谷菜蔬鱼肉，就只能像五谷菜蔬鱼肉一样，容易腐朽死亡。

（3）汉民族地区普遍流行重阳节饮菊花酒的风俗，即起源于道教。据梁朝吴均《续齐谐记》载：“东流汝南人费长房戒其道醒景曰：‘九月九日汝家有大灾，可令

家人作绛帐囊盛茱萸，系臂登高，饮菊酒，祸可消。’景如其言，夕还，牛、羊、鸡、犬皆暴死。房曰：‘代之矣。’”中国民间类似的传说，也已相传成俗。重阳节的敬老和祈求延年益寿的主题与道家的基本教义是一致的。对道教而言，其宗教理想就是修道成仙、长生不死。就是中国传统养生学赖以生存与发展的主要基础——道教的仙学。正如李约瑟博士曾精辟地指出的那样：“道家思想从一开始就迷恋于这样一个观念，即认为达到长生不老是可能的。我们不知道在世界上任何其他一个地方有与之近似的观念。这对科学的重要性是无法估量的。”

敬老是重阳节发展的一条主线，其中的许多习俗都是围绕敬老的主题而展开。在中国，年节习俗运行的主要形式是饮食，重阳节的饮食大都具有延年益寿之隐喻。饮菊花酒、吃羊肉面和吃花糕俗称重阳节的“三宝”。此“三宝”共同表达了为老人祝福的美好主题。九九与“久久”谐音，与“酒”也同音，因此派生出九九要喝菊花酒的这一说法。金秋九月，秋菊傲霜，文人将九月称“菊月”，老百姓把菊花称“九花”，由于菊花斗寒的独特品性，所以使得菊花成为生命力的象征。在古人那里有着不寻常的文化意义，认为它是“延寿客”、“不老草”，可使人老而弥坚。吃羊肉面，因“羊”与“阳”谐音，应重阳之典。面要吃白面，“白”是“百”字去掉顶上的“一”，有一百减一为九十九的寓意，以应“九九”之典。京城给九十九岁老人过生日叫“白寿”。花糕的“糕”与“高”同音，又有“步步高升”、“寿高九九”之含义，所以“重阳花糕”成了备受欢迎的节日食品。

（4）旧俗农历十二月二十三日或二十四日祭灶。传说这一天灶神要回天宫向玉皇大帝汇报人间情况，到正月初一凌晨又回到人间来。人们祭灶表示为灶神饯行，祭灶时所用的食品，历代不完全相同。一般多供柿饼、干果之类，汉魏时祭灶用黄羊，南北朝时用“豚酒”。宋代多用米饵、猪头、鱼等食品。南宋诗人范成大有“猪头烂熟双鱼鲜，豆炒甘松粉耳团。男儿酌酒女儿起，酡酒烧钱灶君喜”，可以为证。明清祭灶食品由荤变素，人们多用一种名叫“灶糖”的食品祭灶。“灶糖”实际上就是又甜又黏的麦芽糖。据《抱朴子》载：“月晦之夜，灶神上天，白人罪状。”人们就用饴糖把他的嘴巴粘住，叫他有口难开。有好事者戏作《灶君谣》和《灶君怨》各一首，《灶君谣》是：“灶糖一盘菜一盏，打发灶君上青天。天宫见了玉帝面，不当言的且莫言。”《灶君怨》是：“一年没吃一点啥，临走灶糖粘嘴巴。你这一家好人缘，叫我咋给玉帝夸。”祭灶后的糖果、糕点一般分赠给儿童吃。有的地方祭灶还用“灶饼”，这种灶饼是用米发酵的，精白面加上适量碱揉好，二至三两为一坨，里面包上枣、柿、红糖或猪油、丁香、大葱等，包好后擀成碗口大的饼，放入柴灶锅里烙至两面变色起硬皮即熟。祭灶后每人各吃一个，如果家中有人外出，一定要留到返回时补吃，传说这寓意一年不受饥荒。

五、伊斯兰教的饮食习俗

伊斯兰教又称回教或清真教，是世界三大宗教之一，为公元7世纪阿拉伯半岛麦加人穆罕默德所创立。从7世纪中叶起，中亚细亚各族人、波斯人和阿拉伯人陆续来华定居，从而把伊斯兰教传入中国。中国有回、维吾尔、哈萨克、乌孜别克、塔塔尔、塔吉克、柯尔克孜、东乡、撒拉、保安等十个民族信仰伊斯兰教，因此意识形态和风俗习惯也深受宗教影响。

（一）穆斯林的饮食规范

伊斯兰教认为，若要保持一种纯洁的心灵和健全的思虑，若要滋养一种热诚的精神和一个干净而又健康的身体，就应对人们赖以生存的饮食予以特别的关注。饮食之物有善者有不善者，有洁者有不洁者。穆罕默德曰：“一口不洁，废四十日之功。”因此，伊斯兰教对穆斯林的饮食定出许多具体规定。

《古兰经》说：“人们啊！你们应食地面上合义的、清洁的食物。”又说：“惟禁尔等，食死物、血、猪血与未经高呼安拉之名而宰割之动物。”所以，回民严格禁食猪肉、自死物和血。还忌17类鸟兽：“暴目者、锯牙者、环喙者、钩爪者、吃生肉者、杀生鸟者、同类相食者、贪者、吝者、性贼者、污浊者、秽食者、乱群者、异形者、妖者、似人者、善变者”等等，凡包括在这些属类之中的动物都不吃。马、骡、驴等平蹄动物属于异形，不吃。海参也因形状关系列为禁食。鸷鸟生食，不吃。酒是魔鬼用来制造人与人争论的东西，饮酒还可能引起对真主的不敬，所以信伊斯兰教的民族严格禁酒或禁嗜酒。

伊斯兰教在饮食方面还有两条附加规定，其一是可食之物在食用时也不能过分和毫无节制。《古兰经》曰：“你们应当吃，应当喝，但不要过分，真主确是不喜欢过分者的。”其二是禁食之物在迫不得已的情况下食之无过。“他只禁戒你们吃自死物、血液、猪肉，以及诵非真主之名而宰的动物：凡为势所迫，非出自愿，且不过分的人（虽吃禁物），毫无罪过。”穆斯林对食物有所选择、摒弃无所不吃的做法，奉行有所吃、有所不吃的原则。同时，也提倡适可而止的节制要求，即便是美味佳肴也忌讳暴饮暴食。

由于居住在中国境内的信仰伊斯兰教的民族，多数集中在西北地区。根据气候和地理条件，他们最爱吃羊肉，也吃牛肉和骆驼肉，于是烹调牛羊肉便成为他们的一种特长。大概在1000年前，在伊斯兰教徒聚居的地方，开始出现“清真菜馆”（含有“清净无染”、“真乃独一”之意）。“清真”本义是指道德修养方面的一种境界，元代以后逐渐专指伊斯兰教的信仰。“清真”的理念是中国回族与异民族确立“洁”与“不洁”划分的基础，但是，清真饮食文化并不是回族所独有的，其他信仰伊斯兰教的民族同样享有清真饮食。

清真菜影响较大，各大、中城市均有清真菜馆和饭店。伊斯兰教菜馆又有南北之分，使用的菜肴原料除鸡、鸭外，北方以羊肉为主，而南方则以牛肉为主；北方用油以羊油、牛油和酥油为主，而南方则用豆油、菜油、麻油、鸡油等。北方清真菜对羊肉的烹制很有特色，烹调方法多种多样，但以爆、熘的技法最擅长，菜肴品种繁多，“全羊席”是其优秀的代表作。早在清代就成为宫廷中招待伊斯兰使节的御宴，而且风行全国。南方的清真菜对羊肉和鸭的制作有独特之处，吸收了汉族的烹调技法。菜肴注重清爽利口，著名的菜肴有：涮羊肉，汤爆肚仁、炸羊尾、烤全羊、滑熘里脊等。清真菜不但满足了伊斯兰教民族的需要，而且也为汉民族服务，形成了既不同于汉民族也不同于国外伊斯兰民族的独特的饮食风味。清真菜是中国菜的重要组成部分，信仰伊斯兰教的各族人民，在发展中华饮食文化方面，作出了重大贡献。

（二）禁食猪肉的原因

烤全羊

有些民族不食猪肉，甚至不能去碰活猪或者死猪。希腊历史学家希罗多德在《历史》中说：“在埃及人的眼里，猪是一种不洁净的畜类。……如果一个埃及人在走路时偶然触着了一只猪，他立刻就要赶到河边，穿着衣服跳到河里去。”许多人类学家对这种现象一直很感兴趣，成为各国学者们共同关注的一个命题。

犹太教徒也禁食猪肉。其实，禁食猪肉是阿拉伯半岛诸民族普遍遵守的一项历史悠久的饮食禁忌。公元前6世纪，在阿拉伯半岛西北的西奈沙漠地区，产生了犹太教。公元7世纪初，在阿拉伯半岛的麦加又产生了伊斯兰教。这两个宗教在创立时，都适应了当地人们早已存在着的忌食猪肉的习俗，作为宗教戒律，写入《旧约》和《古兰经》之中。作为教规，宣扬猪的肮脏、丑陋和懒惰，人们逐渐从心理上形成了对猪的厌恶和鄙视，从生理上养成了一种特殊的条件反射。因此，伊斯兰教民不仅不能食猪肉、养猪、用猪油炒菜，甚至忌讲“猪”字，把猪肉和猪油叫做荤菜荤油。

关于伊斯兰教和犹太教禁食猪肉的禁忌，流传着各种误说，最甚者竟认为猪是犹太民族的图腾圣物，与祖先崇拜有关。其实，猪豕早已成为农业民族的家畜，作为游牧民族的犹太人绝不可能奉其为部落的图腾。有些人类学家沿着这一思路，提出了禁止食用猪肉是犹太人构筑的一道鲜明的文化边界及他们相互认同的文化符号的观点。文化边界“把他们自己同邻近民族区分开来”，尤其是与他们不友好的邻族。在犹太人分散到吃猪肉的基督教国家之后，更需要这一文化符号作为他们族性的标记。针对这种富有文化阐释意味的论点，人类学家马文·哈里斯用事实给予了回应：“中东地区几个不同的文化中都出现了猪的禁忌情况……至少有另外三种重要的中东文明同以色列人一样为猪所困扰，他们是腓尼基人、埃及人和巴比伦人。”（［美］马文·哈里斯，《好吃：食物与文化之谜》）既然如此，禁止食用猪肉就不能起到犹太人族性标记的作用。

有些人类学者依据宗教教规所宣扬的猪是肮脏、不洁的信条，提出禁食猪肉肇起于猪的一些习性。猪吃人的粪便，又爱在自己的屎尿中打滚，完全吊不起人的胃口。“这一说法难以自圆其说的地方是：如果所有人都天然厌恶猪肉，那么首先就不会有人工养猪的开端，在世界其他许多地方也不会有这许多人仍兴致很高地大嚼猪肉。实际上，正因为猪找不到其他潮湿的外部环境以降低其无毛无汗的身体的温度，因而才在自己的屎尿中打滚。此外，猪也非吃人粪便的唯一家畜（例如，牛和鸡在这方面亦无禁忌克制）。”（［美］马文·哈里斯，《文化的起源》）英国人类学家埃德蒙·罗纳德·利奇也发表过类似的观点：“人们普遍认为猪食垃圾，但实际上狗亦如此。我们实际上没有理由给猪戴上‘最肮脏’的帽子而将宠物（按指狗）

视为至宝。”

自从忌食猪肉的风习伊斯兰教化之后，伊斯兰教凭借自己强大的宗教势力，对此种风习的持久流传和更大范围的扩展，无疑起到了推波助澜的作用。因为，忌食猪肉的风习一经“真主”之名形成命令，作为神圣不可违背的号召，就成为任何地区、任何民族只要信仰伊斯兰教的就必须遵行不悖的教条了。一些西亚、北非以外的亚非国家和我国某些少数民族，曾信仰佛教或其他宗教，只是在改信伊斯兰教之后才忌食猪肉的，故其忌食猪肉的直接原因，是来自伊斯兰教，这当然有一定的道理，但追根溯源仍是来自阿拉伯地区古老的风习。

古代以色列人所饲养牛、绵羊、山羊，在古代中东地区是最重要的食物生产种类，以含有高度纤维素的植物为食料。它们不会与人类争食，反而会通过提供肥料和拉犁的牵引劳力而促进农业生产。它们还是毛质纤维的来源，为人类提供服装原料，其皮可做鞋和马具。养猪所能得到的收益远不如饲养反刍动物。猪不能拉犁，不会产奶，其毛皮不适合用于纺织和服装。猪的粪便可以肥沃农田，但对可供游牧的茫茫草原益处不大。“古代以色列的猪肉禁忌实质上是一种成本与收益的选择”，“没有哪一个干旱地带游牧的人群是养猪的，原因很简单，很难保护猪群不受炎热、日晒的威胁，在从一个营地向另一个营地的远距离迁移中又缺少水的供应”。（［美］马文·哈里斯，《好吃：食物与文化之谜》）

需要说明的是，早在1万年前，中东的许多地方，包括以色列人的居住地在内，都曾大量饲养猪。后来，伴随着人口密度的加大，生态环境逐步发生了巨大变化，“从森林到耕地，再到放牧地，乃至沙漠。每一阶段的演进都会更加有利于饲养反刍动物，而更加不利于养猪。”（［美］马文·哈里斯，《好吃：食物与文化之谜》）由于生态条件变得不适应养猪，猪本身又没有其他让以色列人难以不顾的优势；相反，饲养猪的植物性食物也是人要吃的，在食物并不丰富的时期，便出现了人类与猪之间的生存竞争。这样，猪在中东地区的地位必然变得低下，成为最下等的动物。伊斯兰教的猪禁忌实际上是这种原有习俗观念的延续和强化。

恰恰是这样，伊斯兰教的这一教规就不会影响教民的生活，成为一名穆斯林并不需要改变原来的饮食生活。而且，在主要以牛、绵羊和山羊为肉食的干旱生态地区，穆斯林为多。中国的情况亦如此，伊斯兰教流行的范围主要在干旱的和半干旱的西部地区。

六、基督教饮食习俗

公元前后基督耶稣创立的基督教是现在世界上信仰人数最多的宗教。初创时，不准其信徒食用动物的血液和肉，是素食主义者。后来由于圣·保罗的变革，使得基督教中的很多禁忌被解除，发展到今天，基督教里对食物的禁忌已基本没有了。

尽管如此，基督教的饮食文化还是有着自己的独特之处的，比如饭前祷告，对面酵、鱼、盐的钟爱等。

面酵是成长和治理的象征，每当向耶稣献祭礼的时候，必须使用发酵过的面饼或面包。而食用没有发酵过的面饼或面包，则象征着上帝对人类的挽救。他们认为发酵做成的面包是生命的支柱。大概这也正是西方人酷爱面包的原因了。

基督教对于盐有特别的喜爱。圣经当中认为基督就是盐，对这个世界起到调味的作用，所以每当做圣殿献祭的时候，必须用盐腌制的食物。但过多地使用盐，会被认为是上帝彻底审判的记号，这是由于大量使用盐，尤其是把盐撒到大地上，会使土地失去生机。

基督教认为血象征着生命，这是旧约献祭礼仪上一项重要的内容。新约把血的作用解释为耶稣基督在十字架上流血舍命而带给人的救赎能力。血既然有如此重要的意义，不吃血便成为《圣经》对基督徒的一种要求。

基督教徒禁酒，但基督教徒对葡萄酒有着特殊的偏爱。在基督教有关圣餐的故事中，耶稣与门徒共进最后的晚餐，当耶稣把饼分给门徒时说："这是我的身体。"当他把葡萄酒分给众门徒的时候说："这是我的血。"因此，基督徒认为葡萄酒是耶稣的血，对葡萄酒有着特殊的感情。

第八章　中国饮食烹饪

第一节　烹食的渊源

一、烹食的起源

人类必须依靠摄取食物营养维持生命，饮食就成为我们赖以生存最重要的物质条件之一。原始人生吞活剥、抓食掬饮的生活随着火和盐的发现和利用而逐渐终结，加上陶器的出现，使人们掌握了水、食物、盐和火的调和，煮、渍、熬、蒸等烹食方法得以产生。这种食物熟化的过程就是烹食的起源。烹食有烹饪和烹调之说。

烹饪，此词最早见于2700年前西周问世的《周易·鼎》中，原文为："以木巽火，亨饪也。""木"指燃料。"巽"是八卦中的一卦，原意为风，此处指顺风点火。"亨"在先秦与"烹"通用，为煮的意思。"饪"既指食物生熟的程度，又是古代熟食的通称。由此可知，《周易》中的"烹饪"一词包括了炊具、燃料、食物原料、调味品以及烹制方法诸项内容，反映出当时人们的生活状况及其对饮馔的认识。古代厨务没有明确分工，厨师既管做菜，又管做饭，还要酿酒、造酱、屠宰、储藏、采购和提供筵间服务，因此古代的"烹饪"含义广泛。

烹调指厨师对食品原料进行选择、切削、拼配、炊制、调味、装盘的全部操作过程。其中，"烹"通常理解为加热烹炒，"调"通常理解为配料、调味。"烹调"一词最早出现在800多年前的南宋，见于陆游的《剑南诗稿·种菜》："菜把青青间药苗，豉香盐白自烹调。"很显然，"烹调"是从"烹饪"转化而来，但使用范围比较狭窄，一般仅指制作饭菜，而不包括酿酒、造酱、屠宰、储藏等。

二、烹食的目的

从烹食的起源和发展来看，烹食的根本目的是营养保健，烹食之所以能够成为一项技术、一门艺术、一种文化，是因为它在人类生活中具有如下意义和作用：

（1）提供富含营养的膳食，强人体质，满足人类饮食生活中的物质需求。

（2）提供健康安全的膳食，保证饮食卫生。

（3）提供色、形、味兼美的膳食。

（4）创造、发展饮食文化，推进人类文明建设。

总之，熟食使原始人类脱离了茹毛饮血的野蛮蒙昧时期并走向了文明，烹调使食物具有了审美价值。历史上的朝代更替、兴盛衰亡对烹调技术的发展没有丝毫影响，历代统治阶级所专享的华筵丰馐凝聚了历代庖厨的血汗和智慧。

第二节　烹食的发展

中国烹食的发展，大体经历了两个阶段，第一阶段包含先秦、魏晋、隋唐宋元和明清四个时期，第二阶段包含“中华民国”和中华人民共和国两个时期，其社会背景不同，表现形式也不同。

一、历朝历代烹食的发展

（一）先秦时期

此段历史是中国烹饪的草创时期，掀起了中国烹饪发展的第一个高潮，包括新石器时代（约6000年）、夏商周三代（约1300年）、春秋战国（约500年）三个发展阶段。

1. 新石器时代的烹饪

新石器时代由于没有文字，烹饪演变的概况只能依靠出土文物、神话传说以及后世史籍的追记进行推断。新石器时代的烹饪好似初出娘胎的婴儿，既虚弱、幼稚，又充满生命活力，为夏商周三代饮食文明的兴盛奠定了良好的基础。

2. 夏商周三代的烹饪

夏商周时期在中国烹饪发展史上有许多突破，对后世影响深远。

（1）烹调原料显著增加，习惯于以“五”命名。如“五谷”（稷、黍、麦、菽、麻籽）、“五菜”（葵、藿、头、葱、韭）、“五畜”（牛、羊、猪、犬、鸡）、“五果”（枣、李、栗、杏、桃）、“五味”（米醋、米酒、饴糖、姜、盐）之类。“五”不确指只有五种，只说明较多。人工栽培的食材原料成了主体。

（2）饮器皿革新，轻薄精巧的青铜食具登上了烹饪舞台。我国现已出土的商周青铜器物有4000余件，其中多为炊餐具。青铜食器不仅热传导性好，烹饪效率和菜品质量得到提高，还彰显了礼仪，装饰出上层社会饮食文化的贵族气质。

（3）菜品质量飞速提高，推出了著名的“周代八珍”。由于原料充实和炊具改进，这时的烹调技术有了长足的进步。一方面，有饭、粥、糕、点、肉酱制品和羹汤菜品等烹制品；另一方面，较好地运用烘、煨、烤、烧、煮、蒸、渍糟等10多种方法，烹出熊掌、乳猪、大龟、天鹅之类的高档菜式，产生了影响深远的“周代八珍”。

（4）在饮食制度等方面也有新的建树。如从夏朝起，宫中首设食官，配置御厨，迈出食医结合的第一步，重视帝后的饮食保健，这一制度一直延续到清末。再如筵宴，按尊卑分级划类。

此外，在民间，屠宰、酿造、炊制相结合的早期饮食业也应运而生，大梁、邯郸、咸阳、临淄等都邑的酒肆兴盛。所以，夏商周三代在中国烹饪史上开了一个好头，后人有“百世相传三代艺，烹坛奠基开新篇”的评语。

3. 春秋战国的烹饪

春秋战国是我国社会制度过渡的动荡时期。连年征战，群雄并立。战争造成人口频繁迁徙，刺激农业生产技术迅速发展，学术思想异常活跃。此时烹饪中也出现了许多新的元素，为后世所瞩目。

（1）以人工培育的农产品为主要食源。牛耕和铁制农具的使用，使农产品的数量、质量不同于以往。家畜野味共登餐盘，蔬果五谷俱列食谱，在南方的许多地区，鱼虾龟蚌与猪狗牛羊同处于重要的位置，这是前所未有的。

（2）在一些经济发达地区，铁质锅釜崭露头角。它较之青铜炊具更为先进，为油烹法的问世准备了条件。与此同时，动物性油脂和调味品也日渐增多，花椒、生姜、桂皮、小蒜运用普遍，菜肴制法和味型也有新的变化，并且出现了简单的冷饮制品和蜜渍、油炸点心。

（3）继周天子食单之后，又推出新颖的楚宫筵席，形成南北争辉的局面。据《楚辞》记载，楚宫宴包括主食、肴、点心、饮料四大类别。其中的煨牛筋、烧羊羔、焖大龟、烩天鹅、烹野鸭、油卤鸡、炖甲鱼和蒸青鱼，都达到了较高的水平，而且在原料组配、上菜程序、接待礼仪上均有创新，为后世酒筵提供了蓝本。

（4）出现南北风味的差异，地方菜品开始出现。其中的北菜，以豫、秦、晋、鲁一带为中心，活跃在黄河流域，它以猪、犬、牛、羊为主料，注重烧烤煮烩，崇尚鲜咸，汤汁醇浓。其中的南菜，以鄂、湘、吴、越一带为中心，遍及长江中下游，它是淡水鱼鲜辅以野味，鲜蔬拼配佳果，注重蒸酿煨炖，酸辣中调以滑甘，还喜爱冷食。

（5）烹饪理论初有建树，有《吕览·本味篇》和《黄帝内经》等论著。《吕览·本味篇》被后世尊为“厨艺界的圣经”，主张“适口者珍”。《黄帝内经》系统阐述中医学术理论，告诫人们注意饮膳和生理功能的自我调适。

（二）秦汉魏六朝时期

秦汉魏晋南北朝，农业、手工业、商业和城镇都有较大的发展，民族之间的沟通与对外交往也日益频繁，烹饪文化不断出现新的特色。当然，战争频繁，诸侯割据，改朝换代快，统治阶级醉生梦死，奢侈腐化，在饮食中寻求新奇的刺激，也为烹饪博采各地区各民族饮馔的精华、蓄势待变提供了条件。

1. 烹调原料的扩充

张骞通西域后，相继从阿拉伯等地引进了茄子、大蒜、西瓜、黄瓜、扁豆、刀豆等新蔬菜，增加了素食的品种，且货源充足。有“植物肉”之誉的豆腐，相传是西汉淮南王刘安的方士发明的，不久，豆腐干、腐竹、千张、豆腐乳等也相继问世。

《史记》记述了汉代大商人酿制酒、醋、豆腐各1000多缸的盛况。《齐民要术》还汇集了黑饴糖稀、煮脯、作饴等糖制品的生产方法。特别重要的是，从西域引进芝麻后，人们学会了用它榨油。从此，植物油登上中国烹饪的大舞台，促使油烹法得以诞生。

在动物原料方面，这时猪的饲养量已占世界首位，取代牛、羊、狗的位置而成为肉食品中的主角。其他肉食品的利用率也在提高，如从牛奶中就可提炼出酪、生酥、熟酥和醍醐（从酥酪中提制的奶油）。汉武帝在长安挖昆明池养鱼，周长达20千米，水产品上市量很多。再如岭南的蛇虫、江浙的虾蟹、西南的山鸡、东北的熊鹿，都摆上了餐桌。《齐民要术》中记载的肉酱品，就是用牛、羊、獐、兔、鱼、虾、蚌、蟹等10多种原料制成的。

此外，在主食中，由于水稻的产量跃居粮食作物的首位，米制品开始多于面制品。菌耳、花卉、药材、香料、蜜饯等也都引起厨师的重视。

2. 筵席格局的变化

《史记》的鸿门宴、《汉书》中的游猎宴、汉高祖刘邦的大风宴、汉武帝刘彻的柘梁宴、东汉大臣李膺的龙门宴、吴王孙权的钓台宴、魏王曹操的求贤宴、诗人曹植的平乐宴、名士阮籍的竹林宴、大将军桓温的龙山宴、梁元帝萧绎的明月宴、梁简文帝萧纲的曲水宴、乡老的籍野宴等，在格局和编排上都不无新意，突出筵席主旨，因时、因地、因人、因事而设，重视环境气氛的烘托。

3. 炊饮器皿的创新

这一时期，炊饮器皿的突出变化是锅釜由厚重趋向轻薄。战国以来，铁的开采和冶炼技术逐步推广，铁制工具应用到社会生活的各个方面。铁比铜价贱，耐烧，传热快，更便于制菜，因此，铁制锅釜得以推广开来。与此同时，还广泛使用锋利轻巧的铁质刀具，改进了刀工刀法，使菜形日趋美观。

汉魏的炉灶系台灶，其烟囱已由“垂直向上”改为“深曲（即烟道曲长）通火”，并逐步使用煤炭窑，以利于掌握火候。河南唐县石灰窑画像石墓中的陶灶，河南洛阳烘沟出土的“铁炭炉”，以及内蒙古新店子汉墓壁画中的6个厨灶，都有较大改进，有“一灶五突，分烟者众，烹饪十倍”之说，意思是一台炉灶有5个火眼和许多排烟孔，烹饪效率可以提高十倍。

4. 饮食市场的活跃

这一时期，饮食市场形成了“熟食遍列，肴旅城市”的红火景象，并开始呈现以下特色：

一是饮食网点设置有相对集中的趋势。如北魏的洛阳大市分为八里，东市的

“通商”、“达货”二里，“里内之人，尽皆工巧，屠贩为生”；西市的“延酤”、“治觞”二里，“里内之人，多酿酒为业”。长安、邯郸、临淄、成都、江陵、合肥、番禺的情况也类似。

二是公务人员的食宿多由驿馆提供。像云梦睡虎地出土的秦简上规定，御史的从卒出差，每餐供应半升稗米（糙米）和四分之一升酱料，还有菜羹和韭葱；大夫等官吏出差，则按爵位高低分别提供食宿。汉魏仍承此制。驿馆实际上是官办的伙食服务业。

三是出现了一些专为权贵服务的特供店。像北魏都城洛阳永桥以南的“四夷区”，专住“外宾”。这一带的餐馆主营精美的鱼菜，有“洛鲤伊鲂，贵于牛羊”之说。汉代长安城外的“五陵区”（先皇的墓葬区），专住王公大臣，这里有许多胡人操办的“胡姬酒店”，以异域情调吸引白马金冠的公子王孙。

由于饮食市场的兴盛，地方风味也得以发展，黄河、长江、珠江三大流域的肴馔差异已经很明显了，它说明鲁、苏、川、粤四大菜系正在酝酿发育之中。

5. 烹调技法的长进

秦汉时期出现了两次厨务大分工，首先是红白两案的分工，接着是炉与案的分工，这有利于厨师集中精力专攻一行，提高技术。

这一时期的烹调技法也比先秦精细。据《齐民要术》记载，当时的烹调有齑（用酱拌和细切的菜肉）、鲊（用盐与米粉腌鱼）、脯腊（腌熏腊禽畜肉）、蒸（蒸与煮）、煎消（烧烩煎炒之类）、菹绿（泡酸菜）、炙（烤）、奥糟苞（瓮腌、酒醉或用泥封腌）、饧脯（熬糖与做甜菜）等大类，每大类又有若干小类，合计近百种，这是一大进步。特别是在铁刀、铁锅、大炉灶、优质煤、众多植物油等五大要素的激活下，油烹法脱颖而出，制出不少名菜，使烹饪技法更上一层楼。现今常用的 30 多种烹调法中，油烹法约占 60% 以上。

我国自古就有素食的传统，但未形成专门的菜品。汉魏六朝佛、道大兴，风姿特异的素菜应运而生。素菜的基地是寺观，早期以羹汤为主，辅以面点，是款待施主的小吃，后来充实菜品，才形成阵容。《齐民要术》有“素食”一章，介绍了 11 个品种，但不少仍杂有荤腥物，属于“花素”，乃素菜的早期形式。梁武帝时，素菜更为活跃，有关记载增多。

此时的面点工艺，成就巨大。其表现是：面点品种增多，技法迅速发展，出现了专门的著作。如《饼赋》对面点有生动的描述。我国的市食面点、年节面点、民族面点、筵会面点、馈赠面点等，都是在这一时期初奠基石的。特别是“胡饼”（即今烧饼），流传千载仍有活力。

6. 烹饪理论的收获

（1）食疗肇始。这时出现了张仲景、淳于意、华佗、王叔和等名医，推出了《神农本草经》、《伤寒杂病论》、《脉经》等新著，总结出了脏腑经络学说，奠定了辨证施治的理论基础，传统医学体系初步形成。在药物运用上，强调“君臣佐使”（中医方剂的比拟词，“君”指起主要作用的药，“臣”指发挥功效的药，“佐”指辅佐作用的药，“使”指直达病区的主药和辅药）、“七情和合”和“四性五味”，并且试图用阴阳五行观解释饮食与健康的关系，使“医食同源”的理论进一步得到验证。像淳于意的“火剂粥”，华佗用葱姜酱醋合剂治疗寄生虫病，都可视作食疗的开端。

（2）系统食书问世。如《淮南王食经》、《太官食方》、《食珍录》、《四时食利》、《安平公食学》、《食论》等，为后世菜谱的编写提供了借鉴。尤其是北魏高阳太守贾思勰所著的《齐民要术》，是中国烹饪史上的一座丰碑，素有“便民的方法、治庖之良方”的美誉。

总之，汉魏六朝上承先秦，下启唐宋，是中国烹饪发展史上重要的过渡时期，引进了众多外来原料，提高了农副产品的养殖技术，食源进一步扩大，改进了炉灶和炊具，以漆器为代表的餐具轻盈秀美；调味品显著增加，开始使用植物油，油煎法问世；菜肴花色品种增多，质量有所提高，素菜发展较快，“胡风烹饪”独树一帜；出现不少面点小吃新品种，节令食品与乡风民俗逐步融合；筵宴升级，重视情味；饮食市场兴隆，菜系正在孕育之中；医学理论逐步形成，膳补食疗渐受重视；出现了一批食书，《齐民要术》贡献卓著。

（三）隋唐宋元时期

中国烹饪发展的第三阶段是隋唐五代宋金元时期，它是中国封建社会的中期，先后经历过隋、唐、五代十国、北宋、辽、西夏、南宋、金、元等 20 多个朝代，统一局面长，分裂时间短，政局较稳定，经济发展快，饮食文化成就斐然，是中国烹饪发展史上的第二个高潮。表现为：

1. 食源继续扩充

隋唐宋元时期，烹饪原料进一步增加，通过陆上丝绸之路和水上丝绸之路，从西域和南洋引进一批新的蔬菜。由于近海捕捞业的昌盛，海蜇、乌贼、鱼唇、鱼肚、玳瑁、对虾、海蟹相继入馔，大大提高了海产品的利用率。另据《新唐书·地理志》记载，各地向朝廷进贡的食品多得难以计数。

在油、茶、酒方面，也是琳琅满目。如唐代的植物油，有芝麻油、豆油、菜籽油、茶油等类别；宋代的茶，有龙凤、石乳、胜雪、蜜云龙、石岩白、御苑报春等珍品；而元代的酒，则包括阿剌吉酒、金澜酒、羊羔酒、米酒、葡萄酒、香药酒、马奶酒、蜂蜜酒等数十种。

由于生产的发展和生活水平的提高，这时烹调原料的需求量更大，《东京梦华录》介绍，北宋的汴京，从城门进猪，“每群万数”；从城门进鱼，“常达千担”。元代每年进行两次海运、漕运，以满足大都的粮食供应。也有进口原料，如北宋的“香料胡椒船”，就是专门到印度尼西亚等地运载辛香类调料等物品。元代与 140 余个国家和地区有贸易关系，220 余种货物进口，其中最多的是胡椒、茴香、豆蔻、丁香等。

2. 炊饮器具进步

从燃料看，这时较多使用煤炭，部分地区还使用天然气和石油；有了耐烧的“金刚炭”（焦煤）、类似蜂窝煤的“黑太阳”，以及相当于火柴的“火寸”。还认识到“温酒及炙肉用石炭”，“柴火、竹火、草火、麻核火气味各不同”。隋唐宋元的火功菜甚多，与能较好地掌握不同燃料的性能有直接关系。

炉和灶也有变化，当时流行泥风灶、小缸炉和小红炉，还发明了一种“镣炉”。它是在小炉外镶上框架，能够自由移动，利用炉门拔风，火力很旺。河南偃师出土的宋代妇女切脍画像砖上，便绘有此炉。因其别致，《中国烹饪》创刊号即以之作为封面。

北宋初年，八仙桌问世，《通俗篇》有所记载。从此，我国的筵宴就由 3～4 人的桌台演化成 6～8 人的桌台。这对宴会格局的编排和膳食分量的掌握影响很大，也直接制约着接待服务程序。

在餐具中，最主要的是风姿特异的瓷质餐具逐步取代了陶质、铜铁质和漆质餐具。唐代有邢窑白瓷和越窑青瓷。宋代，北方有定窑刻花印花白瓷、官窑纹片青釉细瓷、钧窑黑釉白花斑瓷、海棠红瓷，以及独树一帜的汝窑瓷、耀州瓷、磁州瓷；

南方有越窑和龙泉窑刻花印花青瓷、景德镇窑影青瓷、哥窑水裂纹黑胎青瓷，以及吉州窑和建窑黑釉瓷。元代，式样新颖的釉里红瓷驰誉中原，釉下彩瓷和青花瓷名播江南。其中的青花瓷700多年来一直被当作高级餐具使用，1949年后国宴上使用的“建国瓷”就是在它的基础上改进的。

宋代的高级酒楼——“正店”，还习惯于使用全套的银质餐具，而帝王之家和官宦富豪，仍看好金玉制品。

3．工艺菜式勃兴

在烹调技法方面，隋唐宋元的突出成就是工艺菜式，包括食雕冷拼和造型大菜的勃兴。拼碟的前身，商周祭祖时将五色小饼做成花果、禽兽、珍宝的形状，在盘中摆作图案。唐宋用荤素原料镶摆，如“五牲盘”、“九霄云外食”之类，刀工精妙，特别是比丘尼梵正创制的“辋川小样”，更系一绝。这种大型组合式风景冷盘，依照唐代诗人王维所画的《辋川图二十景》仿制而成。造型热菜亦多，如用鱼片拼作牡丹花蒸制的“玲珑牡丹”等无不造型艳丽。再加上著名的“蟹酿橙”等更是使人眼花缭乱。这些菜式的出现说明隋唐宋元的烹调工艺已有全新的突破。

此时名厨辈出，如谢讽、膳祖、张手美、刘娘子、王立、宋五嫂等。《江行杂录》中介绍了一位厨娘，她的厨具多为白金所制，有五、七十两（折合为1500～2200克），做一道菜的酬金是绢帛数十匹。身价如此之高，其技艺不难想见。

4．风味大宴纷呈

隋唐宋元筵宴水平之高，膳食之精，名目之巧，规模之大，铺陈之美，远远超过汉魏六朝，现能见到的唐代烧尾宴菜单中的主要膳食就有58道，大臣张俊接待宋高宗时的菜品竟有250款，元太宗窝阔台在和林大宴群臣时，酒水与奶汁都由特制的银树喷泉喷出。

5．饮食市场繁华

唐宋的饮食市场已经相当完善，具有六大特色，描绘了封建时代餐饮业经营方式的轮廓。

（1）饮食网点相对集中，名牌酒楼多在闹市。唐代长安有108坊，呈棋盘式布局。各坊经营项目大体上有分工，如长兴坊卖包子之类的食品，辅兴坊卖胡饼，胜业坊卖蒸糕，长安坊卖米酒。北宋汴京的名店多集中在御街两侧和大相国寺一带，饮食茶果“虽三五百份，莫不咄嗟而办”。再如，“胡风烹饪”主要在游人如织的长安曲江风景区，而历史名店“樊楼”则在汴京的闹市东华门。

（2）茶楼酒肆分级划类，高低贵贱应客所需。宋代的高级酒楼叫“正店”，中小型酒家叫“柏户”或“分茶”，其建筑格局与布置装潢差别明显，价格档次分明。名菜每盘少则几钱银子，多则数十两银子，在“胡风烹饪”和“樊楼”中，经常是10多担谷“不足供一筵”，“一饭千金”也不是稀罕的事。

（3）适应城镇起居特点，早市夜市买卖兴隆。饮食业的早市，古已有之；夜市普遍开放，则是在宋太祖撤销宵禁之后。如汴京，“夜市直至三更尽，才五更又复开张，如要闹去处，通宵不绝”。夜市以名店为主，众多食摊参加，好似长藤牵瓜，遍及大街小巷。其特点是规模大，时间长，摊点多，品类全，以大众化食品为主，并且送货上门，可以记账、预约。

（4）同行之间竞争激烈，名牌食品层出不穷。许多店家为了能在市场上争得一席之地，在招聘名师、装修门面、更新餐具、改进技艺、推出新菜、招徕顾客方面，无不大用心计。据《武林旧事》等书的统计，当时临安市场可供应宫廷名菜50余种，南北名菜200余种，风味小吃300余种，其中的“宋五嫂鱼羹”、“曹婆婆肉饼”、“王楼包子”、“梅家鹅鸭”名闻全国。

（5）接待顾客礼貌周全，主动承揽服务项目。唐宋酒楼的服务人员众多，态度谦恭，技艺精熟。那时还有承办筵席的机构——“四司六局”。四司指“帐设司、茶酒司、厨司、台盘司”；六局指“果子局、蜜煎局、菜蔬局、油烛局、香药局、排办局”。

（6）食贩挑担深入街巷，居民购食方便迅速。当时有“市食点心，四时皆有，任便索唤，不误主顾”之说。食贩很会做生意，以儿童的零食为主体，节令食品提前推销，不分冷热晴雨，全天叫卖，态度热情主动，不辞辛劳。《梦粱录》中说，临安的男女食贩都是高声吟叫，唱着小曲，戴着面具跳舞，并且“装饰车担盘盒器皿，新洁精巧，以耀人耳目”，可谓心思用尽。

6. 烹饪著述丰收

由隋至元，烹饪研究亦有新的收获。在食疗补治方面，有巢元方的《诸病源候论》。“药王”孙思邈的《千金食治》和《养老食疗》，收集药用食物150种，设计出长寿食方17组，开老年医学中食物疗法之先河。

昝殷的《食医心鉴》，孟诜的《食疗本草》，陈士良的《食性本草》，陈直的

《奉亲养老书》，陈直原著、邹铉增续的《寿亲养老新书》、贾铭的《饮食须知》等都记录了养生、食疗防止食物中毒及解救的方法。元代饮膳太医忽思慧，集毕生精力写成了我国第一部较为系统的饮食营养学专著——《饮膳正要》。该书总结前代饮食养生经验，强调“药补不如食补”，重视粗茶淡饭的滋养调节；从平衡膳食的角度提出健身益寿原则，主张饮食季节化和多样化，重视原料药用性能的鉴别，防止食物中毒；倡导“饮水思源有节，起居有常，不妄作劳”、“薄滋味，省思虑，节嗜欲，戒喜怒”的养生观；要求培养良好的卫生习惯，如“早刷牙不如晚刷牙”、“酒要少饮为佳”、“莫吃空心茶”；汇集了众多宫廷食谱，保留了许多少数民族的饮食资料，可供后人研究。

总之，隋唐五代宋金元时期，扩大了食源，出现一批烹调原料专著；燃料质量提高，革新了炉灶炊具，推出了食品加工机械，瓷质餐具风姿绰约，金银玉牙制品完美；食品雕刻和花碟拼摆突飞猛进，造型热菜日渐发展，涌现出一批名厨；菜式花色丰富，小吃精品层出不穷，首次出现地方风味的正式提法，菜系正在孕育之中，筵宴升级，铺陈华美，展示出了封建文化的风采；饮食市场活跃，总结出不少生财之道；烹饪著述丰收，《饮膳正要》和《千金食治》建树卓著。

（四）明清时期

明清属于中国封建社会的晚期，政局稳定，经济水平上升，物资充裕，饮食文化发达，是中国烹饪史上第三个高潮，硕果累累。

朱元璋称帝后，加强了中央集权，到永乐年间，国力相当雄厚。郑和七下西洋，同30多个国家建立了友好联系，中外文化的交流，使食源更为充沛。明中叶后，朝纲不振，经过万历年间的整治，商品经济得以发展，资本主义生产关系在江南手工业部门中萌芽。《本草纲目》、《天工开物》和《农政全书》相继刊行，中国烹饪的研究继续深入。

清初的顺治、康熙、雍正、乾隆四朝，政策较为开明，经济迅速复苏，农业、手工业和商业均创造出封建社会的最好成绩，饮食文化也如鱼得水，生机盎然。清朝后期社会统治日见衰朽，由于帝国主义的侵扰，中国被套上了半殖民地半封建的枷锁。统治阶级骄奢淫逸，贪求无厌，烹饪迅猛发展，宫廷菜和官府菜大盛。以“满汉全席”为标志的超级大宴活跃在南北，中国饮膳结出硕大的花蕾，达到了古代社会的最高水平，获得“烹饪王国”的美誉。

1. 飞潜动植争相入馔

明人宋诩记载，弘治年间可上食谱的原料已近千种；到了清末，现在能吃的飞潜动植大都得到了利用。据《农政全书》记载，明朝当时从国外引进了笋瓜、洋葱、四季豆、苦瓜、甘蓝、油果、花生、马铃薯、玉米、番薯等，蔬菜已在100种以上，并且掌握了培植茭白的技术。清代又引进辣椒、番茄、芦笋、花菜、凤尾菇、朝鲜蓟、西兰花、抱子甘蓝等，蔬菜品种达到130种左右（现今我国的蔬菜品种约160种），创造出许多新菜式，而且对5省1州（云、贵、川、湘、鄂和吉林延边）的食风影响很大。

在动物原料方面，养猪业和养鸡业更为发达。九斤黄鸡和狼山鸡出口欧美，华南猪被引入英国。而且海鲜原料进一步开发，燕窝、鱼翅、海参、鱼肚也上了餐桌。当时还能“炎天冰雪护江船”，“三千里路到长安”，在北京可以吃到用冰船送来的江南鲜鲥鱼。与此同时，满、蒙、维、藏等民族地区的特异原料也被介绍到内地，如林蛙、黄鼠、雪鸡、虫草等。

2. 全席餐具流光溢彩

在这一时期，瓷质餐具仍占绝对优势。明朝的宣（德）、成（化）、嘉（靖）、万（历）窑器，有白釉、彩瓷、青花、红釉等精品，成龙配套，富丽堂皇。《明史·食货篇》记载，皇帝专用的餐具就有307000多件。当时有御窑58座，日夜开工，专烧宫瓷；以制瓷为主业的景德镇，一跃而成为“天下四大镇”之一。

可以与细瓷媲美的是宜兴紫砂陶。名匠供春制作的茶壶，设计古朴，盛茶不馊，海内珍之，价同金璧，名士公卿无不争相购求。明清的金银玉牙餐具更为豪奢。奸臣严嵩家中，仅金盘一项，即有49件，其中的金鲤跃龙门盘、金飞鹤壁虎盘、金八仙庆寿酒盘、金松竹梅大葵花盘、金草兽松鹿花长盘，无不栩栩如生。慈禧太后宁寿宫膳房里，有金银餐具1500多件，折成黄金290.8千克、白银529.5千克。1771年，乾隆之女嫁给孔子72代孙孔宪培，嫁奁中有套“满汉宴·银质点铜锡仿古象形水火餐具”，共404件，可上196道菜品。它再现了先秦时青铜餐具的雄浑风姿，模拟飞禽走兽、各类植物，镶嵌玉石珍宝，刻琢诗文书画，有很高的艺术观赏价值，为我国古食器的杰作。

3. 工艺规程日益规范

明清500多年间，膳食制作经验经过积累、提炼和升华，已形成比较规范的烹饪工艺。李调元在《醒园录》中总结了川菜烹调规程，蒲松龄的《饮食章》对鲁菜工艺亦有评述。特别是袁枚在《随园食单》的“须知单”和“戒单”里，对工艺规程提出了具体要求，如“凡物各有先天，如人各有资禀”，“物性不良，虽易牙烹之，亦无味也”，因此选料要切合“四时之序”，专料专用，不可暴殄。袁枚还提倡“清者配清，浓者配浓，柔者配柔，刚者配刚”。只有求其一致，方符“和合之妙”。“味太浓重者，只宜独用，不可搭配”，须“五味调和，全力治之”。他亦主张火候应因菜而异，“有须武火者，煎炒是也，火弱则物疲矣；有须文火者，煨煮是也，火猛则物枯矣；有先用武火而后用文火者，收汤之物是也，性急则皮焦而里不熟矣”。调味要恰当，“味要浓厚，不可油腻，味要清鲜，不可淡薄”，只有“咸淡合宜，老嫩如式”，方能称作调鼎高手。李渔在《闲情偶寄·饮馔部》里还提出了纯净、俭朴、自然、天成的饮食观，尤为重视原料质地和菜品风味的检测。这都说明中国烹调术在明清时期已由量变转为质变，开始由必然王国向自由王国迈进了。

4. 名厨巧师灿若群星

工艺是劳动的结晶，它来自于名厨巧师的辛勤创造。宋诩在《宋氏养生部》回忆，他的母亲从小跟着当官的外祖父和父亲到过许多地方，学会不少名菜，特别会做烤鸭。她将一身的厨艺传给儿子宋诩，他因此整理出1010种菜品。再如南通的抗倭英雄曹顶，原系白案师傅，在刀切面上有一手绝活。浙江慈溪还有一位能写的名师潘清渠，他将412种名菜编成了《饕餮谱》一书。

清初名厨更多。其中有通晓菜谱茶经的董小宛，“天厨星”董桃媚，“遂将食品擅千秋”的萧美人，以“什锦点心”压倒天下的陶方伯夫人，五色脍“妙不可及”的余媚娘，嘉兴美馔“芙蓉蟹”的创始人朱二嫂，川味名珍“麻婆豆腐”的创始人陈麻婆，撰写《中馈录》的才女曾懿等。

江南名厨王小余，曾在烹饪鉴赏家袁枚家中掌厨近10年。他选料“必亲市场”，掌火时“雀立不转目”，调味“未尝见染指之试”。他有一“作厨如作医”之名言，认真做到了“谨审其水火之齐”，“万口之甘如一口”，深得袁枚的器重。他死后，袁枚思念不已，“每食必为之泣”，写下情深意长的《厨者王小余传》。这也是古代留下的唯一的厨师传记。

到了晚清，又涌现出“狗不理包子”创始人高贵友，“佛跳墙”创始人郑春发，“叫化鸡”创始人米阿二，“义兴张烧鸡”创始人张炳，“散烩八宝饭”创始人肖代，“皮条鳝鱼”创始人曾永海，“早堂面”创始人余四方，“什锦过桥饭”创始人詹阿定，以及“抓炒王”王玉山，鲁菜大师周进臣、刘桂祥，川菜大师关正兴、黄晋龄，粤菜大师梁贤，苏菜大师孙春阳，京菜大师刘海泉、赵润斋等。

5. 名菜美点五光十花

丰富的陆海原料和调味品，成龙配套的全席餐具，变化万千的烹调技法，勇于创新的名厨巧师，带来了佳肴丰收的金秋，出现了如水晶肴蹄、蟹粉狮子头、五元神鸡、钟祥蟠龙、软熘黄河鲤鱼焙面、李鸿章杂烩、龙虎斗、蜗牛脍、松鼠鱼、紫菜苔炒腊肉、虫草金龟、烤鸭等名菜。

点心小吃，如淮扬的富春包子，苏锡的糕团，闽粤的鱼片粥，湘鄂的豆皮，巴蜀的红油水饺，淞沪的南翔馒头，京津的狗不理包子，秦晋的牛羊肉泡馍，冀豫的四批油条，甘宁的泡儿油糕，蒙新的奶茶等。

宫廷菜、官府菜、寺观菜和市场菜“百花齐放”。宫廷菜，选料精，规法严，厨务分工精细，盛器华美珍贵。官府菜，有宫保（丁宝桢）菜、鸿章（李鸿章）菜、梁家（梁启超）菜、谭家（谭宗浚）菜等，但最为知名的当数孔府菜。寺观菜，分为大乘佛教菜和全真道观菜两支，大同小异。市场菜已形成风味流派，鲁、苏、川、粤四大菜系已成气候，古老的鄂、京、徽、豫、闽、浙、滇诸菜稳步发展。

6. 华美大宴推陈出新

筵宴发展到明清，已日趋成熟，展示出中国封建社会晚期的饮食民俗风情。餐室富丽堂皇，环境雅致舒适，多为 6～10 人席的格局。席位讲究，对号入座，筵席设计注重套路、气势和命名。清宫光禄寺置办的酒筵，有祀席、奠席、燕席、围席四类，每类再分若干等级。市场筵宴亦以碗碟之多少区分档次，各有例则。在筵宴结构上，一般分作酒水冷碟、热炒大菜、饭点茶果三大层次，统由头菜率领，头菜是何规格，筵宴便是何等档次。

各式全席脱颖而出，制作工艺美轮美奂。其中，全羊席誉满南北，满汉全席被称为“无上上品”。前者用羊 20 头左右，可以制出 108 道食馔；后者以燕窝、鱼翅、烧猪、烤鸭四大名珍领衔，汇集四方异馔和各族美味，菜式多达一两百道，一般要分 3 日 9 餐吃完。因其技法偏重烧烤，主要由满族茶点与汉族大菜组成，因此又叫“大烧烤席”或“满汉燕翅烧烤全席”。

7. 饮食市场红火兴盛

依循唐宋饮食网点相对集中的老例，明清的茶楼酒肆进一步向水陆码头、繁华闹市和风景名胜区集中，逐步形成各有特色的食街，如北京大栅栏、上海城隍庙、南京夫子庙、苏州玄妙观、杭州西湖、汉口汉正街、重庆朝天门、西安钟鼓楼、广州珠江岸、开封相国寺等。

8. 烹饪研究成果突出

明清两朝大量刊印膳补食疗著述，弘扬了医食同源传统。各类医籍中，影响最大的是李时珍的《本草纲目》。它系统总结了我国16世纪以前的药物学成就，是古代最完备的药物学专著。它还集保健食品之大成，是古代最好的食疗著述，也可作为烹调原料纲目使用。现今人们研究豆腐、酒品和不少烹调方法、食治方法的源流，常以此书作为依据。

总之，明清两朝的烹饪成就可以归纳为：努力开辟新食源，引进辣椒和土豆，扩大肴馔品种；炉灶、燃料、炊具均较前代先进，出现成龙配套的全席餐具；烹调术语增加，工艺规程严格，烹调技术升华；名厨巧师如林，一批以名师命名的美食广为流传；珍馐佳肴大量出现，清宫菜和孔府菜影响深远；四大菜系形成，地方风味蓬勃发展；大宴华美，礼仪隆重，全羊席和满汉全席破土而出；饮食市场蒸蒸日上，出现繁华的食街，经营方式灵活多样；普遍重视养生食疗，《本草纲目》成就巨大；烹饪理论有重大突破，产生了烹饪评论家李渔和袁枚，编出古食珍大全《调鼎集》。

二、近现代烹食的传承与变异

中国烹饪的昌盛时期是1911年起至今的一百多年，其中包括“中华民国”和中华人民共和国两个时期。

(一)“中华民国”时期

中国近代化的进程，是在被迫与屈辱中进行的。对外交往中，中国吸收了欧美日韩的饮食文化，使中国饮食文化传承与变异同在。

1. 引进新食料和西餐

20世纪以来，列强大量向中国倾销商品，牟取暴利，包括各种食料，如味精、果酱、咖喱、芥末、可可、咖啡、啤酒、奶油、苏打粉、人工合成色素等，这些食料引进后，逐步在食品工业和餐饮业中得到应用。新食料的引进，对传统烹调工艺产生了“冲击”，如味精逐步取代高汤，有些制菜规程也相应有所改变。由于外国侵略者和外籍侨民不断增加，英法式、苏俄式、德意式、日韩式膳食被引进来，创设了西餐馆和“东洋料理店”。中国厨师吸收西餐的某些技法，由仿制外国菜进而创制“中式西菜”或“西式中菜”。这类新菜，原料多取自国内，调味料用进口的，工艺主要是中式的，筵宴又袭用欧美程式，品尝起来，别具风味。内地厨师向沿海学习，将这类新菜再加移植，于是由炸牛排演化出炸猪排和炸鱼排，由烤面包片演化出秋叶吐司和鱼茸吐司，还有番茄汤、土豆菜之类，增加了中式菜品种，丰富了筵席款式，使一些地方菜也熏染上几分“洋味”。那些既爱中式菜又不能完全适应中式菜的外国人，对这种“杂交菜”反而更为欣赏，中国食客对它亦感兴趣。

2. 仿膳菜肇始

仿膳菜，即仿制的清宫菜。辛亥革命后，数百名御厨被遣散出宫。为了谋生，许多人或在权贵之家卖艺，或去市场经营餐馆。1925年，留京的10多名御厨在北海公园挂出“仿膳饭庄”的招牌。从此，以宫廷风味为特色的仿膳菜便风靡一时，历经70余年，现今仍有很大的魅力。仿膳菜虽然来源于清宫菜，但又有别于清宫菜，妙就妙在这“似与不似之间”。似者，是它的气质、文采、风韵、基本用料和基本技法，仿膳菜一上桌，就有一股皇家饮馔的华贵气息扑面而来；不似者，毕竟时代不同，服务对象不同，它在继承清宫菜传统的前提下，一方面扬弃形式主义的成分，另一方面又赋予其新的内容，如变换名称、增加掌故等，使之符合社会需求。

3. 沪菜兴盛

旧上海，号称“十里洋场”，是一座典型的半殖民化都市。上海本帮菜吸收北京、山东、四川、广东、湖南、湖北、江苏、浙江、河南、福建等地众多菜系流派之长，借鉴西餐技法，逐步形成了自成一体的年轻菜系。由于它师承多家，模仿性强，又注重形格，独创新意，故而朝气蓬勃，大有后来居上之势。现今，文化科技含量高的沪菜势头劲猛，在海内外享有很高的声誉。

4. 川菜革新

抗战时期，重庆成为陪都，党政要人和社会名流汇集，各地名厨也辗转来此谋生。由于菜式陈旧和口味偏辣，老川菜一时适应不了新的消费群。面临服务对象的剧变，自强不息的川厨“以变应变”，进行革新，推出一批新川菜。

川菜革新主要表现在：①大量增加山珍海鲜菜式，提高经营档次；②发展小炒、小煎、干烧、干煸工艺，急火快翻，注重菜品鲜嫩；③清鲜醇浓并重，以清鲜为主，保持鱼香、麻辣的特色；④充分利用天府之国调味品众多的优势，使味型变化更为精细。经过这番变革，川菜更趋完美。

5. 粤菜走红

羊城广州近代曾一度为中国政治文化中心，加之临近港澳和东南亚，商贾云集，饮食业进入前所未有的黄金时代。仅广州，就有著名的中餐店、茶室、酒家、西餐厅200余家。有的经营正宗的凤城小炒、柱侯食品、东江名菜和潮州美食；有的专卖京都风味、姑苏佳肴、扬州珍馔和欧美大菜。许多名店都有“拳头产品”，其中，贵联升的“满汉全筵”，蛇王满的“龙虎烩”，旺记的“烤乳猪”，西园的“鼎湖上素”，六国的“太爷鸡”，陆羽居的“白云猪手”，金陵的“片皮鸭”，太平馆的“西汁乳鸽”，都是饮誉岭南的佳肴。广州名师梁贤代表中国参加巴拿马国际烹饪赛会，荣获“世界厨王”桂冠。这是粤菜的首次走红，它为50年后“港派粤菜”风靡全国打下了坚实的基础。

为了适应岭南人“三餐两茶”的生活习惯，招引顾客，20世纪二三十年代，广州陆羽居茶楼率先推出“星期美点”，将更换一次点心品种的期限由一月缩短为一周，很快赢得顾客的赞赏。接着，福来居、金轮、陶陶居、金菊园等名店竞相仿效，形成一股风潮。其形式是：依照不同的季节、货源和场所，每周轮换一次点心品种（包括汤点、饭点和茶点），少则6咸6甜，多则12咸12甜，均以“五”字命名，前后不许重复。这样一来，促使店家狠下功夫，以新擅名，以巧取胜。在不长的时间内，广州点心便增加近千种款式，为全国同行所钦佩。现在，“羊城早茶”风行各地。

6. 中餐随着华侨的足迹走向世界

鸦片战争以后，帝国主义列强残酷掠夺劳工，迫使数百万华人背井离乡，流散海外。民国年间，通过外交、贸易、宗教、军事、文化等渠道，出国者更多了。这些侨胞中有800~1000万人以经营家庭式中餐馆为生，并且世代相传。他们把中国烹饪介绍给各国，使中式菜大规模进入国际市场。中式菜出国后有三种情况：一部分保持原有的风貌，仍是正宗的粤味、闽味或其他风味，主要食客为华侨和留学生；一部分受原料限制和当地食俗影响，变成“中西合璧”的“混血儿”，食客既有中国侨民，也有外国人；还有一部分“中名西实”，这乃外国餐饮业主照猫画虎，其食客多是慕中餐之名而不求中餐之实的外国人。20世纪初叶，伦敦、纽约、巴黎、马德里、莫斯科、悉尼、米兰、利马、东京、马尼拉、新加坡、仰光、雅加达、曼谷、汉城（今首尔）等地，都有相当数量的中餐馆，总数不下数十万家。尤其是华侨聚居的唐人街，酒楼鳞次栉比，菜品济楚细腻，店堂古色古香，成为一大景观。孙中山先生曾赞誉：“近年华侨所到之地，则中国饮食之风盛传。”

（二）中华人民共和国时期

1949年10月1日中华人民共和国成立后，人民当家做主，极大地调动了广大厨师的积极性和创造性。特别是党的十一届三中全会召开后，随着改革开放的进行，经济迅速发展，中国烹饪迎来黄金之春，这是中国烹饪发展史上的第四次高潮。其烹饪成就可以概括为：

1. 建立机构，抢救遗产

新中国成立以后，组建了各级饮食服务公司，保证了餐饮业的健康发展。1987年后又相继成立了中国烹饪协会、中国饭店协会和各地的饮食行业协会。由政府管理，开展技术交流，评定技术职称，检查服务质量，推广创新品种。同时，国家大力抢救烹饪文化遗产。在政府的直接干预下，狗不理包子铺、义兴张烧鸡店、松鹤楼菜馆、大三元酒家等一大批濒临倒闭的百年老店得以新生；山东的孔府菜、湖南的祖庵菜、辽宁的帅府菜、四川的大千菜等名流菜种被挖掘出来；《调鼎集》、《宋氏养生部》、《齐民要术》、《饮膳正要》等古籍相继整理出版；楚国冰鉴、汉代漆器、唐朝金杯、宋代名瓷等餐具也得到了发掘和研究；还有不少名师的技艺录像得以保留；众多饮食文化专题列入国家科研项目。

2. 组织人力，出版书刊

据估计，古代留下的烹饪著述，保留至今的总数不超过300种；民国年间这类书刊的出版数不足200种。改革开放后，我国每年约出饮食文化书籍近600种；数百家音像出版单位发行过烹饪录像带数千盒，如作为外事礼品书的《中国名菜谱》、《中国小吃》、《中国名菜集锦》、《中国古典食谱》、《中国菜肴大典》、《中国食经》、《中国筵席宴会大典》、《中国烹饪百科全书》、《中国烹饪辞典》、《中国餐饮业发展战略研究》等，这些书对中外学者都有很大的参考价值。

在烹饪期刊方面，有四种类型：一是偏重于理论探讨的《餐饮世界》、《中国烹饪研究》；二是致力于传授烹调技艺的《四川烹饪》、《烹调知识》；三是宣传饮食文化的《中国烹饪》、《中国食品报》；四是着眼于商业营销和信息传播的《国际食品》、《中国烹饪信息》、《吃在中国》（台湾）、《饮食世界》（香港）。此外，《人民日报·海外版》、《南方周末》和各地的晨报、晚报、都市报，也经常刊载烹饪方面的文章，甚至有“无报不谈食”之说。

3. 开办院校，培训人才

国家鼓励名师传艺，多层次、多渠道地兴办烹饪教育机构。主要有：在武汉、烟台、沈阳、重庆、南京、福州、西安等地设立了10多个烹饪培训中心，专门培训在职的中高级厨师，目前已有近10万人拿到了结业证书；各省、市、地、县还自办培训点，培训当地厨师；在全国的职业中学中开设了数百个烹饪班，培训出40多万新厨工；在全国的劳动技校、商业技校或普通中专中已有百余所学校设置烹饪专业，培养了数十万厨师后备人才；在近40所普通高校和高职院校中设置了中国烹饪、餐饮管理等专业，已培养新型的中级烹饪人才近10万名，这些院校同时还举办烹饪函授大专班和烹饪成人大专班，培训在职青年厨师；黑龙江商业大学已连续几届有烹饪硕士生毕业；一些名牌企业还选送优秀员工出国学习饭店管理知识等。更可喜的是，许多民营企业家投资开办了烹饪院校，其数量已有百余所，如范国栋先生斥资近亿元，筹办了河南长垣博大烹饪学院。与此同时，国家还组织力量出版了众多教材，使烹饪教育职业化、规范化，取得了良好的社会效益。

4. 制定标准，表彰名厨

国家商业部制定了饮食业技术职称评定标准，对全行业职工分期分批进行考核、定级。1963年全国有109人获得“特级厨师”称号，1982年有800余人达到这一标准。如今，人力资源和社会保障部统一制定了全国职业技能标准，餐饮业职工分为中式烹调师、中式面点师、西式烹调师、西式面点师、餐厅服务员五种类型；技能标准包括初级工、中级工、高级工、技师、高级技师五级，更为规范。由于市场经济的需要，名厨在社会上供不应求。不少名师被授予“中国烹饪大师”、“中国烹饪名师”、“国家级评委”、“中餐国际评委”等头衔。

5. 先进工艺，创新品种

(1) 开发新食源。引进了新食料，如牛蛙、三文鱼、鸵鸟、王鸽、袋鼠、芦笋、夏威夷果、泰国米、绿花菜等。与此同时，还在开发海底牧场、人工试管造肉、繁殖食用昆虫、提取植物蛋白、利用野生草木、推广绿色食品等方面积极开展科研活动，成果显著。

(2) 炊饮器皿逐步现代化。普遍使用冰柜、燃气灶、红外线烤箱、微波炉、制冰机、紫外线消毒柜、自动洗碗机、不锈钢工作台、自动刀具等。自动化炒菜机正在试验阶段，有可能取代一般厨师的繁重劳动。

(3) 注重营养配膳。现在做菜比较注意膳食结构的合理化和营养的综合平衡，强调三低两高（低糖、低盐、低脂肪、高蛋白质、高纤维素），历史上留下来的大鱼大肉、厚油浓汤食风正在改变。鸡鸭鱼鲜和蔬菜水果的利用率提高，破坏营养素和有损健康的烹调技法减少，推出了不少营养菜谱、食疗菜谱、健美菜谱、摄生菜谱和优育菜谱。

(4) 重视造型艺术。食雕、冷拼、围边、热菜装饰和膳食展台技术发展很快，从立意、命名到定型、敷色，都注意表现时代精神和民族风格。而且还努力运用实用美学原理，借鉴工艺美术的表现手法，赋予菜品新的情韵，提高艺术审美价值。同时在餐具上也有很大革新，流行明净的环保新工艺瓷器和一些新材质制成的新颖食具，使美食、美器相辅相成。

(5) 烹调工艺逐步规范化。特别重视菜品研究，对名膳食的每道工序、各种用料的比例都注意进行分析，并用菜谱或录像的方式记录下来。如中国财经出版社出版的《中国名菜谱》和《中国小吃》，历时十多年，由各省组织名师和专家逐一审核，定性、定质、定量，操作规范，文字准确。

(6) 积极进行筵席改革。筵席改革从国宴开始，渐及各种礼宴、喜宴、家宴。总的趋向是“小”（规模与格局）、“精”（膳食数量与质量）、“全”（营养配伍）、“特”（地方风情和民族特色）、“雅”（讲究卫生，注重礼仪，陶冶情操，净化心灵）。与此同时，为了饮食卫生，各地还在积极试行筵宴分餐制。由于采取了种种措施，现代中国烹饪呈现出“四名”（名店多、名师多、名菜多、名点多）、“四美”（选料美、工艺美、风味美、餐具美）、“四新”（厨师文化素质新、店堂装潢设计新、经营管理模式新、筵席编排格调新）、“四快”（科技成果应用快、流行菜

式转换快、服务方式改进快、宴间娱乐变化快）的特色。

6. 组织比赛，提高服务

政府或民间组织各层次的技术比赛，社会反响强烈。参赛膳食大多能获得较好的经济效益。由于市场竞争激烈，近年来，宾馆、饭店、酒楼、茶社更加注重服务质量。他们采用多种促销策略（如筵席预约、上门服务、列队迎宾、微笑接待、价格优惠、赠送礼品、剩菜打包、信息反馈等），将顾客当作“上帝”。生意越做越活。

7. 科学研究，建立体系

这一时期广泛的科学研究填补了烹饪科研的空白。①注释出版了大量烹饪书籍，科学研究了孔府菜、仿唐菜、仿宋菜、红楼宴、东坡宴等古代宴饮。②召开餐饮学术会议，开展学术研讨，如中国烹饪学术研讨会、六大古都餐饮文化研讨会、中国厨师之祖学术研讨会、中国快餐学术研讨会、饮食业术语规范学术研讨会、海峡两岸饮食文化交流研讨会、亚太地区保健营养美食学术研讨会、中国饮食文化国际研讨会等重要学术会议。目前，中国烹饪史、中国烹饪学、中国烹饪工艺学三大主干学科的初步框架已大体形成。中国烹饪科学体系逐步完善，它预示着中国烹饪有“术”无“学”的历史即将结束。

8. 技师出国，再传中菜

随着中国旅游业的发展，每年需要接待几千万港澳台同胞和海外游客。游客总希望领略中菜的风采，北京、上海、广州、杭州、桂林、承德、青岛、西安、大连、武汉、成都、哈尔滨、长沙、天津、重庆、乌鲁木齐、拉萨等都市的名店，也把接待海外游客作为“重头戏”，创汇收入可观。我国还向五大洲的100多个国家和地区派遣了10多万名烹调技师。其中，仅北京市派往日本、美国、德国、法国、土耳其、荷兰、俄罗斯、加拿大等30多个国家的名厨，就有近万名。这些烹饪专家出国后，有的主持烹饪学校，有的经办中式餐馆，有的参加食品节表演，有的讲学，有的传艺，有的在大使馆或经贸团工作，有的受雇于外国老板，有的与外国同行同台献艺。不少大使风趣地说：“厨师和翻译是我的左膀右臂。”还有些经贸团队的负责人讲：“中菜的雄风使谈判势如破竹。”

第三节　中国烹饪的特点

一、历史悠久

据考证，在距今40万年前的华夏大地上，中华民族的先祖就已经懂得使用火加热食物。在北京周口店地区“北京人”遗址的考古发现，该遗址中存有非常厚的灰烬层，挖掘出大量烧骨、烧石和烧过的朴树籽等，证明那个时期的古人类已经掌握利用火将生的食料加工成熟食的技术。而后，又经过漫长的历史发展，人类征服自然、改造自然的能力不断提高，在距今1万年左右，在华夏大地上出现了原始陶器，从此，真正意义上的“火食之道始备”。我国烹饪从最初的火烹开始，历经陶烹、铜烹、铁烹的发展阶段，在漫长的发展历程中，不断地实验、实践，又不断地筛选，从而使烹饪技术由粗放到精致，由简单到复杂，逐渐形成了具有中华民族特色的饮食保健体系、独树一帜的药食同源理论和精湛绝伦的烹饪加工工艺。

二、选料讲究

中国烹饪所用原料，大概可分为主配料、调味料、佐助料三大类，总数在1万种以上，常用的有3000种左右，所用原料数量可谓非常之多。从历史上看，我国古书当中很早就有“五谷为养，五果为助，五畜为益，五菜为充”的记载。在发展过程中，中国烹饪还十分注重从世界各地引种栽培优质食物原料，例如，在漫长的历史长河中，我们的祖先陆续从国外引进大蒜、菠菜、芝麻、葡萄、玉米、甘薯、辣椒、花生、黄瓜、西葫芦、番茄等众多的

番茄

蔬菜、水果和粮食作物等。从原料发展过程来看，我们的祖先也曾经淘汰掉一些不

适合我们食用，或者很难在华夏大地上生长的原料品种。据文献记载，茱萸这种原料曾经被选作食物原料，后来逐渐被淘汰掉了；冬寒菜等则被缩小了使用地域范围。今天，野生动植物的驯化、培育与养殖为中国烹饪原料增添了新的内容。

三、刀工精湛

刀工是指运用厨用刀具对烹饪原料进行切削或者雕刻等加工，使之形成所需形状的工艺。我国烹饪原料众多，各种原料的物理性质、化学性质不同，因此，除去那些需要整料烹制的菜肴外，均需要经过细致的刀工使之或形状整齐划一、造型美观，或利于烹饪制作。据统计，刀工技法有数十种，刀工成为中国厨师必须具备的技能之一。针对原料的不同性质，不同的烹饪要求，烹调师可以通过各种刀工切制成段、块、角、条、球、片、丝、丁、米、末等形状；对某些菜肴还可采用特殊刀工进行技术处理，切成各种造型美观的样式；对某些脆嫩原料还可运用刺花刀法，如麦穗花刀、荔枝花刀、菊花花刀等。

四、技法多样

不同的食物原料，其性质也不同，按照其本身固有的原料性质经过刀工切配之后，还需要采取相应的烹饪方法来进行加工。我国的烹饪技法种类非常多，总共有几百种，是世界上其他任何国家都无法比拟的。其中最常用的烹调方法约有 20 余种，如炸、熘、爆、炒、烹、炖、焖、烩、煎、贴、塌、氽、煮、蒸、烤、熏、炝、涮、泥烤、拌、腌、卤、冻以及专门制作甜菜的拔丝、挂霜、蜜汁等。用这些方法制作的热菜有 1 万余种，凉菜有 4 千余种。

五、味型丰富

中国人对味型的关注由来已久，早在商代就有伊尹以“至味”说汤的故事，总结出五味调和之妙，指出“先后多少，其齐甚微，皆有自起。鼎中之变，精妙微纤，口弗能言，志弗能喻”，并且通过控制火候达到“久而不弊，熟而不烂，甘而不哝，酸而不酷，咸而不减，辛而不烈，淡而不薄，肥而不腻”的烹饪效果。综观中国人的饮食观念，完全以“味”为核心，特别讲究“五味”调和，认为只有通过五味调和才能达到饮食之美的最高境界。烹饪就是达到使食物原料“有味使之出，无味使之入”的境界。

六、注重火候

掌握好火候是使烹饪原料的味道呈现最佳状态的关键。火候是指烹制菜肴和面点时控制用火时间长短和火力大小的技能，是使菜香味道臻于完美的最佳途径。《吕氏春秋·本味篇》中的“五味三材，九沸九变，火为之纪，时疾时徐，灭腥、去臊、除膻，必以其胜，无失其理”，说的就是烹饪食物时，因原材料的物理、化学、生化特性不同，火候大小强弱也要与之相适应，才能达到去除异味的效果。唐代的段成式甚至认为“物无不堪吃，唯在火候，善均五味”。要想达到“有味使之出，无味使之入”的境界，除调味料的使用之外，控制火候是非常重要的手段。在烹饪行业中，习惯上通常将火力按照大小分为旺火、中火、小火和微火。用火烹制食物时，根据食物原料及烹制菜肴的不同需要分别施用不同的火力。

七、注重养生

《黄帝内经》中有这样的记载：“五谷为养，五果为助，五畜为益，五菜为充。”这种“养助益充”的观点2000多年来一直是中国烹饪所遵循的理论基础之一。中国人的膳食结构属于典型的东方膳食结构，以植物性原料谷类食物为主，以蔬菜和肉制品等副食为辅，具体来说，是主副食分开的膳食结构，实践证明这种膳食结构有其自身的科学性。西方发达国家由于其膳食以高脂肪、高蛋白食物为主，患有高血压、高血脂、糖尿病、心血管疾病的人的比例明显高于东方膳食结构特点的国家。

在合理的膳食结构基础上，中国烹饪进一步追求饮食养生。换言之，即通过丰富的饮食原料、花样繁多的烹饪技法以及口味多变的味型，让人们从饮食中得到色、香、味等丰富多彩的感官享受，最终收到养生保健的效果。

八、盛器精美

中国烹饪对盛装美味佳肴的盛器也颇为讲究。从烹饪发展历史来看，烹饪器具、烹饪盛器很早就已经出现，如新石器时期的陶器制品、青铜器时期的青铜制品等，几乎都与烹饪有关，有的甚至成为祭祀用品。王侯将相、达官贵人使用的餐具更是精美绝伦，如玉碗、玉杯和玉筷等，更有黄金打造的整套餐具。平常人家使用的瓷制餐具，温润光滑。不同的食品采用不同的盛器，盛装鱼的有鱼盘，还有汤盘，为了配合菜肴，还在盘子的边缘绘有各种精美的图案。这些图案配合盛装的菜肴内容，相映成趣。

第四节　中国烹饪工艺

中国餐饮历史悠久，烹饪技艺源远流长。中华民族是一个崇尚饮食文化的民族，中华灿烂的饮食文化形成了数种菜系和令人目不暇接的菜肴佳品。中式菜肴以色、香、味、形而著称，这一切都离不开煎、炒、烹、炸等各种制作工艺，这就是烹饪烹调。

“烹”是煮，“饪”是熟，“调”等同于“饪”而特指制作菜肴。烹饪、烹调在菜肴的制作过程中技法不同、侧重点各异，但均离不开煎、炒、烹、炸等一系列基本操作。

一、炒

炒是将原料放入热油锅内，加入各种调味品，急火翻炒搅拌，迅速成菜的一类烹调技术。因汤汁较少，无须勾芡，这也是炒与其他烹调方法的显著区别。

根据所用原料的性质和具体操作手法的不同，炒又可分为生炒、熟炒、滑炒和软炒等。

生炒又称煸炒，是将生主料加工成形，直接入勺煸炒入味，急火快炒成菜装盘的一种方法。比如制作炒肉丝，先在勺内加适量油烧热，放入葱丝炒香，随即加入肉丝煸炒，再加入酱油、料酒、味精急火颠翻几下，淋上香油装入平盘即成。

熟炒是将熟主料加工成形，入勺急火快炒入味成菜装盘的一种方法。比如炒肚丝，在勺内加适量油烧热，加入葱丝、蒜片烹出香味再加入熟肚丝稍炒，立即放入盐、味精、料酒、香菜急火颠翻，淋上香油装入平盘即成。

滑炒是先将切成小型的原料上浆滑油，再用少量油用旺火加配料急速翻炒，最后对汁或勾薄芡的烹调法。比如滑炒里脊丝，先将入味的里脊肉丝放在五成热的油锅内划散，呈白色捞出；勺内留油放葱姜丝烹香，加冬笋丝等辅料，再加肉丝、清汤、料酒、精盐等翻炒出勺即成。

软炒是将生料加工成泥蓉，用水调稀成液态后入勺，通过热油慢火成形入味成菜的一种烹调技法。

二、炖

炖是先用调料炝锅，冲入汤水，放入主料和配料，用大火烧开，再转入微火炖烂的一种烹调方法。

炖法有三种形式，一是直接（不隔）水炖法，二是隔水炖法，三是蒸炖。

直接（不隔）水炖是将主料放入陶制的器皿中，加葱、姜、料酒等调味品和适量的水，加盖直接放在火上烹制。烹制时，先用旺火煮沸，撇去浮沫，再移入微火上炖至酥烂。炖煮的时间，可根据原料的性质而定，一般需 2～3 小时。例如炖腌鲜肉，就是将腌肉切成一寸见方的小块，笋切滚刀块，把腌肉和调料放在陶制器皿中加水，用旺火煮到六七成熟时，再放笋块及鲜肉炖至酥烂，汤汁变为乳白色即成。

隔水炖是将主料放入瓷制或陶制的缸内，加葱、姜、料酒等调味品及汤汁，并用纸封上缸口，把缸放在水锅内，盖紧锅盖，用旺火使锅内的水滚沸，约 3 小时即可炖好。这种炖法可使原料的鲜香味不易散失，制成的菜肴香鲜味足，汤汁清澄。如制作清炖鸡，先将白条鸡去内脏，放在开水锅中焯一下，去血腥后取出洗净，放在陶制的小缸内，再将调味品放入，加水适量，封缸口，置于水锅中，然后盖紧锅盖，用旺火烧开转微火炖制约 3 小时，使鸡肉酥烂即成。

蒸炖是把装好主料的密封缸放在沸滚的蒸笼上蒸炖。其效果与直接（不隔）水

炖基本相同，但因蒸炖的温度较高，因此必须掌握好蒸的时间。蒸的时间不足，会使主料不熟和缺少香鲜味道；蒸的时间过长，也会使主料过于熟烂和散失香鲜滋味。

三、熬

熬菜是先用葱或姜炝锅，再放入主料煸炒，再冲入汤汁和调味品，汤汁比炖菜用量要大，在温火上煮熟的一种方法，适用片、块、丁、丝、条等原料。这种烹调方法操作简单，原料酥烂，汤汁不腻，是家庭常用的一种烹调方法，如熬白菜等。

四、焖

焖是将原料用油锅加工成半成品之后，再加少量的汤汁和适量的调味品，盖紧锅盖，用微火慢慢焖熟的一种烹调方法。焖可使菜肴酥烂、汁浓、味厚。

焖一般分为红焖和黄焖两种。红焖是加入糖色或较多的酱油，使菜肴呈现红色。黄焖是少用酱油，使菜肴呈浅黄。如红焖狗肉、黄焖鸡块等佳肴。

五、卤

卤是把主料放入事先调好的卤汁中煮熟，晾凉后食用的一种烹饪方法。卤菜是制作冷菜的方法之一，卤菜的关键是卤汁的调配，各种调味品和香料的比例要适中，卤汁保存时间越长越好，也就是我们常说的老汤。五香酱牛肉、北京酱肘子、哈尔滨的酱鸡等都是卤菜的典型菜肴。

六、熘

熘是一种烹调熟菜的方法。熘菜，一般是将原料过油或蒸煮断生，重在勾芡，使主料、辅料在明亮的芡汁中交融在一起。所以，熘菜是使用芡汁技巧的一类菜肴。

熘法的种类很多，常见的有焦熘、软溜、滑熘、醋熘、糖熘和糟熘等。

焦熘又称炸熘或脆熘。先将切好的小的生料用调味品拌腌，再用水淀粉挂糊或干面粉滚拌，放入热油中炸，炸至深黄发硬时取出。然后另起锅，放入适量的油，油量根据卤汁量的多少而定，油热时先放入葱、姜，再放酒、糖、盐，另加湿淀粉勾芡，最后加入香油、蒜泥及醋做成卤汁，趁热将卤汁浇淋在炸熟的原料上。外酥脆里香嫩是其特点。

滑熘是以片、丁、条、块等小形无骨的原料为主。烹制时将原料先用调味品拌腌后，再用蛋清、淀粉挂糊，放入五成热的油锅中，将原料滑散，用旺火将温油烧热时取出。如较大的块不易熟，可将锅离火等一会再滑熘一次。另起锅，加少许底油，倒入炸好的主料，同时将做好的卤汁倒入同主料一同翻炒，使卤汁均匀地粘在原料上。这种制法的口味滑嫩鲜香。如滑熘肉片。

软熘是指主料不经过油炸，一般将整条的原料（多为鱼类）先蒸熟或放入沸水锅内加入葱、姜、料酒等煮到成熟时，将其取出，沥净水分，再将制成的卤汁淋在原料上。软熘的特点是嫩滑异常。

糖熘、醋熘和糟熘是将原料油炸后，用以糟卤或糖或醋等制成的卤汁熘制，方法基本上同焦熘、滑熘。如咕咾肉、醋熘白菜、糖熘鱼片等。

七、烤

烤是将生料或加工成半熟品的原料，经过火、烟的烧熏制或将原料放入烧热的盐、泥、沙等材料中使原料成熟的一类烹调方法。用这类方法制成的菜肴，不仅能保持原料原有的鲜味，还能使之皮脆肉嫩、色泽新鲜、香味浓醇。

烤可分为暗烤和明烤两种。

暗烤是将需要烤的原料挂在烤钩、烤叉上或平放在烤盘内，放进封闭的烤炉烤制。一般烤生料时多用烤钩或烤叉，烤半熟或带卤汁的原料时多用烤盘。暗炉的特点是炉内可保持高温，使原料的四周均匀受热，容易烤透。烤菜的很多品种，如挂炉烤鸭、烤叉烧香肉等，都宜用暗炉烤制。

明烤是指烤制器具是敞口的缸、火炉和火盆，用烤叉将原料叉好，在炉上反复烤制；或在炉（盆）上置有铁架，将原料用铁丝叉叉好，搁在铁架上反复烤制。明炉烤的特点是设备简单，火候较易掌握，对小型薄片原料的烤制，比暗炉烤的效果好。烤羊肉串就是典型的明烤菜肴。

八、酱

酱是将原料先用调料，如盐、酱油、葱、姜腌制后，再放入用油、面酱、糖、料酒、香料等调制的酱汤中，用旺火烧开，撇去浮沫，再用小火煮熟，然后用微火熬浓汤汁，使香料的味渗透到酱制的原料之中。酱制菜肴具有味厚馥郁的特点，如酱牛肉、酱驴肉、酱猪蹄等。

九、煎

煎是指以温火将锅烧热后，放入少量的油，再放入加工成扁形的原料，用温火先煎好一面，再煎其另一面，将两面煎成金黄色后放入调味品的一种烹调方法。一般在煎制之前将原料调味或挂糊，有的在煎熟以后蘸调味品食之。煎制菜肴的特点是外香酥里软嫩。

十、烩

烩是将小块或细碎的原料放入汤水并加配料、调料，经旺火、中火较短时间加热后勾薄芡，使汤菜融合成为半汤半菜的一种烹调方法。烩制菜肴的特点是汤宽汁醇，料质脆嫩软滑，口味咸鲜清淡。

烩法由羹菜演进而来，根据汤汁的色泽可划分为红烩和白烩。红烩是指用带有颜色的调料烩菜，特点是汁稠色重；白烩是以无色的调料烩菜，特点是汤汁浓白。

根据调料，烩可划分为糟烩、酸辣烩和甜烩。糟烩是以糟汁为主的调料烩菜，特点是糟香浓郁；酸辣烩是以醋和胡椒粉为主的调料烩菜，特点是酸辣咸鲜；甜烩是以糖为主的调料烩菜，特点是甜香利口。

根据制作方法，烩可划分为清烩和烧烩。清烩是不加有色的调料，成菜不勾芡，特点是汤清味醇；烧烩是以原料先经锅烧而后再烩，特点是汤浓汁厚。

十一、氽

氽是将主料经过热处理的一种烹调方法，是制作汤菜的主要手段。汤菜的主料一般要加工成片、丝、条或丸子。首先将汤水用旺火煮沸，再放入调料加以调味，放入主料，成品不勾汁，汤水一开即起锅。这种开水下锅的做法适于羊肉、猪肝、腰片、鸡片、里脊片、鱼虾片等。鸡肉、羊肉、猪肉等制成的肉丸宜在滚开的水下锅，鱼丸等宜在温水下锅。氽制菜肴的特点是汤多而清鲜，菜肴脆嫩。

氽还有另外一种形式，是先将主料用沸水烫熟后捞出放在盛器中，将已调好味的滚开的鲜汤倒入其盛器内。这种氽菜的方法称为汤泡或水泡。

十二、爆

爆也称炮。爆是用旺火烈油使原料迅速成熟，随即倒入事先对制好的调味汁的一种烹调方法。采用这种方法烹制的原料，要求厚薄粗细一致、细小无骨。用此法烹调出的菜肴具有色泽美观、脆嫩爽口的特点。

爆可分为油爆、酱爆、盐爆、水爆、葱爆等。

油爆是将加工好的小型原料用沸水稍烫，捞出沥水分，随即再在烈油锅内炸至七成熟，捞出沥油，再另起油锅，加油少许，待油烧透投入炸好的原料翻炒，加入调味芡汁，再翻炒几下即成的烹调方法。

油爆的另外一种方法是将原料挂上薄糊，不经水烫煮，直接放入温油锅炸至六七成熟，然后再起油锅，按上述方法烹调。此法适于鸡丁、肉丝、虾、肚块等小型及鲜嫩的原料。

酱爆是先将主料经过挂糊，用温油炸熟后，再用面酱等调料炮制。酱爆一般比油爆的汁要少。

盐爆的烹调过程与油爆相同，但起锅前加入用葱丝、蒜末、盐、料酒、酱油等调味品调和的不加淀粉的清汁。

水爆是将主料用开水氽烫成熟，备调味汁蘸食。嫩是其最大特点，又称“汤炮”。

葱爆是将主料炸好后，另起油锅用大葱段和炸好的主料一起炮制，其他烹制过

程和油爆相同。

十三、拌

拌菜是把生主料或晾凉的熟主料切成丝、丁、片、条等形状后加入各种调味品，直接调拌成菜的一种烹调方法。

拌的菜肴一般具有鲜嫩、凉爽、入味、清淡的特点，用荤料、素料均可，生、熟皆宜。

拌菜分3种，有生拌、熟拌和生熟混拌。

生拌是将生料加调味品拌制成菜，如“生拌鱼片”等。熟拌是指将加热成熟的原料冷却后，再切配，然后调入味汁拌匀成菜的方法，如“蒜泥白肉”等。生熟混拌是指将有生有熟或生熟参半的原料切配后，再以味汁拌匀成菜的方法，具有原料多样、口感混合的特点。

十四、拔 丝

拔丝是将糖加油或加水熬制到一定的火候，然后放入炸制成熟的主料，使糖汁紧裹在主料上的一种烹调方法。食用时银丝缕缕，细长均匀，色泽黄亮，口感甜脆，别有风味。

常见的拔丝菜肴有拔丝苹果、拔丝山药等。拔丝苹果是将苹果去皮去核，切成菱形小块，撒上少量面粉拌匀。碗内加入面粉、水、鸡蛋调制成糊。旺火坐锅入油，至七成热时，把苹果粘匀面糊逐块下油炸，炸至呈金黄色后捞出。锅内加糖、适量水，用小火熬至最稠时，顺勺边加油，继续熬至糖液变稀、色微黄出丝时，迅速放入炸好的苹果，离火翻炒使之均匀，待糖液全部粘裹在苹果上出锅即成。

十五、炝

炝是把切成小型的原料用沸水焯烫或用油滑透，趁热加入各种调味品，调制成菜肴的一种烹调方法。炝与拌的区别主要是：炝是先烹后调，趁热调制；拌是将生料或凉熟料改刀后调拌，有调无烹。另外，拌菜多用酱油、醋、香油等调料；而炝菜多用精盐、味精、花椒油等调制而成，以保持菜肴原料的本色。

炝菜的特点是清爽脆嫩、鲜醇入味。炝菜所用原料多是各种海鲜及蔬菜，还有鲜嫩的猪肉、鸡肉等。

炝分为3种，有焯炝、滑炝和焯滑炝。

焯炝是指将原料经刀工处理后，用沸水焯烫至断生，然后捞出沥净水分，趁热加入花椒油、精盐、味精等调味品，调制成菜，晾凉后食用。如“海米炝芹菜”。

滑炝是指将原料经刀工处理后，上浆过油滑透，再加入调味品成菜的方法。如“滑炝虾仁”。

焯滑炝是将经焯水和滑油的两种或两种以上的原料，混合在一起调制的方法，具有原料种类多、质感各异、荤素搭配、色彩丰富的特点。如“炝虾仁豌豆”。

十六、煮

煮是将原料放在量较多的汤汁或清水中，先用旺火煮沸，再用中小火煮熟的一种烹调方法。原料可以是生料，也可以是经过初加工成熟的半成品。

采用煮的烹调技法可以使菜肴软嫩、酥烂，典型的菜肴有“大煮干丝”（江苏菜）、“奶汤鲫鱼”（山东菜）、“水煮牛肉”（四川菜）等。

采用煮的烹调技法，有时是为了取其鲜汤。当某些原料经过中小火的煮制后，其汤汁鲜香，或乳白或清醇，所以可以用此方法制备高汤，如大骨汤、鸡汤等。

十七、蒸

蒸是通过高温水蒸气使经过调味的原料熟嫩或酥烂的一种烹调方法。蒸制菜肴的特点是原汁原味、鲜嫩醇香、酥烂脱骨而不失其形。蒸制菜肴的原料以动物性原料为主，植物性原料为辅，无论质地老、嫩均可。

常见的蒸法有清蒸、粉蒸、包蒸、糟蒸、上浆蒸等几种。

清蒸是指将单一主料直接调味蒸制的一种烹调方法。清蒸的特点是汤清味鲜质嫩。这种方法主要用于鱼类，蒸鱼最讲究一个“清”字。蒸制时要火旺水沸，短时间内加热成熟，如清蒸鳜鱼、清蒸鲥鱼等。

粉蒸是将原料粘上一层炒米粉再蒸的烹调技法。原料主要是肉类、禽类，有片状和块状两类。片状料多为鲜嫩无骨，蒸制时以旺火沸水快速蒸成；块状料一般要蒸酥。炒米粉的制作方法是，将大米用小火煸炒至米粒发黄，再加花椒、茴香、桂皮炒出香味，拣去香料，将米磨成粗粉。粉蒸的调味料一般有甜面酱、豆瓣酱（也有不加的）、酒、酱油、白糖、葱、姜，将原料均匀地拌上调味料后，再粘附上炒米粉。代表菜有小笼粉蒸牛肉、粉蒸肉等。

包蒸是用菜叶、网油、玻璃纸、荷叶等将主料包好，再入蒸笼加热成熟的一种烹调方法。此法使原汁不受损失，又可增加菜叶、荷叶等特有清香。代表菜肴有菜包虾、网包鲫鱼等。

糟蒸是在蒸菜的调料中加糟卤或糟油，使菜有种特殊的糟香味的一种烹调方法。糟蒸菜肴的加热时间宜短不宜长，否则糟卤会发酸。如糟蒸凤爪、糟蒸鸭块等。

上浆蒸是将鲜嫩原料用蛋清、淀粉上浆后再蒸的一种烹调方法。原料上浆能使原料中的汁液少受损失，同时增加了滑嫩感。蒸制时也要旺火速成。典型菜肴有三丝鱼卷、彩色鳜鱼等。

十八、炸

炸是一种用旺火和多油（数倍于主料）的烈油烹调主料的烹调方法。

炸的种类很多，有清炸、软炸、干炸、酥炸、纸包炸、脆炸、板炸等多种。

清炸是指将主料经腌渍后，不经糊、浆处理，直接投入油锅加热成菜的一种炸法。清炸菜肴的特点是本味浓，香脆鲜嫩，耐咀嚼。

软炸一般是将质嫩、形小的主料，经过腌渍入味和挂糊，投入“大油锅”中，用旺火热油炸至外松脆内软嫩的成菜技法。其中，使用蛋糊炸成的制品质感最有特色。

干炸是将生料经过调料拌渍后，沥去水分，拌干团粉，炸焦。干炸可使原料外酥脆，颜色焦黄。

酥炸是将原料蒸煮熟烂，在外面挂上蛋清、团粉糊等，再下锅炸至外层深黄色起酥为止。酥炸的特点是外酥里烂、松脆异常。

纸包炸多数是将鲜嫩、无骨的主料加工成片状或丁状，用蛋清调好，加入配料和调味品后，用糯米纸或玻璃纸包起来，放入油中炸，待纸包浮起呈金黄色即成。

这种炸法的特点是能保持原汁，使原料特别鲜嫩。

脆炸是将带皮的原料（一般是整鸡、整鸭之类）先用沸水略烫取出，使外皮收缩绷紧，在表面抹上饴糖，风干后放入旺火热油锅内炸熟，皮脆里嫩是其特点。

板炸是将主料加工成厚片状，经调料腌渍入味，蘸蛋液，再裹面包渣后入油锅炸熟。所以，板炸也称为面包渣炸。色泽金黄、外松酥内鲜嫩是板炸的特点。

十九、腌

腌是以盐、酱、酒、糟为主要调味品，将加工的原料放入调好味的卤汁中入味的一种烹调方法，是制作冷菜的基本技法之一。

腌制冷菜不同于腌咸菜，它是将原料浸渍于调味料中，或用调料涂擦拌匀，以排除原料中的水分和异味，使原料入味，并使有些原料具有特殊的质感的制法。调味不同，风味也就各异。同时，腌制类制品的调味中，盐是最主要的，任何腌法也少不了它。腌制的菜肴具有贮存、保味时间长，鲜嫩爽脆，干香浓郁的特点。

常见腌制冷菜的方法有盐腌、酱腌、醉腌、糟腌、糖醋腌、醋腌等。

盐腌是将原料用食盐擦抹或放入盐水中浸渍的腌制方法，是最常用的腌制方法。盐腌的原料因水分泌出，盐分渗入，所以能保持清鲜脆嫩的特点。熟料腌制一般是煮、蒸之后加盐，如“咸鸡”。这类原料在蒸、煮时一般以断生为好，腌制的时间短于生料。

酱腌是将原料用酱油、黄酱等浸渍的一种腌制方法。

醉腌是以绍兴酒（或优质白酒）和精盐作为主要调味品的腌制方法。醉腌多用蟹、虾等活的动物性原料（也有用鸡、鸭的）。腌制时，通过酒浸将蟹、虾醉死，腌后不再加热，即可食用。醉腌菜酒香浓郁，肉质鲜美。

糟腌是以香糟卤和精盐作为主要调味品的腌制方法。糟腌多用于鸡、鸭等禽类原料，一般是将原料加热成熟后放在糟卤中浸渍入味而成，如“红糟鸡”等。

糖醋腌是以白糖、白醋作为主要调味品的一种腌制方法。在糖醋腌制之前，必须将原料先经过盐腌，使其水分泌出，渗进盐分，然后再用糖醋汁腌制。如“辣白菜”等。

醋腌是以白醋、精盐作为主要调味品的一种腌制方法。醋腌也是先将原料经盐腌后，再用醋汁浸泡，醋汁里也要加适量的盐和糖，以调和口味。如“酸黄

瓜”等。

二十、熏

熏是将已经加工制熟的主料，多为腌制后的熟料，用木屑、茶叶、柏枝、竹叶、花生壳、糖等材料燃烧生出的浓烟熏制而成的一种烹调方法。如竹叶熏火腿、五香熏鱼干、川味熏鸡、熏制腊肉、熏干豆腐卷等都是熏菜菜肴的佳品。

熏制菜有烟熏的清香味，色泽美观，食之别有风味。另外，烟中含有酚、甲酚等多种物质，能渗入主料的内部，所以烟熏不仅能使食品干燥，而且有防腐作用，是早期保存食物的一种有效方法。

烟熏的方法有敞炉熏和密封熏两种。

敞炉熏制是在普通炉火或在烧红木炭上撒一层木屑，木屑上加少许糖，使之冒出浓烟，再将原料挂在钩上或托架上进行熏制。

密封熏制是把糖和木屑等铺在铁锅里，上面搁铁丝熏篮，将食物放在篮内加盖，然后将铁锅放在微火上烘，使糖和木屑燃烧冒烟而对主料进行熏制的方法。

二十一、煨

煨是指用小火把主料、配料慢慢煮熟的一种烹饪方法。

煨菜多用于质地老、纤维较多的原料。菜肴以酥烂、醇厚、宽汤汁多为特点。湘菜中的红煨牛肉就是一道典型的煨菜。

二十二、涮

涮是用火锅将水烧沸，把切成薄片的主料放入火锅涮片刻，蘸上调料，边涮边吃的一种烹调方法。涮的特点是主料鲜嫩，汤味鲜美。

著名的涮羊肉就是将上好的羊肉横切成长形薄片，白菜、菠菜等蔬菜洗净切段，粉丝发好洗净，分别装盘，按食者习惯将腐卤、辣椒油、芝麻酱、糖蒜、酱油、醋、料酒、卤虾油、腌菜、香菜等调味品取适量搅拌均匀制成调料汁。用餐时，用筷子夹住羊肉片，放入火锅的沸汤内涮熟，蘸上调料汁，随涮随吃。吃到一定的时候，把白菜、菠菜、粉丝倒入火锅内稍煮，捞出蘸食。

二十三、烧

烧是将原料在锅中煸炒断生，再放入调味品和高汤或清水，用温火烧至酥烂，再移至旺火收汁，使汤汁浓稠，加入明油即成的一种烹调方法。常见烧法有红烧、干烧、糟烧和葱烧等。

红烧是将原料用急火热油炸后，加调料、鲜汤和酱油，按不同的原料要求用慢火或急火烧烂，然后用淀粉勾汁浇在主料上。如“红烧鱼”等。

干烧是将主料经过油炸后，经过较长时间的小火烧制，使汤汁渗入主料内，成菜见油不见汁的一种烹调方法。如“干烧笋”等。

糟烧是将主料用温油滑或用热油炸后倒入糟汤，用慢火烧制。如“糟烧冬笋”等。

葱烧与红烧大致相同，只是加了葱段配料。

二十四、扒

扒是将经过初步加工的熟原料切配后整齐地码放成形，置入锅内，加汤汁及调味品，用小火烧制入味，再用旺火收汁，最后勾芡翻匀或扣盘后淋汁，装盘后仍然保持菜肴原有形态的一种烹调方法。

在烹制的过程中，若使用酱油或糖等调色，使成菜成为红色，则叫红扒，不调色则为白扒。有时根据调料命名，如“奶油扒”、“五香扒”等。

典型的扒制菜肴有“京葱扒鸭”、“白扒鱼翅”、“德州五香扒鸡”、“冰糖扒蹄”、“扒三白”、“扒大乌参”、“菜胆扒鸡”等。

第九章　中国菜品风味流派

中国烹饪是有着五千年文明史的中国对人类文明的巨大贡献。中国烹饪、法国烹饪和土耳其烹饪，被认为是当今世界三大烹饪流派的代表，由于历史最悠久、特色最鲜明、文化内涵最为博大精深、使用人口最多等特点使中国烹饪首屈一指。孙中山先生在《建国方略》中早就说过："昔日中西未通市以前，西人只知烹调一道，法国为世界之冠，及一尝中国之味，莫不以中国为冠矣。"

中国烹饪在漫长的发展过程中形成了各具特点的菜肴、面点、小吃等流派，构建了饮食风味体系。饮食风味概括了一个特定范围里（如地域、生产、消费主体或对象等）包括菜肴、面点、小吃等在内的食品及其制作的总体风格特点。"风"有沿袭、承袭、流行之意，"味"是中国传统对饮料、食品的指代性称呼（包括其制作特点）；"风味流派"指在某一特定范围沿袭流行的具有特定风格的饮食派别

第一节　中国菜品风味流派的形成与划分

一、中国菜品风味流派的形成

菜品风味流派是在许多主客观因素的共同作用下形成的，具备一定的表现形式和特征。中国菜品风味流派形成的因素主要有以下几种

（一）物质因素

物质因素主要包括烹饪原料和烹饪工具。从烹饪原料来看，中国烹饪的发展历史也是中国烹饪原料不断丰富和更新的历史。受不同地域和风俗习惯的影响，烹饪原料形成了以当地物产为主的特色。各地涌现的烹饪名师与符合时代发展的烹饪工

具结合，促进了不同风味流派的形成。一般来说，社会经济发展水平越高，风味流派借以形成的物质基础就越雄厚，风味流派就易于产生和形成。此属于社会因素。

（二）地理因素

我国幅员辽阔，地形地貌类型多样，气候类型庞杂，森林资源、水资源丰富。这些地理条件为中国烹饪风味流派的形成提供了丰富的原料资源。同时，不同的地理环境给当地人群的风俗、习惯和饮食偏好带来了不同的影响，如川蜀阴湿，喜嗜麻辣，地通西南，食风流及云贵，且数百年少变。此为空间因素。

（三）历史因素

在我国悠久的历史中，先从地域上形成南北差别，如仰韶文化半坡类型与河姆渡文化在烹饪原料、工具上的差别；西周至战国时期以《周礼》为代表的黄河流域饮食风格，以《楚辞》为代表的长江流域饮食风格；后至唐宋形成的北、南（包括荆吴）、川、岭南等风味派别，经元明的发展，川、浙、苏、粤、鄂、闽、京等地方风味进一步明朗化，到清代终于形成以鲁、苏、川、粤等四大“帮口”为代表的地方风味流派。此为时间因素。

（四）民族传统和习俗

民族传统和习俗是一定的群体在一定的社会经济条件下，一定地域范围和一定历史阶段中的产物。我国56个民族都有各自不同的饮食传统和习俗，即使在同一个民族内部，也会有习俗传统的差异，也就形成了各自不同特征的饮食风味，这种传统习俗有很强的沿袭性和稳定性。

除了这些，影响中国烹饪风味流派形成的因素还有很多，如统治阶级的偏好和推崇、宗教文化的传播、社会风气的影响等。此外，社会的发展和人类文明的进步也对不同烹饪风味流派产生了一定的影响，使各种风味流派出现新的特点和变化。随着交通的发达，市场的繁荣和交流的频繁，中国烹饪各流派之间相互融合，菜点之间相互取长补短，风味流派已不是各种烹饪特色严格的分水岭。依据风味流派的形成因素和表现特征，中国烹饪现在已经形成了以地方风味流派为主体，兼有民族、宗教、仿古等多元化的烹饪风味流派体系。其中辐射面较广、影响较大的有鲁、苏、川、粤菜；宗教以清真、寺观素菜风味享誉全国；被挖掘的仿古菜以北京的仿清、西安的仿唐、杭州的仿宋菜较为有名；官府菜中保留较为完整的是谭家菜和孔府菜。它们均以其突出的个性、特色鲜明的风格活跃在神州大地上。

二、中国菜品风味流派的划分

中国菜品风味流派有多种划分方法，常见的有以下几种：

（一）以地域划分

中国烹饪较为有名的是四大传统菜系，即山东（鲁）菜系、淮安和扬州（苏）菜系、四川（川）菜系、广东（粤）菜系。以四大菜系为基础，增加了浙江（浙）菜系、福建（闽）菜系、湖南（湘）菜系、安徽（徽）菜系等四个菜系，为八大菜系。十大菜系以八大菜系为基础，增加了北京（京）菜系、上海（沪）菜系等两个菜系。十二大菜系以十大菜系为基础，增加了陕西（陕、秦）菜系、河南（豫）菜系等两个菜系。十四大菜系以十二大菜系为基础，增加了辽宁（辽）菜系、湖北（鄂）菜系两个菜系。

（二）以民族划分

除了汉族的饮食风味以外，其他各民族也有其饮食风味，如有以回族为代表，包括维吾尔族、哈萨克族、东乡族、撒拉族等民族在内的清真风味；以畜牧业为主的蒙古族、藏族等民族的风味流派；以从事农业为主的朝鲜族、满族、土族、裕固族、傣族、白族、壮族、苗族等民族的风味流派；以渔猎为主的赫哲族、鄂伦春族、鄂温克族等民族的风味流派；以从事商业为主的乌孜别克族、塔塔尔族等民族的风味流派；以渔业为主的京族风味流派等。除经济生活条件外，地理环境、宗教信仰、文化传统、风俗习惯等也是形成民族风味流派的条件。

（三）以烹饪生产主体和消费对象划分

以烹饪生产主体和消费对象划分，中国烹饪风味流派主要有：宫廷风味流派；官府风味流派，如山东孔府风味、北京谭家菜；寺院风味流派；市肆风味流派；民间风味流派，也称家常风味。

（四）以使用原料的性质划分

以使用原料的性质可将中国烹饪风味流派主要分为荤食风味与素食风味两大流派，经过一千多年的发展，到清代，素食风味流派形成了寺院、官府、民间等三个派别。

（五）以食品功用划分

食品功用是指食品所具有的一般功用与特殊效用，以此可将中国烹饪风味流派分为医疗、保健、美容、益智、优生等风味流派，俗称为“药膳”。

第二节 八大菜系文化典故

一、历史悠久的鲁菜

（一）鲁菜史语

鲁菜发端于春秋战国时的齐国和鲁国，是中国覆盖面最广的地方风味菜系。鲁菜是在汇集了山东各地烹调技艺之长，并经过长期的历史演化而形成的，凝聚了劳动人们的勤劳与智慧。

鲁菜的历史极为久远，形成于春秋战国时期。当时的齐国和鲁国自然条件得天独厚，尤其傍山靠海的齐国，凭借鱼盐铁之利，不仅促成了齐桓公的霸业，也为饮食的发展提供了良好的条件。

春秋时期的鲁菜已经相当讲究科学、注意卫生，还追求刀工和调料的艺术性，已到日臻精美的地步。鲁菜中的清汤，色清而鲜，奶汤色白而醇，独具风味，就是继承古代善于做羹的传统；鲁菜以海鲜见长，则是承袭海滨先民食鱼的习俗。“食不厌精，脍不厌细”的孔子还有一系列“不食”的主张。

到了秦汉时期，山东的经济空前繁荣，地主、富豪出则车马交错，居则琼台楼阁，过着“钟鸣鼎食，征歌选舞”的奢靡生活。根据“诸城前凉台庖厨画像”，可以看到上面挂满猪头、猪腿、鸡、兔、鱼等各种畜类、禽类、野味，下面有汲水、烧灶、劈柴、宰羊、杀猪、杀鸡、屠狗、切鱼、切肉、洗涤、搅拌、烤饼、烤肉串等，以及各种忙碌烹调操作的人们。这幅画所描绘的场面之复杂，分工之精细，不啻烹饪操作的全过程，真可以和现代烹饪加工相媲美。

北魏时期贾思勰对黄河流域（主要是山东地区）的烹调技术作了较为全面的总

结，详细阐述了煎、烧、炒、煮、烤、蒸、腌、腊、炖、糟等烹调方法，还记载了“烤鸭”、“烤乳猪”等名菜的制作方法，对鲁菜系的形成、发展产生了深远的影响。之后历经隋、唐、宋、金各代的提高和锤炼，鲁菜逐渐成为北方菜的代表，以至宋代山东的“北食店”久兴不衰。

到元、明、清时期，鲁菜又有了新的发展。此时鲁菜大量进入宫廷，成为御膳的珍品，并在北方各地广泛流传。同时还产生了以济南、福山为主的两大地方风味，曲阜孔府宅院内也出现了自成体系的官府菜。

此外，在明清年间山东的民间饮食烹饪水平也相当发达，尤其是一些面点小吃形成了独特的风味。山东的面制品很多，尤以饼为最，它们做工精细、用料广泛、品种丰富。袁枚曾在《随园食单》中称赞山东薄饼这些经济实惠的小吃广为流传，成为与人民生活密切相关的食品，也成为鲁菜大系不可缺少的组成部分。

到了近代之后，鲁菜在其自身的发展过程中不断地向外延伸，这也是鲁菜影响面较大的主要原因。从而鲁菜的影响范围遍及黄河中下游已北的广大地区，并成为中国的各大菜系之首。

如今，鲁菜包括以福山帮为代表的胶东派、以德州、泰安为代表的济南派以及有“阳春白雪”之称的孔府菜，还有星罗棋布的各种地方菜和风味小吃。胶东菜擅长爆、炸、扒、熘、蒸，口味以鲜夺人，偏于清淡，选料则多为明虾、海螺、鲍鱼、蛎黄、海带等海鲜。其中名菜有“扒原壳鲍鱼”，主料为长山列岛海珍鲍鱼，以鲁菜传统技法烹调，鲜美滑嫩，催人食欲。其他名菜还有蟹黄鱼翅、芙蓉干贝、烧海参、烤大虾、炸蛎黄和清蒸加吉鱼等。济南派则收以汤著称，辅以爆、炒、烧、炸，菜肴以清、鲜、脆、嫩见长。其中名肴有清汤什锦、奶汤蒲菜，清鲜淡雅，别具一格。孔府派的制作讲究精美，重于调味，工于火候。在选料上也极为广泛，粗细均可入馔，其中“八仙过海闹罗汉”是孔府宴的招牌菜。此外，还有一些野菜可以入肴。

（二）鲁菜名品

爆炒肚片

材料

熟猪白肚300克，青、红椒片各适量，葱末、姜末各少许。

调料

酱油 20 克，料酒、味精、盐各少许，水淀粉 25 克，香油 3 克，花椒油 10 克。

做法

①将熟猪白肚切成长度为 5 厘米、宽度为 2．5 厘米的片，用开水氽烫后捞出。备用，剩余所有材料均备齐。

②锅置火上，倒入适量油，烧至五成热时，放入葱末、姜末爆香，随即放入熟猪白肚片，再加酱油、盐、料酒调味，再放入青、红椒片后以大火快速翻炒。

③最后用水淀粉勾上薄芡，放入味精，淋上花椒油和香油，翻炒味匀后盛盘即可。

锅塌豆腐

材料

豆腐（北）400 克，面粉 100 克，鸡蛋（取蛋液）2 个，虾米 15 克，葱段、姜段各适量。

调料

高汤 1 碗，盐、味精、料酒各适量。

做法

①将豆腐洗净，切成片；葱洗净，切成葱花；姜洗净，切末，其余材料均备齐。

②将豆腐片加盐、味精腌渍 10 分钟，然后再放入面粉中两面沾裹均匀，再粘上一层蛋液，备用。

③锅置火上，加入适量的植物油烧至五分热时，将豆腐片放入，炸至金黄色时捞出，沥油，备用。

④另起锅，放入适量油，烧至七成热时，放入姜末，葱花爆香，然后再放入料酒、高汤、盐、虾米、豆腐片，煮熟入味即可。

红烧海螺

材料

鲜海螺肉 250 克，黑木耳 25 克，冬笋 20 克，葱花、姜片各适量，蒜片少许。

调料

白糖 25 克，料酒 16 克，酱油 8 克，香油 20 克，清汤 1 碗，盐、醋、水淀粉各适量。

做法

①将海螺肉清洗干净；黑木耳洗净；冬笋洗净，切片，其余材料均洗净备齐。

②将海螺剞出十字花刀，用盐、醋搓净黏液，清水漂洗后，切成2厘米见方的块，放入开水锅中汆烫，捞出沥净水分，备用。

③锅置火上，倒入适量油，调中火烧至四成热，用葱花、姜片、蒜片爆香，再加入料酒，放入冬笋片、黑木耳略炒。

④再加清汤、酱油、白糖、盐和鲜海螺肉，移至微火上烧两分钟，然后用水淀粉勾芡，淋上香油即可。

烧素烩

材料

油豆腐100克，豆腐（北）150克，豆腐干75克，粉丝50克，水发木耳8克，油菜1棵，葱3克，姜2克。

调料

酱油6克，水淀粉15克，盐5克，花椒4克，味精少许，清汤1碗。

做法

①将油豆腐洗净一切两半，再改刀切成块；豆腐洗净切成厚1厘米的片；豆腐干洗净切成薄片，再切成三角形的小片；葱、姜分别洗净切末，黑木耳洗净切丝。

②锅置火上，倒油烧热，油烧热时放入花椒，制成花椒油。将粉丝泡发后切成长5厘米的段；油菜心切成3厘米长的段，用沸水汆烫，沥干水。

③锅内放入适量花生油烧至七八成热，放入葱、姜末爆香、然后放入豆腐干、油豆腐块、豆腐片、木耳丝、粉丝、油菜心煸炒。

④然后加入酱油、盐、味精，加入清汤煮沸后用水淀粉勾芡，淋上花椒油即可。

木须肉

材料

猪肉150克，菠菜段100克，水发木耳、金针（水发黄花）、鸡蛋1个，葱末、姜末各50克。

调料

酱油30克，甜面酱15克，盐3克。

做法

①将猪肉洗净切成丝；水发木耳、金针洗净泥沙、择净去根；其余材料都备齐。

②将洗好的金针，放入沸水中汆烫至熟，沥干水分，捞出备用。

③锅中入油烧热，放入葱末、姜末爆香，将鸡蛋打散倒入锅内炒熟取出。

④另起油锅烧至六成热，倒入猪肉丝炒至六成熟时拨至锅边，放入甜面酱、盐，炒熟后与肉丝再一起翻炒，然后加酱油炒匀，并加入炒好的鸡蛋再放入金针、菠菜段、水发木耳，颠翻几下即可。

南煎丸子

材料

猪肉200克，葱2根，姜5片，香菜叶少许。

调料

A. 鸡蛋液、盐、料酒、味精、酱油、黄酱、香油、水淀粉各适量；B. 鲜汤1碗，酱油、盐、糖、味精、料酒各适量。

做法

①将猪肉洗净切细末，加调料A（香油除外）顺一个方向搅拌，并用手挤成个头均匀的丸子；将葱和姜片分别洗干净，切成细末，备用。

南煎丸子

②锅倒油烧热，烧至八成熟时将丸子推入锅里煎，之后用手勺将丸子按扁，一面煎熟，翻面，继续煎，两面都煎好时再取出。

③锅留底油，放葱末、姜末爆香，加调料B下入丸子，锅开后转微火慢慢煨入味，再转大火勾芡，翻个，起锅前淋香油，加上香菜叶点缀即可。

五花肉烧冻豆腐

材料

冻豆腐1块，五花肉300克，笋120克，辣椒1个，姜片、蒜片、葱丝、香菜叶各少许。

调料

酱油3大匙，醪糟、糖各1大匙，胡椒粉、高汤各适量。

做法

①将冻豆腐切块；五花肉洗净切块；辣椒切段；笋洗净切小块。

②锅中下油烧热，先入辣椒段、葱丝、蒜片、姜片、笋块爆香，续入五花肉块炒至焦黄。

③加入除高汤外的所有调料，放冻豆腐块再稍加拌炒后，加入高汤，以小火煮40分钟至汤汁收干，撒上少许香菜叶即可。

锅边闲话

用辣椒、蒜、姜等辛香料搭配含有油脂、蛋白质的五花肉，有祛寒暖胃、保护肠胃的良好效果。

炖黄花鱼

材料

小黄花鱼4条，五花肉、青蒜段、青菜各100克，姜片10克，葱段15克。

调料

料酒20克，醋15克，酱油、香油各10克，鲜汤1碗，盐适量。

做法

①将小黄花鱼刮去鳞，掏净内脏及鳃，洗净。在鱼身两面剖上斜直刀，用盐腌渍。再将五花肉洗净切丝、青菜洗净切段，其余材料均洗净备齐。

②锅置火上，倒油烧热，将小黄花鱼放入热锅中煎，直至两面金黄时取出，备用。

③锅底留油烧热，爆香葱段、姜片，倒入五花肉丝煸至断生，放入料酒、醋，加入酱油、鲜汤、盐烧沸。

④再将已煎好的小黄花鱼入锅内小火熬炖20分钟，撒上青菜段、青蒜段，淋上香油盛汤盘内即可。

油爆鱼片

材料

鱼肉片500克，芹菜丝50克，木耳块、鸡蛋清各25克，青、红椒块各30克，葱、姜、蒜各适量。

调料

盐、料酒、水淀粉、熟猪油各适量。

做法

①将所有材料洗净备齐；葱、姜、蒜捣成汁；鱼肉片加鸡蛋清、盐和熟猪油腌一会儿，备用。

②炒锅内加入熟猪油，以中火烧至六成热，将芹菜丝、木耳块下入锅内炒香，葱、姜、蒜汁和料酒、鱼肉片一同下锅，翻炒几下。

③最后再加入青、红椒块提清香味，烧入味后用水淀粉勾芡盛出装盘即可。

锅边闲话

鱼肉在刀法处理时，应将鱼皮朝下，避免刀锋在韧性较强的鱼皮上用力时把下面曲鱼肉挤碎，影响菜型。

炸芝麻里脊

材料

猪里脊肉 400 克，鸡蛋 1 个，白芝麻 25 克，薄荷叶少许。

调料

盐、料酒各 15 克，味精、酱油、水淀粉各 10 克。

做法

①将鸡蛋取蛋清打散；猪里脊肉洗净，备用。

②将鸡蛋清和水淀粉搅匀成蛋糊。再将猪里脊肉切片，两面均匀地剖上十字花刀，再改成长度为 3．5 厘米、宽 1．5 厘米的条放入盛器中，加盐、味精、料酒、酱油和白芝麻腌渍。

③将锅内放入适量花生油，用中火烧至六成热（约 150℃）时，将肉粘上蛋糊，炸透捞出，待油温升至八成热时，再将肉投入油内炸，炸至呈金黄色时捞出沥油，起锅装盘用薄荷叶点缀即可。

锅边闲话

初炸是为了固定食材形状，因此油温不宜过高。

松子香蘑

材料

松子仁 50 克，水发香菇 500 克，葱末、姜末各适量。

调料

鸡汤 1 小碗，料酒、水淀粉各 1 大匙，盐适量，味精、香油、白糖、红糖各少许。

做法

①将水发香菇洗净，切块；其余材料均洗净备齐。

②油锅烧热，爆香葱末、姜末，放入松子仁翻炒均匀，直至出香味。

③加入鸡汤、料酒、白糖和盐一起烧开，用红糖把汤调成金黄色，把味精、水发香菇块放入汤内，用微火煨15分钟，用调稀的水淀粉勾芡，淋入香油即可。

锅边闲话

松仁、葵花子等富含维生素E和锌，维生素E对女性有很大的益处，因此常被用于美容和抗衰老的辅助品。

豆豉肉

材料

带皮五花肉250克，豆豉75克，葱丝、姜丝各15克，香菜叶少许。

调料

酱油、料酒各15克，味精少许，盐、白糖、鲜汤各适量。

做法

①将带皮五花肉洗净放入锅内，用中火煮至六成熟时捞出，切片装盘备用。

②然后再向盛有肉片的盘中加入豆豉、葱丝、姜丝和所有调料。

③再入笼蒸约30分钟取出。待凉透成冻状装盘，用香菜叶装饰即可。

锅边闲话

选择五花肉宜肥瘦相间，肉质不干涩。把葱段垫在盘底，除了增加香味，还可防止肉汁滴落而粘盘。白糖若换成冰糖，汤汁可更加明亮。

扒牛肉条

材料

牛肉条500克，葱段、姜片各适量，薄荷叶少许。

调料

盐20克，大料5克，香油、水淀粉各1小匙，酱油、料酒各适量。

做法

①将牛肉条放入冷水内泡透，洗净血水放入沸水锅中汆烫，沥干水分，捞出，备用。

②刷净锅，另加清水放入洗净的牛肉条、部分葱段、姜片，置大火烧沸后撇去浮沫，盖严锅盖，用小火焖煮2～3小时，熟透捞出凉凉。

③将熟牛肉条净面朝下整齐地码入碗内，加入酱油、盐、料酒、剩余葱段、姜片还有大料及煮牛肉的原汤，上笼用大火蒸20分钟取出，去棹大料、葱段、姜片，沥出汤汁，将牛肉扣入平盘内。

④将蒸牛肉汤倒入锅内，加入酱油烧沸，用水淀粉勾芡，淋入香油，浇在牛肉上，用薄荷叶点缀即可。

素什锦

材料

A. 冬菇、冬笋、胡萝卜各50克，青、红椒片各少许；

B. 油菜、腐竹段、面筋、木耳各50克，鸡蛋皮、发菜、葱片、姜片各少许。

调料

鸡汤1碗，酱油1大匙，香油1小匙，盐适量，白糖、味精各少许。

做法

①冬菇洗干净切成两半；冬笋、胡萝卜、油菜、面筋等分别洗净，切片，用开水氽熟；其余材料均洗净备齐。

②锅热油，下入葱、姜片煸炒，再加入材料A。

③然后再加上材料B和鸡汤，以及盐、白糖、味精、酱油翻炒至熟，滴入香油即可。

锅边闲话

菌类和笋类富含抗氧化剂，以及氨基酸和维生素，能够有效巩固细胞组织，促进骨骼生长发育。

糖醋三丝

材料

白菜心200克，鸭梨300克，山楂糕50克。

调料

白糖75克，醋30克，盐4克。

做法

①白菜心洗净切丝；山楂糕切条；鸭梨洗净切条。

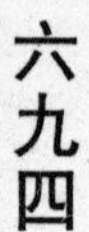

②将白菜丝，用盐拌匀腌一下。

③然后用手轻轻挤去白菜丝的水分，放入盘内，将梨丝码在白菜丝上。

④再摆上山楂条，然后将白糖和醋加少许清水上火熬化，倒出凉凉后浇在三丝上即可。

锅边闲话

白菜可以说是“平民医生”，它的纤维素含量非常丰富，可以帮助消化、改善便秘、促进肠壁蠕动，是减肥、排毒一族的必吃食品。解腻开胃、酸甜爽口的糖醋三丝，在早餐时也不妨来一小盘，让肠胃晨醒。

（三）鲁菜典故

“糖醋鲤鱼”——黄河鲤鱼甲天下

早在春秋战国时代，鲤鱼就被当做贵重的馈赠礼品。《史记·孔子世家》记载：孔子得子，鲁昭公送鲤鱼作为贺礼。因此孔子为其子取名曰孔鲤。在相传为孔子纂集的《诗经》中，已有“岂其食鱼，必河之鲤”的诗句，而古籍中的“河”就是专指黄河。

我国最早饲养鲤鱼的，传说是帮助越王勾践打败吴王的范蠡。勾践打败吴王之后，范蠡大夫谢绝了越王重用他的好意，不愿当权臣辅宰，却要过平民生活。他携西施泛舟五湖，离吴之后到了齐国。因他善于经营，又得齐威王重礼相聘，从事养鱼业。他认为：“养鲤鱼者，鲤不相食，易长，又贵也。”我们今天能吃到美味的“黄河鲤鱼”，范蠡做出了很大贡献。

在山东济南，糖醋黄河鲤鱼历来都被尊称为名菜之首，它首先发源于黄河岸边的重镇——洛口镇，后来传到济南。经众多厨师不断改进，细心烹制，成为载誉全国的美食。

济南汇泉楼是制作糖醋黄河鲤鱼最著名的一家，当时汇泉楼院内有一鱼池，将鲤鱼放养其中，顾客能够站在池边凭眺群鱼嬉戏，在观赏之余，可以指鱼定菜。厨师活杀制成菜肴上席，新鲜味美，所以颇得食客青睐，闻名遐迩。

·美食原料

主料：黄河鲤鱼 1 条。

调料：香醋 100 克，白糖 200 克，盐 25 克，酱油 10 克，葱姜蒜末 5 克，清汤、水淀粉、花生油适量。

·制作方法

1. 将鱼去鳞、鳃、内脏洗净，在鱼身两侧切百叶花刀，在刀口抹些盐，用水淀粉涂抹鱼全身。

2. 炒锅倒入油，旺火烧到七成热。手提鱼尾放入油锅内，使刀口张开，用锅铲将鱼托住以免粘锅底，入油炸 2 分钟。将鱼推锅边，鱼身即呈方形。再将鱼背朝下炸 2 分钟，然后把鱼身放平，用铲将鱼头按入油锅炸 2 分钟。待鱼全部炸至金黄色时，捞出摆在盘内。

3. 炒锅内留少量油，中火烧至六成热，放入葱姜蒜末、精盐、酱油、清汤、白糖，旺火烧沸后，放湿淀粉搅匀，烹入醋即成糖醋汁，迅速浇到鱼身上即可。

·菜品特点

鱼尾翘起，色如琥珀，外焦里嫩，具有香酥、酸、甜、咸的独特风味。

·营养功效

黄河鲤鱼营养丰富，含有多种人体必需的营养成分。鲤鱼能供给人体优良的蛋白质，蛋白质的利用率高达 90% 以上。鲤鱼的脂肪呈液态，大部分是由不饱和脂肪酸组成的。这种不饱和脂肪酸具有良好的降低胆固醇的作用。长期食用，不仅能增加多种营养，维护健康，还能防治冠心病，延年益寿，兼有滋补食疗作用。

·饮食禁忌

鲤鱼不可与鸡肉同食；与狗肉同食易引起痼疾；与猪肝同食影响消化，久食伤神；与绿豆同食会生风动疾；与咸菜同食易导致消化道癌变；与甘草同食会引起中毒。服用中药天门冬时不宜食用鲤鱼。鲤鱼的鱼胆含有对人体有害的毒性成分，吞食生、熟鱼胆都会中毒，引起胃肠不适、肝肾功能衰竭、脑水肿、中毒性休克，严重者可致死亡。

“九转大肠”——九转仙丹可媲美

相传清光绪初年，山东济南府有一巨商杜某，在府城内开设有九家店铺。这位巨商颇有经商之道，而且对“九”字很有研究。古代，人们认为“九”是阳数、吉数、天数（最高数），并且具有吉祥、吉利和极高的含义。因此，他所开设的店铺字号都冠以“九”字。九华楼酒店就是其中之一，它开设在府城东巷北首，规模并不大，但厨师都是重金聘请来的名师。红烧大肠是九华楼特色风味名菜之一。

有一次，杜某在酒楼宴客，席上有红烧大肠这道菜，客人品尝后，皆赞不绝口，其中一文士说：“如此佳肴，当取美名，方能圆满。”杜某听后，表示欢迎。这位文士略加思索，一是出于迎合杜某喜“九”之癖，二是为盛赞厨师的精湛技艺，当即取名为“九转大肠”。众人皆问出自何典，他说：“道家善炼丹，有‘九转仙丹’之名。此菜红润油亮，肥而不腻，诸味俱全，食此佳肴可与仙丹媲美。”“神哉！妙哉！”杜某和客人听罢，都为之叫绝。从此，红烧大肠就更名为九转大肠，且声誉日盛。随着制作方法和用料的不断改进，九转大肠的味道也越来越好，现已成为鲁菜的代表菜之一。

·美食原料

主料：猪大肠3根（约750克）。

调料：绍酒10克，酱油25克，白糖100克，醋54克，香菜末、胡椒面、肉桂面、砂仁面各少许，葱末、蒜末各5克，姜末2.5克，熟猪油500克（实耗75克），花椒油15克，清汤、精盐各适量。

·制作方法

1. 将猪大肠洗净，用50克醋和少许盐里外涂抹揉搓，除去黏液污物，漂洗后放入开水锅中，加葱、姜、绍酒焖熟，捞出切成约3厘米长的段，再放入沸水锅中焯一下，捞出沥水。

2. 炒锅中倒入猪油，用中火烧至七成热，下大肠炸至红色时捞出。锅内留油25克，放入葱姜蒜末炸出香味，烹醋，加酱油、白糖、清汤、精盐、绍酒，迅速放入肠段炒，调至微火，烧至汤汁收紧，放胡椒面、肉桂面、砂仁面，淋上花椒油，颠翻均匀，盛入盘内，撒上香菜末即成。

·菜品特点

色泽红润，大肠软嫩，酸、甜、香、辣、咸五味俱全，是鲁菜中的名菜之一。

·营养功效

猪大肠有润燥、补虚、止渴止血的功效。可用于治疗虚弱口渴、脱肛、痔疮、便血、便秘等症。感冒期间忌食。因其性寒，凡脾虚便溏者亦忌食。

·注意事项

挑选：猪大肠以浅米黄色且未经水泡的为佳。

清洗：1. 将猪肠放在淡盐醋混合溶液中浸泡片刻，除去脏物，再将其放入淘米水中泡一会儿，然后在清水中轻轻搓洗两遍即可。

2. 把肥肠用半罐可乐腌半小时，再用淘米水搓洗，能迅速洗去大肠的异味。

“宫保鸡丁”——丁宫保家厨手艺

说菜之前先说人，因为这道菜就是以一个人的官衔命名的，此人就是清咸丰进士丁宝桢。丁宝桢是一个讲究饮食的美食家，在山东巡抚任内，曾调用济南名厨充当家厨，先后达数十名之多。其中有著名的厨师周进臣、刘桂祥等人，丁宝桢要求他们钻研烹饪技术，不断创新。二人在丁的指导下，用山东爆炒方法制作的炒鸡丁，深合丁宝桢的口味。在他调任四川总督后，丁府烹制的炒鸡丁更为考究，并常用此菜宴请宾客。丁宝桢戍边御敌有功，被朝廷封为“太子少保”，人称“丁宫保”，丁家家厨烹制的炒鸡丁，也被宾客誉为“宫保鸡丁”。此菜在清末轰动国内，号称“国菜”。

宫保鸡丁

· 美食原料

主料：鸡脯肉 300 克。

辅料：花生米 80 克。

调料：大葱段 50 克，干红辣椒 10 克，花椒 2 克，料酒 10 克，鸡蛋清 1 个，盐 3 克，味精 3 克，酱油 5 克，醋 10 克，白糖 20 克，葱姜蒜末 5 克，水淀粉 10 克，色拉油适量。

· 制作方法

1. 将鸡脯肉切成小方丁，放入碗里，加鸡蛋清、盐、料酒、水淀粉抓匀。

2. 将干红辣椒切成小段，花生米用温水泡 20 分钟，去皮炸脆。

3. 把酱油、醋、白糖、料酒、盐、味精、水淀粉一同调成芡汁装入碗里。

4. 锅内留底油，烧热后，放入花椒、干红辣椒段、大葱段煸炒出香味，放入鸡丁、花生米炒散，烹入料酒炒一下，再加入葱姜蒜末迅速翻炒几下，勾芡汁翻炒均匀，装盘即可。

· 菜品特点

色泽红亮，质地脆嫩，咸甜辣香，味美可口。

· 营养功效

鸡肉中蛋白质的含量比例很高，而且易消化，很容易被人体吸收利用，有增强体力、强壮身体的作用。另外，鸡肉中还含有对人体生长发育有重要作用的磷脂类，是中国人膳食结构中脂肪和磷脂的重要来源之一。花生米有增强记忆力、抗老化、止血、预防心脑血管疾病、减少肠癌发病率的作用。鸡蛋清可以增强皮肤的润滑作用，保护皮肤的微酸性，防止细菌感染。此外，鸡蛋清还具有清热解毒作用。

·饮食禁忌

鸡肉：与大蒜、鲤鱼同食，功效抵触；与芥末、芹菜同食，易伤元气；与兔肉、李子同食，引起腹泻；与菊花、芝麻同食，易中毒；与甲鱼、虾同食，会生疖子。

花生仁（炸）：花生不宜与黄瓜、螃蟹同食，否则易导致腹泻；花生不可与香瓜同食。

鸡蛋清：鸡蛋清不能与白糖、豆浆、兔肉同食。

“汤爆双脆”——两百年传统名菜

汤爆双脆是济南燕喜堂的传统名菜，与油爆双脆合称“历下双脆”，已有两百多年的历史。相传此菜始于清代中期，为了满足当地达官贵人的需要，厨师以猪肚尖和鸡肫为原料，用精湛的刀法进行加工，用开水烫过捞至盘中备用。上席时，将猪肚尖和鸡肫分别倒入烧沸的特制清汤内，食之脆嫩，故名“汤爆双脆”。该菜问世不久，就闻名于世，到清代中晚期，汤爆双脆传至北京、东北和江苏等地，成为全国闻名的山东名菜。

·美食原料

主料：猪肚 500 克，鸡肫 150 克。

调料：胡椒粉 3 克，香菜 3 克，盐 2 克，味精 2 克，小葱 10 克，花椒 5 克，黄酒 15 克，酱油 30 克，碱 3 克。

·制作方法

1. 把猪肚用刀片开，剥去外皮，在清水中洗净，去掉里面的筋杂，外面剞十字花刀，深为肚厚的 2/3，呈渔网状。

2. 将猪肚切成 2. 5 厘米见方的块，放入碱粉与开水兑成的碱水中浸泡 3 分钟，捞出冲洗干净，放入清水中备用。

3. 将鸡肫剞成斜十字花刀，深为鸡肫厚的 2/3，用清水洗净，放入另一碗内备用。

4. 汤锅内放入清水，置旺火上烧至八成热时，先放鸡肫后放肚头焯一下，立即捞出放在汤碗内。

5. 再加葱、花椒、黄酒拌匀，撒上香菜末、胡椒粉。

6. 汤锅内放入清汤750毫升，放入酱油、精盐、黄酒，用旺火烧沸，打去浮沫，加味精浇入汤碗内，快速上桌，落桌后将主料推入汤内即成。

· 菜品特点

色泽美观，质地脆嫩，汤清质淡，味道香醇。

· 营养功效

猪肚：含有蛋白质、脂肪、碳水化合物、维生素及钙、磷、铁等，具有补虚损、健脾胃的功效，适合气血虚损、身体瘦弱者食用。但感冒期间忌食猪肚，胸腹胀满者忌食猪肚。

· 关键提示

1. 必须将鸡肫和猪肚尖洗干净，去除异味。

2. 要求刀功要高，花刀均匀，做到刀下生花，汤里开花。

3. 选料要精细，汤汁要好。用开水焯原料时，因成熟度不同，必须先下鸡肫，后下猪肚尖，而且时间不能过长，否则质老。

“奶汤蒲菜”——济南汤菜数冠军

蒲菜亦称蒲笋，是多年水生草本植物，生于水边或池沼内，根部可食用，质地细嫩洁白，济南产的味道尤佳。史籍云：“大明湖之蒲菜，其形似茭，其味似笋，遍植湖中，为北数省植物菜类之珍品。”每年五月至七月是产蒲菜的时令。奶汤，向来是济南菜的高档调味汤品，用奶汤制作的名菜繁多，奶汤蒲菜便是其中之一。用奶汤和蒲菜烹制成的奶汤蒲菜，脆嫩鲜香倍增，入口清淡味美，素有“济南汤菜之冠”的美誉。此菜早在明清时期便极有名气，至今盛名不衰，来济南旅游的人，无不慕名品尝。

· 美食原料

主料：蒲菜250克、奶汤750克。

辅料：苔菜花50克、水发冬菇50克、熟火腿25克。

调料：味精1．5克、精盐2．5克、花椒3克、姜汁1克、绍酒25克、葱油50

克。

·制作方法

1. 蒲菜去皮，切去末梢，切成3厘米长的段；苔菜花去皮，与火腿同切成象眼片；冬菇切成小片。

2. 锅内加入清水，烧至八成热时，将蒲菜、苔菜花、冬菇放入稍烫，捞出沥干水分。

3. 炒锅放入葱油，在微火上烧至三成热，加入奶汤，烧开后放入蒲菜、苔菜花、冬菇及精盐和姜汁；再烧滚后，加入味精、花椒、绍酒（将干净花椒拍碎，研成末，加绍酒拌均匀），盛入汤碗内，撒上火腿片即成。

·菜品特点

汤汁洁白，味道鲜美，蒲菜脆嫩。

“坛子肉”——瓷坛炖成珍馐味

坛子肉是济南名菜，始于清代。据传首先创制该菜的是济南凤集楼饭店，在一百多年前，该店厨师用猪肋条肉加调味料和香料，放入瓷坛中慢火煨煮而成。该菜色泽红润，汤浓肉烂，肥而不腻，口味清香，人们食后，感到非常适口，这道菜从此闻名。因肉用瓷坛炖成，故名“坛子肉”。山东地区使用瓷坛制肉在清代就很盛行，清代袁枚所著《随园食单》中就有“瓷坛装肉，放砻糠中慢煨，方法与前同（指干锅蒸肉），总须封口”的记载。后来，济南凤集楼饭店关闭后，该店厨师转到文升园饭店继续制售此菜并流传开来，是济南的一道传统名菜。

·美食原料

主料：猪硬肋肉500克。

调料：酱油15克、冰糖10克、肉桂10克、葱段5克、姜片5克。

·制作方法

1. 将猪硬肋肉洗净，切成2厘米见方的块，放入沸水锅中焯5分钟，捞出用清水洗净。

2. 将肉块放入坛子内，加入酱油、冰糖、肉桂、葱段、姜片、清水（以浸没肉块为宜），用盘子将坛子口盖好，先用旺火烧沸，再移到微火上焖至汤浓肉酥烂即可。

·菜品特点

猪肉酥烂而不失其形，口感肥而不腻，色泽红润而亮，有独特香味。

·营养功效

猪肉为人类提供优质蛋白质和必需的脂肪酸，还可提供血红素（有机铁）和促进铁吸收的半胱氨酸，改善缺铁性贫血。

“德州脱骨扒鸡”——龙颜大悦赞为奇

德州扒鸡，全名为德州五香脱骨扒鸡。由烧鸡演变而来，创始人为韩世功老先生。据《德州市志》记载：韩记为德州五香脱骨扒鸡首创之家，此菜最早见于公元1616年（明万历四十三年），世代相传至今。清乾隆帝下江南，曾在德州逗留，点名要韩家做鸡品尝。食后龙颜大悦，赞为“食中一奇”，此后脱骨扒鸡便为朝廷贡品。

1911年，韩世功老先生总结韩家世代做鸡之经验，制作出具有独特风味的五香脱骨扒鸡。因为加入了多种药材烧制，故称五香；熟后提起鸡腿一抖，肉骨即行分离，谓之脱骨。韩家制作的扒鸡炸得匀，焖得烂，香气足，且能久存不变质，故很快在市场上打开销路。尤其是津浦铁路通车后，德州扒鸡的名声也远播南北，成为北方整鸡卤制的特色名吃。

·美食原料

主料：嫩鸡1只。

调料：口蘑、姜各5克，酱油150克，精盐25克，花生油1 500克，五香料5克，饴糖少许。

·制作方法

1. 活鸡宰杀煺毛，除去内脏，用清水洗净。将鸡的左翅自脖下刀口插入，使翅尖由嘴内侧伸出，别在鸡背上，将鸡的右翅也别在鸡背上。再把腿骨用刀背轻轻砸断并起交叉，将两爪塞入腹内，沥干水分。

2. 饴糖加清水调匀，均匀地抹在鸡身上，炒锅加油烧至八成热，将鸡放入炸至金黄色，捞出沥油。

3. 把锅置旺火上，加清水，放入炸好的鸡和五香料包、生姜、精盐、口蘑、酱油，烧沸后撇去浮沫，移微火上焖煮半小时，至鸡酥烂即可。

·菜品特点

色泽红润，鸡皮光亮，肉质肥嫩，香气扑鼻，味道鲜美。

“清蒸加吉鱼”与唐太宗李世民

加吉鱼是珍贵的食用鱼类。山东沿海各地均产加吉鱼，但以登莱海湾所产最佳，无论品质、味道俱臻上乘。加吉鱼自古就是鱼中之珍品，民间多用来款待贵客。这种鱼喜栖息于近海的泥沙中，主要以珍贵贝类及甲壳动物为食，因而肉质白嫩细腻，味道鲜美异常，是山东沿海最名贵的食用鱼之一。

加吉鱼又有"红鳞加吉"和"黑鳞加吉"之分，红加吉的学名叫真鲷，黑加吉即黑鲷。其中红鳞加吉鱼尤为名贵。关于加吉鱼名字的由来，还有一段有趣的故事呢。相传，唐太宗李世民东征，来到登州（现在的山东蓬莱）。一天，他择吉日渡海游览海上仙山（现今的长山岛），在海岛上品尝了长相漂亮、味道鲜美的鱼之后，便问随行的文武官员，此鱼何名，群臣不敢胡说，于是作揖答道："皇上赐名才是。"太宗大喜，想到是择吉日渡海，品尝鲜鱼又为吉日增添光彩，为此赐名"加吉鱼"。

·美食原料

主料：加吉鱼750克。

辅料：水发冬菇25克，肥肉膘50克，火腿50克，冬笋25克，油菜心50克。

调料：黄酒25克，姜10克，盐4克，鸡油5克，花椒2克，小葱10克。

·制作方法

1. 将加吉鱼刮去鳞，掏净鱼鳃、内脏，洗净，在鱼身上打1. 7厘米见方的柳叶花刀；然后放入开水中烫一下即捞出，撒一匙细盐，整齐地摆入盘内。

2. 猪肥肉膘打上花刀，切成3. 3厘米长、1厘米宽的片；葱切小段，姜切片；水发冬菇、冬笋、火腿、油菜心都切成宽1厘米、长3. 3厘米的片。

3. 将鱼放入盘内，加入黄酒、花椒及清汤200毫升。

4. 再把猪肥肉膘、葱段、姜片、香菇、冬笋、火腿均匀地摆在鱼身上（露出鱼眼），入笼蒸20分钟取出。

5. 取出将汤滗入炒锅内，去掉葱、姜、花椒，将油菜心入锅烫一下，整齐地摆在鱼身上。

6. 炒锅内放汤旺火烧开，打去浮沫，浇在鱼身上，淋上鸡油即成。

·菜品特点

鱼块香嫩，汤汁醇鲜，营养丰富。

·营养功效

加吉鱼富含蛋白质、钙、钾、硒等营养元素，可为人体补充丰富蛋白质及矿物质；同时具有补胃、养脾、祛风等功效。

· 关键提示

1. 在鱼盘中先用两根筷子前后垫底，上面放鱼，这样蒸时便于蒸汽循环，鱼身两面受热均匀，可缩短成熟时间，使鱼肉更鲜美。

2. 此菜采用速蒸法，旺火汽足，密封速蒸，一般10分钟以内即应出笼，否则如《随园食单》所言："鱼起迟则活肉变死。"

"油爆海螺"让李鸿章拍案叫绝

油爆海螺是明清年间流行于登州、福山的传统海味菜肴。这道菜是在山东传统名菜油爆双脆、油爆肚仁的基础上延续而来的，被评为"山东省首届鲁菜大奖赛优秀菜"和"青岛十大代表菜"之一。

清末时，胡家馆子是青岛口子附近生意最火爆的餐馆，原因是这里的大师傅是位厨艺顶尖的高手。他做的油爆海螺更是远近闻名，其弟子朱子兴非常机灵，自从到胡家馆子当伙计后，处处留心学艺，一年多的工夫，朱子兴竟把王师傅的全部技术装进了脑袋。他烹制的油爆海螺脆、鲜、嫩、滑一样不少，甚至比王师傅炒出的味道还要地道。

光绪十七年，山东巡抚张曜陪同北洋大臣李鸿章前来青岛视察海防，闻听胡家馆子的师傅手艺高超，专程前来品尝这道赫赫有名的油爆海螺。没想到，吃遍九州一百单八味的堂堂大清国北洋大臣在吃下一片后，竟然拍案叫绝，亲自到后厨召见了这位年轻厨师。由此，朱子兴声名鹊起，油爆海螺的名声也传遍天下。

· 美食原料

主料：带壳鲜螺1000克。

辅料：水发木耳15克，菜心30克。

调料：清汤50克，葱20克，大蒜10克，醋25克，料酒15克，盐5克，味精2克，白砂糖5克，生粉10克，熟猪油50克。

· 制作方法

1. 将海螺外壳砸碎，取出肉，摘去尾、肠，去掉头部黑膜，用醋和粗盐揉搓洗净，再用清水洗净，片成大薄片（片越薄越好），用开水焯一下，捞出控净水分备用。

2. 将葱切成1厘米长的丝，蒜切片，木耳、菜心分别用开水焯一下，将清汤、料酒、盐、味精、生粉放碗内调成汁备用。

3. 炒锅内加入熟猪油，用旺火烧至八九成热时，将海螺肉下油一触，迅速倒入漏勺内控净油。

4. 炒锅留底油，烧热后下入葱、蒜爆锅，随即倒入海螺肉、木耳、菜心及兑好的汁水，快速颠翻出盘即成。

油爆海螺

· 菜品特点

鲜脆细腻，口味滑嫩清爽，清香适口。

· 营养功效

螺肉含有丰富的维生素A、蛋白质、铁和钙等营养元素，对目赤、黄疸、脚气、痔疮等疾病有食疗作用。海螺味甘、性冷、无毒，具有清热明目、利膈益胃的功效。

· 饮食禁忌

不宜与中药蛤蚧、西药土霉素同服；不宜与牛肉、羊肉、蚕豆、猪肉、蛤、面、玉米、冬瓜、香瓜、木耳及糖类同食；吃螺肉时不可饮用冰水，否则会导致腹泻。

巧厨娘巧做“锅塌黄鱼”

锅塌黄鱼已有四五百年的历史。相传在明朝，福山县有一富豪，喜食海鲜，他特地聘请了当地很有声望的厨娘为他烹制海味菜肴。有一天，厨娘外出回来晚了，她烹制的油炸黄鱼还差点火候，菜送上桌，富豪刚要吃，一看鱼未熟透，大为不满，让厨娘重新制作。

厨娘心想，如果将黄鱼再炸一遍，鱼的颜色会变重，如果重新制作需要的时间更长，主人等不及，会更加生气。于是厨娘想了一个最佳的办法：在锅中加入葱、姜、花椒、八角等作料，加入清汤，然后将原先所做的半生不熟的鱼下锅煨至汁尽，再端上饭桌。那富豪早已闻到了鱼香，急不可待地夹起来就吃，鱼一入口，便觉鲜香味浓，和往日大不相同。他问厨娘是如何制作的，厨娘说：“将刚才那条鱼回锅内‘塌’了一下（胶东地区把酥脆食品再入锅煎蒸回软叫做‘塌’）。”此法后来在民间广为流传。

·美食原料

主料：黄鱼750克。

辅料：水发木耳20克，火腿15克，水发玉兰片20克，青菜20克。

调料：精盐5克，绍酒15克，花生油200克，淀粉30克，葱10克，姜15克，蒜5克，白糖20克，醋20克，清汤100毫升。

·制作方法

1. 将黄鱼收拾干净，从鱼的下嘴巴处将鱼头切下，劈为两块。鱼身从脊背处剔掉大梁骨刺，片到鱼肚处，尾部相连呈合叶形。然后皮面朝下在鱼肉上剞上十字花刀，连同鱼头撒上精盐、绍酒腌渍入味。鸡蛋打入碗内搅匀。木耳、火腿、玉兰片、青菜均切成2. 5厘米长的细丝。

2. 炒锅内放花生油，烧至四成热时，将鱼头、鱼肉滚匀干淀粉，在鸡蛋清中拖一下，下锅煎至金黄色，倒漏勺内控净油。

3. 炒锅内放花生油，中火烧至六成热，用葱、姜丝、蒜片爆锅，放入木耳丝、火腿丝、玉兰片丝、青菜丝略炒，加入清汤、黄鱼、绍酒、精盐、醋、白糖，以旺火烧沸，小火煨透至汤汁剩下一半时，将鱼盛入盘内摆成整鱼形，再将汤汁浇在鱼上即可。

·菜品特点

色泽金黄，鲜香味浓，柔和绵软，细嫩爽口。

·营养功效

黄鱼含有丰富的蛋白质、矿物质和维生素，具有健脾开胃、安神止痢、益气填精的功效，对贫血、体质虚弱、失眠、头晕、食欲不振及妇女产后体虚有良好疗效；黄鱼含有丰富的微量元素硒，能清除人体代谢产生的自由基，能延缓衰老，防治各种癌症。

·饮食禁忌

黄鱼不能与中药荆芥同食；吃鱼前后忌喝茶；不宜与荞麦同食。

“糟熘鱼片”独享半副銮驾

相传明朝隆庆年间，兵部尚书郭忠皋回福山老家探亲，回京时带回一名厨师。

适逢明穆宗朱载垕为了给一位宠妃做寿，大宴文武百官，郭尚书便向皇帝推荐自己带来的福山名厨主持御宴。这位名厨果然身手不凡，使这次御宴一改旧观，满朝文武开怀畅饮，赞不绝口，对其厨艺深为叹服，尽欢而散。皇帝也因多喝了几杯，至第二天日上三竿方才酒醒。

过了几年，朱载垕龙体欠安，皇后娘娘传出懿旨，命那位福山厨子进宫做糟熘鱼片，因为皇帝不思饮食，就想吃这个菜。谁知那位名厨已告老还乡。皇后娘娘下定决心，派出半副銮驾赶往山东福山降旨，定要那名厨子带两名徒弟进宫为皇帝做菜。从此，福山菜成为御膳的重要组成部分。厨师的家乡被人们称为銮驾庄，糟熘鱼片也身价倍增，广为流传。

· 美食原料

主料：鲅鱼肉（或青鱼肉）750 克。

辅料：鸡蛋清 150 克，水发木耳 100 克。

调料：特制香糟酒 50 克，精盐、白糖、鸡汤、鸡油、湿淀粉、花生油适量。

· 制作方法

1. 先将鱼肉切成 1 寸左右的片，用精盐、鸡蛋清、味精、湿淀粉浆好。

2. 花生油烧至温热后，将浆好的鱼片一片片下入油锅中，搅动滑开，捞出控油。

3. 木耳于开水中氽透，捞出控水。将鸡汤、盐、味精、白糖于汤锅中调好上火，放入鱼片。汤微开后放入香糟酒，勾芡，淋入鸡油，装盘托放在木耳上即可。

· 菜品特点

鱼肉肥厚滑嫩，晶莹圆润，鲜中带甜，浓且醇的糟香，沁人心脾。

· 营养功效

鲅鱼富含丰富的蛋白质、维生素 A、钙、镁、硒等营养元素，肉质细嫩、味道鲜美，有益气血、健筋骨、通小便的功效。

御膳贡品“胶东大排翅”

鱼翅是海味八珍之一，与燕窝、海参和鲍鱼合称为中国四大美味。中国人吃鱼翅的历史，可追溯到明朝。在李时珍的著作中曾提到：“鲨鱼古称鲛……腹下有翅……南人珍之……”从前沿海的地方官就常用鱼翅来当贡品，因此鱼翅被列为御膳。

胶东大排翅的用汤十分讲究，且采用当地所产的鲜味浓、口感脆的几种青蔬垫底，在汤汁里再加上少许山东菜特有的葱油，把上汤的鲜美异常与浓郁的葱香味完美地融合，更充分地表现出了鲁菜的口味特色。

· 美食原料

主料：发好的净鱼翅 100 克（牙柬翅、勾翅、海虎翅均可）。

辅料：西芹丝、茼蒿丝、火腿丝各适量。

调料：上汤、高汤、盐、味精、料酒、鸡粉、生粉、葱油各适量。

· 制作方法

1. 发好的鱼翅去掉原汤，用高汤加料氽一下。西芹丝、茼蒿丝用汤氽一下捞出，放入玻璃碗内，上面放上鱼翅。

2. 锅内加上汤，放入盐、味精、料酒，用鸡粉、生粉调汁勾芡，淋葱油，浇在碗内的鱼翅上。撒上火腿丝，盖上盖，放在金器架上，点燃酒精上桌即可。

· 菜品特点

蔬菜脆嫩，汤鲜味浓，营养丰富。

· 营养功效

鱼翅性平味甘，具有益气、开胃、补虚的功效，还可补肾、强筋、壮骨、消痰。老少皆宜，乃滋补极品。

国宴名汤“烩乌鱼蛋”

烩乌鱼蛋是鲁菜中的一道名菜，毛泽东、邓小平都非常钟爱，每逢国宴必点此汤，故被誉为“钓鱼台台汤”。乌鱼蛋为山东日照独有的海珍品，历史悠久，驰名海内外，相传为历代帝王御膳佳品。乌鱼蛋是雌墨斗鱼的产卵腺，经过盐腌制成的一种海味。乌鱼蛋经厨师之手，可加工成状若花瓣、薄如纸片的高级食品。

其实，烩乌鱼蛋早在清乾隆年间就已名扬四海。清代乾隆年间大诗人及美食家袁枚在《随园食单》中记载了该菜的制法：“乌鱼蛋鲜，最难服侍，须河水滚透，撤沙去臊，再加鸡汤蘑菇煨烂。龚去岩司马家制最精。”可见这是一道历史悠久的名菜。

· 美食原料

主料：水发乌鱼蛋 100 克。

辅料：香菜 2 根，水发冬菇 25 克，菜心 25 克。

调料：清汤500毫升，料酒15克，酱油10克，精盐1克，味精1克，醋30克，水淀粉40克，胡椒粉少许，花椒油10克。

·制作方法

1. 将乌鱼蛋在沸水中煮透，剥去外皮，用手撕成榆钱状的片，再反复用开水汆，除去咸腥味，而后入开水中浸泡。

2. 将香菜切成末；冬菇片成薄片；菜心从中间劈开切成寸段。把冬菇、菜心用开水烫过捞出。

3. 锅内放入清汤、料酒、酱油、精盐、冬菇和汆过的乌鱼蛋片，加入醋，用水淀粉勾成薄芡，放入菜心、味精，淋上花椒油，撒上香菜末和胡椒粉，倒入汤碗内即成。

·菜品特点

酸辣鲜香，开胃，汤色浅黄，质感软嫩。

徐特立赞“香酥鸡”

香酥鸡是青岛春和楼饭店的传统名菜，已有百年历史。此菜选用本地当年雏鸡，经宰杀、除杂、腌制、蒸炸等秘制而成。1957年7月，时任中央人民政府委员、八届中央委员的徐特立先生来到了青岛，并携家人慕名到春和楼饭店品尝正宗鲁菜。徐老落座后，点了香酥鸡、油爆双脆、爆炒腰花、盐水大虾等菜品，由时任厨师长的特级烹调师任荃大师精心烹制，整桌菜品受到徐老及其家人的好评。尤其食用色泽棕红、外酥里嫩的香酥鸡后，徐老称赞说：“在京城就听说青岛有名的天下第一鸡，今天品尝后，果然名不虚传。”1979年，香酥鸡被评为“青岛十大风味菜”之一。

·美食原料

主料：生鸡1只（约750克）。

调料：精盐7.5克，葱10克，丁香5克，姜10克，八角5克，酱油10克，糖30克，绍酒20克，花椒3克，花椒盐5克，花生油1500克。

·制作方法

1. 将鸡洗净，从脊背劈开剔去筋骨，用刀背砸断鸡翅大转弯处，剁去鸡爪、嘴、眼，抽去大、小腿骨，然后用花椒、精盐将鸡周身搓匀，葱、姜拍松与丁香、八角一起放鸡肚内，腌渍2小时。

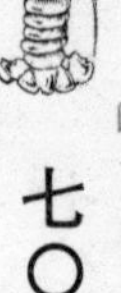

2. 加酱油、糖、绍酒、清汤上笼蒸熟取出，去葱、姜、花椒、丁香、八角，鸡身抹上酱油备用。

3. 炒锅内加入花生油，烧至九成热时，把鸡放入炸至金黄色，捞出，改刀成2厘米宽、6厘米长的条，拼成鸡原样摆入盘内，蘸花椒盐食用。

· 菜品特点

色泽金黄，晶莹透亮，外酥里嫩，香气馥郁。

“扒原壳鲍鱼”价比黄金

鲍鱼，素称“海味之冠”，自古以来就是海产“八珍”之一。鲍鱼名为鱼，实则不是鱼。它是属于腹足纲、鲍科的单壳海生贝类。因其形如人耳，也称“海耳”。

很早以前，欧洲人就已把鲍鱼当做一种活鲜食用，誉为“餐桌上的软黄金”；中国在清朝时，宫廷中就有所谓“全鲍宴”。据资料介绍，当时沿海各地官员朝圣时，大都进贡干鲍鱼为礼物，一品官吏进贡一头鲍，七品官吏进贡七头鲍，以此类推，鲍鱼与官吏品位的高低挂钩，可见其“海味之冠”的价值。

扒原壳鲍鱼是山东青岛沿海的一道名菜。此菜将鲍鱼肉制熟后，又分别盛在各个原来的壳内，造型美观又名贵，是一种造型和盛器配合的杰作。

· 美食原料

主料：带壳鲜鲍鱼12个。

辅料：火腿25克，冬菇12朵，菜心25克，鱼泥浆100克，水发银耳1朵，鸡蛋清1个。

调料：上汤1杯，花椒10粒，葱段、盐、味精、料酒、姜片、生粉、胡椒面各适量。

· 制作方法

1. 将鲍鱼洗净，取下肉，刷洗净外壳，内脏去掉，洗净放碟内，加上汤、葱（割开夹上花椒）、姜片，隔水蒸至熟烂，片成六片。火腿、冬菇切小象眼片。菜心烫过拔凉，切磨刀片。

2. 鱼泥加凉汤、鸡蛋清、盐、味精、料酒、胡椒面调匀，倒在平碟内摊平（不要摊至碟边），再将鲍鱼壳围碟周摆两圈，碟中央放上用盐、味精浸过的银耳点缀成花心。上笼内蒸至鲍鱼壳固定。

3. 蒸鲍鱼的原汤入锅中，放葱、姜、盐、料酒煮滚，除去葱、姜不要，投入火腿、冬菇、菜心烫熟，用漏勺捞起，均匀分放在鲍壳内。

4. 原汤中放入鲍鱼肉，用火煨透、捞起，整齐地摆在壳内，呈原鲍鱼状。除去汤内浮油，下味精，用生粉勾上米汤芡，浇在鲍鱼上，淋上香油即可。

· 菜品特点

原壳原肉，原汁原味，味道鲜美。

· 营养功效

1. 鲍鱼含有丰富的蛋白质，还有较多的钙、铁、碘和维生素 A 等营养元素。

2. 鲍鱼营养价值极高，富含丰富的球蛋白；鲍鱼的肉中还含有一种被称为鲍素的成分，能够破坏癌细胞必需的代谢物质。

3. 鲍鱼能养阴、平肝、固肾，可调整肾上腺分泌，具有双向性调节血压的作用。

4. 鲍鱼有调经、润燥、利肠的功效，可治月经不调、大便秘结等疾患。

5. 鲍鱼具有滋阴补阳的功效，是一种补而不燥的海产。吃后没有牙痛、流鼻血等副作用，多吃点也无妨。

· 饮食禁忌

鲍鱼忌与鸡肉、野猪肉、牛肝同食。

“八仙过海闹罗汉”——孔府大菜之首

八仙过海闹罗汉，是孔府喜庆寿宴时的第一道名菜。从汉初到清末，历代许多皇帝都要到曲阜祭祀孔子，其中乾隆皇帝就去过七次，至于一些达官显贵、文人雅士，前往朝拜者就更多了。因而孔府设宴招待十分频繁，“孔宴”闻名四海。此菜是山东孔府传统大件菜，它选料齐全，制作精细，口味丰富，盛器别致。“八仙”指八种海鲜，取其谐音，“罗汉”指菜肴正中的鸡。当年在孔府，此菜一上席，随即开锣唱戏，一边品尝美味，一边听戏，十分热闹，故取名“八仙过海闹罗汉”。

· 美食原料

主料：鸡脯肉 300 克，水发鱼翅、海参、鲍鱼、鱼骨（明骨）、鱼肚、活青虾、火腿各 100 克，白鱼肉 250 克。

辅料：芦笋 50 克，生菜 50 克。

调料：绍酒 50 克，盐 5 克，姜 5 克，味精 3 克，猪油（炼制）30 克。

· 制作方法

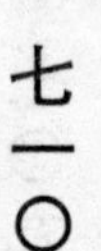

1. 取鸡脯肉150克斩成鸡泥，用其中一部分镶在碗底上，做成罗汉钱状；白鱼肉切成条，用刀划开夹入鱼骨；其余鸡脯肉切成长条；活青虾做成虾环；将鱼翅与剩下的鸡泥做成菊花鱼翅形；海参做成蝴蝶形；鲍鱼切成片；鱼肚切成片；芦笋发好后选取八根。

八仙过海闹罗汉

2. 将上述食物用精盐、味精、绍酒调好口味，上笼蒸熟取出，分别放入瓷罐，摆成八方，中间放罗汉鸡，上面撒火腿片、姜片及余好的生菜叶，将烧开的鸡汤和少许熟猪油浇上即成。

· 菜品特点

原料多样，汤汁浓鲜，色泽美观，形如八仙与罗汉。

· 营养功效

鸡脯肉：蛋白质含量较高，且易被人体吸收利用，有增强体力、强壮身体的作用，同时也是中国人膳食结构中脂肪和磷脂的重要来源之一，而磷脂对人体生长发育有重要作用。

鱼肚：具有补肾益精、滋养筋脉、止血、散淤、消肿的功效；治肾虚滑精、产后风痉、破伤风、吐血、血崩、创伤出血、痔疮等症。

青虾：营养丰富，肉质松软，易消化，对身体虚弱以及病后需要调养的人是极好的食物；虾中含有丰富的镁，能很好地保护心血管系统，它可减少血液中胆固醇含量，防止动脉硬化，同时还能扩张冠状动脉，有利于预防高血压及心肌梗死。

火腿：火腿色泽鲜艳，红白分明，瘦肉香咸带甜，肥肉香而不腻，美味可口。各种营养成分易被人体吸收，具有养胃生津、益肾壮阳、固骨髓、健足力、愈创口等作用。

白鱼：中医认为，白鱼肉性味甘、温，有开胃、健脾、利水、消水肿的功效。

· 饮食禁忌

鸡脯肉：忌与野鸡、甲鱼、芥末、鲤鱼、鲫鱼、兔肉、李子、虾子、芝麻、菊花以及葱、蒜等一同食用；与芝麻、菊花同食易中毒；与李子、兔肉同食，会导致腹泻；与芥末同食会上火。

“当朝一品锅”——乾隆皇帝亲赐名

当朝一品锅，又名孔府一品锅，是由皇帝赐名的一款孔府名菜。某年，乾隆皇帝驾临孔府朝圣，在孔府用膳，对于孔府宴席很是欣赏。孔府宴所用餐具都是银器，造型与宫廷宴会所用餐具不同。乾隆皇帝吃得很高兴，便御赐孔府宴席银餐具中最大的一件，称为“当朝一品锅”。另外还有一口圆形不分隔的锅，名曰“钟鼎一品锅”。

后来再举行孔府宴的时候，用这件银器所盛的菜，便改名叫做“当朝一品锅”了。之后“一品锅”在各地厨师的改良下，又发展出鱼翅一品锅、海参一品锅、什锦一品锅、素味一品锅等。

·美食原料

主料：水发海参50克，水发鱼肚150克，白煮肘子500克，白煮母鸡1只（约500克），白煮鸭2只（约750克），水发鱿鱼卷10个150克，水发玉兰片25克，鸡蛋荷包10个。

辅料：纯鸡汤1 500毫升，白煮山药段500克，水发龙须粉250克，蒸好的白菜墩150克，豌豆苗3根。

调料：精盐40克，绍酒150克。

·制作方法

1. 海参片成抹刀片。鱼肚片成长5厘米、宽2厘米、厚0. 3厘米的片。玉兰片片成长5厘米、宽2厘米、厚0. 2厘米的片。豌豆苗放入开水中烫过捞出，用冷水过凉。鱿鱼卷用鸡汤汆过备用。

2. 取“一品锅”1只，将龙须粉、白菜墩、白煮山药放入锅内垫底，将白煮肘子、白煮鸡、白煮鸭分别摆在上面，再将海参、鱼肚、鱿鱼卷、玉兰片、鸡蛋荷包在各料间隔处摆成一定的图案，加入鸡汤、绍酒、精盐，用旺火蒸2小时左右取出，搭上豌豆苗上席即可。

·菜品特点

食物多样，用料珍贵，汤汁鲜美，白菜清口，热吃更佳。

·营养功效

鸭肉：脂肪酸熔点低，易于消化。所含B族维生素和维生素E较其他肉类多，能有效抵抗脚气病、神经炎等多种炎症，还能抗衰老。鸭肉中含有较为丰富的烟酸，它是构成人体内两种重要辅酶的成分之一，对心肌梗死等心脏疾病患者有保护作用。

鱿鱼：含有丰富的钙、磷、铁元素，对骨骼发育和造血十分有益，可预防贫血；还含有大量牛磺酸，可抑制血中的胆固醇含量，预防成人病，缓解疲劳，恢复视力，改善肝脏功能。鱿鱼中的多肽和硒等微量元素有抗病毒、抗射线作用。

· 饮食禁忌

鸭肉：忌与甲鱼同食，同食易引起水肿腹泻，令人阳虚；与板栗同食易中毒；与杨梅同食会有生命危险。

鱿鱼性寒凉，脾虚胃寒的人应少吃。

“带子上朝”——代代上朝代代朝

此菜始于清代。孔子后人被封为“衍圣公”后，享受着当朝一品官的待遇，有携带子女上朝的殊荣。清光绪二十年（公元1894年），慈禧太后大寿，第七十六代“衍圣公”孔令贻之母带其儿媳进京给慈禧太后祝寿，慈禧非常高兴，还赐给了三幅“寿”字，现在孔府内珍藏。她们返回曲阜时，孔府族长特为其设宴接风，内厨为颂扬孔氏家族的殊荣，用一只鸭子带一只小鸭，制成美味，取名为“带子上朝”，寓意孔府辈辈做官，代代上朝，永为官府门第，世袭爵位不断。

· 美食原料

主料：鸭子1只（约1 500克），野鸭1只。

调料：葱、姜、鸡油各10克，精盐2克，酱油50克，绍酒75克，桂皮、花椒、淀粉各少许，白糖25克，清汤250毫升，花生油1 500克。

· 制作方法

1. 将鸭子、野鸭挖去内脏，洗净，鸭子去嘴留舌，野鸭去嘴，用酱油、绍酒（两味共75克）腌渍30分钟。姜、花椒、桂皮包成香料包。

2. 炒锅加花生油，烧至八成热，分别放入鸭子、野鸭，炸至枣红色时捞出。

3. 沙锅中放入锅垫，再放上鸭子、野鸭、香料包、葱段、精盐、酱油、绍酒、清汤（150毫升），用旺火烧开5分钟，改用慢火煨炖至熟，取出放盘中，鸭子在前，野鸭在鸭子怀里。

4. 炒锅加花生油（25克）烧热，放白糖炒汁，烹入清汤（50克），再加煮鸭原汤汁100克，烧开后用湿淀粉勾芡，淋上鸡油，浇在鸭子、野鸭上即成。

“诗礼银杏”——诗礼传家继世长

这是一道典型的孔府菜。孔子教育他的儿子孔鲤说：“不学诗无以言，不学礼无以立。”意思就是说：不学诗就不会说话，不学礼就不懂得立身行事。孔子的后代自称是诗礼世家。五十三代衍圣公孔治在孔庙内建了一座诗礼堂，以表敬意。到了宋代，堂前长出了两棵银杏树，苍劲挺拔，果实硕大丰满，每至仲熟。孔府厨师取用这里出产的白果做成菜肴，供学者食用，故取名为“诗礼银杏”，成为孔府宴中特有的传统菜。

·美食原料

主料：白果750克。

调料：猪油50克，白糖250克，桂花酱2．5克，蜂蜜50克。

·制作方法

1．将白果去壳，用碱水泡一下去皮，再入锅中沸水稍焯，以去苦味，再入锅煮酥取出。

2．炒锅烧热，下猪油35克，加入白糖，炒成银红色时，加清水100克、白糖、蜂蜜、桂花酱，倒入白果，至汁浓，淋上猪油15克，盛浅汤盘中即成。

·菜品特点

色如琥珀，白果肉酥，清香甜美，柔韧筋道。

·营养功效

银杏有敛肺定喘、泄浊止带的功能。用于咳嗽痰多、气喘、白带、白浊及小便频繁等症。

·关键提示

白果有毒，不可多食，每人每次以15粒为宜。

“神仙鸭子”——燃香计时蒸美味

神仙鸭子，又称清蒸鸭子，是孔府宴中历史悠久的大件菜，相传在明代时已是孔府名肴。此菜做法复杂，要求严格，蒸制时间长，蒸后立即上桌，以保持鲜味。为了精确地掌握蒸制时间，老辈的厨师用“燃香计时”的方法，在鸭子入笼蒸制前开始点燃香，共燃三炷香，即可成熟。据记载：在孔子第七十四代孙孔繁坡任山西同州知府时，有一天其随从厨师做了这道清蒸全鸭，食之肉烂骨脱，汤鲜味美，肥而不腻。孔繁坡在大饱口福之际，一时兴起，当即询问此菜做法，厨师回答说：

“上笼清蒸，插香计时，香尽鸭熟。”孔繁坡听后，认为燃香制菜犹如供奉神灵，之后遂称此菜为“神仙鸭子”，这道菜后来成为脍炙人口的美味佳肴。

·美食原料

主料：鸭1只（约750克）。

辅料：口蘑50克，火腿50克，香菇（干）20克。

调料：味精5克，酱油50克，盐5克，大葱25克，黄酒50克，姜15克。

·制作方法

1. 将新鲜鸭子洗净，去掉内脏，砸断小腿骨环，剔去鸭掌大骨，抽去舌及食管，剁去尖嘴，割去肛门、鸭臊。在脊椎骨上划几刀，翻过来在脯肉上拍几下，放入锅内小火烧沸煮15分钟，捞出，在冷水中洗净油污。

2. 火腿、冬笋切成长5厘米、宽2厘米的片；水发冬菇、口蘑去根洗净，切成两半。

3. 将鸭脊骨剁断取下，放入沙锅底，鸭腹面朝上放在骨上，口蘑放在鸭腹上呈一行，冬笋、火腿、冬菇分别摆在口蘑的两边。

4. 再将清汤1250克、精盐、黄酒、酱油倒入沙锅内，加上葱、姜，用玻璃纸将沙锅口盖严捆紧，放在蒸笼内蒸熟。

5. 取出沙锅揭去纸，除去葱、姜，撒上味精，撇去浮油即成。

·菜品特点

鲜味极佳，且汤汁澄清，肉质酥烂，原汤、原汁、原味。

·营养功效

口蘑：是良好的补硒食品，可调节甲状腺，提高免疫力；口蘑中含有多种抗病毒成分，这些成分对辅助治疗由病毒引起的疾病有很好的效果；它所含的大量植物纤维，具有防止便秘、促进排毒、预防糖尿病及大肠癌、降低胆固醇含量的作用。

香菇（干）：香菇中有一种一般蔬菜缺乏的麦淄醇，它可转化为维生素D，促进体内钙的吸收，并可增强人体抵抗疾病的能力。正常人吃香菇能起到防癌作用。香菇还含有多种维生素、矿物质，对促进人体新陈代谢、提高机体适应力有很大作用，还可用于消化不良、便秘等。

·饮食禁忌

鸭肉忌与兔肉、杨梅、核桃、鳖、木耳、胡桃、大蒜、荞麦同食。

“一卵孵双凤”——特色大件工艺菜

一卵孵双凤，又名西瓜鸡，为孔府名厨首创。用西瓜制菜始于清宫，孔府此菜是用西瓜和雏鸡加干贝、口蘑等配料烹制而成的，口味清鲜，营养丰富，颇有特色。孔子七十六代孙孔令贻品尝后极为赞赏，便问厨师此菜叫什么名字，厨师答：“西瓜鸡。”孔令贻认为这道菜做法别致，味道鲜美，但名称不雅，后来，他就将此菜更名为“一卵孵双凤”，即以西瓜为卵，两鸡为凤，从此该菜便成为孔府菜中的上品。

此菜外形新颖别致，古朴典雅，富有孔府菜烹饪特色；品味鲜美淡雅，有独特的西瓜清香，是孔府宴中大件工艺菜。

·美食原料

主料西瓜1个（重3500～4000克），雏鸡2只（共重1000克左右）。

辅料：冬菇、盐笋、口蘑各25克，干贝50克。

调料：精盐5克，绍酒3克。

·制作方法

1. 西瓜用清水洗净，洁布揩干，切去上盖（留用），将瓜体表面刮去1/4的瓜皮，挖出3/4的瓜瓤；瓜体雕刻有意义的历史图案——孔子周游列国车马图，盖和上沿均刻牙边，盖上刻字和图案。

2. 雏鸡宰杀洗净，用刀背砸断剔除大骨和腿骨，剁去嘴、爪，盘好放入瓜壳内。将干贝加酒蒸酥，也放入瓜内。

3. 将冬菇、盐笋、口蘑切成薄片，放入瓜内，加入调好的精盐和绍酒，盖上瓜盖，并用竹签固定，放在大瓷盆中，上笼蒸约50分钟，至瓜酥烂取出。把西瓜轻轻放在银汤盘中，再将蒸过的原汤倒在汤盘内即成。

·菜品特点

鸡肉酥烂，汤清味鲜，香味浓郁。

·营养功效

中医认为，鸡的全身都可入药。鸡肉有益五脏、补虚亏、健脾胃、强筋骨、活血脉、调月经和止白带等功效。鸡肉性平、温，味甘，入脾、胃经；可益气、补精、添髓；用于虚劳瘦弱、中虚食少、泄泻、头晕、心悸、月经不调、产后乳少、消渴、水肿、小便频繁、遗精、耳聋耳鸣等症。

·关键提示

1. 雏鸡必须选用培育两个月左右的仔母鸡。将鸡宰杀后，先入开水锅中略焯，清水洗净，去除血水污物。

2. 西瓜要圆而大。

3. 掌握好火候，不要蒸得过烂。也可以先将其他配料煮熟，再倒入西瓜内，这样只需蒸30分钟即可。

"烤花揽鳜鱼"——知其味不知其法

鳜鱼，又叫鳌花鱼、季花鱼等，它肉质丰满、肥厚、细嫩，味道鲜美，骨刺很少，历来被认为是"鱼中上品"。作为宴席之佳肴，鳜鱼深受人们的喜爱，李时珍曾赞誉它为"水豚"，说它同河豚一般鲜美，风味极佳。

曲阜靠近山东济宁南四湖，湖中所产鳜鱼更是鳜鱼中的上品。孔府内厨烹调鳜鱼更有其绝妙之处，加上鳜鱼谐"贵余"之音，寓"富贵有余"之意，所以孔府历代几乎每逢喜庆宴会，鳜鱼佳肴必登大席。

烤花揽鳜鱼是孔府"满汉全席"上的一道特色名菜，此菜运用孔府特有烤法，佐以姜末、香醋，白中泛红，味道鲜美。食者知其味，不知其法，烤花揽鳜鱼曾是孔府秘不外传的名菜。

·美食原料

主料：鳜鱼1条（重约1250克）。

辅料：鸡里脊肉100克，肥肉膘25克，水发干贝、水发海参各15克，冬笋、冬菇各10克，火腿、五花肉各50克，鸡蛋1个，猪花网油1张，面粉150克。

调料：绍酒50克，精盐5克，葱段2克，姜片1克，花椒10粒。

·制作方法

1. 将鳜鱼去鳞，剁去脊翅、尾巴，从口内取出内脏，清水洗净，用手捏住鱼嘴在开水中一焯，迅速放进凉水中，刮去黑皮斑痣。用刀把鱼下巴划开，两面打坡刀，置于盘中，加绍酒、精盐、葱段、姜片、花椒，腌渍约15分钟。

2. 鸡里脊肉剔去筋，和肥肉膘一起剁成细泥，加蛋清、绍酒、精盐调匀，搅成鸡料子备用。五花肉切成0．7厘米见方的丁，入开水锅中氽熟捞出。海参、冬笋、冬菇均切成0．7厘米见方的丁，和干贝一起入开水锅中氽过，捞出与肉丁混合，加绍酒、盐腌渍3分钟。火腿切成长6厘米、宽2厘米、厚0．3厘米的片。

3. 猪花网油片去大厚筋，修齐四边备用。将面粉（125 克）加清水和成面团，擀成薄皮，余下的面粉加清水和成糊。

4. 把拌好的各种配料装入鱼腹，用细绳捆好鱼嘴，在鱼背上每个坡刀口里嵌上一片火腿，再抹上鸡料子，放在花网油上，把四周折起包好，再用擀好的面皮包住，放在铁箅子上，置木炭火烤池上慢火烤制。先烤正面，后烤背面，这样烤制 1 小时左右，取出放在盘内（鱼背朝底），揭开面皮、花网油，扣入鱼盘内（鱼背朝上），去掉面皮及花网油，解开捆嘴的绳即成。

· 菜品特点

白中泛红，味道鲜美，食用时佐以姜末、香醋，其味更佳。

· 营养功效

鳜鱼：含有蛋白质、脂肪、少量维生素、钙、钾、镁、硒等营养元素，肉质细嫩，极易消化。

· 关键提示

1. 将鳜鱼洗净，入沸水中一烫即捞出来，不要烫过了，以能脱去鱼体表面黑衣为度。

2. 鱼应该先用调料腌渍，再包好用小火慢慢烤熟。

“素炒银芽”——乾隆当成稀罕物

传说，清乾隆年间，有一年乾隆到山东曲阜祭孔，时值盛夏，加上一路劳累，到了孔府，竟一病不起，多日茶饭不思。尽管厨师总是变换口味和花样烹制山珍海味献给乾隆吃，可是他却毫无胃口。

有一天，正当大家无计可施的时候，正好外面送来一筐鲜嫩的绿豆芽。于是厨师就别出心裁地将豆芽掐去芽和根，用豆梗烹制出一道新菜。此菜端上来众人一瞧，原来是一盘晶莹剔透的素炒绿豆芽。乾隆见了此菜，竟当成了稀罕物，不一会儿，一盘素炒绿豆芽儿便被乾隆吃了个精光。吃完后，他还不住地点头称赞。由于此菜深得乾隆喜爱，孔府便把这一般人看不起的豆芽，列入孔府传统名菜之中，命名为“素炒银芽”而流传至今。

· 美食原料

主料：绿豆芽 300 克。

调料：花椒 10 粒，醋 40 克，白糖 5 克，味精、葱丝、湿淀粉、精盐、色拉油各适量。

· 制作方法

1. 将豆芽菜掐去两头洗净，用沸水快速焯一下，捞出后在凉水中浸泡，将水分控干备用。

2. 炒锅置火上，放入色拉油烧热，将花椒炸焦，去掉花椒，放葱丝，投入豆芽菜，加精盐、白糖、醋、味精，颠炒几下，用湿淀粉勾芡即成。

素炒银芽

· 菜品特点

形色美观，脆嫩无渣，吃起来清鲜不腻，非常爽口。

· 营养功效

绿豆芽中含有核黄素，易患口腔溃疡的人很适合食用。它还富含纤维素，是便秘患者的健康蔬菜，有预防消化道癌症的功效。

· 饮食禁忌

绿豆芽不宜与猪肝同食。

二、精细致美的苏菜

（一）苏菜史语

苏菜历史悠久，具有用料广泛，刀工精细，烹调方式多样，菜品风格清鲜等特点。它由淮扬、苏锡、徐海三大地方风味菜肴组成，其影响遍及长江中下游地区，在国内外也享有盛誉。

苏菜形成于江苏，这里东临大海，河流纵流全境，而且气候温暖，土壤肥沃，素有“鱼米之乡”之称。一年四季，水产禽蔬不断，这些富饶的物产为江苏菜系的形成提供了优越的物质条件。据学者考证，江苏菜系起始于南北朝时期，自唐宋以后，与浙菜并称为“南食”的两大台柱。江苏菜系的特点是浓中带淡，鲜香酥烂，原汁原汤，浓而不腻，口味平和，咸中带甜，烹调技艺以擅长炖、焖、烧、煨、炒而闻名。

1. 苏菜的历史

据史料记载，早在商汤时期，江苏太湖一带的韭菜花就已经登上大雅之堂。汉代淮南王刘安在八公山上发明了豆腐，首先在苏、皖地区流传。汉武帝又发现渔民所嗜“鱼肠”滋味甚美，其实“鱼肠”就是乌贼鱼的卵巢精白。晋代葛洪的“五芝”之说，对江苏的饮食产生了较大的影响。直到南北朝时期，江苏菜系才开始形成。

唐宋时期，随着江苏伊斯兰教徒的增多，苏菜系又受清真菜的影响，烹饪更为丰富多彩。而后宋朝皇南渡杭州城，建立了南宋王朝，同时大批中原士大夫南下。因此，江苏菜系也深受中原风味的影响。明清以来，苏菜系又受到许多地方风味的影响。江苏的烹饪文献也很多，如元代大画家倪攒的《云林堂饮食制度集》、明代韩奕的《易牙遗意》、清代袁枚的《随园食单》等。

2. 苏菜的风味特点

苏菜主要有淮扬、苏锡、徐海三大地方风味，其中以淮扬菜为主体。淮扬菜是长江中下游地区的著名菜系，覆盖地域很广，包括现今江苏、浙江、安徽、上海、以及江西、河南部分地区，有“东南第一佳味”之誉。淮扬菜中最富盛名的就是扬州刀工，堪称全国之冠。两淮地区的鳝鱼菜品也丰富多彩，其中的镇江三鱼（酣鱼、刀鲸、蛔鱼）更是驰名天下。淮扬菜的特点是用料严谨，讲究刀工和火工，追求本味，突出主料，色调淡雅，造型新颖，咸甜适中，口味清鲜，适应不同口味的食客。在烹调技艺上，多用炖、焖、偎、焙之法。如南京一带的淮扬菜就是以烹制鸭菜著称，细点也是以发酵面点、烫面点和油酥面点为主。

苏锡菜则主要流行于苏州、无锡等地，范围大概是东到上海、松江、嘉定、昆山等地，西到常熟一带。徐海菜的风味则比较接近齐鲁菜系，肉食之中五畜都可下菜，水产之中也以海味取胜。菜肴的色调比较浓重，口味也偏咸，烹调技艺多以煮、煎、炸为主。

随着历史的发展，江苏菜系的三大地方风味菜均有变化。如淮扬菜由平和而变为略甜，似受苏锡菜的影响。苏锡菜尤其是苏州菜口味由偏甜而转变为平和，又受到淮扬菜的影响。徐海菜则咸味大减，色调亦趋淡雅，向淮扬菜看齐。但在整个苏菜系中，淮扬菜仍占主导地位。

（二）苏菜名品

烧狮子头

材料

猪五花肉1000克，鸡蛋1个，荸荠6个，青菜、姜末、葱末各适量。

调料

味精、盐、料酒、白糖、酱油、水淀粉各少许。

做法

烧狮子头

①将猪五花肉洗净剁碎，荸荠去皮洗净后剁碎，放入盆内。然后加适量的味精、盐、姜末、葱末、料酒，打散的蛋液，搅拌均匀，再淋入少许清水搅至黏稠制成馅料，备用。

②取50克碎肉放在手心中团成圆球，表面用水淀粉摸一下起固定作用，放入烧热的油煎至表皮微黄，固定不碎时，盛出沥油，备用。

③将煎好的狮子头放入开水中烧沸，再加入适量的酱油，用小火焖1小时，撒入适量白糖烧至熟透汤汁浓稠，盛入盘中即可。

南京盐水鸭

材料

肥鸭2000克，葱段100克，姜块50克，姜片30克，香菜叶少许。

调料

盐200克，醋2大匙（约30毫升），花椒1克，五香粉、大料各适量。

做法

①将肥鸭洗净沥干，备用；其他材料均洗净备齐。

②将盐、花椒、五香粉炒热，填入鸭腹并用热盐擦遍鸭身，将鸭放入缸内腌制1小时左右，然后放入清卤缸内浸渍两个小时，取出晾干，再把姜片、部分葱段、大料并放入鸭腹内。

③锅中水烧沸，放入姜块、剩余葱段、大料、醋，保持微火。将鸭腿朝上、头

朝下放入锅内，焖约 20 分钟后，用大火烧至锅边起小泡时，提起鸭腿，将鸭腹中的汤汁沥入锅内，再把鸭放入汤中，使鸭腹中灌满汤汁。如此反复三四次后，再用微火焖约 20 分钟取出，沥去汤汁，冷却装盘，加上香菜叶点缀即可。

桂花糯米藕

材料

桂花酒酿 300 克，糯米 100 克，藕 1 节，香菜叶少许。

调料

桂花糖适量。

做法

①将糯米洗净后用冷水泡 1 小时左右，入锅中煮成糯米饭备用。

②锅中加适量水烧热，将藕放入水煮熟，捞出，沥干水分，备用。

③将煮好的糯米饭拌桂花糖后盛出凉凉，填入藕孔中。

④将桂花酒酿煮沸加入桂花糖，再将藕放入糖汁中烧至入味后盛出，切成片，摆入盘中，撒上香菜叶点缀，用冰块冷藏后即可食用。

锅边闲话

糯米是稻米中黏性最强的品种，温胃止泻，可以增强肠胃功能。

笋干黄豆

材料

干笋 150 克，黄豆、葱段、姜片、蒜片各适量，香菜叶少许。

调料

酱油 2 大匙，白糖 1 大匙，盐、味精、五香粉各少许，高汤适量。

做法

①将黄豆洗净后用温水泡 1 小时后捞出沥干备用。

②将干笋用清水浸泡至软后，切小丁用盐和酱油略腌。

③锅置火上，倒油烧热，油烧热时，下入葱段、姜片、蒜片，再放入黄豆、笋丁及白糖、五香粉略炒片刻，然后再加入高汤，烧至浓稠入味，最后加盐、味精调味，用香菜叶装饰即可。

锅边闲话

笋类和豆类都是高纤维、低热量的时尚绿色食品，是清肠排毒的好帮手。

玫瑰鸭胗

材料

鸭胗500克，姜片20克，葱段15克，香菜叶少许。

调料

玫瑰露酒、盐各15克，花椒5克，味精3克。

做法

①将鸭胗洗净，纵横方向切花刀，入开水锅内略汆烫，再用清水洗净备用。

②将鸭胗放入锅内，加清水2000毫升左右，下葱段、姜片、花椒、盐，大火烧沸，改用小火焖煮两个小时左右，至鸭胗熟透，再加玫瑰露酒、味精，继续用小火烧至入味后取出。

③待锅内卤汁冷却后，再将鸭胗浸入卤水中。食用时，将鸭胗捞出，切片装盘，用香菜叶点缀即成。

锅边闲话

鸭胗特有的韧度，让吃的人充分享受那份咬劲，嗜辣的朋友可以加入少量辣椒粉，可更加开胃。

五香熏鱼

材料

草鱼1条，姜片、葱段各15克，姜末1小匙，香菜叶少许。

调料

料酒、麻辣油各1大匙，酱油、白糖、醋各2小匙，五香粉1小匙，胡椒粉半小匙。

做法

①草鱼处理干净后，将鱼皮朝下放在砧板上，斜切成块。把鱼放在碗中，加入姜片、葱段和1小匙酱油，腌10分钟备用。

②将料酒、白糖、五香粉、醋、胡椒粉、麻辣油、姜末和1小匙酱油放入锅中，加入1杯水熬煮5分钟，盛在碗中，晾凉备用。

③平底煎锅放油用中小火加热，当油温升到七成热的时候调至微火，把草鱼块入油中用筷子轻轻划动炸至表皮略黄、鱼肉发紧即可，捞出沥油。

④再次将锅中油烧热，将草鱼块入油锅再炸一次，炸至焦脆，趁热立即放入做

法②的料汁中腌泡至入味，入盘放置15分钟，用香菜叶点缀即可。

酒糟醉虾

材料

海白虾500克，酒糟卤30克，薄荷叶少许。

调料

料酒、盐、味精、花椒粉各适量，白糖2大匙。

做法

①将海白虾洗净沥干，在料酒中浸10分钟捞出备用。

②锅中入少许水，加入盐、味精、花椒粉和白糖烧开，待冷却后加入酒糟卤。

③将虾倒入做法②的卤汁中浸泡2～3小时，然后装盘，用薄荷叶装饰即可。

锅边闲话

◎虾在秋冬鲜美，不过胆固醇高的朋友最好不要吃虾头、虾卵。虾肉中易使人体合成胆固醇的饱和脂肪很少，是理想的健康食品。

◎如果不喜欢生食，可以将虾加卤汁入锅烹熟，再加适量小葱烧出香味。

番茄酱鱼条

材料

鱼200克，油菜4根，蛋清100克，葱段适量。

调料

盐、味精、水淀粉、料酒、清汤、番茄酱各适量。

做法

①将鱼肉切条，用盐、料酒腌一下，加蛋清捏上劲，再用水淀粉拌匀；油菜择洗干净，备用。

②炒锅放油烧热，把鱼肉条撒入锅内划散，至鱼肉条呈白玉色时倒出沥油。

③原锅留油，下葱段爆香，将油菜滑熟盛出摆盘边。

④炒锅加少许油将番茄酱入锅略炒，再加盐、味精、料酒和清汤，用水淀粉勾芡，再倒入鱼肉条翻炒出锅倒入油菜盘中即成。

锅边闲话

番茄酱所含的番茄红素相当稳定，经过烹煮会促进它的释出，不过最好和肉类一同食用，吸收效果会更好。

豆焖猪蹄

材料

黄豆100克，猪蹄1个，葱段、姜片各适量，香菜段少许。

调料

料酒3大匙，酱油2大匙，鸡精、盐各适量。

做法

①将黄豆泡两个小时后捞出；猪蹄洗净切块浸冷水后氽烫去血水，加少许酱油、鸡精腌渍10分钟。

②向高压锅中放姜片、葱段、料酒和猪蹄块，中小火焖20分钟。

③把黄豆和猪蹄块放在砂锅里，加葱段、姜片、盐和酱油小火炖40分钟，放入鸡精调味，撒上香菜段，搅拌均匀即可装盘食用。

锅边闲话

调料中加入1大匙豆腐乳同烧，更加风味十足。此外，加1小匙醋可以加速黄豆和猪蹄的熟烂。

状元五香豆

材料

干蚕豆500克，红曲米适量。

调料

盐、酱油、白糖、大料、五香粉、料酒各适量。

做法

①将干蚕豆在清水中浸泡24小时后捞出，倒入锅内。

②锅内加入适量清水和大料煮1小时，再加入红曲米、盐、白糖、料酒、酱油和五香粉。

③煮到蚕豆透烂时，即可取出，摊晾至干，也可以当零食享用。

锅边闲话

◎蚕豆是健骨造血的“长寿豆”。中医认为蚕豆可补肾健胃、和五脏、生津止渴。

◎红曲米是天然的食用色素，无毒性，对蛋白质有很好的着色能力，在中药铺就能够买到。

葱花烤鲫鱼

材料

活鲫鱼1条，笋丁、葱末、姜片各适量，葱丝，香菜叶各少许。

调料

番茄酱1大匙，盐、白糖、料酒、水淀粉、酱油各适量。

做法

①将活鲫鱼收拾干净沥水；笋丁加适量料酒、酱油、白糖、盐、水淀粉搅匀成馅；将馅填入鱼腹内，再在鱼身两面剞十字刀纹，抹上酱油。

②锅置火上，倒油烧热，油烧至七成热时，将鱼放入，待鱼的一面煎至金黄色取出。

③锅内放姜片、葱末炸香，再将鱼煎黄的一面朝上放入，加适量料酒、盐、白糖、水，盖上锅盖，小火焖约20分钟至完全熟透后用大火收汁，将鱼盛入盘中摆上葱丝。

④最后再用水淀粉调番茄酱勾芡，浇在鱼身上，撒上少许香菜叶即可。

浓香鸭血煲

材料

鸭血200克，鸭胗、鸭肠各100克，豆芽50克，鱼豆腐100克，葱花、香菜叶各少许。

调料

盐、味精各少许，高汤适量。

做法

①鸭血洗净切成片；鸭胗汆烫去血水切片；鸭肠洗净切丁；其余材料均洗净备齐。

②豆芽入开水中汆烫一下，以去除豆腥味，备用。

③锅置火上烧热，放入高汤、鸭血片、鸭胗片烧沸后，撇去浮沫，再加入鸭肠丁、豆芽及鱼豆腐，以盐、味精调味后，淋入明油撒葱花调匀，点缀香菜叶即可。

锅边闲话

◎排毒清肠的鸭血在烹调前放入盐水中汆烫，可以去腥、定型，不至于在烧制时碎烂。

◎鸭肉可滋阴补精，益气利水，对人体益处很大。

金钩香芹

材料

香芹 500 克，虾仁 50 克。

调料

胡椒粉、盐、味精各 1 小匙，高汤、水淀粉各适量。

做法

①将香芹择洗干净后切段，虾仁洗净备用。

②将虾仁用微温的水漂去脏物，沥干水分，最好能用厨房纸巾吸干水分；香芹段入沸水中氽烫一下。

③炒锅加少许油烧至五成热，将胡椒粉、盐、高汤放入，待锅中烧开勾加入水淀粉薄芡，再加虾仁烧入香味，入香芹段翻炒，调入味精即可。

锅边闲话

◎绿色蔬菜经过沸水氽烫后再在冷水中捞一捞，可以去除生腥味，还能保持翠绿色泽。

◎虾仁可以用刀剁细，用热油爆香后再烹制，其口味也会大不相同。

鸡汁回卤干

材料

炸油豆腐干 150 克，豆芽、笋、姜末、熟鸡丝各适量，香菜叶少许。

调料

鸡汤适量，盐、味精各少许。

做法

①将豆芽洗净；笋洗净切片；炸油豆腐干切成块；其余材料都洗净，备齐。

②将豆芽氽烫片刻，捞出备用。

③将锅内加鸡汤烧热，下入炸油豆腐干块、笋片和姜末，烧滚后放入豆芽。

④熬煮至炸油豆腐干块熟软后，加味精和盐调味，在上面撒上熟鸡丝，装盘后用香菜叶点缀即可。

锅边闲话

豆芽中富含的维生素 B_6 不仅经常用于舒缓经前症候群及更年期症状，而且对预防贫血有益。

咖喱茭白

材料

茭白400克。

调料

盐、白糖、味精、酱油、料酒、香油、咖喱酱各适量。

做法

①将茭白去皮洗净，备用。

②将茭白切滚刀块，用盐腌半小时后洗净，挤干水分，用料酒拌一下。

③咖喱酱调少许料酒成咖喱汁，炒锅烧热少许油，爆香咖喱汁后放入茭白块和白糖、味精、酱油，待茭白块熟透后淋入香油即可装盘。

锅边闲话

◎咖喱的香辛味能最大限度地刺激味觉、提升食欲，让很多人爱不释手，常用于家常菜的烹调中。食物用咖喱调制后在没有冷藏的条件下可以保存较长的时间。

◎茭白以茎涨大的质量较好，外表有青皮的口感较老。

什锦蔬菜

材料

金针菇、豆腐皮各50克，香菇25克，黄瓜200克，胡萝卜100克，木耳10克。

调料

盐、味精、香油、胡椒粉各少许，姜汁1小匙，水淀粉、鸡汤各适量。

做法

①香菇泡软，洗净切丝状；黄瓜、胡萝卜、木耳均洗净切长丝；金针菇洗净备用。

②将豆腐皮洗净沥干水，切丝备用；将以上的蔬菜丝放入同一盛器，加少许盐和鸡汤用筷子拌匀。

③热油锅内放入全部材料，再加入除水淀粉和香油外的所有调料翻炒，最后用水淀粉勾芡，淋香油即可。

锅边闲话

金针菇中赖氨酸及精氨酸含量丰富，可以促进儿童健康成长及智力发育，有人称之为“益智菇”。

珍珠翡翠汤

材料

鱼丸 200 克，油菜 2 棵，葱汁、蒜汁各 1 小匙。

调料

盐、香油各少许。

做法

①将油菜择好洗净沥干备用；鱼丸洗净，备用。

②将洗净的鱼丸放入沸水中氽烫一下，捞出，沥干水分，备用。

③锅中油烧热，将油菜煸炒至翠绿通透盛出。

④锅内放入适量水烧沸后放入鱼丸，等快熟时先后放入油菜和调料即可。

锅边闲话

巧手的女性常把剔鱼肉剩下的鱼骨架、鱼头、鱼尾用来敷煮高汤，出味后捞出弃掉，再煮鱼丸，汤味自然更佳。

老汤白菜

材料

白菜心 400 克，姜片适量。

调料

大料 1 枚，鸡汤适量，盐、味精各少许。

做法

①白菜心洗净后沥干，用刀切一下不必切断，备用。

②锅中油烧热，放入大料炸出香味，然后将鸡汤倒入加姜片煮沸。

③再将白菜心倒入锅中，加盐和味精，煮至菜叶软下来，起锅盛出并将姜片拣出即可。

锅边闲话

蔬菜应该洗后再切，切后立即烹煮。蔬菜经刀工处理后，组织受到破坏，与空气接触和受光面积大，许多易被氧化和光解的营养素，如维生素 C 维生素 B_2 等，都会很快流失，所以要立即烹煮。

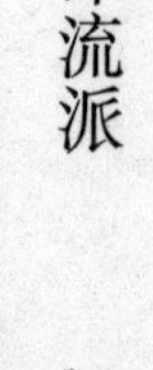

葱油海蜇头

材料

海蜇头250克，葱段50克，鸡蛋（取蛋清）1个。

调料

酱油1大匙，盐、味精、白糖、料酒、水淀粉各适量。

葱油海蜇头

做法

①将海蜇头洗净切成长方的片状，用料酒、盐和鸡蛋清腌一下，并加入少许水淀粉搅匀。

②将适量的料酒、盐、白糖、味精、酱油和水淀粉调成芡汁备用。

③起锅热油，放入葱段煸出香味，倒入海蜇头片，烹入调好的芡汁。最后淋明油即可。

锅边闲话

海蜇不含脂肪而且热量低，多吃也不会长胖，仅仅这一点就是以俘获喜爱美食女性的芳心，更别说它脆嫩爽口的美味了。海蜇还有清热化痰、消肿散瘀、降低血压的功效。

（三）苏菜典故

葵花献肉改名“清炖蟹粉狮子头”

“清炖蟹粉狮子头”是久负盛名的镇扬传统名菜。“狮子头”可红烧，亦可清蒸。因清炖者鲜嫩肥糯，比红烧的口味更醇厚适口，能使成菜符合肉鲜嫩酥烂、汤鲜香、原汁原味、油而不腻的要求。这道菜最早不叫“狮子头”而叫“葵花献肉”，这又是怎么一回事呢？

史书记载，当年隋炀帝带着嫔妃随从，乘着龙舟和千艘船只沿大运河南下时，“所过州县，五百里内皆令献食。一州至百舆，极水陆珍奇”（《资治通鉴》）。杨广看了扬州的琼花，特别对扬州万松山、金钱墩、象牙林、葵花岗四大名景十分留恋。回到行宫后，吩咐御厨以上述四景为题，制作四道菜肴。御厨们在扬州名厨指点下，费尽心思终于做成了松鼠桂鱼、金钱虾饼、象芽鸡条和葵花献肉这四道菜。

杨广品尝后，十分高兴，于是赐宴群臣，一时间淮扬菜肴风行朝野。

到了唐代，随着经济繁荣，官宦权贵们也开始讲究饮食。有一次，郇国公韦陟宴客，府中的名厨韦巨元也做了扬州的这四道名菜，并伴以山珍海味、水陆奇珍，令宾客们叹为观止。当“葵花献肉”这道菜端上来时，只见那巨大的肉团子做成的葵花心精美绝伦，有如雄狮之头。宾客们趁机劝酒道：“郇国公半生戎马，战功彪炳，应佩狮子帅印。”韦陟高兴地举酒杯一饮而尽，说“为纪念今日盛会，‘葵花献肉’不如改名‘狮子头’。”一呼百诺，从此扬州就添了“狮子头”这道名菜。

· 美食原料

主料：去骨五花肉1000克，大闸蟹蒸熟拆蟹肉和蟹黄500克。

调料：清水、高汤适量，葱、姜水汁，绍酒、盐、味精适量。

· 制作方法

1. 将五花肉细切粗斩。所谓细切，是操作时应仔细认真，将肥肉切成石榴米形，瘦肉切成火柴头状，要求大小一致，接着粗斩，由于原料已经切细，因此只需粗斩几下即可。但粗斩绝非信手乱斩，而要粗中带细，上下左右，有规律、有节奏地斩，这样才能使肉料的形态符合要求。

2. 在肉料内加入葱、姜水汁、绍酒、盐、味精、清水。为使肉丸不散，富有弹性，在加每一样调料时，都要充分搅拌，使之上劲。待精肉发松起劲，黏附在肥肉上后，加入部分蟹肉，拌匀。用手团成大肉丸，肉丸中包入蟹肉和蟹黄，表面再蘸上水淀粉。

3. 沙锅内加入高汤，煮沸后投入狮子头，烧开，撇去浮沫，调味，盖上锅盖，改小火炖两个半小时即可。

· 菜品特点

鲜香可口，肥嫩异常，十分爽口。

· 营养功效

蟹肉味咸，性寒，有养筋益气、理胃消食、散诸热、通经络、解结散血的功效。

· 饮食禁忌

蟹与茄子、梨、石榴同食有损畅胃，与红薯同食易生结石，与芹菜同食影响蛋白质的吸收，与南瓜、蜂蜜同食易中毒，与西红柿、柿子、香瓜、花生同食易引起

腹泻。

和尚做的“扒烧整猪头”

传说这道菜是和尚烧制，专门做给别人吃的。清《扬州风土词萃》中收有白沙惺庵居士的《望江南》词，其中一首写道：“扬州好，法海寺闲游。湖上虚堂对岸，水边团塔映中流，留客烂猪头。”

清朝乾隆年间，扬州瘦西湖畔有一法海寺，该寺出售烧猪头，吸引了大批商贾游客。当时流传着这样的民谣：“绿扬城，法海僧，不吃荤，烧猪头，是专门，价钱银，值二尊，瘦西湖上有名声，秘诀从来不告人。”其实佛教在印度刚刚创立的时候，佛家弟子沿门托钵，并无专门吃素的习惯，也没有专门吃素的条件。后来释迦弟子提婆达多单立门户，提出不吃乳蛋鱼肉荤物。

法海寺的一位莲法师，擅长烹调，烧的猪头肥嫩香甜，常以他亲手烧制的扒烧猪头款待施主，食之美不可言，誉为味压江南。梁武帝时，大立佛教，开始了佛教徒不吃荤吃素的斋戒制度。后来莲法师把这手绝艺，传给庙里的一个厨师。厨师学会此法，在外面开了饭馆，专门烹制扒烧整猪头。制成后先把头肉和舌头放入盘中，再将腮肉、猪耳、眼睛按原位装上，呈一整猪头形，然后浇上原汤汁。这种做法保持了法海寺莲法师的手法和风味，逐渐流传开来。

·美食原料

主料猪头 1 个（5000 克）。

调料：酱油 200 克，冰糖 400 克，姜 50 克，八角 10 克，香菜 10 克，料酒 10 克，香醋 200 克，小葱 100 克，桂皮 20 克，小茴香 10 克。

·制作方法

1. 姜洗净，切片；葱洗净，打成结；香菜择洗干净，消毒，备用。

2. 猪头收拾干净，在后脑中间劈开，剔去骨头和猪脑，放入清水中浸泡约两小时，漂净血污。

3. 猪头入沸水锅中煮约 20 分钟，捞出，放入清水中刮洗，用刀刮净猪睫毛，挖出眼珠，割下猪耳，切下两腮肉，再切去猪嘴，剔除淋巴肉，刮去舌膜。

4. 将眼、耳、腮、舌和头肉一起放入锅内，加满清水，用旺火煮两次，每次煮约 20 分钟，至七成熟取出。

5. 桂皮、大料、茴香放入纱布袋中扎好口，成香料袋。

6. 锅中用竹箅垫底，铺上姜片、葱结，将猪眼、耳、舌、腮、头肉按顺序放入锅内，再加冰糖、酱油、料酒、香醋、香料袋、清水，清水以浸过猪头为度，盖上锅盖，用旺火烧沸后，改用小火焖约2小时，直至汤稠肉烂。

7. 猪舌头放在大圆盘中间，头肉面部朝上盖住舌头，再将腮肉、猪耳、眼球按猪头的原来部位装好，呈整猪头形，浇上原汁，缀上香菜叶即成。

·菜品特点

色泽红亮、肥嫩香甜，软糯醇口，油而不腻，香气浓郁，甜中带咸。

·营养功效

猪肉性平，味甘咸；补虚，滋阴，养血，润燥；可为人类提供优质蛋白质和必需的脂肪酸。

·关键提示

1. 扒烧整猪头宜用泰兴产黑色猪头，重6500克左右为佳。

2. 在用刀劈后脑时，注意不能割破舌头和猪面皮。猪耳中有许多毛，要将其镊净再入菜。

3. 此菜尤讲火候，故有“火功菜”之说，其经验是：“焖之过程，火不宜旺，始终保持锅中汤汁沸而腾，至汤稠肉烂出锅。”

淮扬名馔“拆烩鲢鱼头”

拆烩鲢鱼头是扬州地区“三头宴”的必备菜品之一。相传在清末年间，镇江城一财主雇用工人为其建楼，正逢妻子生日，财主请来名厨，买了一条鲢鱼，要厨师将鱼肉段做菜上席，将鱼头煮给工人吃。厨师按照吩咐，将鱼头剁下一劈两片放入清水锅里煮至断生取出，拆去鱼骨，加鲜汤烹制成菜。工人吃后连连称赞厨师手艺高超。后来厨师回到店里，继续用鲢鱼头做菜，在选料和制法上加以改进，在店里挂牌供应“拆烩鲢鱼头”这道菜。顾客品尝后都觉得此菜鲜美异常。不久各家菜馆纷纷模仿制作，该菜由此名扬江苏，成为镇扬地区最著名的一款菜肴。

·美食原料

主料：花鲢鱼头1只（重约1000克）。

辅料：熟冬笋片75克，水发香菇50克，青菜心10个。

调料：姜片25克，葱结2个，绍酒50克，白糖2克，精盐5克，味精2克，鲜汤 400 毫升，熟猪油 400 克（约耗 150 克），水淀粉 20 克，白胡椒粉 1 克。

·制作方法

1. 花鲢鱼头去鳃、鳞洗净，劈成 2 片。炒锅上火，加清水漫过鱼头，加葱结 1 个、姜片 10 克，绍酒 25 克，上大火烧至鱼肉离骨，捞起去骨，将鱼肉面朝下放在竹垫上。

2. 锅上火，加入熟猪油烧至四成热，倒入青菜心焐油，焐透后倒入漏勺沥油。

3. 锅上火，锅内留少许油，放入姜片、葱结炸出香味，拣去姜、葱，舀入鲜汤，放入笋片，将鱼头连同竹垫放入锅内烧沸，加入绍酒、熟猪油、白糖、精盐烧透入味，再放入香菇、菜心烧开，将竹垫同鱼头提出放入一只大碗内，放入少许菜心、香菇、笋片，覆入大圆盘内，揭去竹垫。锅内放味精，用水淀粉勾芡，起锅均匀地浇在鱼头上，撒上白胡椒粉即成。

·菜品特点

鱼头肥嫩爽滑，汤汁乳白浓稠，味道鲜美适口。

·营养功效

鲢鱼能提供丰富的胶质蛋白，既能健身，又能美容，是女性滋养肌肤的理想食品。它对皮肤粗糙、脱屑、头发干脆易脱落等症均有疗效，是女性美容不可忽视的佳肴。为温中补气、暖胃、润泽肌肤的养生食品，适用于脾胃虚寒体质、溏便、皮肤干燥者，也可用于脾胃气虚所致的乳少等症。

·关键提示

鱼头不可煮至酥烂，以免拆碎而不成鱼头形状。烩制时亦不要碰碎鱼头。要用竹垫垫底，防止粘锅烧焦鱼肉。

乾隆夸赞“大煮干丝”

淮扬菜中豆腐制品花色品种极多，“大煮干丝”又称“鸡汁煮干丝”，风味之美，历来被推为席上美馔。据史料记载，乾隆皇帝曾六下江南，每到一处，地方官必献以珠玉宝贝，飨以珍馐美馔。当时扬州的地方官员为了取悦皇帝，将本地酒楼的烹饪高手重金聘请来，专门为乾隆烹制菜肴。厨师们也都不敢懈怠，一个个拿出看家本领，精心调制出花样繁多的菜品。其中有一道菜名叫九丝汤，是用豆腐干和鸡丝等烩煮而成，因为豆腐干切得极细，经过鸡汤烩煮，汇入了各种鲜味，食之软糯可口，别有一番滋味，乾隆大为满意。皇帝的夸赞比做什么广告都强，这道菜从此名声大振，成为淮扬菜中的保留节目。

·美食原料

主料：方豆腐干400克。

辅料：熟鸡丝50克，虾仁50克，熟鸡肫片25克，熟鸡肝25克，熟火腿丝10克，冬笋丝30克，焯水的豌豆苗10克。

调料：虾子3克，精盐6克，白酱油10克，鸡清汤450克，熟猪油80克。

·制作方法

1. 将方豆腐干，片成厚0. 15厘米的薄片，再切成细丝，然后放入沸水中浸烫，用筷子轻轻翻动拨散，沥去水，再用沸水浸烫2次，每次约2分钟。捞出后用清水漂洗后再沥干水分。

2. 炒锅上旺火，舀入熟猪油25克，烧熟，放入虾仁炒至乳白色，起锅盛入碗中。

3. 锅中舀入鸡汤，放干丝。再将鸡丝、鸡肫片、鸡肝、笋放入锅内一边，加虾子、熟猪油55克旺火烧约15分钟。待汤味浓厚，加白酱油、精盐。盖上锅盖烧约5分钟，将肫、肝、笋、豌豆苗分放在干丝的四周，上放火腿丝、虾仁即成。

闻香下马的“三套鸭”

扬州和高邮一带盛产湖鸭，此鸭十分肥关，是制作“南京板鸭”、“盐水鸭”等鸭菜的优质原料。早在明代，扬州厨师就用鸭子制作了各种菜肴，如鸭羹、叉烧鸭，用鲜鸭、咸鸭制成清汤文武鸭等名菜。清代时，厨师又用鲜鸭加板鸭蒸制成“套鸭”。清代《调鼎集》上曾记载了套鸭的具体制作方法：“肥家鸭去骨，板鸭亦去骨，填入家鸭肚内，蒸极烂，整供。”后来扬州菜馆的厨师将野鸭去骨填入家鸭内，菜鸽去骨再填入野鸭内，又创制了“三套鸭”。这道风味独特的菜肴不久便闻名全国。“三套鸭”家鸭肥嫩，野鸭喷香，菜鸽细酥，滋味极佳。有人赞美此菜具有“闻香下马，知味停车”的魅力。

·美食原料

主料：家鸭1只（约2000克），野鸭1只（约750克），雏鸽1只（约250克）。

辅料：香菇（鲜）50克，火腿75克，冬笋100克，鸡肫100克，鸡肝70克。

调料：清水适量，黄酒100克，小葱35克，盐6克，姜25克。

·制作方法

1. 香菇去蒂，洗净；冬笋去皮，洗净，切片；葱、姜分别洗净，葱打结，姜切块，拍松；熟火腿切片；鸡肫、鸡肝分别洗净。

2. 将家鸭、野鸭和鸽子宰杀，煺毛，分别洗净；把三禽分别整料出骨，然后入沸水锅略烫。

3. 将菜鸽头朝外塞入野鸭腹内，空隙处填放香菇10克，火腿片25克；再将野鸭塞入家鸭腹中，空隙处放香菇15克、火腿片25克、冬笋片50克即成三套鸭生坯；将生坯入沸水中稍烫，取出沥干水。

4. 放入有竹箅垫底的沙锅内，投入洗净的肫、肝和葱结、拍松的姜块、黄酒、清水，以淹没鸭身为度，置中火上烧沸，撇去浮沫。

5. 用平盘压住鸭身，盖上锅盖，用小火焖至酥烂，拣去葱、姜，拿掉竹箅，将鸭翻身，胸脯朝上，捞出肫、肝，切片；香菇25克、火腿片25克、笋片50克，间隔排在鸭身上，放入精盐再焖半小时即可上桌。

·关键提示

1. 三套鸭生坯要用小火慢慢焖，约焖3小时才能酥烂。

2. 三套鸭选料严格，家鸭须用老雄鸭。清代李渔《闲情偶记》云：“诸禽尚雌，而鸭独尚雄，诸禽贵幼，而鸭独贵长。”野鸭需择肥壮之“对鸭”。菜鸽应用当年的子鸽。

3. 豆腐不可过食，过食则腹胀、恶心，可用菠萝解。

“水晶肴肉”引来张果老

相传300多年前的一个大热天，镇江酒海街有一夫妻酒店，店主买回4只猪蹄，准备改日食用。他因怕天热变质便用盐腌制，但没想到，竟误将妻子准备做鞭炮的硝当做了盐。直到翌日妻子查找时，才知忙中出错。店主忙领妻子前去开缸察看，谁知，缸内猪蹄非但肉质未变，反而更板实、红润，蹄皮呈白色。

腌蹄虽好，但毕竟是用硝腌制成的。如何才能去除硝味呢？他们又用清水浸泡、用开水焯烫，还投入葱、姜、花椒、桂皮、茴香，用水焖煮。这番忙碌本只想

水晶肴肉

除其硝味，谁料锅中却散发出诱人的香味来。此时，恰逢八仙之一的张果老打此路过，他连忙扮成一白发老人敲开店门，买下所有猪蹄当众吃了起来，一连吃下了3只半才罢休。

等老人一走，众人才知他是张果老。店主和众人赶紧分享所剩猪蹄，都觉鲜美无比。而后，店主便如法炮制“硝肉”，因“硝”字不雅，后改为“肴”字。水晶肴蹄成菜后肉红皮白，光滑晶莹，卤冻透明，犹如水晶，故有“水晶”之美称。有诗赞曰：“风光无限数今朝，更爱京口肉食烧，不腻微酥香味溢，嫣红嫩冻水晶肴。”从此“水晶肴肉”流传开来，名扬中外。

·美食原料

主料：猪蹄2000克。

调料：粗盐30克，葱、姜片、绍酒、水适量，硝2．5克。

·制作方法

1．将猪蹄刮洗干净，用刀平剖开，剔去骨，皮朝下平放在案板上，用竹签在肉上戳几个小孔，均匀地洒上硝水，再用粗盐揉匀擦透，放入缸内腌渍。

2．腌2~3天后取出，放入冷水中浸泡1小时取出，刮除皮上污物，用温水漂净，猪蹄皮朝上入锅，加葱、姜片、绍酒、水，焖煮至肉酥。

3．将猪蹄取出，皮朝下放入平盆中，在猪蹄上压上木板之类的重物使之平整，压平后再将原煮猪蹄时剩下的汤倒入平盆中，稍加一些鲜肉皮冻凝结，即成水晶肴肉。

·菜品特点

肉质鲜红，皮白光洁晶莹，卤冻透明，质地醇酥，油润不腻，滋味鲜香。

·营养功效

猪蹄中含有大量的胶原蛋白，可有效防止皮肤过早褶皱，延缓皮肤的衰老过程。猪蹄对于经常性的四肢疲乏、腿部抽筋、麻木、消化道出血、失血性休克和缺

血性脑病患者有一定辅助疗效。同时有助于青少年生长发育和减缓中老年妇女骨质疏松的速度，而且多吃猪蹄对女性具有丰胸作用。

· 温馨提示

若作为通乳食疗应少放盐、不放味精。晚餐吃得太晚时或临睡前不宜吃猪蹄，避免增加血黏度。由于猪蹄脂肪含量高，胃肠消化功能减弱的老年人每次不可吃太多。患有肝病、动脉硬化及高血压病的患者应少食或不食为好。

誉满江淮的“平桥豆腐”

平桥豆腐是江苏的一道名菜，提及这菜的来历，还与乾隆南巡有关。

传说，乾隆皇帝下江南，路过山阳县平桥镇。当地有个大地主林百万，为了讨好乾隆，便在山阳县城至平桥镇的40多里路上，张灯结彩、地铺罗缎，把乾隆圣驾接到家里。林百万是个很有心计的财主，早在接驾之前，他就派人探听到皇上的饮食口味，于是，他令厨师用鲫鱼脑加老母鸡原汁汤烩豆腐给乾隆吃。

乾隆虽然尝遍山珍海味，可是他何曾品味过如此具有地方特色的风味呢？因此他品尝以后，连连称好，此菜即鲫鱼脑烩豆腐。乾隆走后，鲜美可口的平桥豆腐便不胫而走，从此誉满江淮，成为淮扬菜系里的名菜。

· 美食原料

主料：嫩豆腐300克。

辅料：水发海参50克，虾米25克，熟鸡脯肉50克，蘑菇25克，干贝25克。

调料：鸡汤200毫升，姜10克，绍酒20克，淀粉25克，麻油、葱、青蒜各15克，高汤100毫升。

· 制作方法

1. 将整块豆腐放入冷水锅中煮至微沸，以去除豆腥、黄浆水，捞出后片成雀舌形，放入热鸡汤中，稍微煮一下备用。

2. 鸡脯肉、蘑菇、海参均切成豆腐大小的片。虾米洗净，用温水泡透。干贝洗净，去除老筋，入碗内，加葱、姜、绍酒、水，上笼蒸透取出。

3. 炒锅上火烧热，放油，投入配料、高汤、干贝汁，烧沸后将豆腐捞入锅中，加精盐、绍酒、味精，煮沸后用水淀粉勾芡，淋入麻油，盛入碗中，撒上青蒜段即成。

·菜品特点

豆腐片洁白细嫩，味美汤浓。

佐酒名馔“金陵盐水鸭”

六朝古都金陵向以鸭肴驰誉海内，故历来被冠以“鸭都”的美称。其鸭肴之多，食鸭人之众，可谓中国之最。盐水鸭是南京有名的特产，久负盛名，至今已有一千多年历史。在春秋战国时期，南京即有“筑地养鸭”的记载，事见《吴地记》；另据《陈书》记载，陈军与北齐军在金陵北郊外覆舟山一带交锋，陈军“人人裹饭，媲以鸭肉”、“炊米煮鸭”，使得士气大振，终于以少击众，大胜而归。此为金陵鸭馔最早见于正史的记载。多年来，盐水鸭盛名不衰。如今已成为江南一带颇受欢迎的佐酒名馔。

·美食原料

主料：活肥鸭1只（重约2000克）。

调料：精盐225克，香醋5克，葱结25克，姜块25克，五香粉、花椒各少许，八角10只，清水适量。

·制作方法

1. 鸭宰杀后，煺净毛，剁去小翅和脚爪，在右翅窝下开约7厘米长的小口，取出内脏，除去气管、食管，放入清水中浸泡，去掉血水，洗净沥干。

2. 锅上中火烧热，放入精盐100克和花椒、五香粉，炒热后倒入碗中，将50克热盐从翅窝下刀口处填入鸭腹，晃匀。用25克热盐擦遍鸭身，再用25克热盐从颈部的刀口和鸭嘴塞入鸭颈。然后将鸭放入缸盆内腌1.5小时取出，再放入清卤（清水2000克、盐125克、葱姜各15克、八角5只，微火烧开，使盐溶化，捞出葱、姜、八角，倒入腌鸭的血卤，烧至70度，用纱布过滤干净，冷却即成）缸内浸渍4小时左右（夏季2小时）。

3. 锅里加清水2000克，旺火烧沸，放入姜块、葱结各10克、八角5只和香醋，将鸭腿朝上、头朝下放锅中，盖上锅盖，焖烧20分钟，待四周起水泡时揭起锅盖、提起鸭腿，将鸭腹中的汤汁沥出。接着再把鸭子放入汤中，使腹中灌满汤汁。如此反复三四次后，再将鸭子放入锅中，盖上锅盖，焖约20分钟，取出沥去汤汁，冷却即成，食用时改刀装盘。

·菜品特点

鸭皮白肉嫩、肥而不腻、香鲜味美，具有香、酥、嫩的特点。

·关键提示

必须选用肥瘦适中、肉嫩味鲜的湖鸭为原料，过大过肥者不宜烹制。腌制时必须用炒热的花椒盐，擦遍鸭全身腌透，使其肉质韧硬、味道鲜香、回味深厚。

“炖菜核”——“矮脚黄”成名记

炖菜核是南京传统名菜，以著名的青菜品种“矮脚黄”（因其棵矮叶肥、梗白心黄而得名）为主要原料烹制而成。此青菜品种以南京城西南隅万竹园种植的为最佳，有“十月青菜赛羊肉”、“霜打青菜菜更甜”的美誉，具有鲜嫩、叶肥、梗白、心黄、无筋的特点。

万竹园座落在南京城西的凤凰台附近。唐代大诗人李白曾经登上凤凰台，留下了“凤凰台上凤凰游，凤去台空江自流”的诗句。

炖菜核原系清朝驻南京两江总督府的厨师烹制的，原名叫炖菜心。后经已故名厨孙衡山改进，称炖菜核。特一级烹调师胡长龄在前人的基础上又做了改进，使其味道更加鲜美。

·美食原料

主料：“矮脚黄”青菜心600克。

辅料：鸡脯肉60克，虾仁25克，冬笋片、熟火腿片各30克，水发冬菇、熟鸡油各15克，鸡蛋1个。

·制作方法

1. 青菜洗净（不能弄散），菜头削成橄榄形，剖十字形刀纹，切去菜叶，取7厘米长的菜心。

2. 鸡脯肉片成长约5厘米、宽1厘米的柳叶片，加鸡蛋黄、干淀粉拌匀。

3. 锅上火，下熟猪油，烧至四成热，放入菜心，用铁勺翻动，至翠绿色时捞出沥油。将鸡脯肉下锅过油，取出沥油。

4. 取炒锅一只，先用部分菜心垫底，再将其余菜心头朝外，沿炒锅底边排成圆形，放在垫底的菜心上面（露出菜头），中心缀以虾仁、鸡脯肉、冬笋片、火腿片、冬菇片，加精盐、绍酒、味精、鸡清汤，置旺火上烧沸后，移至微火上炖约15

分钟，淋入鸡油即成。

吴白陶题咏“炖生敲”

炖生敲是南京传统风味名菜之一，具有300多年的历史，清明前后品尝，尤其可谓之时令菜肴。传统的制法是将鳝鱼活杀去骨，用木棒敲击鳝肉，使肉质松散，故名生敲。中国烹饪协会副主席、南京烹饪界巨擘、首批烹饪大师胡长龄先生即擅长烹制此菜，该菜被誉为胡先生专擅的四大名菜之一。

历代文人擅美食者甚众，许多美食经文人题咏后影响更大，往往身价倍增。著名学者吴白陶先生品尝炖生敲后题写：“若论香酥醇厚味，金陵独擅炖生敲”，从字里行间，可看出他对此菜的赞赏。

这道菜不仅深受文人学者的欢迎，而且也是普通百姓餐桌上的一道佳肴。每当黄鳝成熟的时候，南京城里几乎家家户户都会做这道菜。

·美食原料

主科：活粗黄鳝1250克。

配科：猪肋条肉50克。

·制作方法

1. 将黄鳝摔昏，在其脖颈处横割一口，用剪刀沿腹部中间剖开，去内脏洗净后剔去脊骨，再用木棒敲脊肉，然后改刀成6厘米长的斜块，洗净沥干，将猪肋条肉切成鸡冠形片。

2. 炒锅置旺火，放入花生油烧至八成热时，将鳝块放入，炸至起“芝麻花”出锅沥油。把蒜瓣放入油锅略炸，色黄即捞出。

3. 鳝块、肉片、蒜瓣放入沙锅，加葱段5克、姜片5克、酱油、绍酒、肉清汤上旺火烧沸后，再加入白糖，撇去浮沫，改文火炖至鳝肉酥烂，拣去葱姜。

4. 锅上旺火，舀入熟猪油烧至七成热，加入葱段5克、姜片5克，炸出香味，捞去葱姜倒入沙锅内即成。

叫花子自创美味“叫花鸡”

叫花鸡又称黄泥煨鸡，以嫩母鸡为主料采用独特方法制作而成，既是江苏常熟的传统名菜，也是闻名四海的佳肴，曾被评为江苏省名特食品。

相传在明崇祯年间，常熟有个叫花子，有一天没有讨到吃的，饥饿难挨。时近黄昏，他钻进一户人家的草窝里，抓到一只鸡。叫花子将鸡摔死，捡点枯枝，抱些稻草，跑到经常借宿的破庙，用庙中缸里的存水，将黄土和成泥巴，将鸡糊裹得严严实实。然后就在坑内点燃柴草，将裹严实的鸡投入火中，直到泥巴烧干、变黄，从烧裂的泥巴缝中窜出鸡的香味。他急不可耐地磕去泥壳，油亮透香的熟鸡出现在眼前。叫花子捧在手里，便大吃起来。

这时一向在破庙前摆摊的王龙清（小名王四）来到庙前，忽闻阵阵异香扑鼻，环顾四周，原来是个叫花子正在吃鸡。王四问其制法，叫花子便一一道来，王四觉得此鸡味道鲜美无比，做法新颖奇特，便说服叫花子帮他经营泥巴煨鸡，一时生意兴隆。不久，王四又开了一家酒楼，请人题写了“王四酒家”的楹额，并打出“叫花鸡”招牌菜。这道菜进入酒家后，经王四改进，采用了苏州荷叶蒸肉的方法，用荷叶包裹，外层糊上黄泥，放入明火中烧熟，食之荷叶清香，鸡肉鲜嫩。从此，叫花鸡登上大雅之堂，而且名声大噪，流传至今。

·美食原料

主料：嫩母鸡1只（1000克），以头小体大、肥壮细嫩的三黄（黄嘴、黄脚、黄毛）母鸡为好。

辅料：鸡肉丁50克，瘦猪肉100克，虾仁50克，熟火腿丁30克，香菇丁20克，鲜荷叶4张，酒坛泥3000克。

调料：猪网油400克、绍酒50克、盐5克、熟猪油50克、白糖20克、葱花25克、姜10克、丁香4粒、八角2个、玉果末0．5克、葱白段50克、甜面酱50克、香油50克。

·制作方法

1．鸡去毛，去内脏，洗净。加甜面酱、绍酒、盐，腌渍1小时取出，将丁香、八角碾成细末，加入玉果末和匀，擦于鸡身。

2．鸡的两腋各放一粒丁香夹住，再用猪网油紧包鸡身，用荷叶包一层，再用玻璃纸包上一层，外面再包一层荷叶，然后用细麻绳捆牢。

3．将酒坛泥碾成粉末，加清水调和，平摊在湿布上（约1．5厘米厚），再将捆好的鸡放在泥的中间，将湿布四角拎起将鸡紧包，使泥紧紧粘牢在鸡上。

4．将裹好的鸡放入烤箱，用旺火烤40分钟取出，如泥出现干裂，应用湿泥补塞裂缝，再用旺火烤30分钟，然后改用小火烤90分钟，最后改用微火烤90分钟。

5. 取出烤好的鸡，敲掉鸡表面的泥，解去绳子，揭去荷叶、玻璃纸，淋上香油即可。

· 菜品特点

皮色金黄油亮，肉质鲜嫩酥软，香味浓郁，原汁原味，营养丰富，风味独特。

“松鼠鳜鱼”——鱼炙腹中藏匕首

松鼠鳜鱼又名“松鼠桂鱼”，是苏州地区的传统名菜。相传在春秋时期，吴公子光有意要除掉吴王僚而自立为王。公子光深知吴王僚爱食鱼炙，便设计宴请吴王僚，命专诸伺机刺杀吴王僚。专诸先将鱼背上的肉剞出花纹，入油锅一炸，鱼肉便松胀竖立起来，再用作料一炙，浇上辅料，鱼的外形就变得模糊不清了，端上桌来，很难看出其中暗藏有匕首。

“鱼藏剑”果然灵，公子光刺杀吴王僚取得成功，自立为王，独霸一方，这就是吴王阖闾。鱼炙也因此出了名。

此后，只要吴王阖闾高兴，便叫厨师做这道菜。有一次，厨师刚把这道菜端上来，一个侍从突然大声叫道：“大王，请看这鱼炙可像松鼠？鱼肉多么像蓬松的松鼠毛。”经他这么一说，大家都觉得像。于是，松鼠鳜鱼的名字就叫开了。

· 美食原料

主料：活鳜鱼1条（约750克）。

辅料：虾仁18克，熟笋12克，水发香菇12克，青豌豆15粒，松子10克。

· 制作方法

1. 将鳜鱼去鳞、鳃、鳍、内脏，洗净，把鱼头斩下、拍扁，摊开。用刀把鱼背部的鱼骨剔掉（不要把鱼腹切破），在尾巴处留约1厘米的脊骨。皮朝下摊开，用斜刀切花刀。将鱼身撒上食盐、胡椒粉、料酒、湿淀粉（少许），涂匀。

2. 炒锅上火，烧热后倒入植物油，油热至七成，将鳜鱼蘸少许淀粉，炸至金黄色捞出，将有花刀的一面朝上摆在盘中，摆放好鱼头。

3. 将松子放在油锅中炸，待熟后捞出，放小碗中。锅中留少许油，放入少许猪肉清汤，加盐、糖、番茄酱、醋，烧沸后，用湿淀粉勾芡，加入热油少许推匀，出锅浇在鱼上，撒上松子即可。

“虾仁锅巴”——“天下第一菜”

虾仁锅巴，又名“平地一声惊雷”、“天下第一菜”。用虾仁和锅巴为主料制作而成，是江南苏锡地区的传统名菜。

据传，此菜始于清乾隆年间。乾隆皇帝三下江南时，在无锡某地一家小饭店就餐，店家用家常锅巴，经油炸酥后再用虾仁、熟鸡丝和鸡汤熬制成的浓汁，送上餐桌时将卤汁浇在预先准备好的锅巴上，顿时发出吱吱的响声，阵阵香味扑鼻而来。据说乾隆皇帝被这响声吓了一大跳，问：“这叫什么菜?”厨师回答：“春雷惊龙!”乾隆皇帝仔细品尝，顿觉此菜又香又酥，美味异常。他当即称赞这道菜说：“此菜如此美味，可称天下第一!”

·美食原料

主料：特制锅巴 50 克，虾仁 50 克。

辅料：蘑菇、熟鸡丝各 10 克，蛋清 20 克。

调料：番茄酱、精盐、鸡油、味精、白糖、麻油、酒各少许，熟猪油 500 克，水淀粉 10 克。

·制作方法

1. 将虾仁收拾干净，沥干水后加入蛋清、精盐、味精。

2. 干淀粉拌和上浆，锅巴掰成大小均匀的方块，入油锅中炸至金黄酥脆后取出。

3. 炒锅烧热，加入油烧至五成热，下入虾仁，滑熟后取出。

4. 锅内留少许油，加入蘑菇丁、熟鸡丝、精盐、番茄酱、鸡油、味精、白糖、酒等制卤汁，再下虾仁，用水淀粉少许勾成流水芡，淋上热油。迅速将热卤汁倒入锅巴里，立即会发出“吱吱吱”的响声，稍放一会儿便可食用。

·菜品特点

卤汁鲜红，锅巴金黄，鲜香松酥，酸甜咸鲜，美味可口。

孟姜女泪水化作“太湖银鱼”

太湖银鱼是太湖的著名水产之一，素以色白如银、晶莹如玉、味道鲜美而闻名于世。说起银鱼，还有这样一个传说：

秦始皇修长城时，孟姜女千里寻夫，哭倒长城。秦始皇见孟姜女貌美，便想逼她做妃子，否则就杀死她。孟姜女佯装答应，并提出让秦始皇在太湖边搭起30里孝棚，祭过丈夫万杞良后再谈出嫁。秦始皇只好派人在太湖边搭起孝棚，孟姜女身穿孝服，在孝棚中哭得昏天黑地，串串泪水如断了线的珍珠落入湖水中，变成一条条冰清玉洁的小银鱼。当秦始皇闻讯赶来时，孟姜女一头跳入湖水中，随后小银鱼都不见了。

从此以后，太湖中便有了这种水银鱼。每当鱼汛期，渔民捕捞银鱼时，或餐厅服务员端上银鱼菜肴时，人们就会想起这个故事。

· 美食原料

主料：银鱼100克。

辅料：鸡蛋3个，笋丝、韭菜、酱油各25克，水发木耳10克。

调料：绍酒10克，精盐2克，猪油、白汤各100克，白糖、味精各少许。

· 制作方法

1. 银鱼摘去头尾，用清水洗净沥水。鸡蛋加盐调散。笋丝入开水锅中焯一下捞出。木耳洗净，开水泡发沥干。

2. 锅上火，用油滑锅，放猪油25克烧热，下银鱼先煸炒几下，倒入蛋液中搅和。炒锅内再加猪油60克烧沸，倒入银鱼和蛋液，待蛋液涨发、一面煎黄后，端起炒锅翻身，再煎另一面。煎熟后，将蛋块拉成4大块，加入绍酒、酱油、精盐、白糖、味精、白汤，倒入笋丝、木耳，加盖用小火焖烧两三分钟，旺火收汁，放入韭菜、猪油15克，出锅即成。

· 菜品特点

色泽金黄，肥鲜香嫩。

稿荐烧出“陆稿荐酱汁肉”

相传，很久以前，苏州观前街东头有一家肉店，店主人是陆氏夫妇。有一年夏天，他们救了一位因为中暑而晕倒的老乞丐。老乞丐走的时候把破稿荐留给他们当柴火烧肉。稿荐就是草垫、草席。

夫妻俩用破稿荐烧熟肉，谁知稿荐还没烧完，一阵阵奇香竟从锅中飘出。等肉已烧得酥烂，夫妻两人马上把肉起锅，装到大盘子里。此时，阵阵肉香早已飘出店门，很多人顺着肉香来到店堂里，忙拥到案前抢购。

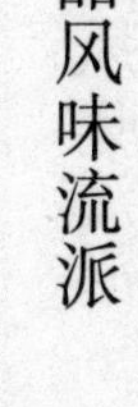

从此以后，陆氏生意越来越兴隆，成为闻名苏州城的大店。陆氏夫妇为了记住指点他们的恩人，便取店名为“陆稿荐”。陆氏夫妇烧肉的传奇故事传开后，有一个对神仙颇有研究的书生，根据老乞丐的形象和怪异的行为推测，认为这位老乞丐正是“八仙”中吕洞宾的化身。

·美食原料

主料：带皮猪肋条肉1000克。

调料：料酒20克，盐30克，冰糖50克，茴香、桂皮、红曲米粉各25克，橘枝适量。

·制作方法

1. 将猪肋条肉洗净并切成约4厘米的“外箩块”（即上大下小形状），先入锅中氽，撇去浮沫，然后加料酒、盐、冰糖和茴香、桂皮等作料，以及红曲米粉烧煮。烧煮方法主要靠文火焖煮，至肉烂、糯为止（烧煮时最好能加一些老卤料）。

2. 将烧煮好的酱汁肉捞出后，留部分卤汁，再加红曲米粉适量、冰糖、橘枝以及烧煮猪头肉或脚爪的卤汁，这些卤汁含胶蛋白较多，用文火慢慢熬制成十分黏稠的卤汁。酱汁肉切片入盘，将卤汁淋上，则口味更佳。

·菜品特点

香酥鲜嫩，肉汁浓稠，油而不腻。

“无锡排骨”——济公吃肉还是骨头

无锡排骨用猪肋排烧煮而成，是历史悠久、闻名中外的无锡传统名菜。

传说有一天，手持破扇的济公走进一家熟肉铺，向店主讨肉。济公接肉就吃，吃完了又向店主要，就这样吃了要，要了吃，终于惹得店主不高兴起来。他说：“肉都给你吃光了，我明天还卖什么呀！”

济公回答道：“卖骨头呗！”说罢，就从破蒲扇上拉下几根蒲筋，裹起几根啃剩下的肉骨头，交给店主，并对他说：“用这几根蒲筋和肉骨头一同烹煮，我吃掉的肉会加倍奉还给你的。”店主抱着不妨一试的心理，将济公交给他的蒲筋和骨头放入锅里煮烧。谁知很快便从锅里散发出一股扑鼻的肉汁香味。取出一尝，肉质酥烂，鲜香浓郁。邻居们纷纷品尝，无不觉得异常鲜美。从此以后，无锡排骨就出名了。这家肉铺的生意也兴旺起来。

· 美食原料

主料：排骨500克。

辅料：豌豆苗100克。

调料：南乳酱20克，精盐、白糖、胡椒粉各3克，料酒10克，姜片、葱段各5克，酱油10克，色拉油适量。

· 制作方法

1. 将排骨洗净，剁成长约4厘米的段，放入沸水中汆烫片刻后，放入高压锅内煮熟。豌豆苗洗净，放入沸水中略烫，捞出备用。

2. 炒锅置火上，倒入少许色拉油烧热，放入姜片、葱段煸炒，倒入排骨、南乳酱、酱油炒出香味。

3. 放入料酒、精盐、白糖、胡椒粉，改用小火烧至肉松时，用旺火收汁，装盘，撒上豌豆苗即可。

· 菜品特点

色泽鲜明，肉质酥松，芳香四散，咸中带甜，油而不腻。

“梁溪脆鳝”——太湖游船必备佳肴

梁溪脆鳝又名无锡脆鳝，是无锡独树一帜的传统名菜，饮誉海内外。此菜据传是由太湖船菜——脆鳝发展而来的。

脆鳝亦名甜鳝，相传始创于一百多年前的太平天国时期，清末民初，脆鳝已用作筵席大菜。1920年后，开设在惠山的“二泉园”店主朱秉心对家传脆鳝制法悉心研究，使之愈加爽酥、鲜美，颇具特色，远近闻名。朱秉心习惯于戴着大眼镜做菜，因此人们又称此菜为“大眼镜脆鳝”。

梁溪，是江苏无锡的别称。因无锡城西有一条流经市区的河流，相传南朝梁武帝曾对其加以疏浚，故而得名。也有说是因为东汉名人梁鸿居于此地而得名。近百年来，无锡太湖游船，每经由梁溪驰入太湖，船上多设有船菜，梁溪脆鳝是船上必备的风味菜肴。

· 美食原料

主料：活大鳝鱼1 500克。

调料：酱油40克，绍酒50克，盐50克，绵白糖100克，葱末25克，嫩姜丝

25克，麻油25克，生油1000克，味精、胡椒粉少许。

·制作方法

1. 锅置旺火上，加清水及盐烧沸，放入活鳝鱼后随即加盖，煮约5分钟，至鳝鱼嘴张开捞入清水中冷却、漂清，用刀将鳝鱼去骨划成鳝丝，洗净沥干水分。

2. 锅置旺火上，下生油烧至八成热时，放入鳝丝炸，并不断用漏勺捞起轻颠。炸约3分钟，即用漏勺捞出，待油锅里的油温降到五成热时，再将鳝丝投入油锅，如此复炸三四次。

3. 用炒锅烧热，放油25克，下葱末，炸香，加绍酒、姜末、酱油、糖，烧沸成卤汁，随即将炸脆的鳝丝放入卤汁锅内，略烩后，放入味精、胡椒粉，颠翻几下，淋入麻油，起锅放入盘内堆起，顶上放些嫩姜丝即成。

“霸王别姬”——四面楚歌烹美味

“霸王别姬”是江苏徐州地区的传统名菜。

相传当年楚汉之战，项羽被刘邦围困在垓下（古地名，今安徽省灵璧县南，沱河北岸），处于四面楚歌之中，美人虞姬为项王消忧解愁，用甲鱼和雏鸡烹制了这道美味，项羽食后很高兴，精神为之一振。此事及此菜制法后来流传至民间。因用甲鱼与雏鸡制菜，具有较强的滋补作用，加上经菜馆厨师烹制后味道更佳，人们都喜欢食用。这道菜便逐渐出名。因该菜首创于霸王别姬之时，故人们称其为“霸王别姬”。此菜不仅在徐州著名，而且在山东、湖南及北京湘菜馆中也有一席之地。

·美食原料

主料：活甲鱼1只（重1000克左右），子光母鸡1只（重600克左右）。

辅料：鸡脯肉馅150克，熟火腿15克，水发冬菇、熟冬笋各25克，熟青菜心10棵。

调料：葱结1个，姜2片，绍酒50克，鲜汤适量，干淀粉、精盐、味精各少许。

·制作方法

1. 甲鱼宰杀，掀起壳盖，取出内脏（甲鱼蛋留用），洗净，入开水锅中焯水，去除血污，捞出洗净，用洁布揩干，撒上干淀粉，酿入鸡肉馅，上放甲鱼蛋，盖上壳盖。光子母鸡去内脏，洗净，斩去爪子，鸡翅膀交叉塞在鸡嘴里，放入开水锅中略焯，去除血水，洗净。

2. 甲鱼和鸡放入搪瓷锅中，加鲜汤、绍酒、精盐、葱结、姜片、火腿、冬菇、冬笋，加盖上笼，蒸至汤浓肉烂时，拣去葱、姜，加味精、青菜心，稍蒸即成。

· 菜品特点

汤汁清醇，肉质酥烂，味道鲜美。

“沛公狗肉”远名扬

传说沛县有一条从北向南流的泗水河，汉高祖刘邦年轻时就住在河西。那时樊哙在河西设摊卖狗肉。刘邦经常吃樊哙的狗肉不给钱，说是赊账，但常赊不还。日久天长，樊哙本小利薄，吃不消了，不赊又拉不下面子，只好悄悄由河西搬到了河东。

可刘邦嘴馋，每次赶集，刘邦总让老鼋驮他过河，到樊哙的狗肉摊上去白吃狗肉。樊哙偷偷地把这只老鼋杀了，放到锅里跟狗肉一起煮。刘邦一吃，觉得狗肉比过去更鲜了。后来得知樊哙把老鼋杀了，刘邦心里很不痛快。

不久，刘邦当上了泗水亭长，借口樊哙脾气躁，身上不能带刀，派人把樊哙的刀给没收了。樊哙没了刀，只好将狗肉煮得更加酥烂，用手撕着卖给别人吃。谁知撕的狗肉比刀切的味道更香、更美，生意更好了。

· 美食原料

主料：去皮新鲜狗肉 1 000 克。

调料：丁香 5 克，肉蔻 6 克，良姜 5 克，砂仁 3 克，桂皮 8 克，陈皮 5 克，花椒 5 克，大茴香 5 克，小茴香 5 克，姜 15 克，猪油 1 000 克，料酒 20 克，精盐、食用硝适量，清水适量。

· 制作方法

1. 去皮狗肉在水中焯一下捞出。

2. 锅置火上，放猪油烧热，将上述香料在锅中煸香后，放料酒、水和狗肉，用中火炖。

3. 狗肉炖至五成熟，端离火，加食用硝消毒上色，并用微火煮熟，放入适量盐即可。

· 菜品特点

汤鲜味美、香气浓郁、肉精不腻、五味俱全。

康有为挥毫赞誉“彭城鱼丸”

彭城鱼丸，又名银珠鱼、鱼粉珠，是徐州传统名菜之一。

清朝康熙年间，徐州名牌老店悦来酒家，店主膝下无儿，年龄越来越大，渐感精力不支，便决计通过比试烹调技艺来选择店主。门徒李自尝曾以一尾鲤鱼制四菜：银珠鱼、醋熘鱼丁、多味龙骨、鱼衣羹。其中以银珠鱼为最佳。上菜时，将处理过的鱼头、鱼尾在盘中摆出鱼形，造型美观，鱼丸鲜嫩爽口，深受世人赞誉。康有为过徐州时，名厨翟世清亦烹银珠鱼奉献，康品尝后乃挥毫题联：“彭城鱼丸闻遐迩，声誉久驰越南北”。徐州因为彭祖而被称为彭城，康有为的赞誉使此菜遂以“彭城鱼丸”闻名于世。

·美食原料

主料：净鲤鱼肉300克。

辅料：青菜心200克，鸡清汤200毫升。

调料：蛋清2只，实肥膘100克，色拉油、葱姜酒汁、湿淀粉等各少许。

·制作方法

1. 鲤鱼肉、实肥膘分别斩成蓉，放入盆内，加入蛋清、葱姜酒汁慢搅，使其均匀，加盐后再用力搅打上劲。

2. 锅上火加冷水，然后将鱼蓉挤成丸子逐个下锅，小火煮至微沸捞出。

3. 起一锅上火，将青菜心煸熟入味，垫放盘中，将余熟的鱼丸加入鸡清汤、调味料，湿淀粉勾芡，淋入明油，起锅装盘即可。

·菜品特点

汤汁清澈，鱼丸白嫩，最宜老年人食用。

“东坡回赠肉”——官民鱼水情

东坡回赠肉是一道传统名菜，它源于宋代苏轼在徐州抗洪治水的史迹：

宋神宗年间，苏轼曾任徐州知州，刚上任几个月就遇上黄河发大水，徐州被大水包围，苏轼亲率官民奋战一个多月，终于解除了大水的危害。城里百姓为了感谢这位与民朝夕相处、甘苦与共的“父母官”，纷纷杀猪宰羊，担酒牵羊，敲锣打鼓地送到知州衙门，赠给东坡先生，以表心意。而“廉洁”的苏东坡并不拒绝，一一

如数收下，并亲自指点厨师把这些送来的猪、羊肉，分别改刀烹熟，回赠给参加抗洪的黎民百姓。故后人称之为“东坡回赠肉”。百姓食后，都觉得此肉肥而不腻、酥香美味，无不叫好。

·美食原料

主料：鲜猪肉（肋方）1000克。

配料：菜心5棵。

调料：葱椒泥40克、酱油30克、料酒50克、饴糖20克、鲜汤600克、香油30克、花生油1500克（实耗100克）。

·制作方法

1. 将猪肋方刮洗干净，放沸水锅中焯过，再下汤锅中煮至七成熟捞出，擦净水分，抹上饴糖晾干。然后从皮面横刀切一厘米连刀块，反面竖切三刀，放入七成热油锅中炸至皮上起小泡捞出，菜心焯水后备用。

2. 肉放入沙锅中（皮朝上）加入鲜汤、葱椒泥、酱油，大火烧开，小火焖炖（或焖蒸）至酥烂，浇香油，原沙锅上桌即可。

·菜品特点

酥香醇厚、肥而不腻。

百馔之宗“羊方藏鱼”

羊方藏鱼，系彭城古典菜，始于彭祖。据西汉史书记载，彭祖是大彭国国主、中华上古大贤，寿命八百岁，是现代公认的中国烹饪界和中华养生学鼻祖。

相传，彭祖一生生了很多个儿子，最疼爱的是小儿子夕丁。夕丁喜欢捕鱼，但是彭祖恐其溺水坚决不允。一日，夕丁又背着彭祖去河边捕鱼，回家后正巧彭祖不在，夕丁让其母剖开正在炖着的羊肉，将鱼藏在其中。彭祖回来吃羊肉，感觉异常鲜美，于是问明缘由，大加称赞，从此以后不再禁止夕丁捕鱼。其他人学习夕丁的做法，便产生了羊方藏鱼这道菜。据传汉字中的“鲜”字即源于此。

·美食原料

主料：羊肉750克，活鲫鱼500克。

调料：花椒3克，盐7.5克，绍酒20克，葱20克，姜15克，味精2克，芝麻油15克，清水适量。

·制作方法

1. 羊肉用花椒、精盐、绍酒、葱、姜搓抹，腌 6 小时，再下水锅中氽水，洗净。

2. 鲫鱼宰杀治净，在鱼面两侧剞上花刀，下水锅氽水，洗净，抹上精盐和绍酒。

3. 刀从羊肉侧面剖开，将鱼藏入。

4. 入锅中，加清水、精盐、绍酒、葱、姜、花椒，烧沸后移小火炖至羊肉酥烂，加入味精，淋上芝麻油即成。

·菜品特点

羊肉酥烂味香，内藏鱼肉，十分鲜嫩。